顾　进　诸雪征　主编

刘顺华　韩朝帅　副主编


# 核生化信息融合
# 技术与应用

·北京·

## 内容简介

《核生化信息融合技术与应用》从核生化信息需求出发，通过对核生化信息采集、处理、预测和决策等全流程的分析，系统研究了信息融合技术在核生化领域的应用。本书在全面论述核生化信息融合定义、基本原理和级别的基础上，按照核生化信息融合的要素，结合国内外的最新成果，以核生化信息运用为主线，介绍了核生化信息融合技术的基本理论、方法和应用，希望给读者提供一个完整的知识体系，充分论述核生化领域信息融合"是什么、干什么、怎么干"的问题。

本书适合从事核生化信息融合技术相关工作的教学人员和技术人员阅读，也可供从事装备信息化、指挥信息系统相关工作的人员参考，还可作为核生化信息融合技术教育培训、院校相关学科专业的教学参考书。

图书在版编目（CIP）数据

核生化信息融合技术与应用 / 顾进，诸雪征主编；刘顺华，韩朝帅副主编．—北京：化学工业出版社，2023.1

ISBN 978-7-122-42682-6

Ⅰ.①核… Ⅱ.①顾… ②诸… ③刘… ④韩… Ⅲ.①核武器–信息融合–技术–研究②化学武器–信息融合–技术–研究 Ⅳ.①E92

中国国家版本馆CIP数据核字（2023）第002119号

责任编辑：王海燕 提 岩　　文字编辑：陈立璞
责任校对：张茜越　　装帧设计：关 飞

出版发行：化学工业出版社
（北京市东城区青年湖南街13号 邮政编码100011）
印　　刷：北京云浩印刷有限责任公司
装　　订：三河市振勇印装有限公司
787mm×1092mm 1/16 印张18¾ 彩插6 字数454千字
2023年3月北京第1版第1次印刷

购书咨询：010-64518888　　售后服务：010-64518899
网　　址：http://www.cip.com.cn
凡购买本书，如有缺损质量问题，本社销售中心负责调换。

定　　价：68.00元

# 编写人员


**主　编**

顾　进　诸雪征

**副主编**

刘顺华　韩朝帅

**参　编**

蒋金利　苏昱徵　陈　琳　孙　健　晏国辉

张宏远　李思维　梁　婷　张　赫　田　伟

# 前言

进入21世纪以来，在日趋复杂的国际核生化威胁形势下，以美、俄为代表的军事发达国家纷纷构建了覆盖国土全域的CBRN（化生放核）安全防御屏障。以美军JWARN（联合报警与报知网络）为代表的核生化信息网络，是利用核生化网络，对核生化节点信息进行采集、分析、融合，进而预测核生化危害事件对部队的实际或潜在影响，并做出及时的评估和反应。当前，外场空间有限规模使用核生化武器的可能性难以排除，次生核生化危害进一步凸显，核生化威胁环境日趋复杂，对核生化信息的融合、决策是及时准确判明核生化及次生核生化威胁危害情况的基础。

本书从核生化信息需求出发，通过对核生化信息采集、处理、预测和决策等全流程的分析，系统研究了信息融合技术在核生化领域的应用。在全面论述核生化信息融合定义、基本原理和级别的基础上，本书按照核生化信息融合的要素，结合国内外的最新成果，以核生化信息运用为主线，介绍了核生化信息融合技术的基本理论、方法和应用，希望给读者提供一个完整的知识体系，充分论述核生化领域信息融合"是什么、干什么、怎么干"的问题，既构筑坚实的理论和数学基础，又能提供灵活的技术实现方法。全书分为九章，第一章为核生化信息融合概述；第二章介绍核生化信息融合的数学基础；第三章介绍核生化信息融合模型；第四章介绍核生化信源分类及特性；第五章介绍核生化检测融合技术及应用；第六章介绍核生化危害预测技术及应用；第七章介绍核生化危害源项反演技术及应用；第八章介绍核生化数据同化技术及应用；第九章介绍核生化遥测信息融合技术及应用。

本书适合从事核生化信息融合技术相关工作的教学人员和技术人员阅读，也可供从事装备信息化、指挥信息系统相关工作的人员参考，还可作为核生化信息融合技术教育培训、院校相关学科专业的教学参考书。

本书由顾进、诸雪征任主编，刘顺华、韩朝帅任副主编，参加编写的还有蒋金利、苏昱徵、陈琳、孙健、晏国辉、张宏远、李思维、梁婷、张赫、田伟等。

由于时间仓促，加之编者水平有限，书中难免有不足之处，希望广大读者提出宝贵意见。

编　者

2022年10月

# 目录

## 第一章　核生化信息融合概述　001



## 第二章　核生化信息融合的数学基础　021



## 第三章　核生化信息融合模型　055

## 第四章　核生化信源分类及特性　077



## 第五章　核生化检测融合技术及应用　125



## 第六章　核生化危害预测技术及应用　149

## 第七章　核生化危害源项反演技术及应用　183



## 第八章　核生化数据同化技术及应用　223



## 第九章　核生化遥测信息融合技术及应用　241

第一章

# 核生化信息融合概述

# 第一节　核生化信息融合简介

## 一、信息融合的定义

多传感器信息融合是随着传感器技术、数据处理技术、计算机技术、网络通信技术、人工智能技术和并行计算的软硬件技术等相关技术的发展而诞生的一门新兴学科。信息融合是关于协同利用多传感器信息，进行多级别、多方面、多层次信息检测、相关、估计和综合以获得目标的状态和特征估计以及态势和威胁评估的一种多级信息自动处理过程。它首先广泛地应用于军事领域，如海上监视、空-空和地-空防御、外场空间情报、监视和获取目标及战略预警等。随着科学技术的进步，多传感器信息融合如今已形成和发展为一门信息综合处理的专门技术，并很快推广应用到工业机器人、智能检测、自动控制、交通管理和医疗诊断等多个领域。

为了使目标信息更加精确、身份识别更加准确，对来自多个同类或不同类型传感器的信息进行综合处理的过程称为信息融合。信息融合应用于原始数据层的处理、特征抽象层的处理、决策层的处理等各个阶段。相应地，在不同层次融合处理的过程中应用不同的数学算法来解决遇到的问题。由于传感器自身性能、外部环境干扰等问题的影响，传感器接收的数据具有不确定性。利用多传感器进行信息融合能够将获得的不确定性信息进行互补，合理地对信息进行推理和决策。目前为止，对于信息融合的概念国内外还没有统一的标准。下面是一些信息融合机构或专家学者对信息融合概念的定义。

（1）美国国防部三军实验室理事联席会提出了将多传感器信息进行分层次处理的概念，来对数据进行关联、预测估计、综合处理。通过这种层次化处理可获得更加精确的目标特征、参数等信息。

（2）将来自多个传感器的数据进行综合处理，并得到比单一传感器获得的数据更加精确的预测和估计值。

（3）为了获取高品质的数据或信息，将多传感器的数据进行综合、联合、分级处理，相应的实现手段和结构框架称为信息融合。

（4）对多源信息进行分级别、分层次、全面的预处理、数据关联、预测估计和融合处理的方法。

（5）为了获取某一目标参数，对多源信息进行综合处理的方式称为信息融合。

（6）信息融合可以看作是一种层次化理论框架，通过框架内相应的理论算法对多源信息进行处理，可获得更加精确的信息。

（7）将来自多个同类或异类传感器的信息进行相关处理，并通过对处理后的信息进行融合来达到比任意单一传感器获得的信息更加准确的方式。

（8）潘泉教授将信息融合表述成框架的形式，并根据实际情况在框架内添加各种数学工具和算法，来实现所需的融合目的。

综上所述，信息融合的本质是对多源信息进行处理和综合的过程，通过相应的融合模型和算法对多传感器获得的数据进行预处理、关联、估计以及决策的过程，以获取更加精确的信息，并提高信息的质量。

## 二、核生化信息融合的定义

从本质上看，信息融合就是通过采集不同种类的传感器信息，利用不同时间和空间信息相互耦合，并采用一定方法对获取的信息进行处理的一种手段。其目的是使整个系统比单个传感器性能更优越。

核生化信息融合就是对外场空间中的各类信息源，包括核生化观察、监测、侦察和化验信息进行收集、加工、合并，以获得核生化危害整体状况（包括毒剂种类、危害位置、危害区域、浓度预测等）。利用信息融合技术，指挥员可以及时掌握核生化危害态势，进行防护决策。根据上述分析，本书定义核生化信息融合的概念如下：

通过对不同时间、不同空间、不同制式、不同来源、不同精度的核生化危害信息进行集成，提升核生化危害的报警和监测能力以及预测精度，增强系统的可信度和抗干扰性，从而形成核生化危害态势的完整描述和预测。

“精度”原指机械加工领域的精密度，是零件在尺寸上的准确程度。除了精密度之外，精度也用于表示准确度和精确度，本书所指的预测精度是指预测模型对实际危害情况的拟合准确度。

## 三、核生化信息融合的特点

多传感器信息融合的特点如下：

（1）多传感器提供的信息具有冗余性　为了提高信息的精确度，可以通过冗余信息来减小系统的不确定度。除此之外，还能够保证某个传感器出现故障或错误时，提高系统的可靠性和鲁棒性。

（2）多传感器提供的信息具有互补性　互补信息使得多传感器系统能够感知单个传感器系统所不能感知的信息特征，有效地扩展了系统处理信息的能力。图 1-1 为多传感器信息融合的示意图。

（3）提高系统的稳定性　利用信息融合的方式降低不利因素对系统的干扰，保证系统正常工作。

（4）拓展空间覆盖范围　利用多传感器分布式探测结构，能够扩大传感器的探测区域，提高探测能力。

（5）拓展时间覆盖范围　通过多传感器可以获得更加全面、更加精确、不同时刻的目标状态数据。

（6）增强系统的识别能力　利用多传感器的交互信息来强化系统的识别性能。

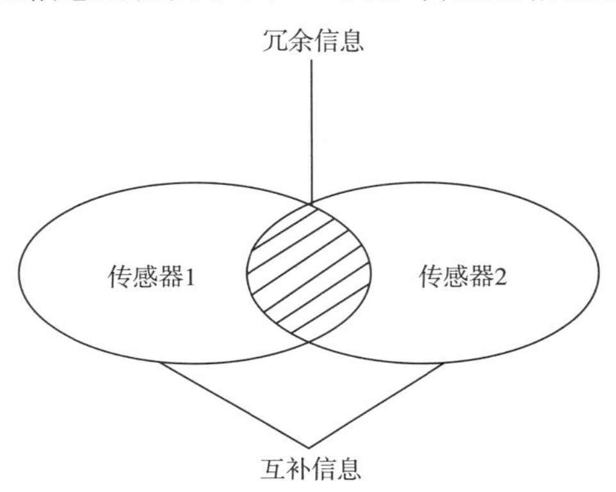

**图 1-1　多传感器信息融合示意图**

（7）增强系统的精确度　合理的多传感器融合算法能够有效提高系统的探测精度，降低个别传感器失效等不利因素的影响。

核生化信息融合涉及的产品种类多样、数据格式多样，功能特点如下：

（1）冗余性　单个核生化设备的可靠度会受到外场空间烟雾、气象条件的干扰，可以通过单个设备多次侦察或多个设备对同一个对象侦察的方式，提高信息的冗余度，在某个报警和监测设备出现误判时，利用融合技术修正监测结果，提高系统的可靠性。

（2）互补性　利用互补性可以将多个侦察设备获取的信息进行有效联合，进而感知单个侦察设备监测范围之外的区域，有效扩大核生化危害信息的处理范围和能力。

（3）回溯性　核生化危害向下风方向扩散时，可利用分布于外场空间不同位置核生化设备的监测值，对核生化危害发生时的信息进行回溯，为核生化防护提供决策依据。

（4）迭代性　在核生化危害扩散的前期，可以利用核生化危害的扩散模型对下风方向的危害程度进行预测；在获取了核生化设备的监测值之后，可以实时对模型进行迭代，使模型预测更加符合实际情况。

## 第二节　核生化信息融合的基本原理和级别

### 一、核生化信息融合的基本原理

多源信息融合是人类的基本功能，如图 1-2 所示。人类的眼、耳、鼻、皮肤等感官就相当于多个传感器，能够获取视觉、听觉、嗅觉、触觉等多源信息；人脑可以非常自然地运用信息融合把这些信息综合起来，结合先验知识，估计和理解周围的环境以及正在发生的事件，并进行态势分析和威胁估计。

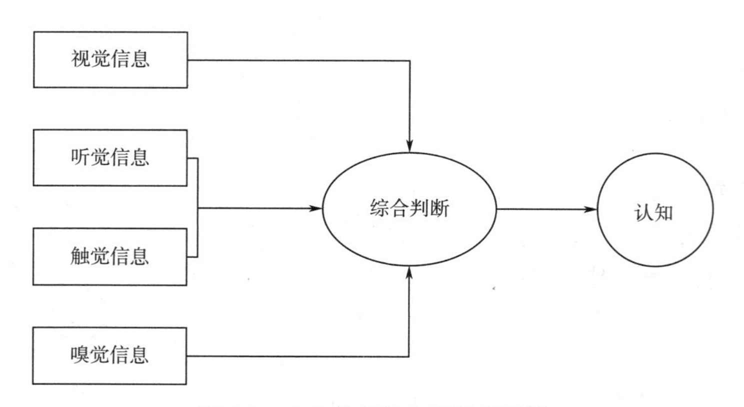


**图 1-2　人体信息融合原理示意图**

多传感器信息融合的基本原理就是模拟人脑的综合处理信息能力，充分利用多个传感器共同或联合处理的优势，依据某种准则综合多个传感器在空间或时间上的冗余或互补信息，产生新的有价值的信息，从而得到实测对象的一致性解释或描述，提高传感器系统的有效性。与单传感器信息处理相比，多传感器系统可以更大程度地获得被探测目标和环境的信息量，有效地利用多传感器资源。多传感器系统的性能优势主要体现在以下几个方面：

（1）稳健的工作性能　当某些传感器失效或无法覆盖目标/事件时，还有一部分传感器能够提供信息，使系统可以不受干扰而连续运行，弱化故障，提高检测概率。

（2）扩展空间覆盖范围　一部分传感器能观测其他传感器无法观测的地方，从而提高系统的监视能力与检测概率。

（3）扩展时间覆盖范围　当某些传感器不能探测时，另一部分传感器可以检测或测量目标/事件，从而增大系统的时间覆盖范围和检测概率。

（4）增加可信度　一部或多部传感器能确认同一目标/事件，从而正确地确定目标身份，保证使用正确的对抗措施。

（5）减少模糊性　来自多传感器的联合信息可以减少目标/事件的假设数目，从而降低目标或事件的不确定性。

（6）改善探测性能　对目标/事件的多测量综合增加对其检测的确认，从而增加响应准确性和探测距离，提高生存性。

（7）增强空间分辨率　多传感器在几何上能够形成比单一传感器分辨率更高的合成孔径。

（8）改善系统可靠性　多传感器相互配合，其内在的冗余度能够弱化系统故障。

（9）增加测量空间维数　使用不同的传感器来测量电磁频谱的各个频段，不易受到敌方行动或自然现象引起的破坏，能够连续运行，改善生存概率。

但是，与单传感器系统相比，多传感器的高复杂性带来一些不足，例如，提高系统研制和使用成本，增大系统的尺寸、质量、功耗等，增加系统被探测的概率。

与经典信号处理方法相比，多传感器数据融合处理的信息具有更复杂的形式，可能是实时的或者非实时的、快变的或者缓变的、模糊的或者确定的，相互支持或互补，也可能互相矛盾或竞争。此外，多传感器信息可以在不同的抽象层次上出现，包括数据级、特征级和决策级。

核生化信息融合就是对环境中与核生化有关的传感器信息进行采集、传输和综合处理，从而形成比单传感器更准确、全面的核生化危害侦察监测结果，支撑核生化防护决策。其原理如图 1-3 所示。

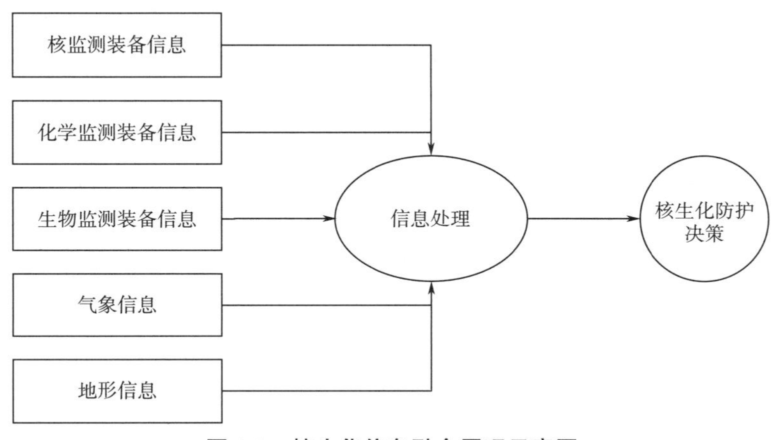


**图 1-3　核生化信息融合原理示意图**

## 二、核生化信息融合的模型和级别

### （一）核生化信息融合的模型

国内外对于多传感器信息融合系统的设计还没有形成一个统一标准。结合国内外信息融合技术的发展现状，可以大体上将信息融合模型分为功能模型、结构模型、数学模型三个部分。功能模型主要强调信息融合的过程中涉及的功能模块在进行融合处理时，不同模块间的相互作用。结构模型是指组成融合系统的软件、硬件、数据结构、外设等实体的结构特征和内在关系。数学模型是在处理不同类型数据和信息时涉及的融合方法和逻辑准则。以上三个融合模型是在建立融合系统时需要解决的重点问题，构建合理的融合模型对于融合系统实现其预定的融合目标至关重要。

#### 1. 功能模型

随着国内外一些信息融合方面的专家长期以来对信息融合基础理论的研究与探讨，逐步形成了相对完善的信息融合功能模型。专家们重点分析了建立一个信息融合系统需要包含的基本元素，并对这些元素的组成和规律进行了大量研究，以达到建立信息融合统一功能模型的目的。

基于信息融合的功能模型主要是由国外学者提出的，20 世纪 80 年代智能循环模型、JDL 模型、Body 控制环路模型的提出开阔了信息融合功能模型的视野。之后，大量学者开始从事信息融合功能模型的提出，Dasarath 模型、Waterfall 模型、修正的 JDL 模型等功能模型在 90 年代被相继提出。

21 世纪初，Bedworth 又提出一种 Omnibus 模型。在国外学者大力探讨信息融合功能模型构建的同时，国内的一些专家学者也提出了一系列有关信息融合功能模型的思路。多数功能模型具有的共同特点是，分阶段处理融合系统的各个环节、部分，但是不同的功能模型侧重点有所不同。在所有已经提出的功能模型之中，最具有代表性的当属美国国防部下属单位提出的 JDL 功能模型。

1986 年，美国国防部 JDL 专门成立了数据融合技术专家组，提出了一个在防御系统中通用的数据融合处理模型，该模型对信息融合在功能层面上的信息处理方式给出了详细的方案。JDL 数据融合处理的功能模型如图 1-4 所示。它是一个基于功能的融合模型，其目的是希望在多个不同的领域内都能通用。

该模型每个模块的基本功能如下：

(1) 信息源　与信息融合系统相连的各种不同局部传感器［例如，雷达、红外、声呐、ELINT（电子支援）、IFF（敌我识别器）、IRST（红外搜索与跟踪）、EO（光电传感器）、GPS（全球定位系统）等］及其相关数据（例如，数据库和人的先验知识等）。

(2) 信息预处理　这一部分主要负责对数据进行时空配准、野值剔除以及分类处理等，目的是提高融合中心的信息质量以及减少系统计算量。

(3) 第一级对象精炼　主要是提取目标的参数信息，对目标的主要特征进行提取，有利于目标的识别和判决。具体功能包括：

① 数据配准；

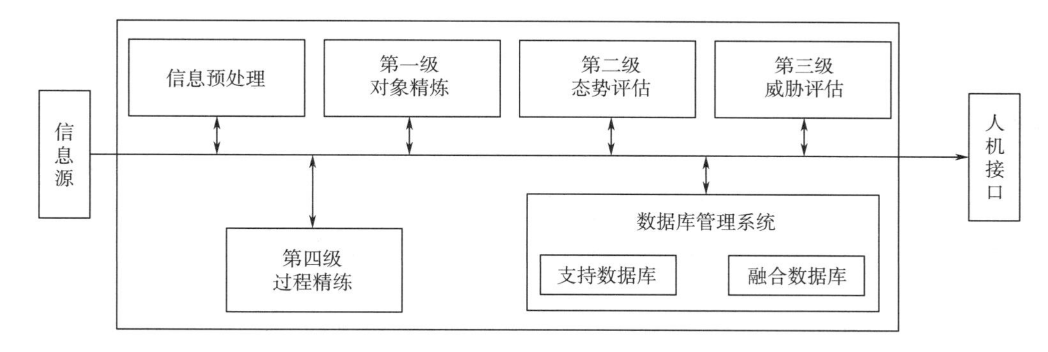


**图 1-4　JDI 数据融合结构**

② 数据关联；

③ 数据融合；

④ 属性融合。

（4）第二级态势评估　通过第一级对象精炼对目标的信息提取，结合当前环境对目标进行初步判决。

（5）第三级威胁评估　根据数据库内的时事政治、敌我信息等多方面的信息对上述过程获得的信息进行综合，从而对敌方进行威胁程度的判断。

（6）第四级过程精练　这一过程主要是针对系统全局对各个环节进行实时控制和调整，能够有效地对多传感器获得的量测信息进行调节和分配，起到优化融合系统的目的。主要的功能包括：

① 实时反馈控制信息；

② 对有利于融合结果的信息进行判别；

③ 信息提取；

④ 信息分配。

（7）人机接口　通过计算机界面实现对融合系统各个环节的信息交互、控制等功能。

（8）数据库管理系统　通过支持数据库和融合数据库对信息融合相关数据进行管理。

**2. 结构模型**

构建一个信息融合系统首先必须考虑信息融合的体系结构的设计，而针对任何一个信息融合系统都需要考虑三个问题：

① 在融合系统中选择何种传感器，传感器采用的组合形式，系统的输入-输出形式的设定。

② 对需要处理的信息结构和形式进行筛选，确保通过融合系统后信息的准确度有所提高。

③ 对融合系统进行合理的设计，降低系统计算量，提高系统的运算速度和反应时间。

目前主要有检测级融合、位置级融合和属性级融合的结构模型。

**3. 数学模型**

信息融合是一门多学科交叉的新兴技术，在不同的融合层次中涉及不同的算法和模型。目前，国内外一直致力于关于信息融合算法的研究，也取得了一定的进展，下面列举一些多传感器信息融合技术中需要用到的经典算法。

（1）加权平均法　加权平均法是一种最简单和直观的信息融合方法，即将多个传感器提供的信息进行加权平均后作为最终的融合值。加权平均法最大的难点和问题是如何对传感器获得的数据进行权值分配，以及如何选取适当的权值计算形式。

（2）卡尔曼滤波法　卡尔曼（Kalman）滤波能够根据前一时刻的状态估计值和当前时刻的量测值来估计信号的当前值，并进行递推计算。数据级融合中，传感器接收到的原始数据存在较大误差，利用卡尔曼滤波的方式能够有效减小量测数据的误差，提高融合质量。

（3）经典推理法　经典推理法是先根据给定的先验假设计算出观测值的概率，即对态势环境中的总体做出某种假设，然后通过传感器测量来决定假设是否成立。这种方法的优点是计算简单，不足之处是仅有两种情况的估计结果，当变量维数相对较多时，才能形成估计结果。

（4）贝叶斯推理法　贝叶斯（Bayes）推理方法具有公理基础和易于理解的数学性质，而且仅需中等的计算时间。但是其需要先验概率，并且要求各证据互不相容或相互独立，这在实际应用中很难满足。因此，Bayes 推理法具有很大的局限性。

（5）统计决策理论　利用选择最优的决策函数准则来对目标进行决策，能够提高目标的融合效果。损失函数是统计决策理论的重要参数之一，如何选取损失函数是统计决策理论的难点之一。

（6）D-S 证据推理法　D-S 证据推理法最大的特点和优点是能够有效地描述不确定信息。通过信任函数和怀疑函数将证据区间分为支持区间、信任区间和拒绝区间，以此来对信息的不确定和未知进行表达。D-S 证据推理法具有严格的理论推导，相对于贝叶斯等推理方法，能够不需要先验概率而对数据进行合成处理。此外，在量测数据提供的证据相差不大的情况下，D-S 证据合成公式能够有效地对量测数据进行融合，获得更加准确的判决结果。但是该理论也存在一票否决、主观影响过大等问题。

（7）聚类分析法　聚类分析法是通过适当的数学建模，将混乱的数据按照一定的规律或要求进行分类。聚类分析的最大特点是能够快速地处理数据量比较大的集合，有利于数据的提取和分类。聚类分析方法可以应用于信息融合技术的数据级处理部分，通过对传感器采集的数据进行分类和特征提取，能够有效减少融合中心的计算负担，提高信息融合算法的性能。

（8）神经网络法　神经网络法是采用分布式并行信息处理方式，通过大量的网络节点模拟人类的神经元系统来处理信息。其特点是可以高速处理并行信息，能够解决信息融合系统中信息量过大的问题。神经网络还具有处理非线性关系的能力，而且其算法易于用计算机实现。神经网络融合算法主要的问题是学习方法自身还存在一些问题，例如，稳性问题、泛化能力、缺乏有效的学习机制等。

（9）熵法　熵的概念起源于热力学。目前，熵的概念主要用来表示事物的不确定性程度，可以利用信息熵的思想对事物的不确定性进行判决。信息熵的大小决定着系统不确定性的强弱，当信息熵最小时，系统的无序程度也是最低的。信息熵的概念广泛用于信息融合过程之中，在特征层融合中，可以利用信息熵的思想对数据进行特征提取，并在融合中心对特征值进行融合来获取最终的判决结果。信息熵理论具有严格的理论推导，利用信息熵的思想有助于信息融合系统中数学模型的建立与扩展。

（10）模糊理论　模糊理论是模仿人类思维方式的一种算法，通过对客观事物的共同特点进行抽象提取，从而形成对事物特征的概括总结。

模糊理论的多学科交叉性良好，能够与不同算法结合来解决不确定性的问题，在信息融合系统中利用模糊理论能够有效提高融合效果。但是，模糊理论的难点在于如何构造合理有效的隶属函数和指标函数。

（11）随机集理论　随机集理论是基于统计、几何的思想提出的，其中有限集合统计学理论能够解决多传感器、多目标和多平台信息融合的许多问题，同时可以应用于多目标的跟踪。目前，越来越多的国内外学者开始关注随机集理论在信息融合技术中的应用问题，基于随机集理论的框架能够很好地对不确定信息进行处理。

（12）博弈论　信息融合系统中最关键的一个环节是对信息的决策。由于不同传感器获得的信息在数据类型、数据结构、数据属性上都会存在一定的区别，因此合理地提取信息之间的关联部分、剔除冗余信息、判别信息之间的逻辑关系有助于融合结果的判决。博弈论能够在复杂的数据中提取出所需的特征，并通过特征值构成特征值的集合，结合其他数据提供的信息对集合内特征值的影响，综合对结果进行判决。因此，博弈论在某些融合系统下能够定量地对数据进行分析，完成决策过程。

（13）粗糙集理论　粗糙集理论最初是用来对数据进行分析和推理，通过对数据的筛选来对数据进行分类的理论。粗糙集理论能够在不需要先验信息的前提下对具有不确定性、模糊性的数据进行处理，并且具有强大的分析功能。这些特点使其能够很好地在信息融合系统中发挥作用，尤其是对大量数据信息进行特征提取和对数据进行分类。目前，粗糙集理论已经广泛应用于各个领域。

（14）支持向量机理论　支持向量机在解决样本数目不大、具有非线性特征等情况下的数据时表现出特有的优势。该理论具有严格的理论推导，便于数学模型的建立。通过支持向量机方法可以有效地发现目标函数的全局最小值，实现对数据的分类。在多传感器信息融合中，采用支持向量机的方法可以实现对多传感器获得的原始数据进行分类。

（15）多智能体技术　多智能体技术属于人工智能技术的范畴，其主要特点是运用智能体之间的通信、协调、控制、管理来描述系统的结构、功能、行为，用于解决大型、复杂的实际问题。这一特点与信息融合技术极为相似，如何将智能体技术和信息融合技术相结合，提高信息融合系统内部的协调性、沟通性是值得进一步研究的。

## （二）核生化信息融合的级别

### 1. 信息融合级别的定义

根据融合深度和类型，信息融合可分为三级：数据级融合、特征级融合和决策级融合。

（1）数据级融合　数据级融合是直接在原始数据上进行的融合，是最低层次的融合。如图 1-5 所示，数据级融合是先对多传感器数据进行关联或配准，再在原始数据上进行融合，以产生新的有价值的数据或

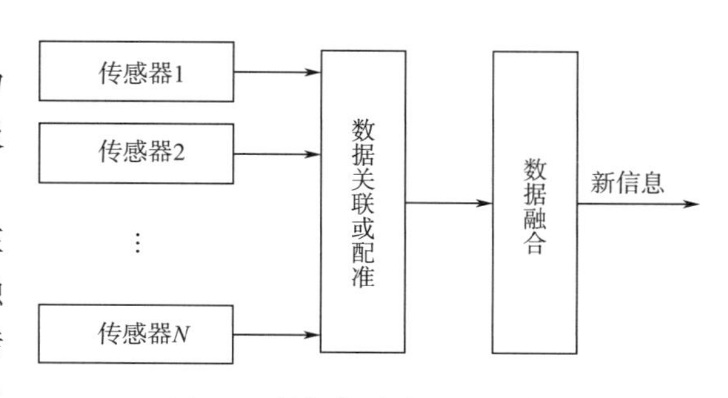


图 1-5　数据级融合原理示意图

信息。

数据级融合的主要优点是：能够保持尽可能多的原始数据，提供特征级融合和决策级融合所不能提供的细微信息。

数据级融合的主要不足体现在如下 3 个方面：

① 传感器的数据量太大，导致处理代价高、时间长、实时性弱、通信量大、抗干扰能力较差；

② 传感器原始信息的不确定性、不完全性和不稳定性等要求数据级融合系统具有较高的纠错处理能力；

③ 要求各传感器信息来自同质传感器，参与融合的数据具有相同的规格和物理含义等。

数据级融合主要应用于图像融合，因此，有些文献又称数据级融合为像素级融合。图像融合是将不同传感器获得的同一景物的图像配准后，合成一幅新图像，以克服各单一传感器图像在几何、光谱和空间分辨率等方面存在的局限性和差异性。数据级融合还应用于同类型（同质）雷达波形的直接合成，以改善雷达信号处理的性能。此外，多传感器数据融合的卡尔曼滤波也属于数据级融合。

（2）特征级融合　特征级融合属于中间层次的融合，是先对各个传感器的原始信息进行特征提取（例如，目标的边缘、方向、速度等），然后再对特征信息进行综合分析和处理，得到融合后的特征，从而更有利于决策。特征级融合实现了信息压缩，有利于实时处理，并能最大限度地给出决策分析所需要的特征信息。

在多传感器信息融合中，特征级融合主要包括目标状态融合和目标属性融合。

① 目标状态融合。目标状态融合框图如图 1-6 所示。融合系统先对传感器数据进行配准，然后再进行参数关联，进而实现状态估计，得到目标状态信息。

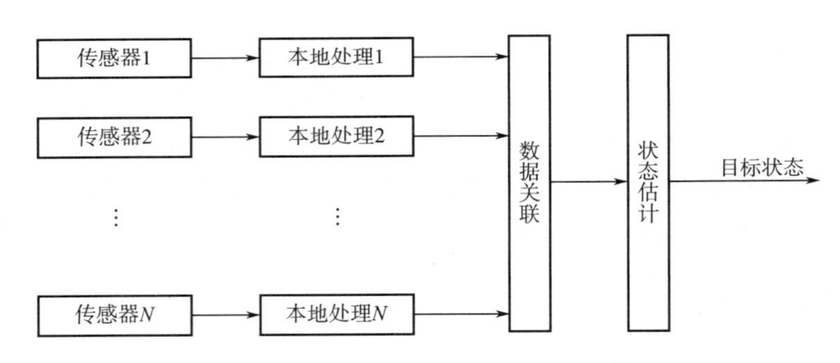


**图 1-6　特征级目标状态融合原理示意图**

传感器输出的参量数据包括角度（方位角或仰角）、距离、被观测平台的参数向量、立体像或真实状态向量（三维位置和速度的估计）等。

数据配准就是通过坐标变换和单位换算，把各传感器输入数据变换成统一的数据表达形式，使其具有相同的数据结构。

参数关联就是把多传感器输出的参量与观察目标联系起来，以保证这些参数源于同一个目标。

状态估计就是应用估计技术来融合或合成同一目标关联后的各个观察数据，以得到估计问题的解。状态估计主要采用序贯估计技术，包括卡尔曼滤波和扩展卡尔曼滤波。

目标状态信息融合主要应用于多传感器目标跟踪领域，解决目标在哪里的问题。目前，跟踪问题已有了一整套渐趋成熟的理论和方法，可以修改移植作为多传感器目标跟踪方法，通常建立一个严格的数学最佳解模型来描述多传感器融合跟踪过程。其中，关键是建立稳健的、自适应的目标机动和环境模型，以及提高数据关联及递推估计的计算效率。

② 目标属性融合。特征级目标属性融合框图如图 1-7 所示。融合系统首先对传感器数据进行特征提取；然后进行特征关联，以保证特征参数源于同一个目标；进而对同一目标的特征参数进行组合和优化，得到融合后的特征参数；最后利用融合后的特征参数进行识别，得到目标属性信息。

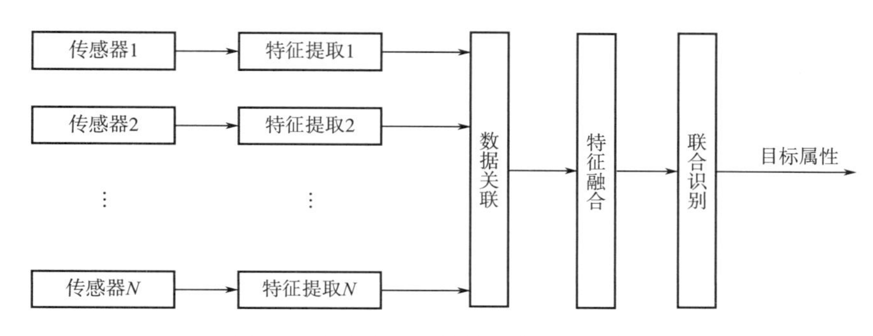


**图 1-7 特征级目标属性融合原理示意图**

与单传感器相比，特征级目标属性融合提供了更多的目标特征信息，增大了特征空间维数，其实质是基于融合特征向量的模式识别问题。特征级目标属性融合的实现技术主要包括：模板匹配法、聚类算法、$k$ 近邻、神经网络法、模糊集合理论和支持向量机（SVM）等。

（3）决策级融合　决策级融合是一种高层次融合，其原理框图如图 1-8 所示。首先，每个传感器均完成本地处理（包括预处理、特征提取、识别或判决），得到所观察目标的初步决策；然后，通过关联处理，保证参与融合的决策源于同一观察目标；最后，进行决策的融合判决，获得联合推断结果。

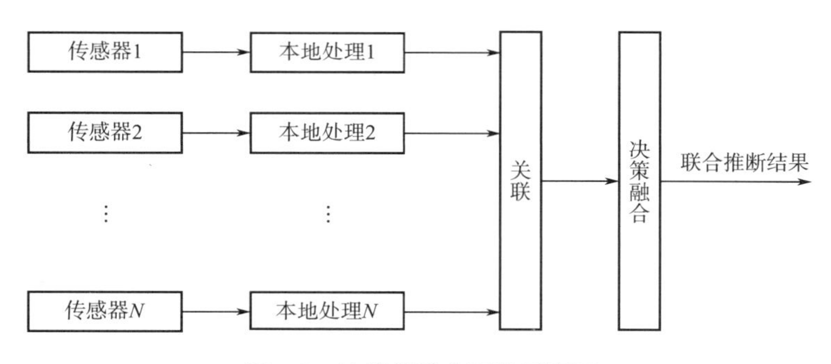


**图 1-8 决策级融合原理示意图**

决策级融合输出的是一个联合决策结果，理论上比任何单传感器决策都更精确。决策级融合的主要方法包括贝叶斯推理、D-S 证据理论、模糊集合理论、神经网络法、专家系统方法等。

决策级融合具有灵活性高、通信量小、容错性强、抗干扰能力强、对传感器的依赖性小(同质或异质)、融合中心处理代价低等优点。但是，它需要先对各个传感器数据进行预处理以获得各自的判决结果，造成预处理代价高。

### 2. 核生化信息融合级别

研究信息融合技术时，首先要明确信息的来源问题。在防化侦察设备中，主要的信息来源是便携式毒剂报警设备和远程遥测报警设备，本书主要分析这两类信源的融合层次。

国内外已知的核生化毒剂检测设备中，有物理法和核生化法两大类。其中物理法具有不使用试液、不用制备样品，后勤保障简单，对操作者水平要求低等优点，是外场环境下对毒剂进行报警检测的首要手段。根据核生化毒剂报警设备的技术构造可知，其信息处理流程如图 1-9 和图 1-10 所示。便携式毒剂报警设备一般采用离子化检测技术（包括离子捕获技术和离子迁移技术），利用毒剂分子与电子结合后形成的粒子运动产生的电流变化特征来确定毒剂浓度。其原始的数据层信息是由离子化技术形成的电流，特征层信息是对电流信号进行分析得到的特征峰，决策层信号是经过设备判断后形成的判断结果。

远程红外遥测设备是利用干涉仪将红外望远镜收集到的光学信息转变成干涉信号，经探测器转换为电信号，然后经过 A/D 变换成数字信号。其数据层信息是干涉仪输出的干涉信号，特征层信息是探测器形成的电信号，输出的报警信号为决策层信息。

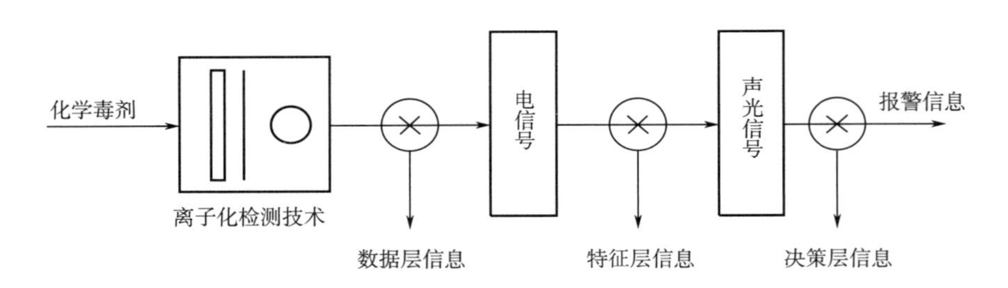


**图 1-9　便携式毒剂报警设备信息处理流程**

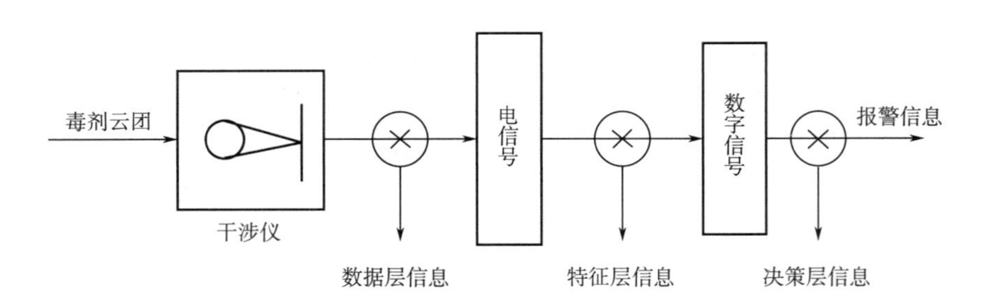


**图 1-10　红外遥测设备信息处理流程**

因此对于核生化危害信息融合系统，其每一个核生化侦察设备都可以输出三个层次的融合信息，根据这些融合信息的来源，可以将信息融合技术分为数据层（data level)、特征层（feature level）和决策层（decision level）三个层次。

(1) 数据层融合　数据层融合方法是直接融合来自同类信息源的原始数据，经过融合后进行特征提取和属性判决（图 1-11）。

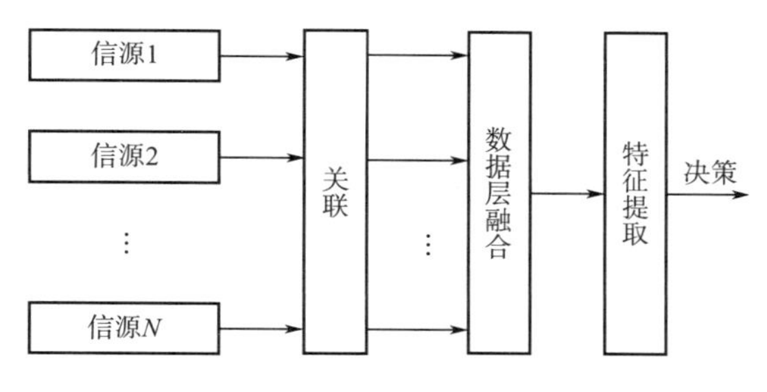


**图 1-11　数据层信息融合**

对于便携式毒剂报警设备，毒剂在经过离子化检测技术后变成具有一定规律的电信号，无论是采用电子捕获技术还是离子迁移技术，其本质都是使核生化毒剂的浓度变化转化为特征电流的变化。红外遥测设备的原始数据是由干涉仪形成的干涉信号。如果采集每一个报警器中的电流特征或者干涉信号变化，并在融合中心处理就形成了数据层融合，它融合的数据是电流/电压变化的原始数据。数据级融合保留了尽可能多的原始信息，融合后的准确度更高，但是这种方式对数据的传输和处理要求很高，数据量大、实时性差，目前防化产品或设备的信息网络无法满足要求。

（2）特征层融合　特征层的信息融合结构是把每个信源对应的特征值进行对比分析，信息融合中心再对这些已经初步形成的特征进行关联决策（图 1-12）。

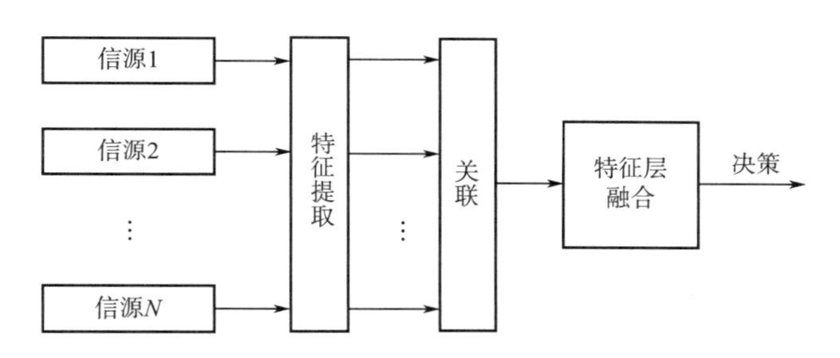


**图 1-12　特征层信息融合**

特征层融合不要求上传所有的原始信息，只需要把反映被测物质的特征上传到融合服务器，即可完成对报警信息的融合。特征级融合需要提前获得核生化毒剂各类特征谱的数据，并和实测值相比较，从而得出融合结果。特征层融合与数据层融合技术相比，传输的数据量有所减少，但由于核生化侦察设备数量多，对于防化设备的信息传递能力仍具有比较大的考验。

（3）决策层融合　决策层融合就是局部信源先对自身获取的数据进行一次局部判决，融合中心接收所有的局部判决，运用融合算法后输出决策结果（图 1-13）。

从毒剂报警设备的数据流程分析，目前单个防化侦察设备的最终输出都是决策级数据，即只判断核生化毒剂的“有”或“无”；如果毒剂达到报警浓度则进行声光报警，同时上传报警结果到信息中心。决策层融合的最大优点是数据传输量少，对指挥通信网络的影响小，适应目前的防化设备现状。决策层融合的不足是局部决策时会带来一定的误差，融合算法的设计比较复杂。

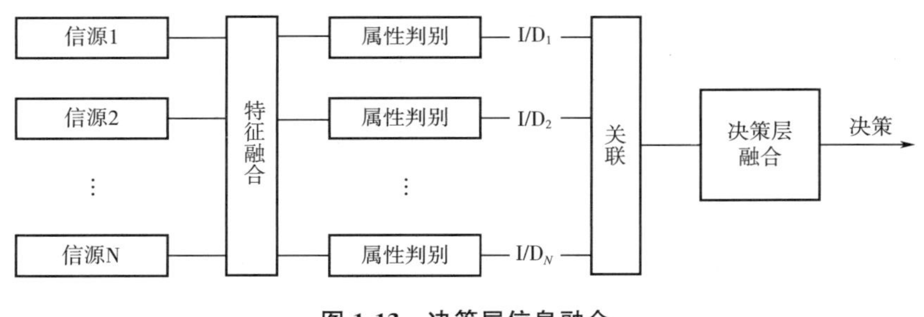


**图 1-13 决策层信息融合**

# 第三节 核生化信息融合的应用

军用信息融合与民用信息融合之间通常存在着明显的差别，这种差别的出现是由于部分民用系统在“人为设计的世界”或温和的现实世界中运行，而大部分军事系统则必须在敌对的现实世界中运行。为了说明这种差别，根据问题的性质，可将信息融合问题分成三类：设计世界、温和的现实世界和敌对现实世界。

设计世界如工业过程监视、机器人视觉和交通管制等，其特点是：已知正常或 OK 状态；可靠、精确的信息源；固定的数据库；互相协作的系统要素。

温和的现实世界如气象预报、金融系统和患者监护等，其特点是：部分已知状态；可靠的信息源，但覆盖范围差；部分可变的数据库；系统不受感觉影响。

敌对现实世界如各种军用 $C^4$ISR、陆海空警戒、目标指示、目标跟踪和导航系统等，其特点是：不易确定正常状态；信息源可能不精确、不完整、不可靠，易受干扰；高可变的数据率；感觉可有效地影响系统；不相互协作的系统要素。

## 一、信息融合技术的军事应用

随着现代战争出现新的情况，许多因素推动着自动信息融合系统的开发：

① 目标机动性的提高和杀伤力的增强，要求在时间上及早地检测和识别出目标，要求较短的系统反应时间；

② 更加复杂的环境和威胁，即目标平台的多样性和密集性、低可观测性，电磁环境的复杂性，对抗措施的先进性，要求进一步提高探测和识别能力，从而使传感器的数量和种类急剧增加；

③ 人工成本的增加以及某些任务中对操作人员的危险，要求采用信息融合的远程控制或自主式系统；

④ 系统复杂性和/或系统规模的增大，如雷达组网系统、一体化综合电子信息系统等，

对信息融合提出了更高的要求。

信息融合理论和技术起源于军事领域，在军事上应用最早、范围最广，几乎涉及军事应用的各个方面。信息融合在军事上的应用包括从单兵作战、单平台系统到战术和战略指挥、控制、通信、计算机、情报、监视和侦察（$C^4$ISR）任务的广阔领域。具体应用范围可概括为以下几个方面：

① 采用多源的自主式系统和自备式运载器；

② 采用单一平台，如舰艇、机载空中警戒、地面站、航天目标监视或分布式多源网络的广域监视系统；

③ 采用多个传感器进行截获、跟踪和指令制导的火控系统；

④ 情报收集系统；

⑤ 敌情指示和预警系统，其任务是对威胁和敌方企图进行估计；

⑥ 军事力量的指挥和控制站；

⑦ 弹道导弹防御中的$BMC^3$I 系统；

⑧ 网络中心战、协同作战能力（CEC）、空中单一态势图（SIAP）、地面单一态势图（SIGP）、海面单一态势图（SISP）、$C^4$ISR、$IC^4$ISR（一体化$C^4$ISR）、$C^4$KISR 等复杂大系统中的应用。

目前，世界各主要军事大国都竞相开始投入大量人力、物力和财力进行信息融合理论与技术的研究，安排了大批研究项目，并已取得大量研究结果。到目前为止，美、英、德、法、意、日、俄等国家已研制出数百种军用信息融合系统，比较典型的有：TCAC——战术指挥控制系统、TOP——海军战争状态分析显示系统、BETA——外场空间使用和目标获取系统、ASAS——全源分析系统、DAGR——辅助空中作战命令分析专家系统、PART——军用双工无线电/雷达瞄准系统、AMSUI——自动多源部队识别系统、TRWDS——目标获取和输送系统、AIDD——炮兵情报数据融合系统、ENSCE——敌方态势估计、ANALYST——地面部队战斗态势评定系统、TST——协同空战中心第 10 单元、BCIS——外场空间战斗识别系统、FBCB2——21 世纪旅及旅以下作战指挥系统、GNCST——全球网络中心监视与瞄准系统、陆军“创业”系统以及空军“地平线系统”等。此外，还出现了多模传感器系统，最具代表性的是法国汤姆逊无线电公司与澳大利亚的阿贝尔视觉系统公司合作研制的“猛禽”系统，美国集合成孔径雷达与光电摄像装置为一体的“全球鹰”无人机等。目前美军的信息融合系统正不断向功能综合化、三军系统集成化、网络化发展，计划由现有的 143 个典型的信息系统，经过逐步集成和完善，最终形成以全球指挥控制系统、陆军“创业”系统、海军“哥白尼”系统、空军“地平线系统”等为代表的综合信息融合系统。

实际应用方面，在海湾战争中，美国领导的联盟军队使用的 MCS——陆军机动控制系统等是机动平台上安装多类传感器信息融合系统并成功使用的实例。在科索沃战争中，美军研制的“目标快速精确捕获”系统，从数据接收、信息融合到火力打击这一过程最快只需 5min，使得识别目标和攻击目标几乎能同时完成。阿富汗战争及伊拉克战争中，“协同空战中心第 10 单元”成功地缩短了信息处理时间，自动给出目标精确坐标，实现了传感器到射手（sensor to shooter）的一体化处理，证明了信息融合的巨大优势。

## 二、核生化信息融合技术的应用现状

面对日益复杂的环境，建立一套能够自动获取外场空间信息，并为环境中作战单元提供必要情报收集与分析决策功能的信息网络工具显得尤为重要。基于此，美军经过数十年的经营，建成了体积庞大、自动化程度高的战略 $C^4$ISR 系统，并在实战中进行了应用。相对于早已发展的 $C^4$ISR 系统，在核生化威胁状态下的核生化危害预警与预测系统发展比较滞后，军方所用的危害预测方法和模型不能与指挥自动化网络上的信息进行共享，预测模型的结果也不能被各作战单元使用。

“9·11 事件”以后核生化威胁形式更加复杂，以美国为主的西方国家适时调整了国家战略预警功能，在多个层面上发展基于一体化战略的核生化危害预测与预警系统，并融入到美军外场空间信息化的整体战略之中。美军核生化设备信息化的整体架构是联合项目管理信息系统（JPMIS）。JPMIS 在面临核生化威胁时，能够提供作战空间所需的信息框架以及该信息框架的应用准则，能为作战人员提供早期综合报警，进行精确的危险预测，并提供先进的后果管理和行动分析工具。

JPMIS 中有三大主要子系统：联合报警与报告网络模块（JWARN）、联合效应模块（JEM）、联合作战效应综合模块（JOEF）。联合报警与报告网络模块同传感器联通，联合效应模块同联合作战效应综合模块联通，3 个模块集成一体，为核生化预警等核生化防护项目服务，如图 1-14 所示。

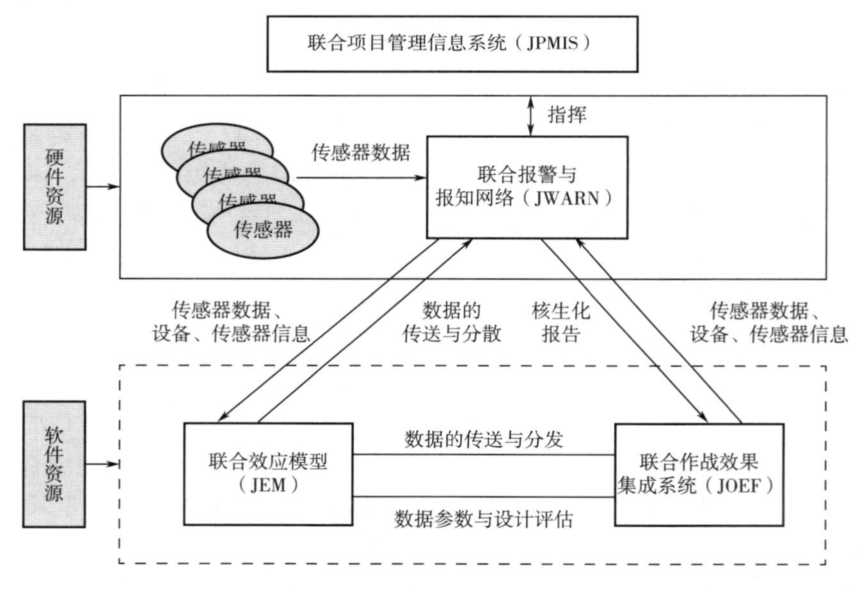


**图 1-14 联合项目管理信息系统架构**

JWARN 模块是一个底层的基础系统，是关联核生化探测器和战斗指挥决策系统的桥梁。它既可以配置、管理和监控战剂探测器网络，又能使用核生化报警技术搜集、分析、识别、定位、报告和分发有关核生化威胁的信息，同时构建危险区的联合效应模块（JEM）供专家和指挥者参考，采用先进的有线或无线网络，向军用指挥、控制、通信、情报、搜索和侦察等指挥自动化系统输出预警报告和警报。

联合效应模块能够针对不同的危害为用户选择合适的模型系统。JEM 投入使用后，将根据用户的方案提供选择合适模拟系统的接口和人工智能服务。JEM 将会接入指挥自动化平台，并与 JWARN 接驳，为共同作战图像（COP）提供危害预测模块功能。

联合作战效应综合模块（JOEF）是一个支持军事行动中核生化防护的仿真系统。它可根据 JWARN 的数据全方位预测外场空间威胁程度，为决策者提供详实具体的情报参考，对战时军事行动的评估、风险等级的划分、核生化防护及战备评估等方面具有重要作用。

上述的联合项目管理信息系统构成了目前美军核生化信息化建设的主要内容，通过信息融合技术为美军核生化信息化建立起一个整体发展框架。该体系与其他部队或资源的信息交流如图 1-15 所示。

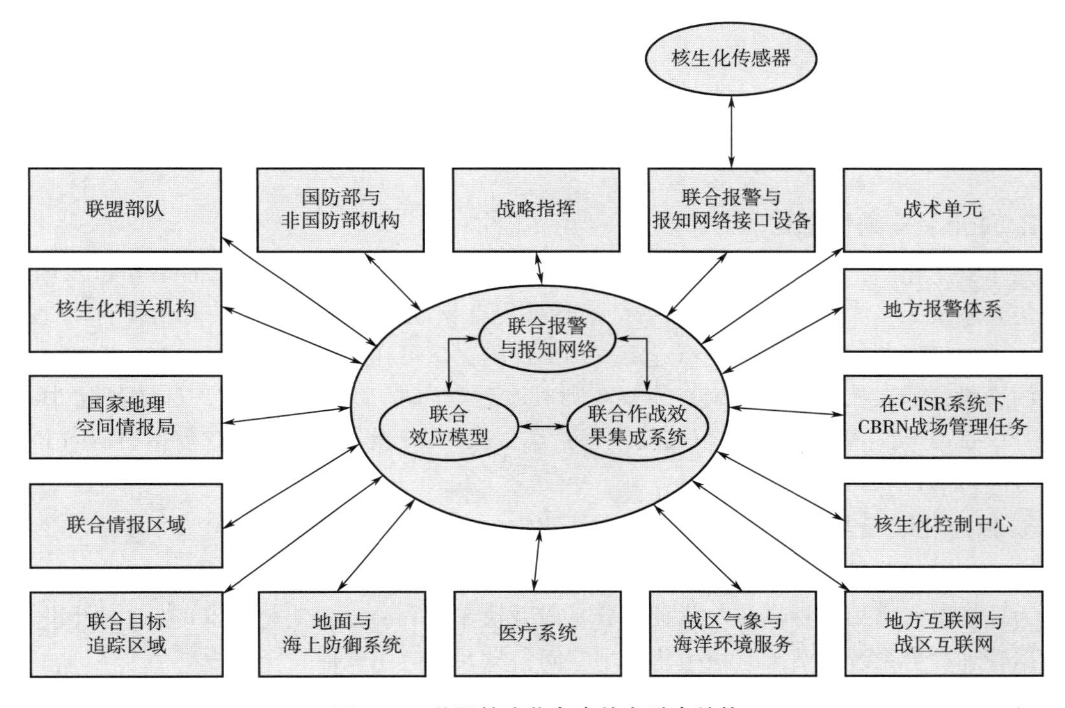


**图 1-15　美国核生化危害信息融合结构**

其工作内容如图 1-16 所示。

## （一）美军核生化装备信息化建设的特点

### 1. 注重与全军的信息化建设接轨

为预见无形核生化危险，采用一体化的传感器网络和外场空间控制系统使部队尽量规避污染区域，并以尽可能快的速度持续作战，指挥官必须能够得到情报、作战行动、探测器数据、气象条件等实时信息。

JWARN 可实时地将核生化传感器信息纳入指挥控制系统，实现多级指挥、多兵种、多单位上的核生化信息态势感知，使指挥员能够进行相应决策；还可通过危害预测工具提供实时威胁的预测。

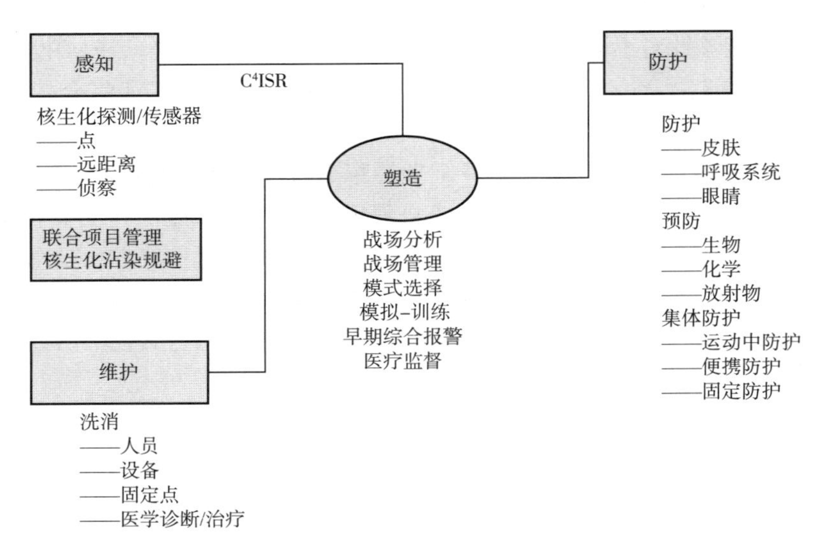


**图 1-16　联合项目管理信息系统外场空间联合能力与联合项目管理能力示意图**

### 2. 注重装备的信息化

美军核生化防护装备的信息系统分为报警与报告、威胁分析、作战效能分析以及训练和模拟仿真系统等 4 大部分。主要包括：“斯特瑞克”核生化侦察车，安装有指挥自动化网络设备，采用新研制的联合作战轻型远距离毒剂探测器，可在移动中通过探测器远距离探测和收集污染物；狐式核生化（NBC）侦察车则可通过车内的 MICAD 系统，自动获取 M22 毒剂报警设备与 AN/VDR-2 辐射仪的信息，自动生成 NBC 报告并通过无线数据通信向上一级指挥所的机动控制系统传送。

### 3. 信息化装备与指挥网络配套的软件建设

美国面向服务的体系结构（SOA）、德国基于 IT 技术的核生化管理工具 Snooper2.0，能够为外场空间指挥官提供核生化数据分析以及决策建议；法国有 NABOUCO 核生化指挥和数据管理综合系统；英国有核生化外场空间信息系统应用软件。

## （二）美军核生化信息化建设的发展重点

（1）提高核生化相关数据传递的网络联通性，为当前核生化指挥、控制、计算、通信、情报和侦察系统及其他系统提供支持。

（2）研究核生化危害预测与评估算法，评价、描述军队作战区域的核生化威胁，为医学和非医学综合分析提供支撑。

（3）研制自动决策/计划辅助工具，利用通用数据模型评估核生化危害物对人员、装备、地形、伤亡、危险因子等的直接影响，为进一步模拟与仿真提供支持。

（4）收集与分析军队和平民人口的一般综合监测数据。

# 第四节　核生化信息融合技术发展趋势

## 一、改进现有的信息融合方法

首先需要研究信息各种特征的正确度量方法和融合性能评价方法，比如改进证据理论时，需要研究证据间的距离、相似度、支持度、冲突度、矛盾性、证据可靠性、重要性和特定性等。在此基础上再研究现有融合方法的改进和扩展，例如：

① 通过修改证据组合规则或证据源数据模型来解决高冲突证据组合问题；扩展证据理论，比如DSmT证据理论将辨识框架由密集扩大到高密集和超密集，并定义了新的证据组合规则，其应用前景广阔，成为一个重要研究方向。

② 拓展模糊集理论，包括直觉模糊集、多值直觉模糊集、L模糊集与L直觉模糊集、区间值模糊集与区间值直觉模糊集、Vague集等理论，例如有文献研究了多值直觉模糊集信息融合。

③ 还可改进粒子滤波、Kalman滤波和信息融合滤波理论等。

## 二、综合应用多种信息融合方法

由于一种信息融合方法通常只适用于特定情况，因此针对比较复杂的情况可以采用多种信息融合方法，这样可以取长补短，得到比采用单个方法更好的融合结果。有关研究工作主要集中于将几种常用的融合方法相结合并加以改进，例如：模糊理论、神经网络法和遗传算法两两结合或三者结合；模糊逻辑和Kalman滤波相结合；小波变换和Kalman滤波相结合；模糊理论和最小二乘法相结合；模糊集理论与粗糙集理论相结合并改进；模糊集理论与证据理论相结合并改进等。

## 三、研究应用新兴的信息融合方法

随机集理论、支持向量机理论、本体论、博弈论、商空间粒计算理论等在信息融合领域中的应用仍需进一步深入研究。Web Service和云计算等新型计算模式也逐渐用于信息融合领域，目前的研究工作还包括一些受生物学启发的智能融合方法。

基于随机集理论的信息融合研究工作目前主要局限于多源异类信息的统一表示与建模和多目标/群目标跟踪技术，如概率假设密度（PHD）算法及其改进等，人们期望以该理论为基础建立统一的信息融合理论框架，但目前还有很大差距。支持向量机（SVM）理论主要用于数据的分类，可较好地解决小样本、高维特征空间和不确定条件下的数据融合问题，人们已提出很多种算法，如模糊SVM、小波SVM、孪生SVM、排序SVM等，针对具体应用，须研究 SVM 算法及其参数和核函数的优化选择问题。博弈论可为多源信息冲突环境下的信息融合问题和多代理融合系统的设计提供有效的解决途径，博弈论融合属于高层次信息融合范畴，可用于态势评估与认识、威胁预测和传感器管理等，其典型算法有基于贝叶斯网络的博弈融合算法、分散式马尔科夫博弈论方法等，但博弈论融合的应用有待推广，相应模型和算法也需要改进。与粗糙集理论一样，商空间（quotient space）理论也属于粒计算范畴，也有望用于多粒度多层次的信息融合以及海量数据融合，但目前的研究工作很有限，值得进一步研究；在基于粒计算理论实现信息融合时，需要研究信息粒的表示、粒层的转换和粒的计算方法等问题以及复合粒计算模型的应用。

Web Service 和云计算是基于互联网的新兴计算技术。Web Service 可为异构信息服务的集成与融合提供很好的解决方案，目前基于 Web Service 的信息融合技术主要用于地理信息系统，如提供地理空间数据融合和卫星遥感图像融合服务。近年来研究比较多的云计算具有超级计算能力、海量数据存储能力和透明方便的服务访问接口，可为信息融合算法的实现和融合系统的开发提供一种新的解决方案，特别是能应对海量多维数据实时融合的挑战，如军事情报融合和互联网上信息资源的融合与集成。

# 第二章

# 核生化信息融合的数学基础

核生化信息融合主要包括核生化信源分类及检测、扩散预测、源项反演、数据同化、遥测信息融合等，是在多个级别上对多源数据进行综合处理的过程，每个处理级别都反映了对原始数据不同程度的抽象，其结果表现为在较低级别对状态和属性的评估与在较高层次上对整个态势、威胁的估计。核生化信息融合的目标是基于各信源分离的观测数据，通过对数据的检测融合导出更多的有效信息，生成对观测环境的一致性解释和描述。

为了更有针对性地研究核生化信息融合算法，本章主要讨论在核生化检测、预测、反演、同化等融合过程中涉及的数学基础，包括常用数理统计分布、状态估计技术、模糊推理方法、灰色系统方法、粗糙集方法、贝叶斯优化方法、最优化算法等，以便为读者理解和探索后续章节的各种信息融合模型奠定数学基础。

## 第一节　常用数理统计分布

数理统计学是应用数学的一个分支学科，它与概率论一样，是研究大量随机现象的统计规律。数理统计以概率论的理论为基础，研究如何以有效的方式收集、整理和分析受到随机性影响的数据，以对所考察的问题作出推断和预测，直至为决策和行动提供依据和建议。本节重点讨论在核生化信息融合研究中涉及的各种统计分布理论基础。

### 一、正态分布

**定义 2.1**　若随机变量 $\xi$ 的概率密度函数为

$$\varphi(x)=\frac{1}{\sqrt{2\pi}\sigma}e^{-\frac{(x-\mu)^2}{2\sigma^2}} \qquad -\infty<x<+\infty \tag{2.1}$$

其中，$\mu$、$\sigma$ 为常数，且 $\sigma>0$，则 $\xi$ 服从参数为 $\mu$、$\sigma^2$ 的正态分布或高斯分布，记作 $\xi \sim N(\mu, \sigma^2)$。

当 $\mu=0$，$\sigma^2=1$ 时，称作标准正态分布，记作 $\xi \sim N(0, 1)$。标准正态分布的概率密度函数 $\varphi(x)$ 和分布函数 $\Phi(x)$ 分别为

$$\varphi(x)=\frac{1}{\sqrt{2\pi}}e^{-\frac{x^2}{2}} \qquad -\infty<x<+\infty \tag{2.2}$$

$$\Phi(x)=\frac{1}{\sqrt{2\pi}}\int_{-\infty}^{x}e^{-\frac{u^2}{2}}du \qquad -\infty<x<+\infty \tag{2.3}$$

**性质 2.1**　如果 $\xi \sim N(\mu, \sigma^2)$，则 $\xi^*=\frac{\xi-\mu}{\sigma} \sim N(0, 1)$。其概率密度函数和分布函数分别为

$$\varphi^*(x)=\frac{1}{\sigma}\varphi\left(\frac{x-\mu}{\sigma}\right) \tag{2.4}$$

$$\Phi^*(x)=\Phi\left(\frac{x-\mu}{\sigma}\right) \tag{2.5}$$

## 二、均匀分布

均匀分布描绘的是几何型随机试验中随机点的分布。假设在区间 $[a, b]$ 上均匀地投掷随机点，以 $\xi$ 表示随机点落点的坐标，那么 $\xi$ 在 $[a, b]$ 上均匀分布。

**定义 2.2** 设随机变量 $\xi$ 的概率密度函数在区间 $[a, b]$ 上均匀分布，如果其概率密度函数

$$f(x)=\begin{cases}\dfrac{1}{b-a} & a\leqslant x\leqslant b\\ 0 & \text{其他}\end{cases} \tag{2.6}$$

则称 $\xi$ 在区间 $[a, b]$ 上服从均匀分布。$\int_{-\infty}^{\infty} f(x)\,\mathrm{d}x=1$ 均匀分布的分布函数如下：

$$F(x)=P_{\mathrm{r}}\{\xi\leqslant x\}=\begin{cases}0 & -\infty<x<a\\ \dfrac{x-a}{b-a} & a\leqslant x\leqslant b\\ 1 & b<x<\infty\end{cases} \tag{2.7}$$

## 三、$\chi^2$ 分布

**定义 2.3** 设 $(X_1, X_2, \cdots, X_n)$ 为来自正态总体 $N(0,1)$ 的样本，则统计量 $\chi^2=X_1^2+X_2^2+\cdots+X_n^2$ 所服从的分布是自由度为 $n$ 的 $\chi^2$ 分布，记作 $\chi^2\sim\chi^2(n)$。

**性质 2.2** $\chi^2(n)$ 分布的概率密度函数为

$$\chi^2(x;\ n)\begin{cases}\dfrac{1}{2^{\frac{n}{2}}\Gamma\left(\dfrac{n}{2}\right)}x^{\frac{n}{2}-1}\mathrm{e}^{-\frac{x}{2}} & x>0\\ 0 & x\leqslant 0\end{cases} \tag{2.8}$$

式中，$\Gamma\left(\dfrac{n}{2}\right)=\int_0^{\infty} t^{\frac{n}{2}-1}\mathrm{e}^{-t}\,\mathrm{d}t$。

**性质 2.3** 设 $(X_1, X_2, \cdots, X_n)$ 为来自正态总体 $N(a, \sigma^2)$ 的样本，$a$ 、$\sigma^2$ 是已知常数，则统计量 $\chi^2=\dfrac{1}{\sigma^2}\sum_{i=1}^{n}(X_i-a)^2\sim\chi^2(n)$。

**性质 2.4** 设 $\chi^2\sim\chi^2(n)$，则分布的均数等于自由度 $[E(\chi^2)=n]$，分布的方差为 2 倍的自由度 $[D(\chi^2)=2n]$。

**性质 2.5** 设 $X_1\sim\chi^2(n_1)$，$X_2\sim\chi^2(n_2)$，且 $X_1$、$X_2$ 相互独立，则 $X_1+X_2\sim\chi^2(n_1+n_2)$。这个性质叫作 $\chi^2(n)$ 分布的可加性。

## 四、$t$ 分布

**定义 2.4** 设 $X\sim N(0,1)$，$Y\sim\chi^2(n)$，并且 $X$ 与 $Y$ 相互独立，则统计量 $T=\dfrac{X}{\sqrt{Y/n}}$ 所服从的分布是自由度为 $n$ 的 $t$ 分布，记作 $T\sim t(n)$。

**性质 2.6** $t(n)$ 分布的概率密度函数为

$$t(x;n)=\frac{\Gamma\left(\frac{n+1}{2}\right)}{\Gamma\left(\frac{n}{2}\right)\sqrt{n\pi}}\left(1+\frac{x^2}{n}\right)^{-\frac{n+1}{2}} \tag{2.9}$$

**性质 2.7** 设 $X\sim N(a,\sigma^2)$，$\frac{Y}{\sigma^2}\sim\chi^2(n)$，且 $X$ 与 $Y$ 相互独立，则 $T=\frac{X-a}{\sqrt{\frac{Y}{n}}}\sim t(n)$。

## 五、F 分布

**定义 2.5** 设 $X\sim\chi^2(m)$，$Y\sim\chi^2(n)$，且 $X$ 与 $Y$ 相互独立，则统计量 $F=\frac{\frac{X}{m}}{\frac{Y}{n}}$ 所服从的分布是自由度为 $(m,n)$ 的 $F$ 分布，记作 $F\sim F(m,n)$。其中 $m$ 称为第一自由度，$n$ 称为第二自由度。

**性质 2.8** $F(m,n)$ 分布的概率密度函数为

$$g(x;m,n)=\begin{cases}\frac{\Gamma\left(\frac{m+n}{2}\right)}{\Gamma\left(\frac{m}{2}\right)\Gamma\left(\frac{n}{2}\right)}\left(\frac{m}{n}\right)\left(\frac{m}{n}x\right)^{\frac{m}{2}-1}\left(1+\frac{m}{n}x\right)^{\frac{m+n}{2}} & x>0\\ 0 & x\leqslant 0\end{cases} \tag{2.10}$$

**性质 2.9** 如果 $X\sim F(m,n)$，则 $\frac{1}{X}\sim F(m,n)$。

## 六、非中心 $\chi^2$ 分布

**定义 2.6** 设有 $n$ 个统计独立的高斯随机变量 $(X_1,X_2,\cdots,X_n)$，其均值为 0，方差均为 $\sigma^2$，则称 $\chi^2=\frac{1}{\sigma^2}\sum_{i=1}^{n}(x_i+B_i)^2$ 为具有 $n$ 个自由度的非中心 $\chi^2$ 变量。其中，$B_i$ 为非随机变量。

**性质 2.10** 非中心 $\chi^2(n)$ 分布的概率密度函数为

$$\chi^2(x;n)=\frac{1}{2}\left(\frac{x}{\lambda}\right)^{\frac{n-2}{4}}\exp\left(-\frac{\lambda+x}{2}\right)I_{\frac{n}{2}-1}\sqrt{x\lambda} \tag{2.11}$$

式中，$I_{\frac{n}{2}-1}(x)$ 为第一类 $\frac{n}{2}-1$ 阶修正贝塞尔函数；$\lambda=\frac{1}{\sigma^2}\sum_{i=1}^{n}B_i^2$，为积累后的功率信噪比，称为非中心参量。此时的概率密度函数具有 $n$ 个自由度的非中心 $\chi^2$ 分布。

**性质 2.11** 两个统计独立的非中心 $\chi^2$ 分布变量之和仍为非中心 $\chi^2$ 变量，其自由度为 $n+m$，非中心参量为 $\lambda_1+\lambda_2$。

**性质 2.12** 非中心 $\chi^2$ 变量的均值 $E(\chi^2)=\lambda+n$，方差 $D(\chi^2)=4\lambda+2n$。其中，$n$ 为

自由度，$\lambda$ 为非中心参量。

## 七、二项分布

**定义 2.7** 设随机变量 $\xi$ 有二项分布，参数为 $(n,p)$，$n \geqslant 1$，$0 < p < 1$。如果它取 0，1，…，$n$ 为值，并且 $P_r\{\xi = m\} = C_n^m p^m (1-p)^{n-m}$，$m = 0,1,\cdots,n$ 则记作 $\xi \sim B(n,p)$。当 $n=1$ 时，二项分布退化为 $P_r\{\xi = m\} = C_1^m p^m (1-p)^{1-m}$，$m = 0,1$。

除上述典型分布形式外，还有瑞利分布、伽马分布、对数正态分布、韦伯分布及柯西分布等。

# 第二节　不确定性信息融合方法

核生化信息融合过程中，不仅会用到常用的数理统计方法和状态估计方法，同时由于数据样本量受限、数据采集过程相对复杂等原因，计算的结果往往呈现复杂性和不确定性特点，这就需要通过相关数学方法对其进一步分析和归纳。因此，本节对核生化信息融合领域可能用到的不确定性信息融合方法进行介绍。

## 一、模糊推理方法

模糊性是客观事物所呈现的普遍现象。它主要是指客观事物差异中的中间过渡的“不分明性”，或者说是研究对象的类属边界或状态的不确定性。过去，概率论是表示数学中不确定性的主要工具。因此，所有不确定性都被假设满足随机不确定性的特征。随机过程有可能通过对过程的长期统计平均来精确描述。然而，有些不确定性是非随机的，所以也不能用概率论来处理和建模。事实上，模糊数学的目的是使客观存在的一些模糊事物能够用数学的方法来处理。模糊集合给出了表示不确定性的方法，为那些含糊、不精确或手头上缺少必要资料的不确定性事物的建模提供了奇妙的工具。

### （一）模糊集合与隶属度

经典数学方法难以处理复杂系统问题的主要原因或许源于其不能有效地描述模糊事物。这里所谓的模糊乃指，并非由于随机性而是由于缺乏从一类成员到另一类成员的明晰过渡所引起的不确定性。界限的模糊使这些分类问题区别于常规数学意义上明确定义的那些分类问题。实际上，在界限模糊的分类中，一个对象可以有一种介于完全隶属和不隶属之间的隶属等级。

允许元素可能部分隶属的集合称作模糊集合。模糊集合是对模糊现象或模糊概念的刻画。所谓模糊现象就是没有严格的界限划分而使得很难用精确的尺度来刻画的现象，而反映模糊现象的种种概念就称为模糊概念。模糊集合的概念是 L. A. Zadeh 于 1965 年首先提出来的，其基本思想是把经典集合中的绝对隶属关系灵活化（或称模糊化）。从特征函数方面讲就是，元素 $x$ 对集合 $A$ 的隶属程度不再局限于取 0 或 1，而是可以取区间 $[0,1]$ 中任何一个数值，这一数值反映了元素 $x$ 隶属于集合 $[0,1]$ 的程度。

下面给出模糊集合的一种定义形式。

论域 $X$ 上的模糊集合 $\underset{\sim}{A}$ 由隶属函数 $\mu_{\underset{\sim}{A}}(x)$ 来表征，其中 $\mu_{\underset{\sim}{A}}(x)$ 在实轴上的闭区间 $[0,1]$ 取值。$\mu_{\underset{\sim}{A}}(x)$ 的值反映了 $X$ 中的元素 $x$ 对于 $\underset{\sim}{A}$ 的隶属程度。

模糊集合完全由隶属函数刻画。对于任意 $x \in X$，都有唯一确定的隶属函数 $\mu_{\underset{\sim}{A}}(x) \in [0,1]$ 与之对应。我们可以将 $\underset{\sim}{A}$ 表示为 $\mu_{\underset{\sim}{A}}(x) \in [0,1]$，即 $\mu_{\underset{\sim}{A}}(x)$ 是从 $X$ 到 $[0,1]$ 的一个映射，它唯一确定了模糊集合 $\underset{\sim}{A}$。常用的隶属度函数有正态型、柯西型、居中型和降 $\Gamma$ 分布等。

#### 1. Zadeh 表示法

在论域 $U$ 中，$\mu_{\underset{\sim}{A}}(x) > 0$ 的全部元素组成的集合称为模糊集合 $\underset{\sim}{A}$ 的“台”或“支集”。也就是说，当某个元素的隶属度为零时，它就不属于该模糊集合。当模糊集合 $\underset{\sim}{A}$ 有一个有限的台 $\{x_1, x_2, \cdots, x_n\}$ 时，$\underset{\sim}{A}$ 可表示为

$$\underset{\sim}{A} = \frac{\mu_{\underset{\sim}{A}}(x_1)}{x_1} + \frac{\mu_{\underset{\sim}{A}}(x_2)}{x_2} + \cdots + \frac{\mu_{\underset{\sim}{A}}(x_n)}{x_n} = \sum_{i=1}^{n} \frac{\mu_{\underset{\sim}{A}}(x_t)}{x_i} \tag{2.12}$$

#### 2. 向量表示法

当模糊集合 $\underset{\sim}{A}$ 的台由有限个元素构成时，模糊集合 $\underset{\sim}{A}$ 还可以表示成向量形式，即

$$\underset{\sim}{A} = [\mu_{\underset{\sim}{A}}(x_1), \mu_{\underset{\sim}{A}}(x_2), \cdots, \mu_{\underset{\sim}{A}}(x_n)] \tag{2.13}$$

给模糊变量赋予隶属度值或隶属函数的方法可能比给随机变量赋予概率密度函数所用的方法更多些，这种赋值过程直观，并可建立在一些算法或逻辑运算之上。主要包括直觉、推理、排序、角模糊集、神经网络、遗传算子、归纳推理、软分割、模糊统计等方法。

### （二）格贴近度

**定义 2.8** 设 $\underset{\sim}{A}, \underset{\sim}{B}, \underset{\sim}{C} \in F(U)$，若映射 $N: F(U) \times F(U) \to [0,1]$ 满足下列条件：

① $N(\underset{\sim}{A}, \underset{\sim}{B}) = N(\underset{\sim}{B}, \underset{\sim}{A})$；

② $N(\underset{\sim}{A}, \underset{\sim}{A}) = 1$，$N(U, \phi) = 0$；

③ 若 $\underset{\sim}{A} \subseteq \underset{\sim}{B} \subseteq \underset{\sim}{C}$，则 $N(\underset{\sim}{A}, \underset{\sim}{C}) \leqslant N(\underset{\sim}{A}, \underset{\sim}{B}) \wedge N(\underset{\sim}{B}, \underset{\sim}{C})$。

则称 $N(\underset{\sim}{A}, \underset{\sim}{B})$ 为 $F$ 集 $\underset{\sim}{A}$ 与 $\underset{\sim}{B}$ 的贴近度，$N$ 称为 $F(U)$ 上的贴近度函数。

**定义 2.9** 设 $\underset{\sim}{A}, \underset{\sim}{B} \in F(U)$，称 $\underset{\sim}{A} \circ \underset{\sim}{B} = \bigvee_{u \in U} (\underset{\sim}{A}(u) \wedge \underset{\sim}{B}(u))$ 为 $F$ 集 $\underset{\sim}{A}$、$\underset{\sim}{B}$ 的内积。内积的对偶运算为外积。

**定义 2.10** 设 $\underset{\sim}{A}, \underset{\sim}{B} \in F(U)$，称 $\underset{\sim}{A} \otimes \underset{\sim}{B} = \bigwedge_{u \in U} (\underset{\sim}{A}(u) \vee \underset{\sim}{B}(u))$ 为 $F$ 集 $\underset{\sim}{A}$、$\underset{\sim}{B}$ 的外积。

**定义 2.11** “余”运算：$\forall \alpha \in [0,1]$，　$\alpha^c = 1 - \alpha$。

**性质 2.13** 设 $\underset{\sim}{A}, \underset{\sim}{B} \in F(U)$，则 $(\underset{\sim}{A}, \underset{\sim}{B}) = (\underset{\sim}{A} \circ \underset{\sim}{B}) \wedge (\underset{\sim}{A} \otimes \underset{\sim}{B})^c$ 是 $F$ 集 $\underset{\sim}{A}$ 与 $\underset{\sim}{B}$ 的贴近度，叫作 $\underset{\sim}{A}$、$\underset{\sim}{B}$ 的格贴近度，记为 $N(\underset{\sim}{A}, \underset{\sim}{B}) = (\underset{\sim}{A} \circ \underset{\sim}{B}) \wedge (\underset{\sim}{A}^c \otimes \underset{\sim}{B}^c)$。当 $U$ 为有限论域时，

$\underset{\sim}{A}\circ\underset{\sim}{B}=\bigvee_{i=1}^{n}(\underset{\sim}{A}(u_i)\wedge\underset{\sim}{B}(u_i))$；当$U$为无限论域时，$\underset{\sim}{A}\circ\underset{\sim}{B}=\bigvee_{u\in U}(\underset{\sim}{A}(u)\wedge\underset{\sim}{B}(u))$。这里“$\vee$”表示取上确界。

### （三）模糊综合评判

所谓综合评判，就是对受到多种因素约束的事物或对象，作出一个总的评判。如果考察的因素只有一个，评判就很简单，只要给对象一个评价分数，就可将评判的对象排出优劣的次序。但是一个事物往往就有多种属性，评价事物必然同时考虑各种因素，这就是综合评判问题。由于在很多问题上，我们对事物的评价常常带有模糊性，因此，应用模糊数学的方法进行综合评判将会取得更好的实际效果。

**定义 2.12** 设$n$个变量的函数$f$：$[0,1]^n\rightarrow[0,1]$，则满足下列条件：

① 正则性：若$x_1=x_2=\cdots=x_n=x$，则$f(x_1,x_2,\cdots,x_n)=x$；

② 单增性：$f(x_1,x_2,\cdots,x_n)=x$关于所有变元是单调增加的，即对于任意$i$，若$x_i^{(1)}\leqslant x_i^{(2)}$，则$f(x_1,\cdots,x_{i-1},x_i^{(1)},x_{i+1},\cdots,x_n)\leqslant f(x_1,\cdots,x_{i-1},x_i^{(2)},x_{i+1},\cdots,x_n)$；

③ 连续性：$f(x_1,x_2,\cdots,x_n)$关于所有变元是连续的，称$f$为$n$元模糊综合函数。

**性质 2.14** 常用的$n$元模糊综合函数总与一个权向量有关，且常涉及以下两类权向量：

$$\boldsymbol{A}=(a_1,a_2,\cdots,a_n)\in[0,1]^n$$

① 归一化权向量：$\sum_{i=1}^{n}a_i=1$；

② 正规化权向量：$\bigvee_{i=1}^{n}a_i=1$。

归一化权向量与正规化权向量是可以相互转化的。

模糊综合评判有三要素，即因素集、评价集和单因素评判。设被测对象的因素集合$U=\{u_1,\cdots,u_n\}$共$n$个因素，称为因素集；各种评价构成的集合$V=\{v_1,\cdots,v_m\}$共$m$个等级，称为评价集。在进行综合评判时，除应具备因素集和评价集外，还必须定义单因素评价向量。对单个因素$u_k(k=1,2,\cdots,n)$得到$V$上的模糊集$\underset{\sim}{R}_k(r_{k1},\cdots,r_{km})$，所以它是一个从$U$到$V$的模糊映射

$$f: U\rightarrow F(V)$$

$$u_k \mid\rightarrow(r_{k1},\cdots,r_{km})\quad k=1,2,\cdots,n \tag{2.14}$$

它可以看作$V$上的一个模糊子集。式中$r_{k1}$表示考虑第$k$个因素时，第1个等级的隶属度。$n$个因素的总的评价矩阵为

$$\underset{\sim}{\boldsymbol{R}}=\begin{bmatrix}\underset{\sim}{R}_1\\ \underset{\sim}{R}_2\\ \vdots\\ \underset{\sim}{R}_n\end{bmatrix}=\begin{bmatrix}r_{11} & r_{12} & \cdots & r_{1m}\\ r_{21} & r_{22} & \cdots & r_{2m}\\ \vdots & \vdots & \ddots & \vdots\\ r_{n1} & r_{n2} & \cdots & r_{nm}\end{bmatrix} \tag{2.15}$$

它是由所有对单因素评判的模糊集组成的。

在进行综合评判时，一般来说，各种因素对事物评定等级所起的作用是不一致的，这种评价作用就形成了因素集$U$上的一个因素权重模糊子集$\underset{\sim}{A}$：$\underset{\sim}{A}=(a_1,\cdots,a_n)$。$a_k$就是单独考虑因素$u_k$对评价等级所起作用大小的度量，代表了根据因素$u_k$评价等级的能力，它们满

足归一化条件，即 $a_1+a_2+\cdots+a_n=1$。

**定义 2.13** 设 $U$ 和 $V$ 分别是因素集和评价集，$\gamma: U\to F(V)$ 是单因素评判函数，则

$$\begin{bmatrix} f(\gamma_{u_1}(v_1),\gamma_{u_2}(v_1),\cdots,\gamma_{u_n}(v_1)) \\ f(\gamma_{u_1}(v_2),\gamma_{u_2}(v_2),\cdots,\gamma_{u_n}(v_2)) \\ f(\gamma_{u_1}(v_m),\gamma_{u_2}(v_m),\cdots,\gamma_{u_n}(v_m)) \end{bmatrix}$$

就是对 $U$ 的综合评判。

**定义 2.14** 设 $T$ 是 $[0,1]$ 上的二元运算，如果 $T$ 满足下列条件，则称 $T$ 是一个 $t$ 模。

① $T$ 是可结合的，即

$$T(T(x,y),z)=T(x,T(y,z)) \quad x,y,z\in[0,1]$$

② $T$ 是可交换的，即

$$T(x,y)=T(y,x) \quad x,y\in[0,1]$$

③ $T$ 处处非减，即如果 $x\leqslant x_1, y\leqslant y_1$，则 $T(x,y)\leqslant T(x_1,y_1)$；

④ 1 是 $T$ 的单位元，即任意 $x\in[0,1]$，$T(x,1)=T(1,x)=x$。

下面具体给出模糊综合评判常用的几种模糊综合函数。

### 1. 加权平均型

设 $\boldsymbol{A}=(a_1,a_2,\cdots,a_n)\in[0,1]^n$ 是归一化权向量，$\forall(x_1,x_2,\cdots,x_n)\in[0,1]^n$，令

$$f(x_1,x_2,\cdots,x_n)=\sum_{i=1}^{n}a_ix_i \tag{2.16}$$

$f$ 称为加权平均型模糊综合函数。式中，$a_i$ 可解释为第 $i$ 个因素在综合评判中所占的比重。

### 2. 几何平均型

设 $\boldsymbol{A}=(a_1,a_2,\cdots,a_n)\in[0,1]^n$ 是归一化权向量，$\forall(x_1,x_2,\cdots,x_n)\in[0,1]^n$，令

$$f(x_1,x_2,\cdots,x_n)=\prod_{i=1}^{n}x_i^{a_i} \tag{2.17}$$

$f$ 称为几何平均型模糊综合函数。式中，$a_i$ 是几何权数。

### 3. 单因素决定型

设 $\boldsymbol{A}=(a_1,a_2,\cdots,a_n)\in[0,1]^n$ 是正规化权向量，$\forall(x_1,x_2,\cdots,x_n)\in[0,1]^n$，令

$$f(x_1,x_2,\cdots,x_n)=\bigvee_{i=1}^{n}\{a_i\wedge x_i\} \tag{2.18}$$

$f$ 称为单因素决定型模糊综合函数。

### 4. 主因素突出型

设 $\boldsymbol{A}=(a_1,a_2,\cdots,a_n)\in[0,1]^n$ 是正规化权向量，$\forall(x_1,x_2,\cdots,x_n)\in[0,1]^n$，令

$$f(x_1,x_2,\cdots,x_n)=\bigvee_{i=1}^{n}\{a_iTx_i\} \tag{2.19}$$

$f$ 称为主因素突出型模糊综合函数。

## （四）模糊聚类

### 1. 模糊识别与模糊聚类

模糊识别又常称作模糊分类。从处理问题的性质和解决问题的方法等角度来看，模糊识

别或者模糊分类可分为有监督的分类（supervised classification）和无监督的分类（unsupervised classification）两种类型。

所谓有监督的分类，又称为有教师的分类或有指导的分类。在这类问题中，已知模糊的类别和某些样本的类别属性，首先用具有类别标记的样本对分类系统进行学习或训练，使该分类系统能够对这些已知样本进行正确分类，然后用学习好的分类系统对未知的样本进行分类。这就要求我们对分类的问题要有足够的先验知识，而要做到这一点，往往要付出相当大的代价。

在没有先验知识的情况下，则需要借助无监督的分类技术。无监督的分类又称为聚类分析（cluster analysis）。

聚类就是按照一定的要求和规律对事物进行区分和分类的过程，在这一过程中没有任何关于分类的先验知识，没有教师指导，仅靠事物间的相似性作为类属划分的规则，因此属于无监督分类的范畴。聚类分析则是指用数学的方法研究和处理给定对象的分类。

“人以群分，物以类聚”，聚类是一个古老的问题，它随着人类社会的产生和发展而不断深化，人类要认识世界就必须区别不同的事物并认识事物间的相似性。聚类分析是多元统计分析的一种，也是非监督模糊识别的一个重要分支。它是把一个没有类别标记的样本集按某种准则划分为若干个子集（类），使相似的样本尽可能归为一类，而不相似的样本尽量划分到不同的类中。

传统的聚类分析是一种硬划分（crisp partition），它将每个待辨识的对象严格地划分到某类中，具有“非此即彼”的性质，因此这种类别划分的界限是分明的。而实际上大多数对象并没有严格的属性，它们在性态和类属方面存在着中介性，具有“亦此亦彼”的性质，因此适合进行软划分。模糊集方法的提出为这种软划分提供了有力的分析工具，人们开始用模糊的方法来处理聚类问题，称为模糊聚类分析。由于模糊聚类得到了样本属于各个类别的不确定性程度，表达了样本类属的中介性，即建立了样本对于类别的不确定性描述，更能客观地反映现实世界，从而成为聚类分析研究的主流。

虽说聚类应用于模糊识别的时间不长，但它并非一个新领域，早已被应用在其他学科中。Dubes 和 Jain 关于聚类分析的综述包括了从 77 份杂志和 40 本书中摘取出来的 250 条引文，如此多的文献说明了聚类分析的重要性和交叉学科性，也足以说明其发展及应用前景的广阔性。

### 2. 聚类分析的数学模型

从数学角度来刻画聚类分析问题，可以得到如下的数学模型。设 $X=\{x_1,x_2,\cdots,x_n\}$ 是待聚类分析的对象的全体（称为论域），$X$ 中的每个对象（称为样本）常用有限个参数值来刻画，每个参数值刻画 $x_k$ 的某个特征。于是对象 $x_k$ 就伴随着一个向量 $\boldsymbol{P}(x_k)=(x_{k1},x_{k2},\cdots,x_{ks})$，其中 $x_{kj}(j=1,2,\cdots,s)$ 是 $x_k$ 在第 $j$ 个特征上的赋值，$\boldsymbol{P}(x_k)$ 称为 $x_k$ 的特征向量或模式矢量。聚类分析就是分析论域 $X$ 中的 $n$ 个样本所对应的模式矢量间的相似性，按照各样本间的亲疏关系把 $x_1,x_2,\cdots,x_n$ 划分为多个不相交的子集 $X_1$，$X_2$，$\cdots$，$X_c$，并要求满足下列条件：$X_1\cup X_2\cup\cdots\cup X_c=X, X_i\cap X_j=\phi, 1\leqslant i\neq j\leqslant c$。

样本 $x_k(1\leqslant k\leqslant n)$ 对子集（类）的隶属关系可用隶属函数表示为

$$\mu_{X_i}(x_k)=\mu_{ik}=\begin{cases}1 & x_k\in X_i\\0 & x_i\notin X_i\end{cases} \tag{2.20}$$

其中，隶属函数必须满足条件 $\mu_{ik} \in E_{\mathrm{h}}$。也就是说，要求每一个样本均能且只能隶属于某一类，同时要求每一个子集（类）都是非空的。因此，通常称这样的聚类分析为硬划分(hard partition 或 crisp partition)：

$$E_{\mathrm{h}} = \left\{\mu_{ik} \mid \mu_{ik} \in \{0,1\};\ \sum_{i=1}^{c}\mu_{ik} = 1, \forall k;\ 0 < \sum_{k=1}^{n}\mu_{ik} < n, \forall i\right\} \tag{2.21}$$

在模糊划分（fuzzy partition）中，样本集 $X$ 被划分为 $c$ 个模糊子集 $\underset{\sim}{X}_1, \underset{\sim}{X}_2, \cdots, \underset{\sim}{X}_c$，而且样本的隶属函数从 0、1 只扩展到区间 $[0,1]$，满足条件

$$E_{\mathrm{f}} = \left\{\mu_{ik} \mid \mu_{ik} \in [0,1];\ \sum_{i=1}^{c}\mu_{ik} = 1, \forall k;\ 0 < \sum_{k=1}^{n}\mu_{ik} < n, \forall i\right\} \tag{2.22}$$

显然，由上式可得 $\bigcup_{i=1}^{c} \mathrm{supp}(\underset{\sim}{X}_i) = X$。这里 sup $p$ 表示取模糊集合的支撑集。

对于模糊划分，如果放宽概率约束条件 $\sum_{i=1}^{c}\mu_{ik} = 1, \forall k$，则模糊划分演变为可能性划分(possibilistic partition)。显然，对于可能性划分而言，每个样本对各个划分子集的隶属度构成的矢量 $\boldsymbol{\mu}_k = [\mu_{1k}, \mu_{2k}, \cdots, \mu_{ik}, \cdots, \mu_{ck}]$ 在 $c$ 维实空间中单位超立方体内取值，即

$$E_{\mathrm{p}} = \{\mu_i \in \mathbf{R}^c \mid \mu_{ik} \in [0,1], \forall i, k\} \tag{2.23}$$

而模糊划分 $E_{\mathrm{f}}$ 的取值范围为 $c$ 维实空间中过 $c$ 个单位基矢量的超平面，即

$$E_{\mathrm{f}} = \left\{\mu_i \in E_{\mathrm{p}} \mid \sum_{i=1}^{c}\mu_{ik} = 1, \forall k\right\} \tag{2.24}$$

如此，硬划分 $E_{\mathrm{h}}$ 只能在单位超 $c$ 立方体的 $c$ 个单位基矢量上取值。

$$E_{\mathrm{h}} = \left\{\mu_i \in E_{\mathrm{f}} \mid \mu_{ik} \in \{0,1\}\right\} \tag{2.25}$$

#### 3. 聚类分析的分类

从实现方法上分，粗略说来，聚类分析方法可大致分为四种类型：谱系聚类法、基于等价关系的聚类方法、图论聚类法和基于目标函数的聚类方法等。前三种方法由于不能适应大数据量的情况，难以满足实时性要求较高的场合，因此在实际中应用并不广泛，现在这些方面的研究已经逐渐减少了。实际中受到普遍欢迎的是第四种方法——基于目标函数的聚类方法，该方法把聚类分析归结成一个带约束的非线性规划问题，通过借助经典数学的非规划理论求解，并易于计算机实现。因此，随着计算机的应用和发展，基于目标函数的模糊聚类算法成为新的研究热点。

#### 4. 聚类的有效性

在许多情况下，数据分类的数目 $c$ 是已知的。然而，在其他情况下，有一个以上的子结构分类值是合理的。在这种情况下，就有必要对手头数据进行分析，以确定似乎是最合理的数据分类数目 $c$ 值。这个问题就称为聚类的有效性。如果所用的数据已被标明，则存在一个唯一的关于聚类有效性的绝对度量，即 $c$ 是给定的。对于未标明的数据，则不存在关于聚类有效性的绝对度量。尽管这些差异的重要性是未知的，但是有一点是清楚的，即标称的特征对所感兴趣的现象是灵敏的，而对那些与现在的应用无关的变化是不灵敏的。

## 二、灰色系统方法

灰色系统方法中的“灰”指的是信息部分确知，部分不确知，或者说信息不完全。“灰”

是与表示信息完全确知的“白”和表示信息完全不确知的“黑”相对应的。灰色系统方法以“部分信息已知”的“小样本”“贫信息”不确定性系统为研究对象，主要通过对“部分”已知信息的生成、开发，提取有价值的信息，实现对系统运行行为、演化规律的正确描述和有效监控。

在处理实际问题时，往往是灰比白更好些。预期目标定得太具体、太死板，而完不成任务，倒不如定得灵活一些、笼统一些，而有可能达到和完成任务。灰色系统不同于“黑箱”和“模糊数学”。“黑箱”建模方法是着重系统外部行为数据的处置方法，而灰色系统建模方法是着重系统内部行为数据间内在关系的挖掘和量化的方法。“模糊数学”着重外延不明确、内涵明确的对象，而灰色系统着重外延明确、内涵不明确的对象。灰色系统正在农业、计划、经济、社会、科教、史学、行政等各个方面得到日益广泛的应用，军事系统更是充满灰现象的系统。作战系统的主要信息是军事情报，而军事情报的不完全和伪假现象是常见的，一条主要的军事情报，往往要付出相当大的代价才能得到，因此其灰色性是很突出的且不可避免。在军事力量的估计、战略战术的决策与对策中，不论通过何种手段，往往都无法获得全部的信息，而只能得到一部分信息。可以说，一切军事决策、战略部署、指挥行动都是在部分信息已知、部分信息未知的情形下作出的。

### （一）灰色系统方法的两条基本原理

由于灰的特点是信息不完全，信息不完全的结果是非唯一，由此可派生出灰色系统方法的两条基本原理。

#### 1. 信息不完全原理

信息不完全原理的应用，是“少”与“多”的辩证统一，是“局部”与“整体”的转化。

#### 2. 过程非唯一原理

由于灰色系统方法的研究对象信息不完全，准则具有多重性，从前因到后果，往往是多-多映射，因而表现为过程非唯一性。具体表现是解的非唯一，辨识参数的非唯一，决策方法、结果的非唯一等。例如，非唯一性在决策上的体现是灰靶思想。灰靶是目标非唯一与目标可约束的统一，是目标可接近、信息可补充、方案可完善、关系可协调、思维可多向、认识可深化、途径可优化的表现。又如，非唯一性在建立GM模型时的表现为参数非唯一、模型非唯一、建模步骤方法非唯一等。

非唯一性的求解过程，是定性和定量的统一。面对许多可能的解，可通过信息补充、定性分析来确定一个或几个满意的解。定性方法与定量分析相结合，是灰色系统的求解途径。

### （二）数据变换技术

由于系统中各因素的物理意义不同，导致数据的量纲也不一定相同，这样在比较时就难以得到正确的结果。为了便于分析，保证各因素具有等效性和同序性，因此需要对原始数据进行处理，使之无量纲和规一化，这就提出了数据变换的问题。

对抽象系统进行关联分析时，首先要确定表征系统特征的数据列。其表征方法有两种：

#### 1. 直接法

能直接得到反映系统行为特征的数列，可直接进行灰关联分析。

### 2. 间接法

有些系统，我们不能直接找到表征系统行为特征的数列，这时就需要寻找表征系统行为特征的间接量，称为找映射量，然后用此映射量进行分析。

例如，用医院挂号数作为健康水平的映射量，用图书、期刊、报纸的人均消费量来反映国家的知识水平等。

记 $X_0=\{X_0(k) \mid k=1,2,\cdots,n\}$ 为参考数列，$X_i=\{X_i(k) \mid k=1,2,\cdots,n\}$ $(i=1,2,\cdots,m)$ 为比较数列，其中 $X_i$ 为第 $i$ 个序列，$m$ 为比较数列的个数。若 $k$ 为时间序列，则 $X_i$ 为第 $i$ 个时间序列；若 $k$ 为空间分布序列，则 $X_i$ 为第 $i$ 个空间分布序列；若 $k$ 为指标序列，则 $X_i$ 为第 $i$ 个对象的指标序列。用时间序列研究的是随时间变化的系统，其分析是通过历史的发展变化，对因素进行关联分析；空间分布序列是研究随空间分布而变化的系统，其分析是通过各因素随空间的发展变化对系统的影响来确定因素间的关联情况；指标序列是研究随指标而变化的系统，其分析是通过各因素随指标的变化对系统的影响来确定因素间的关联情况。

（1）时间序列的处理　对于时间序列 $X=\{X(k) \mid k=1,2,\cdots,n\}$，常用的处理方法包括初值化、最小值化、最大值化、平均值化以及区间值化等。本书涉及的数据列均为指标序列（非时间序列），以上处理方法不再详述。

（2）非时间序列的处理　由于非时间序列（包括指标序列和空间分布序列）间的数据不存在运算关系，因此不能进行数据间具有运算关系的初值化、最小值化、最大值化、平均值化等处理，而必须采用其他处理方法，自然这些方法也兼有无量纲化的作用。

对于非时间序列 $X_i=\{X_i(k) \mid k=1,2,\cdots,n\}(i=1,2,\cdots,m)$，下面列出常用的处理方法。

① 指标区间值化　求出 $\max\limits_i X_i(k)$ 和 $\min\limits_i X_i(k)$，然后按下述公式求出生成数。

$$\bar{X}_i(1)=\frac{X_i(1)-\min\limits_i X_i(1)}{\max\limits_i X_i(1)-\min\limits_i X_i(1)} \quad i=1,2,\cdots,m \tag{2.26}$$

$$\bar{X}_i(2)=\frac{X_i(2)-\min\limits_i X_i(2)}{\max\limits_i X_i(2)-\min\limits_i X_i(2)} \quad i=1,2,\cdots,m \tag{2.27}$$

$$\vdots$$

$$\bar{X}_i(n)=\frac{X_i(n)-\min\limits_i X_i(n)}{\max\limits_i X_i(n)-\min\limits_i X_i(n)} \quad i=1,2,\cdots,m \tag{2.28}$$

② 归一化　若非时间序列中，数列中不同指标或空间的数在大小上相差较大，在同一指标下可人为设定一个数处理，使同一指标下的数量级相同。

假设 $X=\{X_i \mid i=1,2,\cdots,n\}$ 为一个特征参数数据集合，$\alpha=\min\{X_i\}$，$\beta=\max\{X_i\}$，其中 $i=1,2,\cdots,n$，归一化后的数据集合设为 $\bar{X}=\{\bar{X}_i \mid i=1,2,\cdots,n\}$。典型的非线性归一化方法主要有两种：

a. 对数法。

$$\bar{X}_i=\frac{\ln(\gamma X_i)}{\ln(\gamma\beta)}=\frac{\ln(\gamma)+\ln(X_i)}{\ln(\gamma)+\ln(\beta)}=\frac{C+\ln(X_i)}{C+\ln(\beta)} \tag{2.29}$$

式中，$C=\ln(\gamma)$，$\gamma$ 为满足$\alpha\gamma\geqslant 1$的常数。对数法中的常数是为保证小数据取对数后为正值。

b. 指数法。

$$\bar{X}_i=\frac{2}{1+\exp(-\gamma X_i)}-1=\frac{1-\exp(-\gamma X_i)}{1+\exp(-\gamma X_i)} \tag{2.30}$$

式中，$\gamma$ 满足$\beta\gamma\leqslant\tau$（$\tau$ 为常数，一般取 $\tau=20$）。指数法中的常数$\gamma$ 是为保证对于大数据的区分性。如果不加该参数，对于所有的 $X_i$ 大于某一固定值时，$\bar{X}_i$ 都接近 1，显然对于大数据不易区分。

## 三、粗糙集方法

粗糙集（rough set）方法是Pawlak 于1982 年首先提出的，这一方法为数据，特别是带噪声、不精确或不完全数据的分类问题提供了一套严密的数学工具。粗糙集方法是处理不确定和不完全信息问题的强有力工具，它的核心思想是不需要任何先验信息，充分利用已知信息，在保持信息系统分类能力不变的前提下，通过知识约简从大量数据中发现关于某个问题的基本知识或规则。由于粗糙集方法能够分析隐藏在数据中的事实而不需要关于数据的任何附加信息，因此它在决策分析、专家系统、数据挖掘、模糊识别等领域都有非常广泛的应用。

粗糙集方法具有一些独特的观点，这些观点使得粗糙集特别适合进行数据分析，如知识的粒度性、新型成员关系等。粗糙集方法把知识看作关于论域的划分，从而认为知识是有粒度的，而知识的粒度性是造成使用已有知识不能精确地表示某些概念的原因。通过引入不可区分关系作为粗糙集方法的基础，并在此基础上定义上、下近似等概念，粗糙集方法能够有效地逼近这些概念。

### （一）基本概念

#### 1. 知识与知识系统

假设研究对象构成的集合记为$U$，它是一个非空有限集，称为论域。任何子集 $X\subseteq U$，均称为$U$ 中的一个概念或范畴（通常认为空集也是一个概念）。$U$ 中的任何概念族均称为关于$U$ 的抽象知识，简称知识。一个划分定义为：$X=\{X_1,X_2,\cdots X_n\}$；$X_i\subseteq U,X_i\neq\varphi$，$X_i\cap X_j=\varphi$，且 $i\neq j$，$i,j=1,2,\cdots,n$；$\bigcup_{i=1}^{n}X_i=U$。

$U$ 上的一族划分称为关于$U$ 的一个知识系统。$R$ 是$U$ 上的一个等价关系，由它产生的等价类记为$[x]_R=\{y\mid xRy,y\in U\}$，这些等价类构成的集合$U/R=\{[x]_R\mid x\in U\}$是关于$U$ 的一个划分。一个知识系统就是一个关系系统 $K=(U,Q)$，其中$U$ 为非空有限集合，$Q$ 是$U$ 上的一族等价关系。

若$P\subseteq Q$，且$P\neq\varphi$，则$P$ 中所有等价关系的交集也是一个等价关系，称为$P$ 上的不可分辨关系，记为 $\mathrm{ind}(P)$，且有 $[x]_{\mathrm{ind}(P)}=\bigcap_{Q\in P}[x]_Q$。

对于$K=(U,Q)$和$K'=(U,P)$两个知识系统，当$\mathrm{ind}(Q)\subset\mathrm{ind}(P)$时，则称知识$Q$（知识系统$K$）比知识$P$（知识系统$K'$）更精细。

2. 粗糙集与不精确范畴

令 $X \subseteq U$，$R$ 为 $U$ 上的一个等价关系，当 $X$ 能表达成某些 $R$ 基本集的并时，称 $X$ 为 $R$ 上可定义的子集，也称 $R$ 为精确集；否则称 $X$ 为 $R$ 不可定义的，也称 $R$ 为粗糙集。

在讨论粗糙集时，元素的成员关系或者集合之间的包含和等价关系，都不同于初等集合中的概念，它们都是基于不可分辨关系的。一个元素是否属于某一集合，要根据我们对该元素的了解程度而定，和该元素所对应的不可分辨关系有关，不能仅仅依据该元素的属性值来简单判定。

假设已知知识系统 $K=(U,Q)$，对于每个子集 $X \subseteq U$ 和一个等价关系 $R \in \mathrm{ind}(Q)$，定义：

$\underline{R}(X)=\{x \mid [x]_R \subseteq X, x \in U\}$ 称为在知识系统 $U/R$ 下集合 $X$ 的下近似；

$\bar{R}(X)=\{x \mid [x]_R \cap X \neq \varphi, x \in U\}$ 称为在知识系统 $U/R$ 下集合 $X$ 的上近似；

$\mathrm{BN}_R(X)=\bar{R}(X)-\underline{R}(X)$ 称为在知识系统 $U/R$ 下集合 $X$ 的边界区域；

$\mathrm{POS}_R(X)=R(X)$ 称为在知识系统 $U/R$ 下集合 $X$ 的正域；

$\mathrm{NEG}_R(X)=U-\bar{R}(X)$ 称为在知识系统 $U/R$ 下集合 $X$ 的负域；

边界区域 $\mathrm{BN}_R(X)$ 是根据知识 $R$、$U$ 中既不能肯定归入集合 $X$，又不能肯定归入集合 $\bar{X}$ 的元素构成的集合；正域 $\mathrm{POS}_R(X)$ 是根据知识 $R$、$U$ 中所有能肯定归入集合 $X$ 的元素构成的集合；负域 $\mathrm{NEG}_R(X)$ 是根据知识 $R$、$U$ 中所有不能确定一定归入集合 $X$ 的元素构成的集合。边界区域 $\mathrm{BN}_R(X)$ 是某种意义上论域的不确定域。

3. 知识约简与知识依赖

知识约简是粗糙集方法的核心内容之一。众所周知，知识系统中的知识（属性）并不是同等重要的，甚至其中某些知识是冗余的。所谓知识约简，就是在保持知识系统分类能力不变的条件下，删除其中不相关或不重要的知识。

令 $R$ 为一族等价关系，$r \in R$，如果 $\mathrm{ind}(R)=\mathrm{ind}(R-r)$，则称 $r$ 为 $R$ 中不必要的；否则，称 $r$ 为 $R$ 中必要的。如果对于每一个 $r \in R$ 都为 $R$ 中必要的，则称 $R$ 为独立的；否则，称 $R$ 为依赖的。

设 $Q \subseteq P$，如果 $Q$ 是独立的，且 $\mathrm{ind}(Q)=\mathrm{ind}(P)$，则称 $Q$ 为 $P$ 的一个约简。显然，$P$ 可以有多个约简。$P$ 中所有必要关系组成的集合称为 $P$ 的核，记作 $\mathrm{core}(P)$。

$R$、$Q$ 均为 $U$ 上的等价关系族，它们确定的知识系统分别为 $U/R=\{[x]_R \mid x \in U\}$ 和 $U/Q=\{[y]_Q \mid y \in U\}$。若任意 $[x]_R \in (U/R)$，有 $\bar{Q}([x]_R)=\underline{Q}([x]_R)=[x]_R$，则称知识 $R$ 完全依赖于知识 $Q$，即当研究对象具有 $Q$ 的某些特征时，这个研究对象一定具有 $R$ 的某些特征，说明 $R$ 与 $Q$ 之间是确定性关系；否则，称知识 $R$ 部分依赖于知识 $Q$，即研究对象的 $Q$ 的某些特征不能完全确定其 $R$ 特征，说明 $R$ 与 $Q$ 之间是不确定性关系。因此，定义知识 $R$ 对知识 $Q$ 的依赖程度为

$$\gamma_Q(R)=\frac{\mathrm{card}(\mathrm{POS}_Q(R))}{\mathrm{card}(U)} \tag{2.31}$$

式中，card 表示集合的基数，在此用集合所含元素的个数表示。

显然，$0 \leqslant \gamma_Q(R) \leqslant 1$。当 $\gamma_Q(R)=1$ 时，知识 $R$ 完全依赖于知识 $Q$；当 $\gamma_Q(R)$ 接近 1 时，说明知识 $R$ 对知识 $Q$ 的依赖程度高。$\gamma_Q(R)$ 的大小从总体上反映了知识 $R$ 对知识 $Q$ 的依赖程度。

**4. 知识表达系统**

知识表达在智能数据处理中占有十分重要的地位。形式上，四元组 $S=(U,R,V,f)$ 是一个知识表达系统，其中 $U$ 为对象的非空有限集合，称为论域；$R$ 为属性的非空有限集合；$V=\bigcup_{r\in R} V_r$，$V_r$ 是属性 $r$ 的值域；$f$：$UA \rightarrow V$ 是一个信息函数，它为对象的每个属性赋予一个信息值，即 $\forall r \in R, x \in U, f(x,a) \in V_r$。

决策表是一类特殊而重要的知识表达系统（具有条件属性和决策属性）。设 $S=(U,R,V,f)$ 是一个知识表达系统，$R=C \cup D, C \cap D=\varphi$，$C$ 称为条件属性集，$D$ 称为决策属性集，则 $S$ 称为决策表。令 $X_i$ 和 $Y_i$ 分别代表 $U/C$ 与 $U/D$ 中的等价类，则 $\mathrm{des}(X_i)$ 表示对等价类 $X_i$ 的描述，即等价类 $X_i$ 对于各条件属性值的特定取值；$\mathrm{des}(Y_j)$ 表示对等价类 $Y_j$ 的描述，即等价类 $Y_j$ 对于各决策属性值的特定取值。

决策规则定义如下：$r_{ij}$：$\mathrm{des}(X_i) \rightarrow \mathrm{des}(Y_j)\ (Y_j \cap X_i \neq \phi)$。在决策表中，不同的属性可能具有不同的重要性。为了找出某些属性（或属性集）的重要性，我们的方法是先从表中去掉一些属性，再来考虑没有该属性后分类会怎样变化。若条件属性集合中有无条件属性 $c_i$ 对决策属性集合的依赖度改变不大，则可认为条件属性 $c_i$ 的重要程度不高。基于这个观点，条件属性 $c_i$ 对于决策属性 $D$ 的重要程度定义为

$$\sigma_D(c_i)=\gamma_C(D)-\gamma_{C-\{c_i\}}(D) \tag{2.32}$$

$\sigma_D(c_i)$ 越大，属性 $c_i$ 的重要性越高。

### （二）粗糙集方法在信息融合中的应用

用粗糙集方法进行属性信息融合的基本步骤如下：

① 将采集到的样本信息按条件属性和结论属性编制一张信息表，即建立关系数据模型。

② 对将要处理的数据中的连续属性值进行离散化，对不同区间的数据在不影响其可分辨性的基础上进行分类，并用相应符号表示。

③ 利用属性约简及核等概念去掉冗余的条件属性及重复信息，得出简化信息表，即条件约简。

④ 对约简后的数据按不同属性分类，并求出核值表。

⑤ 根据核值表和原来的样本列出可能性决策表。

⑥ 进行知识推理。汇总对应的最小规则，得出最快融合算法。

相对于概率方法、模糊推理，粗糙集由于是基于数据推理，不需要先验信息，具有处理不完整数据、冗余信息压缩和数据关联的能力。

## 四、贝叶斯优化方法

在核生化信息融合系统中，各种信源提供的信息一般是不完整、不精确、模糊的，甚至可能是矛盾的，即包含着大量的不确定性。核生化信息融合中心不得不依据这些不确定性信

息进行推理，以达到目标身份识别和属性判决的目的。可以说，不确定性推理是目标识别和属性信息融合的基础。

### 1. 贝叶斯条件概率公式

设 $A_1, A_2, \cdots, A_m$ 为样本空间 $S$ 的一个划分，即满足：

① $A_i \cap A_j = \phi (i \neq j)$；

② $A_1 \cup A_2 \cup \cdots \cup A_m = S$；

③ $P_r(A_i) > 0 (i=1,2,\cdots,m)$。

则对于任一事件 $B$，$P_r(B) > 0$，有

$$P_r(A_i \mid B) = \frac{P_r(A_i B)}{P_r(B)} = \frac{P_r(B \mid A_i) P_r(A_i)}{\sum_{j=1}^{m} P_r(B \mid A_j) P_r(A_j)} \tag{2.33}$$

### 2. 贝叶斯方法在信息融合中的应用

贝叶斯方法用于多源信息融合时，要求系统可能的决策相互独立。这样，我们就可以将这些决策看作一个样本空间的划分，使用贝叶斯条件概率公式解决系统的决策问题了。

设系统可能的决策为 $A_1, A_2, \cdots, A_m$，某一信源提供观测结果 $B$，如果能够利用系统的先验知识及该信源的特性得到各先验概率 $P_r(A_i)$ 和条件概率 $P_r(B|A_i)$，则利用贝叶斯条件概率公式（2.33）即可得到后验概率 $P_r(A_i|B)$。

当有两个信源对系统进行观测时，除了上面介绍的信源观测结果 $B$ 外，另一个信源对系统进行观测的结果为 $C$。它关于各决策 $A_i$ 的条件概率为 $P_r(C|A_i)(i=1,2,\cdots,m)$，则条件概率公式可表示为

$$P_r(A_i \mid B \wedge C) = \frac{P_r(B \wedge C \mid A_i) P_r(A_i)}{\sum_{j=1}^{m} P_r(B \wedge C \mid A_j) P_r(A_j)} \tag{2.34}$$

若要计算出 $B$ 和 $C$ 同时发生的先验条件概率 $P_r(B \wedge C|A_i)(i=1,2,\cdots,m)$，这往往是很困难的。为了简化计算，提出进一步的独立性假设。假设 $A$、$B$ 和 $C$ 之间是相互独立的，即 $P_r(B \wedge C \mid A_i) = P_r(B \mid A_i) P_r(C \mid A_i)$，这样式（2.34）可改写为

$$P_r(A_i \mid B \wedge C) = \frac{P_r(B \mid A_i) P_r(C \mid A_i) P_r(A_i)}{\sum_{j=1}^{m} P_r(B \mid A_j) P_r(C \mid A_j) P_r(A_j)} \tag{2.35}$$

这一结果还可推广到多个信源的情况。当有 $n$ 个信源，观测结果分别为 $B_1, B_2, \cdots, B_n$ 时，假设它们之间相互独立且与被观测对象条件独立，则可以得到系统有 $n$ 个信源时的各决策总的后验概率为

$$P(A_i \mid B_1 \wedge B_2 \wedge \cdots \wedge B_n) = \frac{\prod_{k=1}^{n} P(B_k \mid A_i) P(A_i)}{\sum_{j=1}^{m} \prod_{k=1}^{n} P(B_k \mid A_j) P(A_j)} \quad i = 1,2,\cdots,m \tag{2.36}$$

最后，系统的决策可由某些规则给出，如取具有最大后验概率的那条决策作为系统的最终决策。

贝叶斯方法多信源的信息融合过程可用图 2-1 来表示。

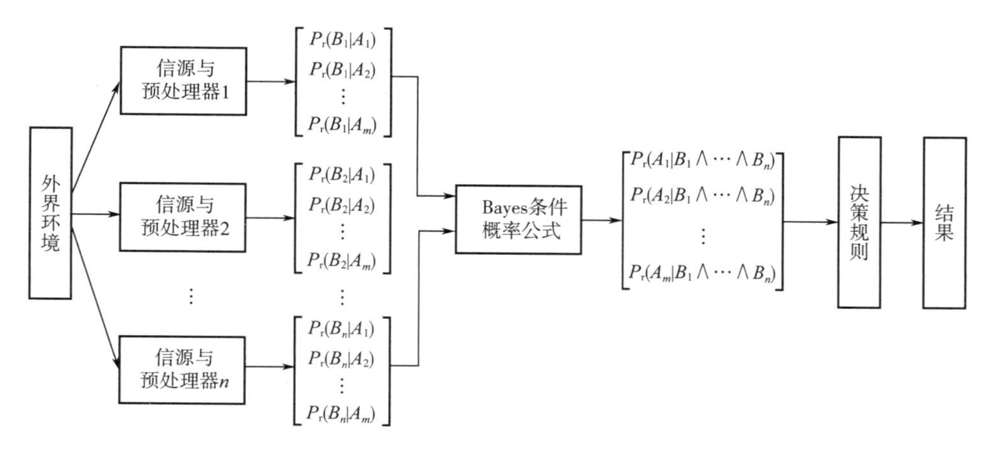


**图 2-1　贝叶斯方法的信息融合过程**

### 3. 主观贝叶斯方法的优缺点

主观贝叶斯方法是最早用于处理不确定性推理的方法，它的主要优点有：

① 主观贝叶斯方法具有公理基础和易于理解的数学性质；

② 贝叶斯方法仅需中等的计算时间。

主观贝叶斯方法的主要缺点有：

① 它要求所有的概率都是独立的，这给实际系统带来了很大的困难，有时甚至是不实际的；

② 主观贝叶斯方法要求给出先验概率和条件概率，一方面，这是比较困难的，另一方面，由于很难保证领域专家给出的概率具有前后一致性，因此就需要领域专家和计算机花大量的时间来检验系统中概率的一致性；

③ 在系统中增加或删除一个规则时，为了保证系统的相关性和一致性，需要重新计算所有的概率，不利于规则库及时增加新规则或删除旧规则；

④ 主观 Bayes 方法要求有统一的识别框架，不能在不同层次上组合证据，当对不同层次的证据强行进行组合时，由于强行分配先验概率等，有可能引起直观不合理的结论；

⑤ 不能区分不确定和不知道。

由于以上缺点，使得主观贝叶斯方法的应用受到了一定的限制。

## 第三节　信息融合智能寻优算法

近年来，随着元启发式智能寻优算法的快速发展，信息融合智能算法已成为各个领域计算效率和计算精度提升的重要手段之一。同时，核生化信息融合涉及时间、浓度、经纬度等观测信息，计算结果往往误差较大，为了有效提升核生化信息融合的计算精度，本节对后续常用的信息融合智能寻优算法进行介绍。

## 一、遗传算法

遗传算法（genetic algorithm，GA）是模拟生物在自然环境中的遗传和进化过程而形成的一种自适应、全局优化搜索算法。基于遗传算法的信息融合技术，就是利用遗传算法对信息融合系统进行参数的优化以及特征的选择。

### （一）遗传算法的基本流程

遗传算法就是对生物遗传和进化过程的计算机模拟，是一种模仿生物进化过程的随机搜索方法。

遗传算法是从一个初始种群开始的，该种群由一定数目经过基因编码（coding）的个体组成，代表问题的可能潜在解集。遗传算法按照适者生存、优胜劣汰的原理，在每一代中，根据个体的适应度大小挑选个体，进行交叉和变异，产生出代表新的解集的种群，从而逐代演化生成越来越好的近似解。末代种群中的最优个体经过解码（decoding）作为问题的近似最优解。

遗传算法包含两个数据转换操作。

（1）编码　表现型到基因型的转换，也就是把搜索空间中的参数转换成遗传空间中的染色体或者个体，即基因型结构数据。这些结构数据的不同组合就构成了不同的可行解。

（2）解码　基因型到表现型的转换，也就是把遗传空间中的染色体或者个体转换成搜索空间中的参数。遗传算法的一般流程如图 2-2 所示。

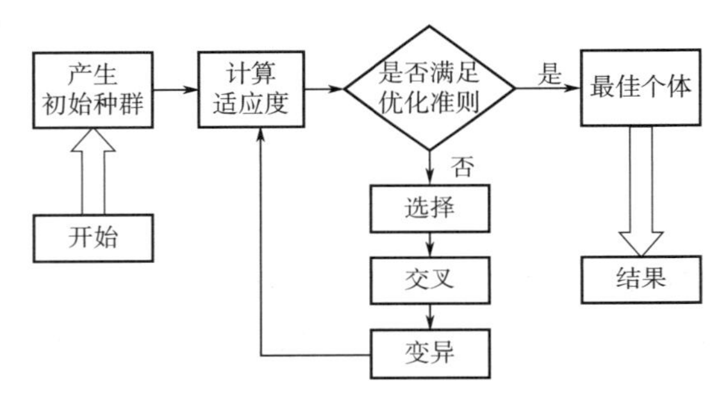


图 2-2　遗传算法的基本流程图

第 1 步：初始群体的生成。随机产生初始种群，个体数目为 $N$，每个个体表示为染色体的基因编码，即基因型结构数据。遗传算法以这 $N$ 个结构数据作为初始点开始迭代。

第 2 步：适应度评估检测。计算个体的适应度，并判断是否符合优化准则。若符合，输出最佳个体，并解码得到其代表的最优解，结束计算；否则，转到第 3 步。

第 3 步：选择。依据适应度选择再生个体，适应度高的优良个体被选中的概率大，使它们有机会作为父代繁殖子孙，适应度低的个体可能被淘汰。选择实现了优胜劣汰。

第 4 步：交叉。按照一定的交叉概率和交叉方法，得到新一代个体。新一代个体继承了父代个体的特性，实现了信息交换。

第 5 步：变异。在群体中随机选择一个个体，以一定的概率随机地改变结构数据中某个串位的值，生成新的个体。

第 6 步：回归。返回到第 2 步，对选择、交叉和变异产生的新一代的种群进行处理。

遗传算法可定义为一个八元组

$$\mathrm{GA}=(C,E,P_0,N,\Phi,\Gamma,\psi,T) \tag{2.37}$$

式中，$C$ 为个体的编码方法；$E$ 为个体适应度评价函数；$P_0$ 为初始群体；$N$ 为群体大小；$\Phi$ 为选择算子；$\Gamma$ 为交叉算子；$\psi$ 为变异算子；$T$ 为遗传运算终止条件。

遗传算法需要提前设定下述 4 个运行参数：

① $N$ ：群体大小，一般取 20～100；

② $T$ ：迭代次数，一般取 100～500；

③ $P_c$ ：交叉概率，一般取 0.4～0.99；

④ $P_m$ ：变异概率，一般取 0.0001～0.1。

值得注意的是，这 4 个参数对遗传算法的结果和效率都有一定的影响，但是，目前在理论上还没有合理设置的依据。在实际应用中，需要根据多次实验来确定。

遗传算法中，一般依据不同问题采用不同的优化准则。例如，可以采用下列准则之一作为判断条件：

① 种群中个体的最大适应度超过预先设定值；

② 种群中个体的平均适应度超过预先设定值；

③ 迭代次数超过预先设定值。

上述遗传算法是 Holland 教授于 1975 年提出来的，习惯上称为传统的遗传算法。后来，很多学者一直致力于推动遗传算法的发展，深入研究了编码方式、控制参数的确定、选择方式和交叉机理等，提出了各种变形的遗传算法。主要表现在以下几个方面：

① 采用动态自适应技术调整算法的控制参数和编码粒度；

② 改变遗传算法的结构组成或技术，例如，选用适合问题特性的编码技术；

③ 采用混合遗传算法；

④ 采用非标准的遗传操作算子；

⑤ 采用并行遗传算法。

下面主要介绍传统遗传算法的相关实现技术。

### （二）编码方法

在遗传算法中，编码是把一个问题的可行解从其解空间转换到遗传算法所能处理的搜索空间。编码是遗传算法设计的一个关键步骤，在很大程度上决定了遗传进化运算及其效率，主要体现在如下 3 个方面：

① 决定了个体的染色体中基因排列形式；

② 决定了个体的解码方法；

③ 影响交叉算子、变异算子等遗传算子的运算方法。

但是，目前还没有一套完整、严密的编码方法理论指导及评价准则。在实际操作中，需要统一考虑编码方法、交叉运算方法、变异运算方法、解码方法等，以便找到方便、高效的编码方案。一般地，编码方案应遵循如下两条实用的原则：

① 所定编码应易于生成与所求问题相关的短距和低阶的单元；

② 所定编码应采用最小字符集以使问题得到自然的表示或描述。

目前，编码方法主要有二进制编码方法、格雷码编码方法、浮点数编码方法、符号编码方法和多参数编码方法等。

### 1. 二进制编码方法

在遗传算法中，二进制编码方法是最常用的一种编码方法。其采用的编码符号集为二值符号集 $\{0,1\}$，个体基因型是一个二进制编码符号串，编码长度与求解精度有关。

假设某一参数 $U$ 的取值范围是 $[U_{\min},U_{\max}]$，编码长度为 $n$，其编码为

$$X: b_n b_{n-1} \cdots b_2 b_1 \tag{2.38}$$

编码后的值为

$$a=\sum_{i=1}^{n} b_i 2^{i-1} \tag{2.39}$$

那么，它的编码精度 $\delta$ 为

$$\delta=\frac{U_{\max}-U_{\min}}{2^n-1} \tag{2.40}$$

参数 $U$ 与其编码后的值存在如下关系：

$$U=U_{\min}+\frac{a}{2^n-1}(U_{\max}-U_{\min}) \tag{2.41}$$

二进制编码中，编码精度（变异的最小量）受编码长度的限制，$n$ 越大，变异的最小量就越小，但是搜索空间越大。

二进制编码方法的主要优点如下：

① 编码、解码、交叉、变异等操作简单且易于实现；

② 可使问题得到自然表示或者描述；

③ 便于理论分析。

### 2. 格雷码编码方法

格雷码编码方法采用的编码符号集是二值符号集 $\{0,1\}$，连续的两个整数所对应的编码值之间仅仅只有一个码位不同，其余码位完全相同。任意两个整数的差等于这两个整数所对应的格雷码之间的海明距离，从而使得格雷码适合个体编码。

假设一个整数的二进制编码为 $B$：$b_n b_{n-1} \cdots b_2 b_1$，其对应的格雷码为 $G$：$g_n g_{n-1} \cdots g_2 g_1$，则它们之间的互换关系为

$$\begin{cases} g_n=b_n \\ g_i=b_{i+1} \oplus b_i \quad i=n-1,n-2,\cdots,1 \end{cases} \tag{2.42}$$

$$\begin{cases} b_n=g_n \\ b_i=b_{i+1} \oplus g_i \quad i=n-1,n-2,\cdots,1 \end{cases} \tag{2.43}$$

式中，$\oplus$ 表示异或运算。

遗传算法主要依靠上一代个体之间的随机交叉来产生新一代个体。对于二进制编码表示的个体，虽然变异操作只有一个基因座的差异，但是，对应的参数值可能相差较大，从而造成遗传算法的局部搜索能力较差。相反，采用格雷码对个体进行编码，那么，编码串之间一位的变换，对应的参数值只产生很小的差异，从而增强了遗传算法的局部搜索能力。

格雷码编码方法是二进制编码方法的一种变形，在相等的编码长度下，其编码精度与二

进制编码相同。它具有二进制编码的优点，同时，提高了遗传算法的局部搜索能力。

#### 3. 浮点数编码方法

对于多维、高精度的连续函数优化问题，二进制编码会带来一些不利因素，例如，为了提高编码精度而急剧扩大搜索空间。在许多实际问题中，大部分要优化的参数是采用数值来表示的，因而采用数值表示参数更为自然，也就是采用浮点数编码方法。

在浮点数编码方法中，个体的每个基因值都用某一范围内的一个浮点数来表示。因为使用决策变量的真实值，因此，浮点数编码方法也称为真值编码方法。

对于交叉操作，二进制编码的搜索能力比浮点数编码的搜索能力强，种群的个体数目越大，其强大的搜索能力体现得越充分。但是，二进制编码的种群稳定性比浮点数编码差，主要是因为前者的变异操作不能保证父代个体与新个体充分接近。

在浮点数编码方法中，可以根据实际问题来设计更有效的交叉和变异算子。

#### 4. 符号编码方法

对于非数值计算的优化问题，如旅行商（TSP）问题，需要采用符号编码方法。

符号编码方法所采用的编码符号集是一个无数值意义，而只有代码含义的符号集，如一个字母表 $\{A, B, C, D, \cdots\}$、一个数字序号表 $\{1, 2, 3, 4, \cdots\}$、一个代码表 $\{A_1, A_2, A_3, A_4, \cdots\}$ 等。

符号编码方法便于遗传算法与相关近似算法结合。但对于使用符号编码方法的遗传算法，一般需要认真设计交叉、变异等遗传运算的操作，以满足问题的各种约束。

#### 5. 多参数编码方法

针对含有多个变量的个体，主要有多参数级联编码方法和多参数交叉编码方法。

多参数级联编码方法就是将各个参数分别进行编码，然后把它们的编码按一定顺序连接在一起，表示全部参数的个体编码。

多参数交叉编码方法就是将各个参数中起主要作用的码位集中在一起。

### （三）适应度函数

遗传算法是根据群体中各个个体的适应度函数进行群体的进化，不断迭代，以寻找适应度较大的个体，从而得到问题的最优解或近似最优解。一般地，遗传算法的适应度函数为求最大值的问题，否则，应先转化为求最大值的问题。

理想的适应度函数是平滑的，但是，实际的适应度函数往往是不平滑的。因此，不仅需要避免适应度函数的局部最优，也需要避免适应度函数的全局最优过于孤立。

在遗传算法运行过程中，需要对个体的适应度进行适当变换，即扩大或缩小。常用的适应度变换有以下 3 种：

① 线性比例法：

$$F(x)=af(x)+b \qquad b>0 \tag{2.44}$$

② 指数比例法：

$$F(x)=\exp(af(x)) \qquad a\neq 0 \tag{2.45}$$

③ 幂指数比例法：

$$F(x)=(f(x))^a \qquad a\ 为偶数 \tag{2.46}$$

## （四）选择算子

遗传算法的选择操作就是按某种方法从父代群体中选取某些个体遗传到下一代群体。选择操作是根据个体的适应度来进行的，目的是提高遗传算法的全局收敛性和计算效率。下面介绍几种常用的选择算子。

### 1. 比例选择法

比例选择法的基本思想是：个体被选中的概率与其适应度大小成正比。

设某一代的群体规模为 $n$，个体 $i$ 的适应度值为 $f_i(i=1,2,\cdots,n)$，那么，个体 $i$ 被选中的概率 $P_i$ 为

$$P_i=\frac{f_i}{\sum_{k=1}^{n}f_k} \tag{2.47}$$

出现概率大的个体比较容易被选择，若某个个体被选中，则把它复制到下一代。适应度低的个体也有可能被复制，从而保持物种的多样性。

采用式（2.47）给出的比例选择方法对每个个体进行选择的效率较低，为了提高效率，人们提出了余数随机选择方法（remainder stochastic sampling）。

余数随机选择方法的基本思想是：对于个体 $i$，令 $\frac{nf_i}{\sum_{k=1}^{n}f_k}$ 的整数部分为 $n_i$，先将个体 $i$ 复制 $n_i$ 份放到中间群体中，然后，以其小数部分为概率，随机选择个体 $i$ 放到中间群体中。

例如，对于个体 $i$，若 $\frac{nf_i}{\sum_{k=1}^{n}f_k}=1.25$，那么，先将一个备份直接放到中间群体中，之后还有 0.25 的机会生成另外一个备份；如果 $\frac{nf_i}{\sum_{k=1}^{n}f_k}=0.70$，那么，个体 $i$ 有 0.70 的机会生成一个备份到中间群体去。

### 2. 最优保存策略

最优保存策略是把适应度最好的个体尽可能保留到下一代群体中。具体做法是，在当前群体的最佳个体和以前每一代的最佳个体中，选择适应度最高者替换掉当前群体中的最差个体。

最优保存策略使得中间过程得到的最优个体不会被交叉、变异等遗传运算破坏，保证了遗传算法的收敛性。但是，该策略容易造成某个局部最优个体快速扩散，降低算法的全局搜索能力。因此，为了取得良好的效果，该策略需要与其他一些选择操作方法配合使用。

### 3. 期望值方法

期望值方法是根据每个个体在下一代群体中的生存期望来进行选择的。具体操作如下：

① 计算个体 $i$ 在下一代的生存期望数目，即

$$N_i=\frac{nf_i}{\sum_{k=1}^{n}f_k} \quad i=1,2,\cdots,n \tag{2.48}$$

② 在每次选择的过程中，若个体 $i$ 被选中参与交叉运算，则它在下一代的生存期望数目减去0.5，即 $N_i-0.5\rightarrow N_i$；否则，该个体在下一代的生存期望数目减去1，即 $N_i-1.0\rightarrow N_i$。

③ 随着选择的进行，如果某个个体在下一代的生存期望数目小于0，则它不参与选择。

#### 4. 排序选择方法

排序选择方法的基本思想是：先根据适应度大小对群体中的个体进行排序，然后，按顺序把设计好的概率表分配给各个个体，作为各自的选择概率。在该方法中，个体的选择概率和适应度无直接关系，仅仅与适应度大小排序的序号有关。

### （五）交叉算子

遗传算法的交叉运算是指，对两个相互配对的染色体按照某种方式交换部分基因，形成两个新的个体。交叉算子有助于改善遗传算法的全局搜索能力。

交叉运算需要先对个体进行配对。目前，常用的配对策略是随机配对，也就是将群体中的 $n$ 个个体随机组成 $[n/2]$ 对配对个体组，交叉运算在配对个体组的两个个体之间进行。其中，$[n/2]$ 表示 $n/2$ 的整数部分。交叉算子要保证前一代中优秀个体的性状在后一代的新个体中尽可能得到遗传和继承，此外，还要和编码设计协调操作。

交叉算子的设计包括交叉点位置的确定和部分基因的交换。下面以字符串编码为前提，介绍几种基本的交叉方法。

#### 1. 单点交叉

单点交叉的具体操作是：在个体编码中随机选定一个交叉点，将配对的两个个体在该点前或后的部分结构进行互换，从而生成两个新的个体。

例如，个体 $A$ 和 $B$ 经过单点交叉后可以生成新个体 $A'$ 和 $B'$：

$$\begin{array}{ll}\text{个体 } A & 100\,|\,1101\rightarrow 1001010 \text{ 新个体 } A' \\ \text{个体 } B & 001\,|\,1010\rightarrow 0011101 \text{ 新个体 } B' \\ & \quad\;\text{交叉点}\end{array}$$

其中，交叉点设置在第3个和第4个基因座之间，该交叉点后的两个个体的部分码串互相交换。

交叉点是随机设定的，当染色体长为 $r$ 时，可以设置 $r-1$ 种交叉点，从而有 $r-1$ 个不同的交叉结果。若邻接基因之间的关系能提供较好的个体性状和较高的个体适应度，那么，单点交叉操作破坏这种个体性状和降低个体适应度的可能性较小。

#### 2. 两点交叉与多点交叉

两点交叉就是先随机设定两个交叉点，然后再交换部分基因。例如：

$$\begin{array}{ll}\text{个体 } A & 100\,|\,11\,|\,01\rightarrow 1001010 \text{ 新个体 } A' \\ \text{个体 } B & 001\,|\,10\,|\,10\rightarrow 0011101 \text{ 新个体 } B' \\ & \;\;\text{交叉点 1} \quad \text{交叉点 2}\end{array}$$

对于两点交叉，当染色体长为 $r$ 时，可以设置 $(r-2)(r-3)$ 种交叉点。

可以将单点交叉和两点交叉推广得到多点交叉，也就是先在个体编码串中随机地设置多个交叉点，然后再交换部分基因。例如：

个体 $A$　11 | 01 | 011 | 10 | 010 → 11 | 10 | 011 | 01 | 010 | 新个体 $A'$

个体 $B$　01 | 10 | 110 | 01 | 001 → 01 | 01 | 110 | 10 | 001 | 新个体 $B'$

随着交叉点数的增多，个体的结构被破坏的可能性也逐渐增大，从而有可能破坏一些好的模式，影响遗传算法的性能。因此，一般不采用多点交叉。

### 3. 一致交叉

一致交叉是指，根据预先设定的屏蔽字，来确定新个体继承两个个体中哪一个的基因。对于个体 $A$ 和 $B$，当屏蔽字中的位取 0 时，新个体 $A'$ 继承个体 $A$ 中对应的基因，否则，继承个体 $B$ 中对应的基因；同理，可以生成新个体 $B'$。例如：

| | |
|---|---|
| 个体 $A$ | 010111001 |
| 个体 $B$ | 100010111 |
| 屏蔽字 | 001011100 |
| 新个体 $A'$ | 010110101 |
| 新个体 $B'$ | 100011011 |

一致交叉是单点交叉、两点交叉以及多点交叉的一般情况。

除了以上几种交叉算子之外，对于一些特殊的问题还要设计特殊的交叉算子，如二维交叉、树结构交叉、部分匹配交叉、顺序交叉以及周期交叉等。

## （六）变异算子

遗传算法中，变异就是对个体某些基因座上的基因值作变动。变异算子可以使遗传算法具有局部的随机搜索能力，此外，还可使遗传算法维持群体多样性，防止出现未成熟收敛现象。下面介绍 3 种常用的变异算子。

### 1. 基本变异算子

基本变异算子是指，在个体编码中以变异概率 $P_m$ 随机挑选出一个或多个基因座，并对这些基因值作变动。例如：

个体 $A$　0　1　1　0　1　1 → 1　1　0　0　1　1　新个体 $A'$

其中，第 1、3 位基因就是变异基因。

### 2. 逆转变异算子

逆转变异算子是指，在个体编码中以逆转概率 $P_i$ 随机挑选出两个逆转点，然后将这两个逆转点间的基因值逆向排序。例如：

个体 $A$　01　11010　10 → 01　01011　10　新个体 $A'$

其中，第 3、7 位为逆转点。逆转操作对第 3～7 位的基因重新排序，实现了变异操作。

### 3. 自适应变异算子

自适应变异算子与基本变异算子的操作类似，不同的是，它随着群体中个体的多样性程度而自适应调整交叉概率 $P_m$。一般地，若交叉所得的两个新个体之间的海明距离越小，$P_m$ 越大；反之，$P_m$ 越小。

## （七）信息融合中非可加集合函数的遗传算法确定

信息融合使用的传统集合工具是加权平均算法，它本质上是线性积分，其中假设信息源之间是非交互的，从而其权重效果看成是可加的。但这种假设在应用中很不现实，使得加权平均算法在解决现实问题中并不十分有效。为了描述信息源间的交互作用，可以引入模糊度量或者一般的非可加集合函数。在信息融合中，可利用非可加集合函数产生的非线性积分，如 Choquet 积分，取代经典的加权平均。

设（$X,F$）为一个可测空间，$\mu$：$F \to [0,\infty)$ 是一个单调集合函数，满足

$$\mu(\Phi)=0,\ \mu(A)\leqslant\mu(B) \qquad A\subseteq B \tag{2.49}$$

若 $\mu(X)=1$，则称 $\mu$ 是正则的。

当 $X$ 为有限集合时，取 $\sigma$-代数 $F$ 为 $X$ 的幂集，这种情况下，$X$ 上的任何函数都是可测的。如果 $X$ 是信息源的集合，则非可加的单调集合函数 $\mu$ 可以用来描述不同信息源的重要性及它们之间的交互作用。

经典的 Lebesgue 积分不能定义在任何非可加集合函数上，因此，为了应用非可加集合函数，必须提出新的积分。一般这些积分都是非线性的。Choquet 积分就是一种常用的关于非负单调集合函数的非线性积分。

假设 $f$ 为定义在 $X$ 上的非负实值可测函数，$\mu$ 为非负单调集合函数，则 $f$ 在 $X$ 上关于 $\mu$ 的 Choquet 积分定义为

$$(c)\int f\mathrm{d}\mu=\int_0^\infty \mu(Fa)\,\mathrm{d}a \tag{2.50}$$

当 $X$ 为有限集合时，对于非负集合函数（不一定单调）Choquet 积分也可以这样定义。

### （八）优化问题

要在信息融合中使用上述方法，首先需要确定重要性测度 $\mu$。令 $X=\{x_1,x_2,\cdots,x_n\}$ 为信息源集合，如图 2-3 所示，$f$ 关于 $\mu$ 的非线性积分可以看作 $n$ 个输入、1 个输出的系统。图中，$f_j=f(x_j)$，$(j=1,2,\cdots,n)$，$\mu$ 为非负的单调集合函数，表示每个信息源或者它们的组合的重要程度。

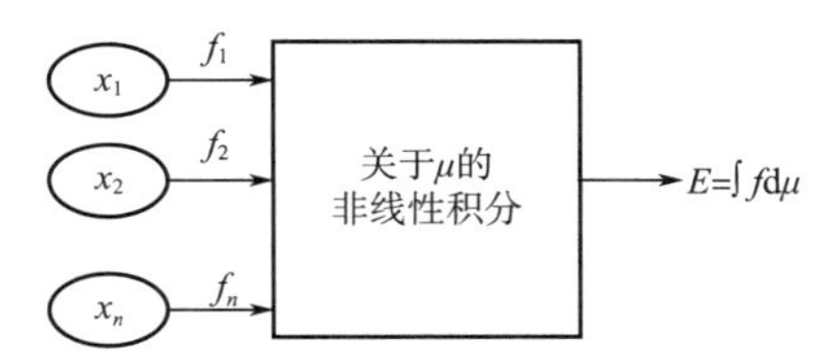


**图 2-3　由非线性积分定义的多输入-单输出系统**

为了确定重要性测度 $\mu$，需要利用合适的输入-输出数据来求解关于 $\mu$ 的优化问题。系统的输入-输出数据如下：

$$\begin{matrix} f_{11} & f_{12} & \cdots & f_{1n} & E_1 \\ f_{21} & f_{22} & \cdots & f_{2n} & E_2 \\ \vdots & \vdots & & \vdots & \vdots \\ f_{l1} & f_{l2} & \cdots & f_{ln} & E_l \end{matrix}$$

式中，$l$ 是数据的个数；$E_1$、$E_2$、$\cdots$、$E_l$ 是输出。利用以上数据，寻找合适的非负单调集合函数 $\mu$，满足

$$E_j=\int f^{(j)}\mathrm{d}\mu \qquad \forall j=1,2,\cdots,l \tag{2.51}$$

根据图 2-3 和上式，$f^{(j)}(x_i)=f_{ji}(j=1,2,\cdots,l;\quad i=1,2,\cdots,n)$。如果集合函数 $\mu$ 存在，它可能不是唯一的，这时至少要找到其中一个；否则，希望找到最优近似解。这里用最小二乘方法来确定 $\mu$，即寻找 $\mu$，使得误差

$$e=\sqrt{\frac{1}{l}\sum_{j=1}^{l}(E_j-\widehat{E}_j)^2} \tag{2.52}$$

达到最小。其中，

$$\widehat{E}_j=\int f^{(j)}\mathrm{d}\mu \quad j=1,2,\cdots,l \tag{2.53}$$

在这个优化问题中，需要求解 $2^n-2$ 个未知数。

在优化求解中采用遗传算法来求解 $\mu$。在此算法中，每个集合函数值均被看作一个基因，以二进制数进行编码，每个染色体包含 $2^n-2$ 个基因，代表非负单调集合函数。每个染色体串的长度取决于要求的精确度。例如，如果要求 $\mu$ 的精确度为 0.001，则每个基因需要用 10 比特位（bit）来表示，每个染色体的长度为 $10\times(2^n-2)$ bit。群体包含多个染色体（个体），用 $s$ 表示，取值在 100～1000 之间。初始群体为 [0,1] 上均匀分布的随机数，用重排序的方法保证 $\mu$ 的单调性，染色体的适应度定义为 $1/(1+e)$。其中，$e$ 为式（2.52）定义的误差。当前群体中的个体按一定的概率被选择，选择概率与个体的适应度成正比。采用如下 3 个算子来产生新的个体：

① 两点交叉。在当前群体中选出两个染色体作为母体后，再根据随机选取的两点分别将它们切割成三段，并交换中间那段，形成两个新的染色体作为它们的子体。

② 3bit 变异。先从当前群体中选择一个染色体作为母体，然后在随机选择的 3bit 位上，交换 0 和 1 编码，形成新的染色体作为它的子体。

③ 两点重排。先从当前群体中选择一个染色体作为母体，然后随机选取两点将它分割成三段，再以随机顺序和方向（每一段都可以是反向的）进行重排，形成新的染色体作为它的子体。这样分成的三段有 48 种不同的组合，每种组合出现的概率是一样的。

为了提高搜索速度，要在新的群体中保留上一代群体中的优秀个体，也就是产生 $s$ 个子体（或者 $s+1$ 个子体，如果最后一个操作是交叉）后，将上一代群体中的那些优秀个体和生成的 $s$ 个子体放在一起，然后依据它们的适应度，选出最好的 $s$ 个染色体，形成新的群体。结束条件是 $e=0$ 或者群体满足同一性（所有的个体是相同的）。

### （九）基于遗传算法的多传感器融合

本节介绍一种模糊-遗传信息融合技术，利用模糊集成函数进行推理，从而组合信息。其中，算子的参数可以通过遗传算法得到。

#### 1. 基于模糊逻辑的信息融合

除了传统集合理论中常用的并集（如最大算子）及交集（如最小算子）外，模糊集合论还提供了许多合成模糊集的方法。融合系统处理的信息是模糊的，而不是自然界的精确信息，模糊理论也可以对这种不精确信息进行近似建模，并进行不精确推理。

由多个模糊集合连接算子可以用来进行信息融合，通常选择广义平均算子，其定义如下：

$$g(x_1,x_2,\cdots,x_n;\ p,w_1,w_2,\cdots,w_n)=\left(\sum_{i=1}^{n}w_ix_i^p\right)^{1/p} \tag{2.54}$$

式中，$p$ 为模糊度；$w_i$ 为 $x_i$ 的重要性因子，且满足

$$\sum_{i=1}^{n}w_i=1 \qquad w_i\geqslant 0 \tag{2.55}$$

广义平均算子的特点如下：

① $\min(x_1,x_2,\cdots,x_n)\leqslant g(x_1,x_2,\cdots,x_n;\ p,w_1,w_2,\cdots,w_n)\leqslant \max(x_1,x_2,\cdots,x_n)$；

② 均值随 $p$ 增大而增大；

③ $p$ 值在 $-\infty$ 和 $+\infty$ 之间变化，且能够取最小值和最大值之间的任一值。

因此，在极限情况下，上述平均算子适用于并集或交集情况。融合过程中的参数 $p$ 和 $w_1,w_2,\cdots,w_n$，必须是确定的。在传感器可靠性信息给定的情况下，$w_1,w_2,\cdots,w_n$ 的值容易得到。如果已知传感器的冗余度/互补度信息，则容易确定参数 $p$。然而，在多数情况下，这些信息是难以得到的，必须寻找一种能够得到参数 $p$ 和 $w_1,w_2,\cdots,w_n$ 的最优解的方法。通常采用遗传算法来得到参数 $p$ 和 $w_1,w_2,\cdots,w_n$ 的值。

### 2. 传感器融合的适应度函数

下面介绍一种基于遗传算法的最优合成参数求解方法，能够将来自 $n$ 个传感器的信息同时进行融合。对于 $n$ 个传感器，根据式（2.54），可以确定 $n-1$ 个权重 $w_1,w_2,\cdots,w_{n-1}$ 和指数 $p$。第 $n$ 个权重由式（2.55）来确定。在遗传算法中，参数 $p$ 和 $w_1,w_2,\cdots,w_{n-1}$ 被编码成比特串，且对于不同的 $p$ 和 $w_1,w_2,\cdots,w_{n-1}$ 将产生不同的个体。在最小平方根误差意义下定义了适应度函数，即

$$M=1-\sqrt{\frac{\sum_{j-1}^{m}(D_j-A_j)^2}{m}} \tag{2.56}$$

式中，广义均值为

$$A_j=\left(\sum_{i=1}^{n}w_ix_i^p\right)^{1/p} \tag{2.57}$$

其中，$D_j$ 表示期望值；$A_j$ 表示实际值。式（2.56）中平方根下的平方误差的总和由 $m$ 个模式来计算，这些模式的作用与神经网络中训练模式的作用相同。此外，还需要得到这些模式的期望值。目的是利用遗传算法调整其指数与权重，从而使得这些训练模式的误差在最小平方中最小。

在 $n$ 个传感器信息融合的遗传算法中，每个染色体包含 $n+1$ 个基因。第一个基因用于对指数 $p$ 进行编码，其他 $n$ 个基因对权重进行编码。权重取 [1,0] 之间的任意值，权重的总和等于 1。交叉和变异过程可能偏离其约束条件，从而产生不合理的结果。当交叉和变异发生后，可以应用如下两个染色体修补方法中的任意一个来解决。

第一种染色体修补方法是补齐所有的权重，如果所有权重的总和大于 1，则随机选择一个权重将其设置为 0。只要权重的总和大于 1，就重复该过程。这种修补方法将使得相当多的权重被设置为 0。第二种方法是在补齐所有的权重之后，通过所有权重的总和对其进行归一化处理。这种方法包括染色体从浮点型到用二进制表示的记录过程，因此，将会花费更多

的时间。第二种方法的优点是，它不像第一种染色体修补方法那样直接将权重值设置为 0。

有约束条件的遗传算法（来自多个传感器的融合）的收敛性远不如非约束条件的遗传算法（来自两个传感器的融合）。为了弥补这点，引入非均匀变异。随着种群的逐渐成熟，非均匀变异降低位于染色体左半部分比特位的变异概率，同时增大位于右半部分比特位的变异概率。

### 3. 基于遗传算法的多分类器融合系统设计

本小节介绍两种使用遗传算法设计多分类系统特征选择的方法。其中，适应度函数为组合分类器的精确度，而不是单个分类器的精确度。

下面假设分类器数量为 $L$，特征的数量为 $n$。

（1）方法一　不相交特征子集的选择。

在方法一中，染色体包含几个位置，每个特征对应一个位置。第 $i$ 个位置取值范围为 $\{0,1,\cdots,k,\cdots,L\}$，这里 0 表示没有使用第 $i$ 个特征，$k(1\leqslant k\leqslant L)$ 表示第 $i$ 个特征用于第 $k$ 个分类器。这种编码方法保证了不同的分类器使用不同的特征子集。变异操作通过随机在这 $L+1$ 个值中选择一个来实现。

（2）方法二　分类器和特征子集的选择。

在方法二中，每个分类器均可使用任意的特征子集，不同分类器使用的特征子集可能重叠，并且分类器的类型也可能相同；分类器的类型被编码至遗传算法中，编码长度为 $L+n$。染色体中前 $n$ 个位置对应 $n$ 个特征，这个序列通过 $2^L$ 个取值来表示每个分类器的类型。

例如，对于 1 个 3 个分类器、10 个特征的系统，每个特征可以有 $2^3$ 个使用方法（不使用、被单个分类器使用、被两个分类器使用、被所有分类器使用），因此每个特征对应的值可以为 $\{0,1,\cdots,7\}$。一个可能的编码如图 2-4 所示。图中，0 代表不使用；1、2、3 分别代表被分类器 $D_1$、$D_2$、$D_3$ 使用；4、5、6 分别代表被分类器 $D_1$ 与 $D_2$、$D_1$ 与 $D_3$、$D_2$ 与 $D_3$ 使用；7 代表被 3 个分类器使用。

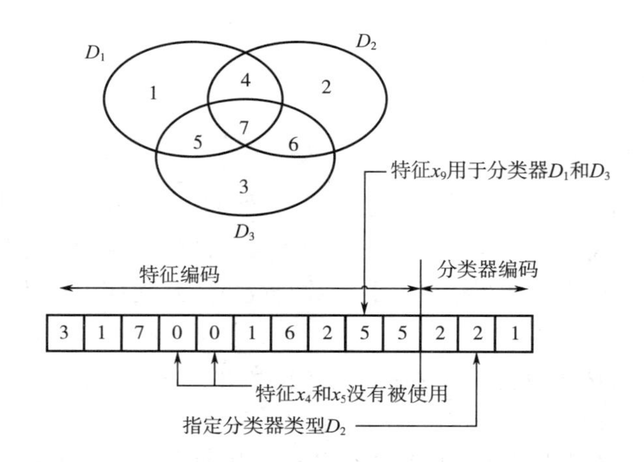


**图 2-4　一个可能的编码（3 个分类器、10 个特征的系统）**

（3）遗传算法　两种方案仅仅只是编码方法不同，它们的实现方法都和一般的遗传算法一样。

① 选择算法参数。

a. 群体规模 $m$（偶数）。

b. 结束迭代次数 $T_{\max}$。

c. 变异概率 $P_{\mathrm{m}}$。

② 随机产生一个包含 $m$ 个个体的种群，计算它们的适应度函数。

③ for $i=1$：$T_{\max}$(迭代循环 $T_{\max}$ 次，并显示每次结果)。

a. 假设将整个种群作为交配集，从当前种群中选取 $m/2$ 对个体（允许重复）；

b. 执行（一点）交叉操作产生 $m$ 个后代染色体；

c. 根据变异概率对后代染色体执行变异操作；

d. 计算变异后的后代的适应度函数；

e. 将后代和当前种群混合，选择适应度函数最大的 $m$ 个染色体作为下一代群体。

④ end $i$(结束迭代)。迭代次数、群体规模和变异概率均是 GA 算法中的可调参数。假设整个群体是可再生的，即交叉概率为 1.0，并且由于使用了优选原则，代沟是不固定的。这使得模型与随机搜索方法类似，只是更强调了搜索方法。之所以这样做，是因为假设适应度函数是多峰的，该算法在搜索过程中应该有机会得到一个好的解，而不是精心设计一个解。

研究表明，GA 算法提供了一种直观而且自动化的方法来设计多分类器系统。在大多数情况下，本节给出的使用遗传算法设计的系统优于单个最好的分类器，同时比许多其他的方法设计的分类器效果更好。

## 二、蚁群算法

蚁群算法来源于蚂蚁在寻找食物过程中发现路径的行为，最初用于解决 TSP 问题，经过多年的发展，已经陆续渗透到其他领域中，比如图着色问题、大规模集成电路设计问题、通信网络中的路由问题以及负载平衡问题、车辆调度问题等。蚁群算法在若干领域已获得成功的应用，其中最成功的是在组合优化问题中的应用。

### （一）蚁群算法的基本原理

蚂蚁在行走过程中会释放一种称为“信息素”的物质，用来标识自己的行走路径；在寻找食物的过程中，蚂蚁根据信息素的浓度选择行走的方向，并最终到达食物所在的地方。信息素会随着时间的推移而逐渐挥发。

蚁群算法试验中，首先在没有事先告诉各个蚂蚁食物在什么地方的前提下使它们开始寻找食物。其次，要让蚂蚁找到食物，就需要让它们遍历空间上的所有点。再次，要让蚂蚁找到距离食物最短的路线。当一只蚂蚁找到食物以后，它会向环境中释放一种信息素，吸引其他的蚂蚁过来，这样越来越多的蚂蚁会找到食物。但有些蚂蚁并没有像其他蚂蚁一样总重复同样的路，它们会另辟蹊径。如果开辟的道路比原来的道路更短，那么更多的蚂蚁会被吸引到这条较短的路上。最后，经过一段时间运行，可能会出现一条最短的路径被大多数蚂蚁重复。

例如，在蚁穴中有两只蚂蚁，1 号蚂蚁和 2 号蚂蚁。从蚁穴到食物有两条路可走，$A$-$B$ 和 $A$-$C$-$B$。两只蚂蚁分别选了一条路。

当 1 号蚂蚁到达 $B$ 点的时候，2 号蚂蚁已经从 $B$ 点返回到 $A$ 点了。蚂蚁在行走的过程中会释放一定浓度的信息素，那么此时，$AB$ 路有 2 倍浓度的信息素（小于 2 倍，因为挥发），$BC$ 有 1 倍浓度的信息素，$AC$ 有小于 1 倍浓度的信息素。

由此位于 $B$ 点的 1 号蚂蚁，从 $B$ 返回 $A$ 是选择哪条路呢？自然是选择信息素浓度高的 $AB$ 路，这样同时又给 $AB$ 路增加了信息素浓度，再之后的蚂蚁从 $A$ 到 $B$，就只会选择 $AB$ 路，而不会再选择 $AC$-$CB$ 路了，如图 2-5 所示。

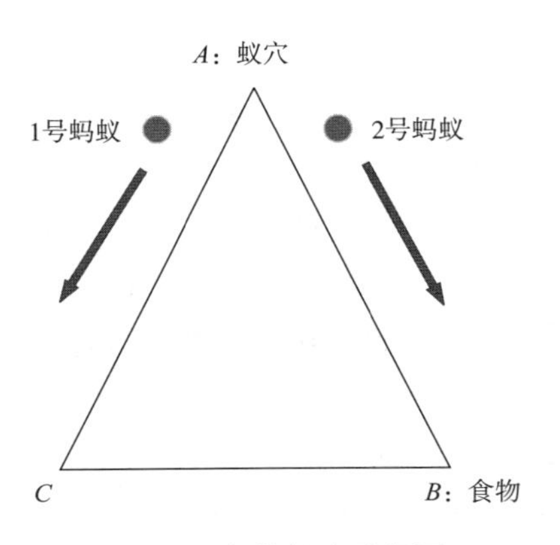

图 2-5　蚂蚁行走路径图

假设，$d_{ij}$ 为节点 $i$ 到节点 $j$ 的距离，节点 $i$、$j$ 上的信息素含量用 $\tau_{ij}(t)$ 表示。先选定一个起始节点，将 $u$ 个蚂蚁放在起点处；所有路径上的信息素含量都相同，蚂蚁 $k$ 根据各条路径上的信息素含量大小选择下一个节点；加入禁忌表来记录每一只蚂蚁经过节点的顺序，防止蚂蚁再次经过该节点，蚂蚁经过所有指定的节点即完成了一次算法的迭代。在蚂蚁搜索路径节点的过程中，$t$ 时刻下，蚂蚁 $k$ 从节点 $i$ 移动至节点 $j$ 的移动概率 $P$ 为

$$P=\begin{cases}\dfrac{(\tau_{ij}(t))^{\alpha}(\eta_{ij}(t))^{\beta}}{\sum\limits_{s\in A_k}(\tau_{is}(t))^{\alpha}(\eta_{is}(t))^{\beta}} & s\in A_k\\ 0 & s\notin A_k\end{cases}\tag{2.58}$$

式中，$A_k$ 表示蚂蚁 $k$ 从当前节点移动到下一个所有可能的节点的集合。依据上述内容 $\alpha$ 为信息素启发式因子，代表路径上信息素含量的多少；信息素多表示该路径通过的蚂蚁多，反之少量蚂蚁通过。$\beta$ 为期望启发式因子，是信息素启发式因子的权重，表示蚂蚁在选择该路径节点时，对路径重要性的考虑；其值越大，说明移动到此点的概率越大。启发式函数 $\eta_{ij}(t)$ 的计算方法为

$$\eta_{ij}(t)=\frac{1}{d_{ij}}\tag{2.59}$$

由上式可以看出，对于每一只蚂蚁启发式函数 $\eta_{ij}(t)$ 和 $d_{ij}$ 成反比，节点之间的距离越长，启发式函数的值越小。当所有的蚂蚁完成一次循环后，各个连接路径上的信息素浓度需进行更新（首先是信息素挥发；其次是蚂蚁在它们所经过的路径上释放信息素）。计算公式为

$$\tau_{ij}(t+1)=(1-\rho)\tau_{ij}(t)+\Delta\tau_{ij}(t)\tag{2.60}$$

$$\Delta\tau_{ij}(t)=\sum_{k=1}^{m}\Delta\tau_{ij}^{k}(t)\tag{2.61}$$

式中，$\rho$ 为信息素挥发系数，且 $0\leqslant\rho\leqslant1$。

蚂蚁构建的路径长度 $d_{ij}$ 越短，路径上获得的信息素越多，则在以后的迭代中就越有可能被其他的蚂蚁选择。每当蚂蚁完成一次循环，便清空禁忌表，重新回到初始节点，准备下一次循环。

除此之外还可以通过更新改进信息素规则和启发式函数的方式，缩小全局路径和理论最优路径差值。

## （二）蚁群算法的基本流程

蚁群算法的基本流程如图 2-6 所示。

（1）对相关参数进行初始化，如蚁群规模（蚂蚁数量）$u$ 、信息素重要程度因子 $\alpha$ 、启发式函数重要程度因子 $\beta$ 、信息素挥发因子 $\rho$ 、信息素释放总量 $Q$ 、最大迭代次数 $I_{max}$。

（2）构建解空间，将各个蚂蚁随机地置于不同的出发点，计算蚂蚁 $k(k=1,2,\cdots,m)$ 下一个待访问节点，直到所有蚂蚁访问完所有节点。

（3）更新信息素，计算每个蚂蚁经过的路径长度 $L_k(k=1,2,\cdots,m)$，记录当前迭代次数中的最优解（最短路径）。同时，对各个节点连接路径上的信息素浓度进行更新。

（4）判断是否终止。若 $I<I_{max}$，则令 $I_{新}=I_{旧}+1$，清空蚂蚁经过路径的记录表，并返回步骤（2）；否则，终止计算，输出最优解。

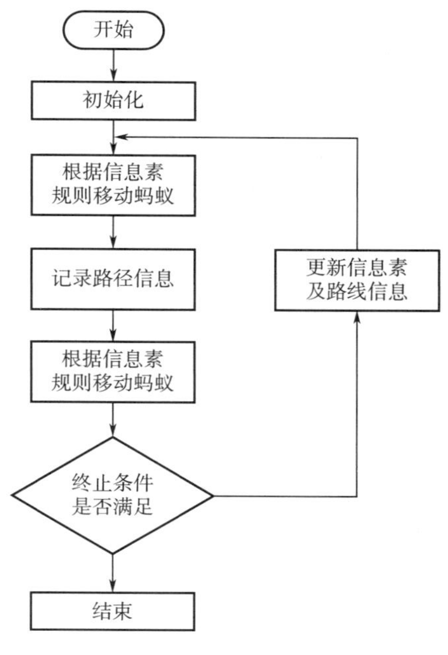


**图 2-6 蚁群算法的基本流程图**

# 三、花朵授粉算法

## （一）花朵授粉算法的产生和基本原理

在地球上自然界的生物群体中，被子植物在所有植物种类中覆盖最多，生长分布的范围最广泛。花朵授粉是被子植物生殖和生长的重要环节。从生物学上讲，花粉从花药转移到柱头的过程称为授粉。从生物进化的角度来看，花朵授粉可以理解为植物在繁殖过程中的一个优化过程，通过授粉繁衍这个方式产生并且最终得以生存下来的植物个体即为最佳个体。花朵授粉算法的提出者就是从这一过程中得到的灵感，并进一步抽象出了该算法的一般适用规则。

花粉的传播需要借助一定的条件，如果根据其借助的传播媒介进行划分，可以总结为以下两种：一种是生物授粉；另一种是非生物授粉。前者是指花粉的传播借助自然界生物种群的力量，如蜜蜂、蝴蝶、鸟类等不同种类的动物可作为花粉传播的媒介，这是花朵最为主要的授粉方式，其占比约为 90%；而非生物授粉是指花粉利用自然界的风、水等非生物进行传播和扩散。在授粉过程中可根据授粉对象的不同，分为自花授粉和异花授粉。自花授粉往往是由于缺乏传播媒介，花粉只能送到同一花的柱头上进行授粉和繁殖；异花授粉是指花粉从一朵花转移到另一株植物的柱头上，这个过程基本上需要一种传播媒介。根据自然界的基本现象，生物授粉和异花授粉大多发生在距离较远的植物之间；而非生物授粉和自花授粉的局限性表明，它们通常只发生在距离较近的植物之间。

从自然界花朵授粉的生物繁衍过程中得到灵感，2012 年 Yang 正式提出了花朵授粉算法，通过对花朵授粉这一过程的深入研究，提出了花朵授粉优化算法的基本模型，并且抽象出四大理想化的规则：

规则一：生物授粉和异花授粉被称为全局探测行为，是由传粉者通过列维飞行机制完成的，也称为全局授粉。

规则二：非生物授粉和自花授粉被认为是算法的局部挖掘或局部授粉。

规则三：花朵的常性（也就是说，一个特定的传粉者只给一个特定的植物传粉）可以被认为是花朵的繁殖概率，与传粉过程中两种花的相似性呈比例关系。

规则四：花朵的全局和局部授粉是由转换概率 $p[p \in (0,1)]$ 调节的。由于物理上的邻近性和风力等一系列因素，转换概率 $p$ 是整个授粉活动中一个非常重要的参数。

由于自然界中每一个植物都可能存在一朵以上的花，而每一朵花都有成千上万的花配子，因此花朵自然授粉过程是一个非常复杂的过程。所以，我们很难真实地模拟出花朵授粉过程中的每个细节，并且以此来设计算法。从各个专家学者以往研究的经验来看，一个算法复杂的程度直接影响这个算法在实际问题中的适用性。若模拟真实复杂的花朵授粉过程会导致算法过于复杂，并且庞大的计算量会大大地降低算法计算的效率。那么即使我们研究出了这样的算法，其在实际应用中的价值也会被降低甚至忽略。因此为了在算法中进行简便的计算以及算法的合理性，Yang 在研究的过程中提出以下假设条件：一个植株仅有一朵花，一朵花也且仅仅只有一个配子。此时，每一个花配子我们均可以理解为该算法解空间内的一个候选解。

Yang 根据上述提出的四条理想化规则，又进一步对各条规则进行了严谨的数据建模，这些数据模型即为标准的花朵授粉算法。

花朵授粉算法的全局授粉行为由式（2.62）实现。

$$x_i^{t+1} = x_i^t + \gamma L(\lambda)(x_i^t - g^*) \tag{2.62}$$

式中，$x_i^{t+1}$、$x_i^t$ 分别为花朵授粉算法解空间内第 $t+1$ 代和第 $t$ 代的第 $i$ 个候选解；$g^*$ 则为算法当前的全局最优解；$\gamma$ 为尺度因子，它的作用是用来控制移动步长；$L(\lambda)$ 为移动步长，可以理解为花粉的传播强度。$L(\lambda)$ 的计算公式如下：

$$L(\lambda) = \frac{\lambda \Gamma(\lambda) \sin\left(\frac{\pi\lambda}{2}\right)}{\lambda} \times \frac{1}{s^{1+\lambda}} \quad s \gg s_0 > 0 \tag{2.63}$$

在标准的花朵授粉算法中 $\lambda$ 通常取为 3/2，即 1.5；$\Gamma(\lambda)$ 是标准的伽马函数，它的分布对较大步长 $s > 0$ 有效，理论上需要 $|s_0| \gg 0$，但实际中一般允许 $s_0$ 的最小值取到 0.1。花朵授粉的非生物自花授粉则被称为局部授粉行为：

$$x_i^{t+1} = x_i^t + \varepsilon(x_j^t - x_k^t) \tag{2.64}$$

式中，$\varepsilon$ 表示 (0,1) 上服从均匀分布的随机数；$x_j^t$、$x_k^t$ 分别表示相同的植物种类上不同的花粉，即种群中第 $t$ 代的两个不同的随机解。

在标准花朵授粉算法中，当利用上述公式生成了一个新的候选解之后，则利用贪心策略来决定是否接受新的候选解。若新的解优于原有的解，那么将使用新的解代替原有的最优解；否则放弃新的解，仍然保留原有的最优解。

### （二）花朵授粉算法的流程

由上述的规则和建模可以看出花朵授粉算法结构较为简单，算法过程易于编程实现。其伪代码如下：

花朵授粉算法

输入　初始种群 $P$ 、转换概率 $p$ 、最大迭代次数 $t_{max}$；

输出　初始种群 $P$ 中当前的最优解 $g^*$；

1　找出当前初始种群的最优解 $g^*$；

2　while($t < t_{max}$)；

3　for $i$：$n$($n$ 为产生的候选解的个数)；

4　if rand $< p$；

5　产生一个步长 $L$ ，通过式（2.62）产生一个新的解 $x_i^{t+1}$；

6　else;

7　从候选解中随机选择两个解，通过式（2.64）产生一个新的解 $x_i^{t+1}$；

8　end if;

9　对新得到的解进行选择；

10　if 优于原来的解；

11　用新的解代替原来得到的最优解；

12　else 保留原来的最优解；

13　end for;

14　输出初始种群 $P$ 中当前的最优解 $g^*$；

15　end while 。

### （三）花朵授粉算法的特点

标准花朵授粉算法具有以下特点：

（1）该算法步骤少，结构简单，编程简单。该算法的基本框架与其他群体智能启发式算法相似，但比其他群体智能启发式算法更简洁。

（2）花朵授粉算法控制参数较少，因而在算法演算过程中需要进行调参的工作量较小。这一特点使该算法在实际应用中具有良好的适用性。

（3）花朵授粉算法的通用性好。和其他的元启发式智能算法类似，花朵授粉算法的应用不需要了解所求问题的具体特征。在所需求解的问题上，对问题的连续性、线性、可导性以及凹凸性等不作具体的要求。而算法演算的结果上是否能得到令人满意的效果则需要更多的研究和实验验证。

（4）正因为和其他传统的算法类似，花朵授粉算法的缺点也十分明显，即在求解一些复杂的高维度问题时，演化后期容易陷入局部最优，收敛到稳定值的速度也较慢。

# 第三章

# 核生化信息融合模型

# 第一节　核生化信息的概念

## 一、信息的定义

信息一词在英文中为 information，最早源于拉丁文 informatio，意思是通知、报导或消息。在我国的文史资料中，信息一词最早出自南唐诗人李中的诗句“梦断美人沉信息，目穿长路倚楼台”（《暮春怀故人》），在此“信息”是音信、消息的意思。自那以后，“信息”一词一直沿用至今。直到 1948 年美国数学家香农（Claude Elwood Shannon）首先将“信息”作为一个科学的概念引入到通信领域后，信息的科学含义才被逐渐揭示出来。

香农开创了信息论的先河，香农的信息论提供了一种具有广泛性、渗透性和实用性的科学方法——信息方法。所谓信息方法，就是运用信息的观点，把对象抽象为一个信息变换系统，从信息的获取、传递、处理、输出、应用、反馈的过程来研究对象的运动过程，是从信息系统的活动中揭示对象运动规律的一种科学方法。

这种方法被日益广泛地应用于社会各个领域，促进了社会信息化，加速了信息社会的来临。然而，随着信息理论的迅猛发展和信息概念的不断深化，信息的内容早已超越了狭义的通信范畴。信息作为科学术语，在不同的学科具有不同的含义。在管理领域，认为信息是提供决策的有效数据；在控制论领域，认为“信息是信息，既不是物质，也不是能量”；在通信领域，认为信息是事物运动状态或存在方式的不确定描述；在数学领域，认为信息是概率论的扩展，是负熵；在哲学领域，认为信息就是事物的运动状态和方式。

可以看出信息的概念相当宽泛，很难用一个简单的定义将其完全准确地描述出来。我国信息理论研究专家——钟义信教授从不同的层次给出了信息定义。钟义信教授认为：信息概念十分复杂，在定义信息时必须十分注意定义的条件。不同条件限定下的信息，可以有不同的定义表述。最高的层次是普遍的层次，没有约束条件的层次，属“本体论层次”，在这个层次上定义的信息，适用范围最广。如果在此基础上引入一个约束条件，则最高层次的定义就变成次高层次的定义，而次高层次定义的信息适用范围也就变窄了。所引入的约束条件越多，定义的层次就越低，其所定义的信息的适用范围也就越窄。主要包括：

本体论层次的信息定义：某事物的本体论层次信息，就是事物运动的状态和状态变化方式的自我表述/自我显示。

认识论层次的信息定义：主体关于某事物的认识论层次信息，是指主体所感知或表述的关于该事物的运动状态及其变化方式，包括状态及其变化的形式、含义和效用。

全信息定义：同时考虑事物运动状态及其变化方式的外在形式、内在含义和效用价值的认识论信息称为“全信息”。

在全信息定义的基础上，可将其中形式因素的信息部分称为“语法信息”，含义因素的信息部分称为“语义信息”，效用因素的信息部分称为“语用信息”。也就是说，认识论层次的信息是包括语法信息、语义信息和语用信息的全信息。

在信息的应用过程中，信息的概念常常与“数据”“消息”“信号”“知识”和“情报”等的概念等同起来。但是信息的含义更加深刻，与这些概念的含义不同。

（1）信息和数据　数据是原始事实的描述，是可以通过多种形式记录在某种介质上的数字、字母、图形和声音等。单纯的数据并无意义，当通过一定的规划和关系将数据组织起来，表达现实世界中事物的特征时，才成为了有意义、有价值的信息。例如，“数学”“成绩”和“90”这几个数据并没有特殊的意义，但是如果将这些数据组织起来，说某位同学的“数学成绩为90分”，就具有了确定的意义。因此，可以说数据是信息加工的原材料，信息是数据加工的结果。

（2）信息和消息　人们常常错误地把消息等同于信息，认为得到了消息就是得到了信息。确切地说，信息是事物运动的状态和方式，消息是对这种状态和方式的描述。例如，气象预报将有“中到大雨”，收听到这条消息反映了某地的气象状态，这种状态是天气的信息，而“中到大雨”只是对这条状态的具体描述。因此，可以说消息是信息的外壳和载体，是信息的具体反映形式；信息是消息的核心，通过获得消息，来获取它所包含的信息。

（3）信息和信号　信号是用来承载信息的物理载体和传播方式。同一种信息可以用不同的信号来表示，同一种信号也可以表示不同的信息。

（4）信息和知识　知识是事物运动的状态和方式在人们头脑中有序的规律性表述或理解，是一种具有普遍性和概括性的高层次信息。因此，知识是信息加工后的产物，是一种高级形式的信息。知识是信息，但不等于信息的全部。如果把知识的概念加以拓展，也可以认为，信息是关于事物的运动状态和方式的广义化知识。

（5）信息和情报　信息是事物的运动状态和方式，情报则特指某类对观察者有特殊效用的事物运动状态和运动方式。情报学中的定义：情报是人们对于某个特定对象所见、所闻、所理解而产生的知识。因此，情报是一类特殊的信息、特殊的知识，是信息集合的一个子集。任何情报都是信息，但信息并非都是情报。

随着科学技术的进步和人类认识水平的提高，信息的概念正在不断地深化与发展，并且以其不断扩展的内涵和外延，渗透到人类社会和科学技术的诸多领域，衍生出许多新的样式与内容。信息是物质的属性，但不是物质本身，具有相对独立性，这使得它可以被传递、复制、存储、加工和扩散，并且具有无限共享性。只要无干扰和全部传递，共享的信息就是完全等同的，不会因为被共享而使原来的占有者损失信息。正是由于这种共享性，使得信息成为军事作战中的重要组成部分。

## 二、核生化信息的定义

根据信息的定义，核生化信息可定义为：核生化的状态、特征及其变化的反映，包括核生化技术、核生化设施、核生化危害、核生化防护等相关的各种信息。通常，与敌方相关的多称为核生化情报，与我方和环境相关的多称为核生化信息。

核生化信息有其固有的本质属性。总体上看，核生化信息主要具有可识别性、共享性、可伪性、时效性以及价值相对性等特征。

### 1. 可识别性

可识别性是指核生化信息可能通过某种媒介，以某种方式被人类感知，进而人类可掌握信息所反映的客观事物的运动状态和运动方式。核生化信息可通过人工或者核生化传感器进行感知。随着科学技术的发展，核生化信息感知的手段和能力不断提升，获取的信息也越来越准确、越来越多，依托信息融合技术可以更好地掌握关键信息。

#### 2. 共享性

核生化信息的共享性是指核生化信息可以被无限制地复制、传播或分发给众多用户，实现多个用户共享相同的信息。具体体现为：一是信息脱离所反映的事物而独立存在，并且通过载体能够在不同空间和不同对象之间进行传递；二是信息不是物质，不需要遵循能量守恒原则，在与他人共享时没有损耗，因此信息可以被大量复制，广泛传递。信息的共享性是建立核生化信息链路，从而构建核生化报警报知网络的基础。由于核生化危害的特殊性，局部的核生化信息需要共享、融合后才能形成核生化态势，为部队的核生化防护提供依据。

#### 3. 可伪性

核生化信息的可伪性是指核生化信息能够被人主观地加工、改造进而产生变化，同时，通过一定方式和手段，也可使人对信息产生失真甚至是错误的理解认识。核生化信息涉及的种类多、格式多样，而且核生化传感器由于技术的限制，对核生化事件的感知也做不到完全准确，单个传感器的信息往往具有一定的错误。

#### 4. 时效性

核生化信息的时效性是指核生化信息的价值会随时间的推移而改变。由于事物本身在不断的发展变化之中，因此信息必须随之变化才能准确反映事物的运动状态和状态的变化方式。核生化武器具有大规模杀伤性，其瞬时和持续杀伤作用巨大，核生化信息的时效性直接关系到部队核生化防护的效果。

#### 5. 价值相对性

核生化信息的价值相对性是指同样的信息对于不同的人具有不同的价值。这是由于信息的价值与信息接收者的观察、想象、思维能力以及注意力和记忆力等智力因素密切相关，同时也依赖于接收者的知识结构和知识水平。相同的信息对于不同的人会产生不同的效果和结果。

## 第二节　核生化信息建模

### 一、核危害信息建模

核爆炸，不仅对人员、建筑物等杀伤破坏作用大，而且会造成地面、空气、水源、食物等放射性沾染，特别是地面爆炸或地下爆炸时更为严重，对部队的作战影响很大。因此，在遭遇核危害后有许多工作要做，在一定时间内，仍需采取防护措施。

如果敌方对某阵地或某城市使用了一枚核弹，必须很快弄清这枚核弹爆炸的时间、地点、当量和爆炸方式，对这次核危害造成的杀伤破坏及地面放射性沾染的情况做到“胸中有数”，以便采取正确的防护措施，减少损失，避免影响战斗行动。苏联在 1965 年就设计出一种对冲击波、光辐射和早期核辐射敏感的仪器，它能够测定核爆炸的坐标、威力、爆炸高度，并能将获得的数据传送到中央台和兵团司令部的计算机。近几年，美国为了适应战术核条件作战的需要，依据电磁脉冲和光学原理设计了能同时测量四个参数的核当量和定位系统，最大测量距离 200km，每分钟可测量和分析 10 次核爆炸。英国、法国和德国也都有类似的器材。从国外观测器材的发展趋势来看，今后有可能要求能自动测定五个参数，即增加了一个核弹的类型（原子弹、氢弹，还是中子弹等）的测定。因为随着小型核弹的多样化，这个参数具有越来越重要的意义。下面介绍一些简单的观测方法。

#### 1. 确定核爆炸时间

核爆炸时会依次出现闪光、火球和蘑菇状烟云，并伴随响声。核爆炸的第一个信号是强烈的闪光，因此，通常把闪光开始的时间作为核爆炸的时间。

#### 2. 测定爆心投影点

通常所说的核爆炸地点，就是核爆炸中心在地面上的垂直投影点，即爆心投影点。确定爆心投影点的简便方法为声测法。

声测法：闪光在大气中的传播速度是声音的 800 多倍，因此，在发现核爆炸闪光后，记下发现闪光到听见响声之间的时间，即可用下式算出现测点至爆心投影点的距离。

距离（km）＝响声到达时间（s）×0.34km/s＋距离修正值（km）

$$s = t \times 0.34 + s_{\Omega} \tag{3.1}$$

式中，$s$ 表示所求的距离，km；0.34 表示声音在大气压中的传播速度，km/s；$s_{\Omega}$ 表示距离的修正值，km。由于核爆炸响声的传播速度与当量有关，当量越大，速度越快。因此，按一般声速估算后，还需要根据其他手段测出的爆炸当量增加距离修正值。

#### 3. 判断爆炸方式

核爆炸的方式不同，外观景象是不一样的。可以利用外观景象来判定核爆炸的方式。

① 低空爆炸：火球开始是圆球形，很快变成扁球形；尘柱与烟云也很快地连接在一起。

② 中空爆炸：火球开始是圆球形，较快地变成扁球形；尘柱与烟云经过一定时间后才连接在一起。

③ 高空爆炸：火球呈圆球形，经过较长的时间后，火球下部略向内收缩；尘柱与烟云不相连接。

④ 地面爆炸：火球呈半球形，尘柱与烟云一开始就连接在一起。

⑤ 地下爆炸：一般看不见火球，向空中喷射尘土，不形成蘑菇状烟云。

⑥ 水下爆炸：一般也看不到火球，喷射的水柱构成菜花形。

## 二、化生危害信息建模

### （一）化生观测能力

化生观测是指在一定的区域内，以定点保障的形式，对某一个或多个重点目标进行不间断的化生危害观测和探测。目的是在区域内发生化生危害后，能够第一时间发现危害情况，并发出警报，为重点目标内的人员防护争取时间。

设化生危害的位置为坐标原点 $O$，风向为 $x$ 轴正方向，2m 高的风速为 $u$，保护目标的位置为 $A_t$（$x_t$，$y_t$），与观测点的水平夹角为 $\theta$，化生观测设备的位置为 $B$（$x_0$，0），化生观测设备的探测距离为 $R$，如图 3-1 所示。

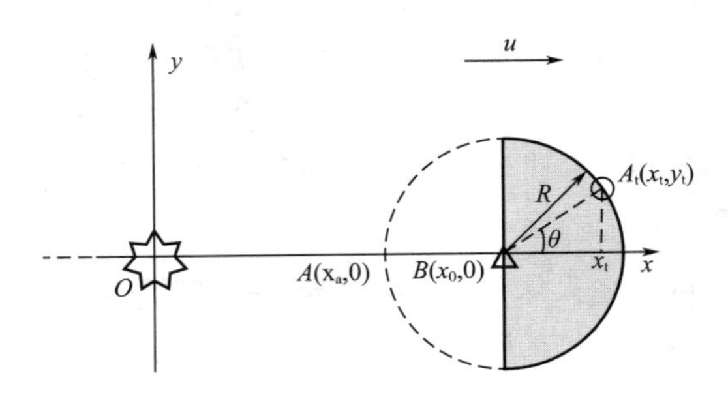


**图 3-1　化生观测示意图**

化生观测的时间，即从装有化生毒剂的弹药爆炸至毒剂云团到达化生观测设备探测范围的时间，这个指标代表化生观测设备的响应能力，用 $T_g$ 来表示。

$$T_g=\frac{8.3x_a}{u}=\frac{8.3(x_0-R)}{u} \tag{3.2}$$

保护目标的警报时间，即从化生观测设备发现毒剂云团至毒剂云团到达目标的时间，这个指标代表目标的防护准备时间，用 $T_p$ 来表示。

$$T_p=\frac{8.3(x_t-x_0+R)}{u}=\frac{8.3R(1+\cos\theta)}{u} \tag{3.3}$$

在作战中总是希望 $T_g$ 越小越好，$T_p$ 越大越好，所以化生观测设备的探测距离 $R$ 越大，越有利于化生观测的实施。在化生观测设备一定的时候，$x_t-x_0$ 越大越好，所以观测设备应该尽量部署在重点目标的上风方向，且在观测范围内尽量使观测点与目标的距离较大，$\theta$ 较小。

### （二）现地侦察能力

在化生观测哨发现化生危害后，由于化生观测设备只能概略判断毒剂的有无和方位，并不能准确判断化生危害的位置、染毒浓度等，需要派出侦察小组前去侦察，查明危害的具体情况，主要任务包括确定毒剂的种类、浓度，取样以及确定染毒的边界。在人员和设备受袭后，还要明确人员遭袭的情况。现地侦察能力如图 3-2 所示。

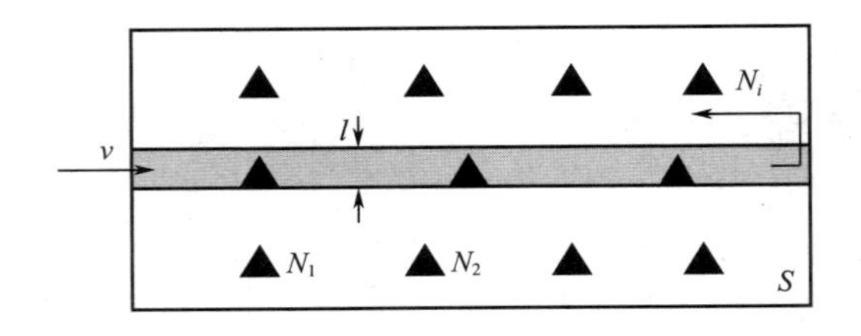


**图 3-2　现地侦察能力示意图**

现地侦察能力主要是指单位时间（$t$）内，能够完成的区域化生侦察的面积（$S$）。同时，也要考虑侦察的准确度（$\eta_q$）、产品或设备的响应时间（$t_m$）和侦察速度（$v$）的影响。

设某一地域内遭到化生危害，需要侦察的点位为 $i$ 个，单台侦察设备的正面侦察宽度为 $l$，如果不考虑侦察的准确率问题，则 $i$ 个点位需要用时 $t_m i$。侦察设备的运行时间为 $\frac{S}{vl}$，因此，对 $S$ 面积内的染毒情况进行侦察，需要时间

$$T = t_m i + \frac{S}{vl} \tag{3.4}$$

如果考虑侦察设备的准确度和外场空间干扰，假定对现地侦察设备的准确度可接受值为 $F$，则对单个点位需要检测的次数

$$n = \frac{\lg F}{\lg(1 - n_q)} \tag{3.5}$$

所需时间

$$T = \frac{t_m i \lg F}{\lg(1 - n_q)} + \frac{S}{vl} \tag{3.6}$$

### （三）化生监测能力

外场空间遭到化生危害后，毒剂云团向下风方向运动，造成更大范围的地域染毒。同时由于毒剂蒸发，也会造成区域的再生云伤害。因此，化生毒剂危害后需要持续对整个外场空间区域进行监测。化生监测一般由两种力量构成：一类是专业分队构建的化生监测哨，其监测范围较大，但数量较少，往往只能满足重点目标的化生监测需求；另一类是合成军部队里配备的核生化防护小组，利用便携式的化生监测设备进行定点监测。

#### 1. 遥测监测能力

化生毒剂遥测设备一般具有 3km 范围内的毒剂遥测监测能力，可以监测毒剂云团的方位及运动趋势。但对于一个作战区域来说，化生监测力量受到设备性能和数量的影响，不可能覆盖作战全地域，因此只能在重点目标周围构建化生监测体系，完成对特定区域的化生毒剂云团的遥测。

（1）单目标、单设备、风向已知　这种情况下可参考本书对化生观测能力的计算，监测设备应位于重点目标的上风方向，即图 3-3 中的 $B$ 位置。其对目标威胁的提前报知距离为 $2R$。

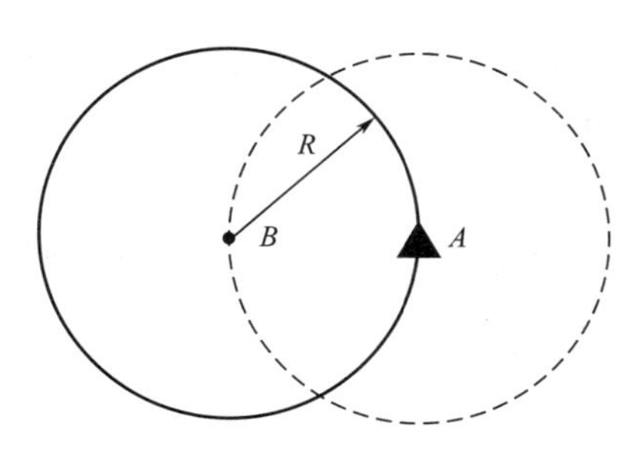

**图 3-3　化生遥测单目标示意图**

（2）单目标、单设备、风向未知　对于风向未知的情况，由于无法预知毒剂云团的路径，因此在各个方向都要具有监测能力，所以监测设备应与重点目标位置重合。其提前报知距离为 $R$。

（3）双目标、单设备、风向已知　在作战中，如果有多个重点目标需要进行化生监测，如指挥所、集结地域等，在只有一台化生监测设备的情况下，设备需要负责两个目标的化生威胁监测，在风向已知的情况下，化生监测设备位于 $O_2$ 位置，如图 3-4 所示。这时目标 $C_1$ 的提前报知距离为

$2R-h$，目标 $C_2$ 的提前报知距离为 $2R$。

（4）双目标、单设备、风向未知　风向未知的情况下，化生监测设备需要兼顾2个目标的各方向毒剂云团，其中心点位于 $C_1$、$C_2$ 的连线中心。$C_1$ 和 $C_2$ 的最小报知距离均为 $R-h/2$。

除上述情况外，还存在更为复杂的多目标及多设备的情况，需要结合具体的部署方式进行分析计算。

### 2. 定点化生监测能力

化生监测分队和合成军部队一般都配有一定数量的毒剂报警设备，能够监测指定点位的毒剂浓度是否超过允许范围，形成环境中定点的化生监测能力。前面提到，由于设备技术性能和数量上的不足，专业化生监测分队的数量远远达不到外场空间全覆盖的需求。定点化生监测能力就成为毒剂遥测设备的很好补充，其分布范围广，可以单兵携行，能够及时地对行动区域内的毒剂情况进行监测。

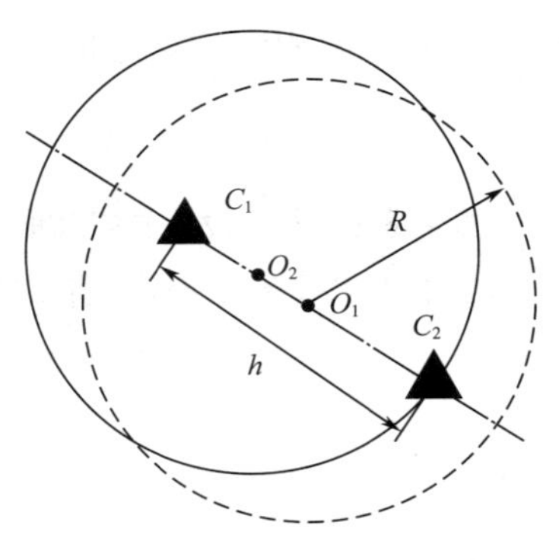


图 3-4　化生遥测双目标示意图

与遥测报警设备的预知功能不同，定点监测设备的主要功能是发现和报警，所以其关键的技术指标是报警时间，即发现毒剂到发出警报的时间。设人员对某毒剂的最大允许剂量为 $q_a$，遭受危害后，其点位浓度为 $Q_a$，如果假设毒剂云团的浓度在短时间内不变，则人员的安全时间为 $t_0=q_a/Q_a$。考虑到毒剂报警设备的响应时间为 $t_1$，人员防护时间为 $t_2$，则毒剂报警设备的监测半径

$$R=\frac{u(t_0-t_1-t_2)}{8.3}=\frac{u}{8.3}\left(\frac{q_a}{Q_a}-t_1-t_2\right) \tag{3.7}$$

式中，$R$ 为毒剂报警设备的监测半径；$u$ 为距地面2m的平均风速；$t_0$ 为人员在毒区的可耐时间。

### 3. 化验分析能力

化验分析是指对敌方使用的已知毒剂或其他毒剂进行检定的技术手段。通过化验分析可以准确地测定多种染毒对象表面的毒剂种类和浓度，包括地面、技术设备及服装等。同时，可以对前期的化生侦察和监测结果进行准确判定，进一步确定毒剂袭击的性质和规模。

化验分析最主要的特点是准确。相比前面所述的化生观测、现地侦察和化生监测，化验分析一般用化学法来测定毒剂种类和浓度，干扰小、精度高。缺点是对操作人员的技术水平要求高，耗时较长。因此，其常用在洗消前后，验证洗消效果。

化验分析能力以在规定的时间 $T$ 内，能够准确检定出的样品数 $N$ 来表示。设检测一次需要的标准时间为 $t_0$，则一台化验分析设备的作业力

$$N=\frac{T}{t_0}\prod_{i=1}^{m}K_i \tag{3.8}$$

式中，$K_i$ 为第 $i$ 个因素对化验能力的因素因子，包括 $K_1$（熟练程度）、$K_2$（机动速度）、$K_3$（干扰程度）、$K_4$（环境）。

# 第三节　核生化信息融合模型构建

## 一、核生化信息融合内容

核生化危害信息融合技术可以融入到化生侦察预测的各个环节中，主要分为下面几个融合要素。

**1. 时间融合**

核生化危害发生后，防化侦察、监测和化验分队分别按照接收的信息对所属地域展开工作。受作业时间的限制，侦察、监测和化验设备只能获取当前时刻的危害信息，对于过去的信息和未来一段时间的信息往往难以直接得到。防化专业分队的指挥员依靠当前时刻得到的信息，可以对危害源项进行推断，如位置、释放量等；同时可依靠指挥作业系统辅助完成对未来一段时间的推断，但大多依靠指挥员本身的经验确定，精度无法保证。利用信息融合技术可以从时间上拓展信息维度，在当前时刻信息的基础上，对危害事件进行反演和预测，为指挥员正确决策提供基础。

**2. 空间融合**

受编制数量影响，在一次作战行动中，核生化防化设备的数量有限。如果仅依托防化分队的设备对整个外场空间区域的核生化危害情况进行监测，覆盖区域非常有限。在合成部队中，也编配了大量的毒剂报警装置，但只能进行定性报警，作为本级分队化学防护的依据。基于信息融合技术，可以把外场空间区域内的所有监测、报警设备信息进行关联，充分利用各种定性和定量信息，实现对整个作战区域的覆盖。

**3. 能力融合**

单个防化设备的侦察与监测能力受外场空间条件影响较大，如温湿度、发动机排放的尾气、硝烟等，有一定漏警和虚警的概率，会对部队的防护行动造成不良影响。基于信息融合技术，能在单个设备性能不变的情况下，运用分布式检测、数据同化等技术，提高判断精度，提升报警与预测水平。

## 二、核生化威胁建模

### （一）核生化威胁问题分析

未来战争“通常是在核、生物、化学威胁条件下的常规战争”。在核威胁条件下作战，对当前面临的核威胁做出正确的判断，是构建核防护体系、进行核防护准备、定下作战决心的前提和基础。

通过研究确定核威胁分析流程，可以为指挥人员分析核威胁提供依据和指导，从而提高核防护决策的质量和速度。

### 1. 核威胁分析的基本内容

核威胁分析通常包括战争准备时期进行的分析和战争过程中进行的分析。

战争准备时期进行的分析：敌方拥有和使用核武器的情况是分析判断敌方是否会使用核武器最基本的依据。只有当敌方拥有核武器时，才需要对敌方核武器的使用情况进行分析和判断。核武器的拥有情况可以分为以下几种：一是直接交战的敌方自身拥有核武器；二是直接交战的敌方在交战时还没有核武器，但是具有制造核武器的能力，而其具有明显的制造和使用意图；三是直接交战的敌方自身虽然没有核武器，但支持其作战的同盟国拥有核武器。

核武器的使用能力主要包括核武器的种类和数量、核武器的投射工具和性能等方面。它是分析判断敌方在环境中如何使用核武器的基本依据。例如，依据敌方拥有的核武器种类，可判断出敌方在战争中可能使用什么样的核武器。依据敌方拥有的核武器数量，可判断出敌方在作战中的可能目标及规模。依据核武器的投射工具和性能，可判断出敌方在战争中可能打击到己方纵深内的哪些目标。该阶段的分析结论可以为下一阶段提供分析基础。

战争过程中进行的分析：对敌方的核危害情况进行分析判断，包括敌人使用的核武器种类、危害的时机、可能性、目标、规模和方式等内容，从而为确定核防护类别、防护等级、防护重点以及作战部队需要采取的防护措施提供依据。

（1）核危害时机　核危害时机是指敌人在何时、哪个作战阶段、哪个作战时节可能使用核武器。分析核危害时机是核威胁分析的重要内容，它影响着核防护的重点时机和做好核防护准备的时限。

（2）核威胁程度与规模　核威胁程度是指核威胁的严重程度，表示敌人使用核武器的可能性。核威胁程度决定了部队的防护准备等级，与防护状态等级也有密切的关系。核威胁规模是指敌人可能使用核武器的规模。核威胁通常分为有限核威胁和全面核威胁；威胁规模决定了核防护力量的需求。

核威胁程度和核威胁规模是两个密切相关的方面，在具体分析判断时很难分开，通常应一并考虑这两个方面并同时得出判断结论。

（3）核危害目标与方式　只有对可能的危害目标和方式做出正确的判断，才能确定防护的重点目标，做到有的放矢，运用好有限的核防护专业保障力量。分析判断敌人核武器可能危害的目标和可能采取的危害方式，是核威胁判断的重要内容。核危害的目标和方式是两个密切相关的方面，在具体分析时应同时考虑，并得出具体的判断结论。

上面将核威胁分析细分成了三个具体问题，主要目的是简化核威胁分析这一复杂的问题。虽然这三个方面是相对独立的，但是它们之间也存在着一定的联系。在对核威胁形势进行分析时，首先应从这三个方面分别进行分析，然后再进行综合分析。

### 2. 核威胁分析的策略及基本方法

核威胁分析是一个非常复杂的问题。解决复杂问题，最基本的策略就是对其进行分解，将其分解成几个相对简单的子问题分别解决。为了简化核威胁分析，可以将其分解成几个子问题分别进行分析。当然分解是有前提的，即分解之后的子问题要相对独立，相互之间的联系要尽可能地少。根据前面的核威胁问题分析，可将核威胁分析分解成核危害时机、核威胁程度与规模、核危害目标与方式等三个子问题。

### （二）核生化威胁分析具体流程

核生化威胁分析流程是指核生化威胁分析的具体步骤，可为指挥人员进行核生化威胁分析提供依据。例如美军提出了表3-1所示的指导核生化威胁分析的框架。

表3-1　核生化威胁评估框架

| 谁 | 拥有核生化武器的敌方的类型 |
|---|---|
| 为什么 | 核生化武器使用的主要目的 |
| 何时 | 在危机或冲突中使用的时机 |
| 何地 | 可能遭袭目标的位置 |
| 如何使用 | 使用核生化武器的原则 |

#### 1. 分析敌人使用核生化武器的动机

核生化武器拥有毁灭性的杀伤力以及难以防御的特点，在杀伤力度和速度方面有着常规武器无法比拟的优势，那么研究核生化威胁决策流程就要以敌人要达到的目的作为分析的逻辑起点。

#### 2. 确定核生化威胁时机

因为不同的作战阶段，敌我双方的态势是不同的，所以敌人使用核生化武器的可能性和规模以及具体目标和危害方式等都可能会随之发生变化。首先需要分析敌方核生化危害的可能时机，然后才能针对不同的时机分析核生化威胁的程度和规模、危害目标和方式。敌人进行核生化危害的时机主要取决于当前的态势，需要根据具体情况具体分析，如图3-5所示。

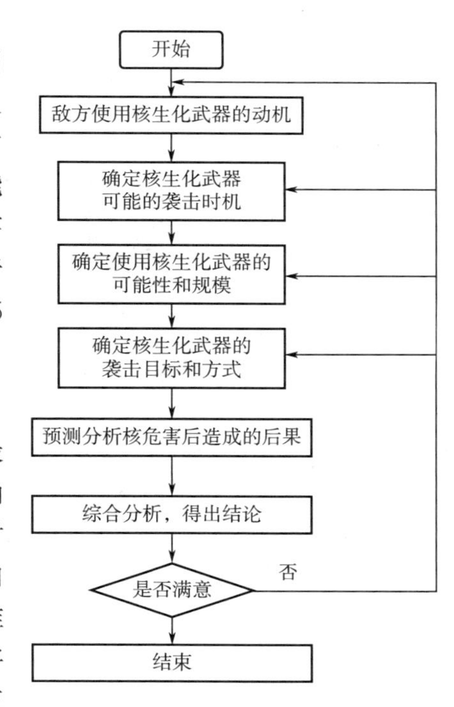

图3-5　确定核生化威胁时机流程图

#### 3. 确定核生化威胁程度和规模

确定核生化威胁程度是整个核生化威胁分析中最为复杂的问题，需要综合考虑各种因素。为了便于确定威胁程度，首先应当对威胁程度进行等级划分。对威胁程度的划分应和防护准备等级相对应。目前倾向于将核生化防护准备划分为三个等级：3级防护准备、2级防护准备和1级防护准备。因此也相应地将威胁程度划分为一般威胁、严重威胁和极严重威胁三个等级，分别对应3级防护准备、2级防护准备和1级防护准备。

一般威胁：敌方具有现实的核生化作战能力，有能力在战争中使用；或尚无确切情报表明具有上述能力，但具有强大的核生化作战潜在能力，并在多种场合威胁使用，无法排除其使用的可能。

严重威胁：敌方已经进行了核生化武器的实战部署，有现实使用的趋势。

极严重威胁：敌方已将核生化武器部署到作战部队以及机场、阵地，处于待机状态，或已做好使用计划和准备，使用征候明显。

虽然上面给出的基本规则非常简单明了，但实际上确定核生化威胁程度是一个非常复杂的思维过程，需要考虑各种相关因素。此外，核生化威胁程度和核生化威胁规模是密切相关的，例如，在当前信息化条件下的局部战争中，敌方有限使用核生化武器的可能性就比大规模全面使用核生化武器的可能性大得多，应将核生化威胁程度和核生化威胁规模结合起来进行分析。核生化威胁规模主要取决于当前的态势、敌方使用核生化武器的观点以及敌方拥有的核生化武器数量等。在确定核生化威胁规模时需要根据具体情况进行具体分析。

## 三、核生化危害军事概念建模

敌方投放核生化武器后，将生成具有杀伤作用的各种战斗形态的毒剂、气溶胶和放射性物质等，并通过呼吸道、皮肤等形式对无防护人员造成杀伤，造成核生化危害。

由于核生化危害种类多、杀伤形式多、威胁类型多，因此对核生化所有类型进行建模的工作量巨大。受篇幅所限，本书仅以化学危害为例，介绍其军事建模过程。其杀伤威力的生成过程如图 3-6 所示。

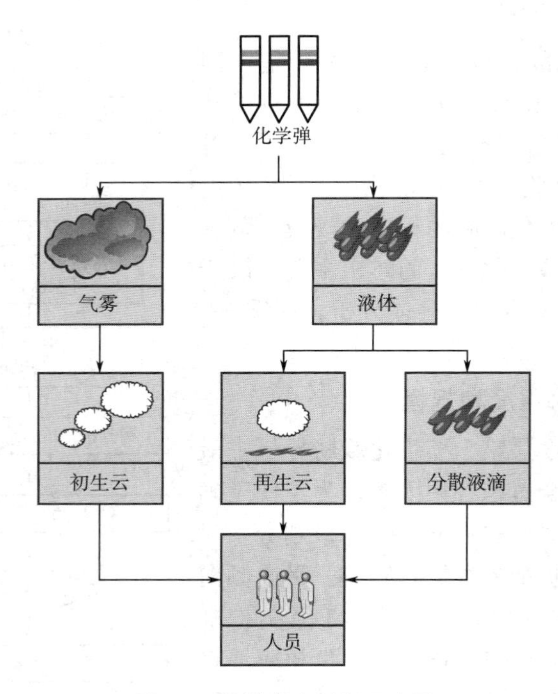


**图 3-6 化学危害过程示意图**

核生化危害从本质上说是一种核生化体系对抗模型，其杀伤效果不仅与核生化危害本身有关，还与天气、地形、侦察水平、防护水平有关，这是与一般杀伤的不同之处。在这个过程中，核生化危害经历分散、传输、吸入三个状态的变化最终造成人员的杀伤。在具有核生化威胁的环境作战时，侦察、监测、预测和防护等防化保障是应对危害的主要手段，以确保在核生化危害发生时，能够及时判断危害位置、源强，对毒剂云团进行监测，对可能的危害区域进行预测，减少对我方战斗力的影响。

军事概念模型（MCM）是以人类已有的认知方式，对现实世界军事领域中事物的存在形态和运动规律的抽象描述，目前主要有两种定义。

定义 1：军事概念模型是对现实世界军事活动的第一次抽象，是对各类军事实体、行动和预期目标结构化的规范描述，是数学逻辑模型建立的依据，是模型 VV&A（verification validation and accreditation，校核、验证与确认）的参照。

定义 2：军事概念模型是为了支持建模仿真资源的重用、仿真系统互操作和 VV&A，在技术人员和开发工具的支持下，由军事人员提取和实现的相关模型，包括真实作战世界的结构、功能、行为过程、信息交换以及相关数据和算法。

通过上述定义可以看出，军事概念模型的作用是为建立数学模型、逻辑模型提供足够完备和详细的信息依据，确保军事人员与技术人员对同一军事问题理解的一致性，如图 3-7 所示。

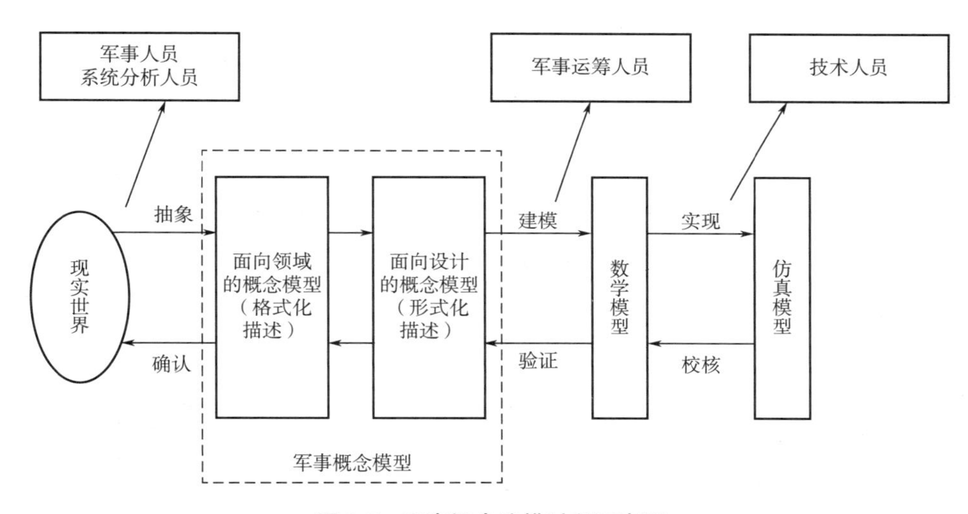


**图 3-7　军事概念建模过程示意图**

结合核生化危害及防护行动的特点，对于核生化危害防护行动模型内涵的理解，可以分为以下几个方面：

① 是对核生化防护领域问题的抽象与描述，概念模型主要解决现实世界与数学模型之间的桥梁。

② 概念模型具有层次性和多样性。由于概念模型的描述与构建有不同的方法，因此，需要根据“受众”的不同确定描述内容。

③ 概念模型的生成以防化专业人员为主，模型开发人员共同参与。

④ 仿真模型是其他模型的基础，独立于具体的模拟和仿真系统，不受具体技术的限制。

根据上述分析，可将核生化危害的军事概念模型定义为：在统一的语言环境下，以军事人员为主，完成核生化防护领域的抽象化，对其中涉及的实体、行为、任务等关键特征进行格式化和形式化描述的技术手段。

军事概念模型的主要任务是对涉及的军事对象给出规范化的描述（手段包括文字、表格及图形等），从而实现军事人员和技术人员对同一军事问题理解的一致性。军事概念模型可分为军事任务的格式化描述和形式化描述两个层次。格式化描述主要是由军事人员用面向领域的概念进行表述，形式化描述主要是仿真人员用形式化的建模规范进行表述。军事概念的形式化描述方法有 IDEF0、UML 和 Petri 网等方法。这三种建模方法的侧重不同，IDEF0 用于描述系统或一个组织的功能；UML 是面向对象分析与设计的一种标准表示，是一种展现方法；Petri 网是一种描述事件和条件关系的网络。核生化危害的军事概念建模主要目的是分析核生化危害过程，用规范化的建模语言描述核生化危害的组织功能，并分析各种对象的信息流特点，比较适合采用 IDEF0 和 UML 相结合的方式进行建模。

### 1. IDEF0 建模

采用 IDEF0 建立战场核生化危害预测系统功能模型，需要从系统的顶层描述系统概念需求，从上至下逐层分解，从而完成系统的详尽描述。IDEF0 基本模型是活动，通过输入、控制、输出和机制进行对应的描述。对于战场核生化危害预测行动，通过对其所有活动的分析，将得到从顶层到底层的 IDEF0 视图。

由于典型的生物危害、化学危害和核辐射沾染危害早期传播都属于气溶胶传播，因此本书仅以化学危害建模为例进行说明。战场核生化危害预测的 A0 视图如图 3-8 所示。对于战场核生化危害预测来说，A0 视图属于体系级视图，用于分析整个战场核生化危害预测体系的总输入、输出。

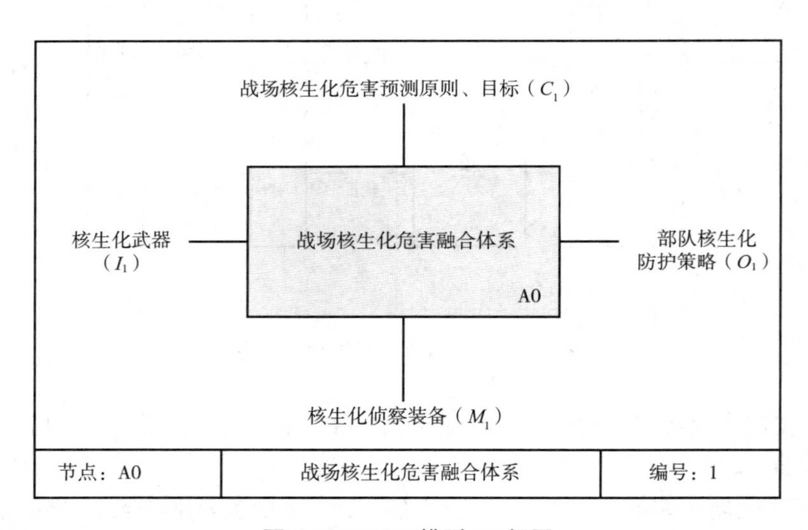


图 3-8　IDEF0 模型 A0 视图

在 A0 视图上可以进一步向下分解，得到 IDEF0 的第 1 层视图，从而可以明确更详细的进程，使粒度细化。以化学危害为例，A0 视图可以看作战场化学危害预测体系的内部逻辑图，包含了主要活动之间的关系和实体类型，可以解决各个活动之间的信息流向，如图 3-9 所示。

由 A0 视图向下，可以从任一活动进行剖析，以向模型开发者提供进一步的细节，得到 IDEF0 模型的第 2 层 A$x$ 视图。例如，对于化学监测这个活动，其可以向下分解，实体为各

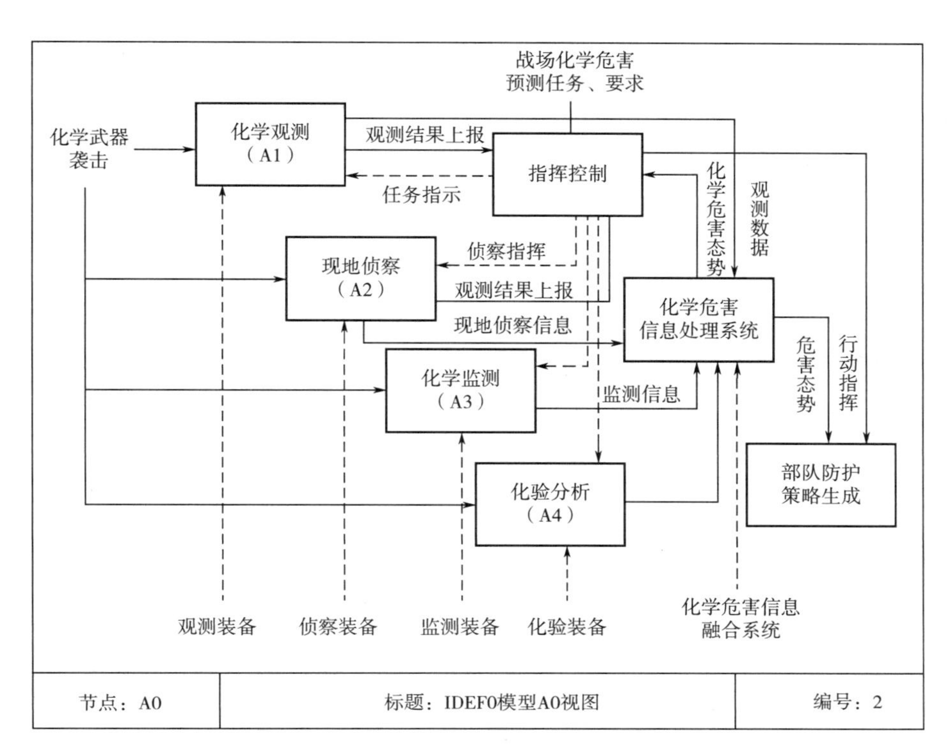


**图 3-9　IDEF0 模型 A0 视图**

个化学监测装备，活动为化学监测过程中的作业流程，输出为各个阶段的化学监测信息，如3-10所示。在第二层视图的基础上，还可以进一步分解为更详细的 $Ax.x$ 视图。本书主要研究的是各类化学信息融合问题，因此，第二层视图即可满足需求。

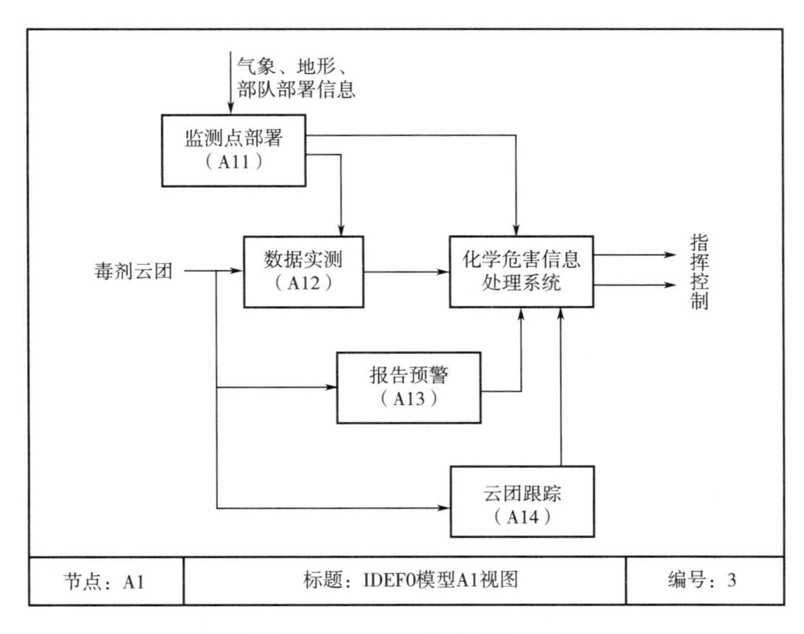


**图 3-10　IDEF0 模型 A1 视图**

### 2. UML 建模

统一建模语言（unified modeling language，UML）是一种易于表达、功能强大且适用性强的可视化建模语言，它可利用标准建立军用概念的多视角系统蓝图。通过使用 UML 对系统进行建模，可以更好地理解战场化学危害预测系统的工作过程。UML 中共有用例图、类图、对象图、组件图和配置图等 5 种静态图和时序图、协作图、状态图和活动图等 4 种动态图。但在系统分析中并不需要分析所有的视图，可以根据系统的层次来确定需要分析的具体视图。

（1）系统用例分析　用例图用于描述参与者与使用者关系的系统静态使用状况，通过用例图可以明确用户的系统使用方式和功能，如图 3-11 所示。

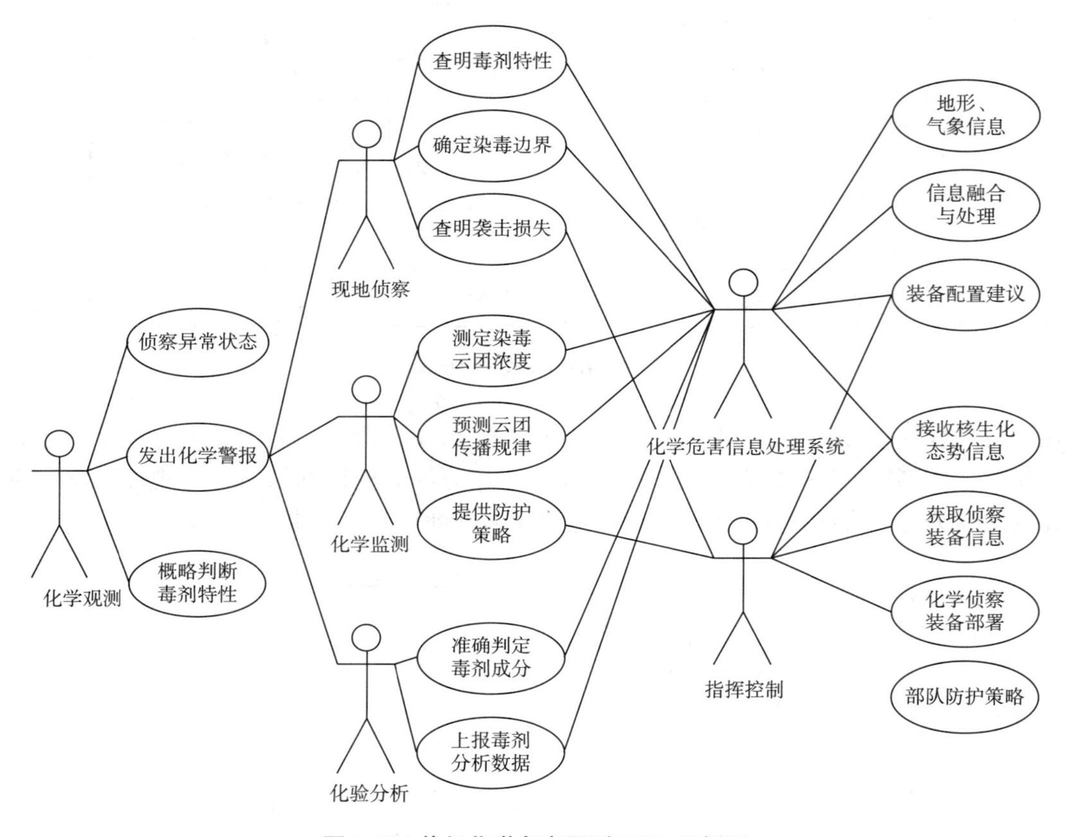


**图 3-11　战场化学危害预测 UML 用例图**

（2）概念实体分析　类图展现了模型中的实体与接口、子类关系。类图是定义其他图的标准，从而在面向对象的建模过程中把实体类转化为对象类，如图 3-12 所示。

（3）实体动作与任务分析　UML 状态图刻画的是实体所有可能的状态以及转移状态的条件。UML 活动图描述满足用例要求所要进行的活动以及活动间的约束关系。在战场化学危害预测任务中，各个任务单元都有其独有的任务，如毒剂报警器的任务是对当前位置的毒剂状态做出“是”或者“非”的判断，毒剂遥测报警车的任务是确定监测区域，进行区域毒剂种类和浓度的判断。战场化学危害预测的活动图如图 3-13 所示。从图 3-13 中可以看出，战场化学危害的信息融合活动是各类信息聚集和运用的重要节点，通过建立从观测到化学分

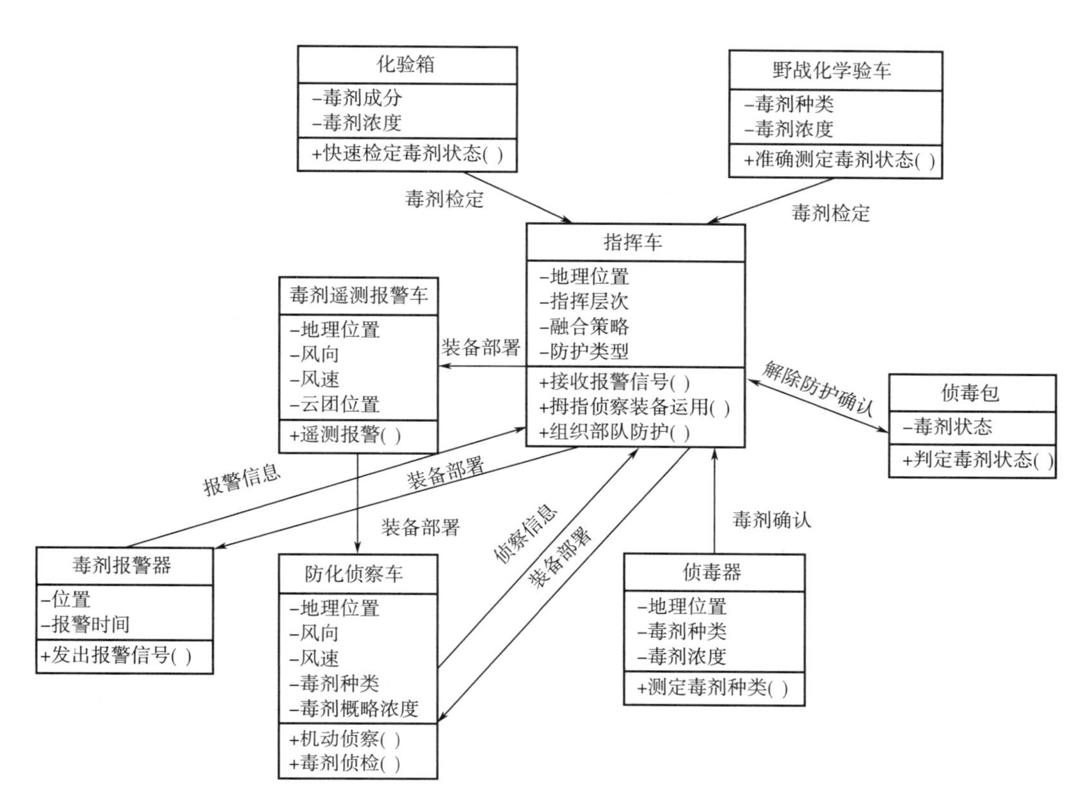


图 3-12　UML 实体类图

析的全程信息融合方法，可以在战场上为指挥机构提供逐步详细的化学危害情况，为化学防护行动的实施提供科学依据。

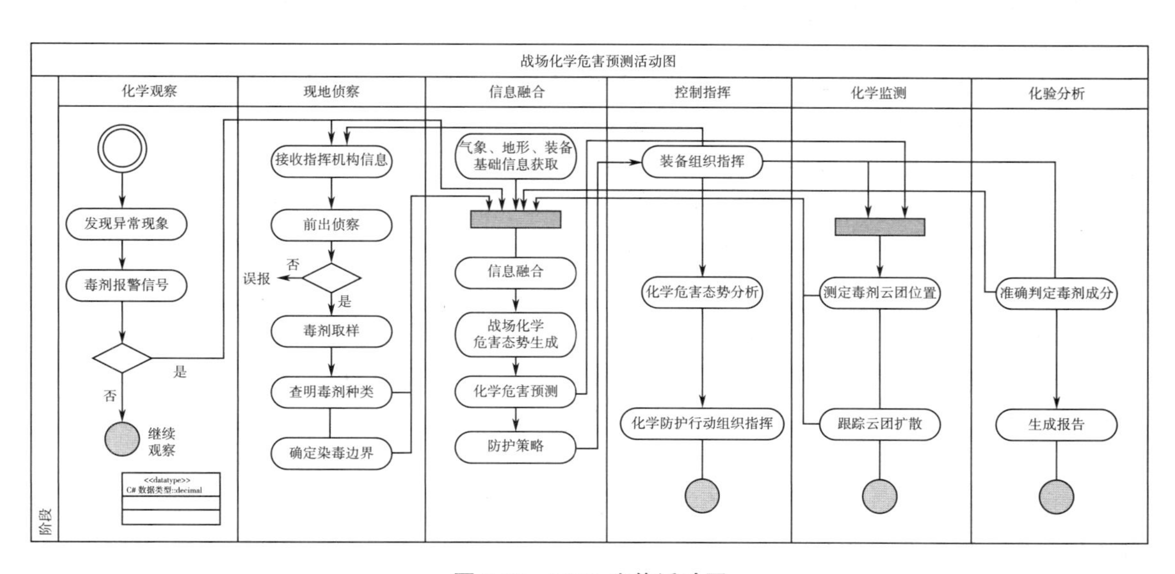


图 3-13　UML 实体活动图

（4）实体交互行为分析　通过 UML 实体活动图的分析，可以明确某一实体在战场化学危害行动中的活动情况，它们之间的信息交互可以通过实体交互行为分析获得。参加交互的实体沿水平放置，把发起交互的对象放在左边，下级对象依次放在右边，然后把实体对象需要发送和接收的消息按时间排列。一个对象参加交互的总时间称为一个实体的生命线，在图中用长条状表示，图中的 info 表示各行为之间的信息流。这样就可以看到战场化学危害预测过程中每个实体的控制和信息流随时间的变化轨迹，如图 3-14 所示。

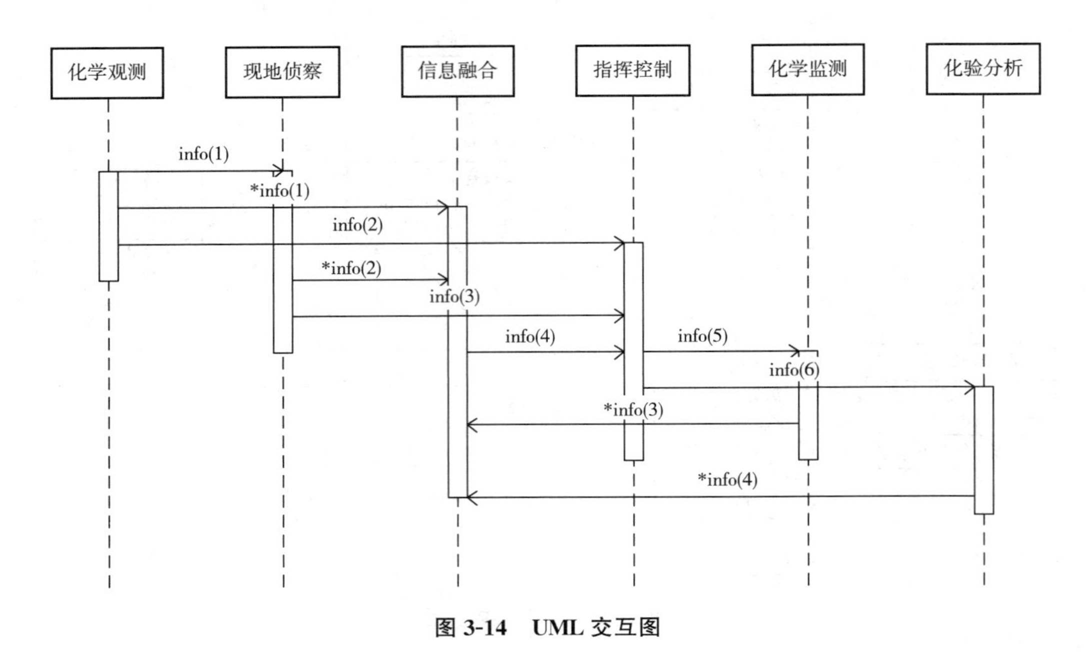


**图 3-14 UML 交互图**

## 四、核生化信息融合功能模型

信息融合的功能模型是指信息融合技术应用于各实体系统所具有的功能特性及相互关系。目前比较系统的是 JDL（Joint Directors of Laboratories，美国国防部三军实验室理事联席会）功能模型。JDL 早期提出了信息融合的三级模型，分别是目标评估、态势估计和威胁估计，适用于多类信源对同一个目标的探测，如声呐和雷达等。随着情报技术的发展和信息处理能力的增强，后来其他手段的情报也融入其中，如人工情报、信号情报和中长期情报等，从而发展了四级、五级信息融合。其中，态势估计是对敌我双方作战能力的评估，利用信息融合技术，对观测到的各种战斗力量和周围环境进行量化评估，并结合任务和目标对当前的战斗态势进行评估，得到综合态势图。威胁估计是在态势估计的基础上，进一步预测敌方的作战意图，并判断对我方的威胁时机和潜在的攻击行动。态势估计和威胁估计涉及所有作战要素，需要一个庞大的信息系统支撑才能实现，目前还处于研究完善阶段。

根据对信息融合技术的功能结构研究，本书将核生化信息融合分为检测融合、源项反演融合和同化预测融合，这 3 个层次的融合与前文所述的融合内容有密切关系。其功能模型如图 3-15 所示。

### 1. 信源

信源指能够提供核生化信息的各类设备，包括报警设备、侦毒设备、化验设备和远程遥

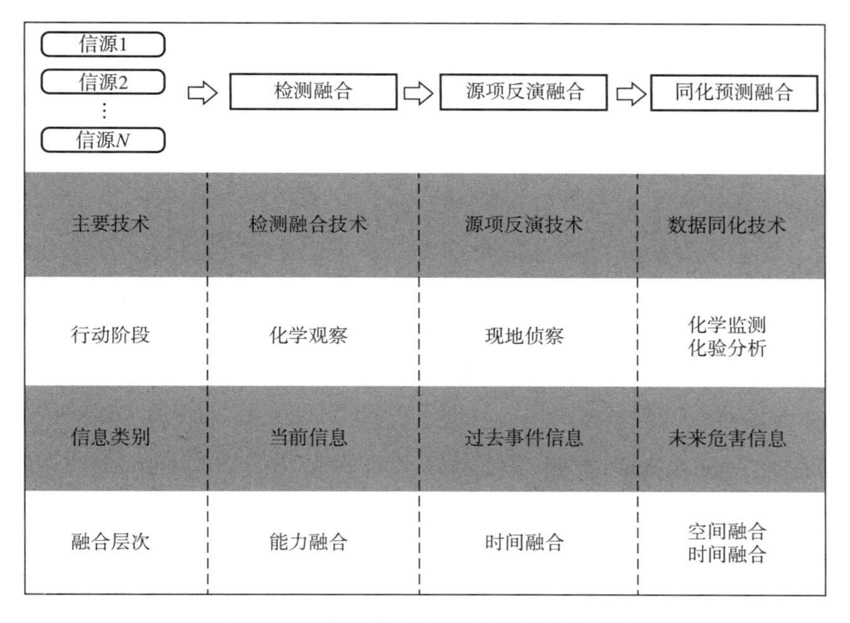


**图 3-15　核生化信息融合技术功能模型**

测设备。

## 2. 检测融合

检测融合可以提高核生化监测设备的反应速度和抗干扰能力，同时能解决单一信源监测范围有限的问题。检测融合的结构主要有并行、串行等。

图 3-16 所示的是并行式检测融合结构。图中 $N$ 个局部毒剂监测设备 $X_1, X_2, \cdots, X_N$ 在收到毒剂危害原始信息 $A_1, A_2, \cdots, A_N$ 之后，单个信源先做出个体判断，其决策结果为 $U_1$，$U_2, \cdots, U_N$；融合中心接收到这些判决结果后，根据融合规则输出最终结果 $U_0$。并行式信息检测融合的应用最为广泛，它可以避免因某一信源故障或受干扰而引起的结果失真。

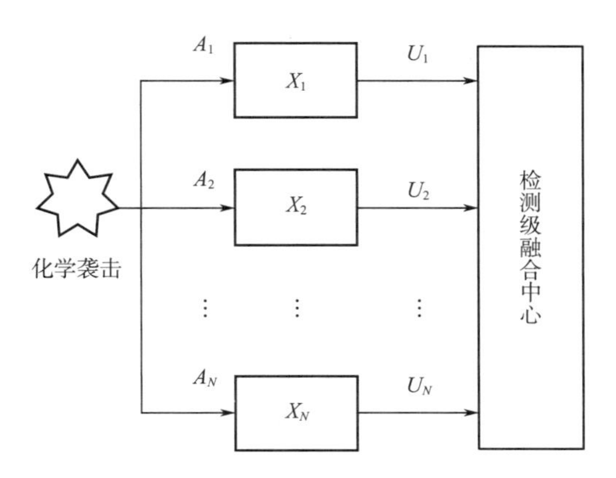


**图 3-16　并行式检测融合结构**

图 3-17 所示的是串行式检测融合结构。图中 $N$ 个局部毒剂监测设备 $X_1, X_2, \cdots, X_N$ 分

别接收到信息后，按顺序先由设备 $X_1$ 进行判决，得到局部判决 $U_1$，然后再把局部判决 $U_1$ 输入到设备 $X_2$；$X_2$ 将 $U_1$ 与局部输入信息 $A_2$ 相融合，向下一个设备输出 $U_2$，以此类推，最终做出决策 $U_N$。

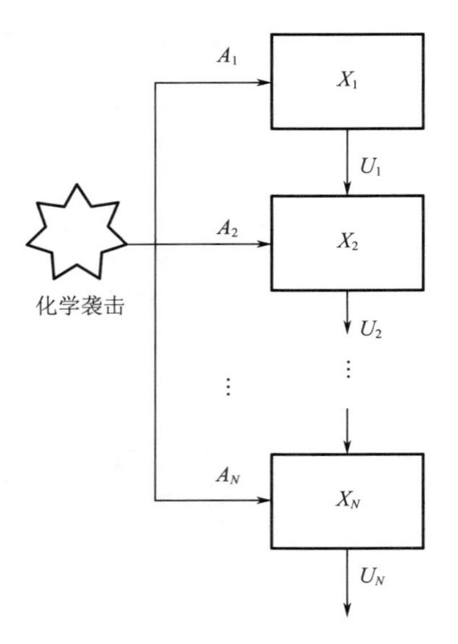

图 3-17　串行式检测融合结构

根据前文对核生化危害信息融合结构及信息流程的分析，发现核生化侦察信源主要与上级进行信息通信，而信源与信源之间一般不能直接进行信息交换，所以核生化危害信息融合为并行式检测融合。通过检测融合能够对区域内的信源进行综合利用，提升核生化危害事件的报告精度与速度。

### 3. 源项反演融合

核生化危害信息的源项反演融合是指通过当前的信息，即环境内各个信源的监测值，来反推出现这些监测值的原因，即核生化危害的各项参数，如图 3-18 所示。

源项包含的信息主要有危害位置、源强、毒剂种类、危害方式等，部队需要第一时间掌握的是危害位置和源强。根据其他文献中关于源项反演的研究成果可知，这两个参数也是主要的研究对象，其余参数都可以通过直接或间接手段进行测量。核生化危害源项反演的特殊性在于信源和释放模式的多样。在常规的源项反演算法中，信源可以获取具体的浓度值，利用解析或者其他优化方法可以反推源项参数。而在目前的防化侦察与监测设备中，定量的浓度数据往往要人工获取，不能满足反演需要，在空间上大量存在的是定性信源，这给源项反演带来一定的难度。释放模式也是危害源项反演的一个难点，由于目前查阅到其他文献研究的反演算法中基本以连续释放模式为主，而环境中大量存在的是瞬时释放模式，因此能获得有效信息的信源数量比较少，给源项反演带来一定的困难。

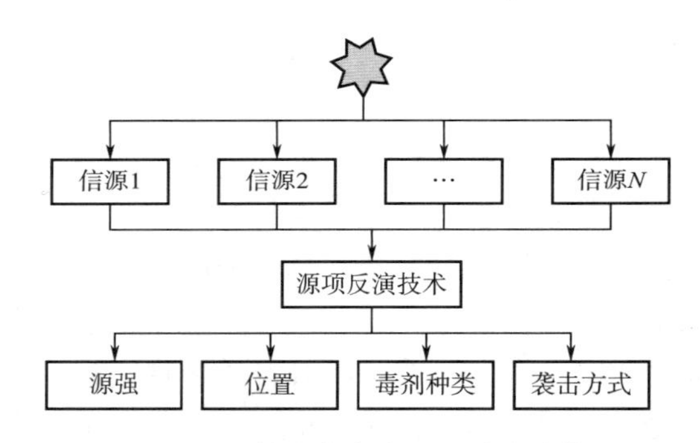

图 3-18　核生化危害源项融合结构

### 4. 同化预测融合

同化预测融合是利用外场空间分布的各类信源对扩散模型进行实时修正，从而得到关于核生化危害云团未来危害态势的总体描述。其功能结构如图 3-19 所示。

数据同化方法常用来解决物理模型和观测资料的联合预测问题，在核事故应急预测、环境监测、水文治理、图像融合等领域都有比较广泛的应用。核生化危害的同化预测，主要解决源项反演时，只能对当前的危害区域进行一次性反演，在风向或者扩散条件发生变化时，源项反演的结果有可能与实际情况偏差较大的问题。同化预测可以在空间全域范围内，依靠各个时间段的监测值，实时对预测模型进行修正，达到减少模型误差的目的。同化预测是源项反演的进一步延伸，与源项反演是互为补充的关系：源项反演能在危害发生后，迅速根据有限的监测点数据估算出危害位置和源强，并初步给出危害范围；而同化预测可以进一步根据监测值的变化，实时更新浓度变化，使危害区域的整体预测更为可靠。

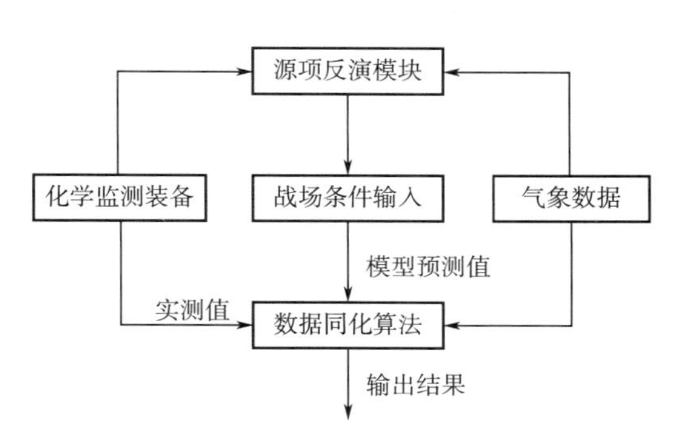


**图 3-19　同化预测融合的功能结构**

# 第四章

# 核生化信源分类及特性

# 第一节　核生化信源分类

由于核生化危害信源的种类多，信息的类型多样，与其他设备相比具有一定特殊性，可以按照不同的划分方法进行分类。

## 一、按监测信号种类划分

按照监测信号种类，核生化信源可分为核监测信源、化学监测信源、生物监测信源。

核监测信源用于对核爆炸或次生核事故产生的光辐射、冲击波、早期核辐射和放射性沾染等毁伤因素进行检测，输出相应的测量信号。化学监测信源用于对化学、有毒工业化学品等有毒气体或液体的物类、浓度等进行检测，输出相应的测量信号。生物信源用于对生物战剂气溶胶的种类及浓度进行检测报警。

## 二、按作用范围划分

按照作用范围可划分为单点信源和远程遥测信源。单点信源以毒剂报警设备为主，利用吸入气体的迁移谱峰的特征值判断毒剂的有无，只能对当前点位的毒剂情况进行报警。单点信源在空间中的分布范围较广，防化专业分队、侦察车和合成分队都有报警器的配置，装甲设备中也配置了毒剂报警设备，本书中也作为单点信源考虑。

遥测信源指红外或激光遥测产品或设备，利用光谱干涉技术，获取毒剂云团的特征峰，然后判断毒剂云团是否存在，其有效的遥测距离可达到 3～5km。

## 三、按信息获取的实时性划分

如果按照信息来源的实时性，还可以把信源分为实时信源和人工信源。可实时生成并上报危害信息的设备可以归为实时信源，如化学监测中使用的各类毒剂报警设备以及将来要发展的毒剂传感器。实时信源的特点是获取信息的速度快，能够在第一时间把染毒情况报告给上级。

而在染毒后，由人工采集的化学侦察和化验分析等信息是人工信源。在化学危害信息融合中，以实时信源为主，同时由于人工信源可以准确测定某些位置的化学危害情况，也是信息融合的重要补充。人工信源虽然实时性较差，但由于测量误差小，如化验分析能够准确地判断毒剂种类和浓度，也是化学防护决策的重要依据。

## 四、按输出信息的类别划分

按照信源输出信息的类别，可以把信源划分为定量信源与定性信源。定量信源能够输出所在位置的化学毒剂浓度，可以更详细地反映当前地域的染毒情况。随着化学传感器技术的发展，毒剂的检测手段逐渐丰富，化学毒剂传感器的小型化、准确化已成为可能，定量信源是重要的发展方向。

定性信源不能直接输出毒剂的浓度数据，一般只给出报警信号，代表当前位置的毒剂浓度已超过阈值。定性信源输出的信息较少，但因为使用方便，对操作人员的要求低，是目前合成分队的主要防化设备类型。

## 第二节　核监测信源

核监测信源要对核爆炸后产生的光辐射、核电磁脉冲、冲击波和核辐射信号进行测量。

### 一、光辐射

光辐射亦称热辐射，是核爆炸形式的高温高压火球辐射出的光和热。在火球整个发光过程中，不断发射由紫外光、可见光和红外波段组成的辐射能流。光辐射是核爆炸的主要毁伤因素之一。

#### （一）光辐射的形成

核爆炸瞬间释放出巨大的能量，使反应区的温度达到几千万摄氏度。在这样的高温下，构成弹体的物质，都被加热到极高的温度，化为炽热的气体，成为等离子气体，周围的空气也被加热到极高的温度而发光，这就形成一个明亮的火球。在火球发展过程中，其表观温度随爆后时间的变化出现两个极大值和一个极小值，存在两个脉冲阶段。

**1. 火球的第一个脉冲阶段**

火球的第一个脉冲阶段包含辐射扩张和冲击波扩张两个阶段。在这个阶段虽然火球温度很高，但持续时间很短，辐射出来的能量只占光辐射总能量的1%～2%。它所对应的外观景象为核爆炸的闪光。

**2. 火球的第二个脉冲阶段**

火球的第二个脉冲阶段称为复燃冷却阶段。它是火球辐射能量的主要阶段，辐射的能量占光辐射总能量的98%～99%，对应的外观景象为火球的主体。

#### （二）光辐射的主要特征

在火球的第一个脉冲阶段，初期主要辐射X射线，由于X射线在冷空气中射程很短，很容易被空气吸收；中期（闪光）主要辐射紫外线和波长较短的可见光；结束时，即在温度极小值附近，主要辐射波长较长的可见光和红外线。在第二个脉冲阶段的整个时间时，火球的温度约在2000～8000℃之间，光谱成分基本上与太阳光类似。

火球的能量释放率，即火球的辐射功率，指火球表面在单位时间内辐射出的能量。如果某一时刻火球的半径为 $r_B$，则火球的能量释放率为

$$P = SJ_T = 4\pi r_B^2 J_T = 4\sigma\pi r_B^2 T^4 \tag{4.1}$$

式中，$P$ 为火球的能量释放率，J/s；$S$ 为火球表面积；$r_B$ 为火球半径。

从上式可以看出，火球的能量释放率与火球表观温度的四次方和火球半径的平方成正比，而火球的表观温度和半径都随时间而变化。

#### 1. 光速传播

光辐射在大气中以 $3\times10^8$m/s 的速度传播，可以瞬间对其作用范围内的人员和物体造成毁伤。

#### 2. 直线照射

光辐射对人员和物体直接毁伤，主要发生在朝向爆心的一面。

#### 3. 作用时间短

火球是光辐射之源，从闪光开始，直至火球温度降至不再发光变成一团烟云，火球存在的时间，就是光辐射的作用时间。光辐射的作用时间很短，1 万吨当量的核弹空爆，只有 1s；100 万吨当量的核弹空爆，为 12.6s。

在光辐射的作用时间内，能量的释放是不均匀的，80%的能量在前 1/4 的时间内释放。因此，见到闪光后，应迅速防护。虽然对于万吨级以下的核爆炸来说，见到闪光再防护光辐射是难以奏效的，但对于百万吨级的核爆炸来说，能在 2s 内做好防护还是有效果的。

#### 4. 不能透射不透明的物体，但可以被反射和吸收

任何不透明的物体都可以阻挡光辐射通过，起到一定的防护作用。光辐射照射到不透明的物体时，一部分被物体反射，一部分被吸收。光辐射照射到透明的或半透明的物体时，除被反射和吸收外，还有一部分透射。

#### 5. 大气对光辐射有衰减作用

光辐射在大气中传播时，因与大气分子、其他粒子作用而受到衰减，衰减的程度与大气的状态有关。光辐射与大气的作用形式主要有两种：吸收与散射。其最终效果是使原来的光束受到削弱。

### （三）光辐射探测器设计原理

一个完整的光辐射探测器工作流程为：系统工作启动后，光辐射能量探测器对地面覆盖范围内的光辐射信号进行监测。当某点有核爆发生时，将光信号转换为电信号（此信号是背景信号与核爆等信号叠加后的混合信号），经过识别预处理电路进行背景扣除以后，检测出瞬态变化的目标信号。当此信号幅度值大于设定门限时（可调），启动 A/D 转换将其转换为数字信号，同时判断信号的上升速率；当信号的上升速率大于设定值时（该值也可由指令修改），表示可能有核爆发生，按照指定采样频率执行数字采样程序。全部采样完毕后，由识别处理器对这些采样点循序找出特征值时刻及幅值，依据核爆识别软件判据进行判定；如果确认满足识别判据，反演计算核爆当量及核爆发生时刻，经数据综合后通过数据传输通道将相关结果上传给某一系统，然后重新开始下一次监测（图 4-1）。

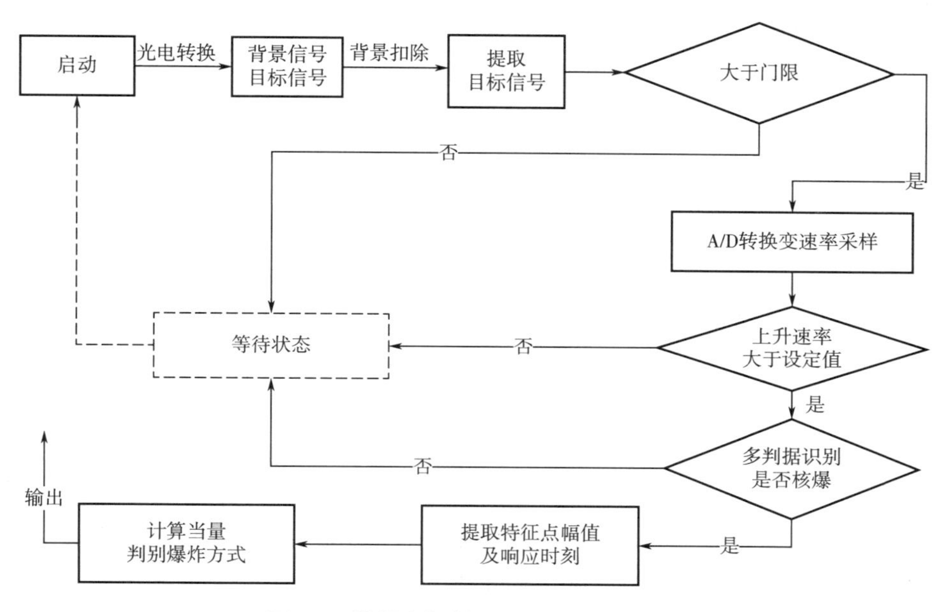


**图 4-1　核爆光辐射探测系统工作流程图**

核爆光辐射探测过程包括光电转换、信号前级预处理、A/D 采样、中央处理器（采用 DSP、ARM、FPGA 等芯片）处理、存储及与 PC 机接口等。

### 1. 光电转换器件

光电转换器件主要由光辐射探测元器件和负载电阻组成，可将核爆光信号转换成电信号。核爆光辐射探测元器件应根据对探测系统的要求进行选取，一般应考虑灵敏度、响应时间、光谱特性、温度特性以及最小可测功率、暗电流等指标是否满足。根据核爆火球的温度范围可知辐射主要集中在可见光和近红外波段，一般采用可见光和近红外波段的光电探测元器件。光电探测元器件可直接对各个入射光子产生反应，分为内光电效应和外光电效应。内光电效应的一种形式是半导体内部出现能迁移的自由电荷而导致其电导率发生变化，这种的器件称为光敏电阻，如硫化镉、硒化镉等。内光电效应的另一种形式是结光电效应。结型光电器件不需要外加电压而能产生电流，如常见的硅光电池、硒光电池等。结型光电器件还可以加上反向电压，作为一种光敏电阻来运用，如光电二极管、光电三极管等。

光电二极管（PD）：通常是在外加偏压下工作的光电效应探测器，这种器件的响应速度快、体积小、价格低，从而得到了广泛的应用。光电二极管是半导体光学传感器，当半导体中的 P-N 结接受光照时会产生电流或电压。下面是光电二极管的几个关键技术指标：光谱响应、暗电流（$I_D$），转移电阻（$R_{sh}$）、截止频率（$f_c$）、噪声等效能（NEP）、反向电压（$V_{Rmax}$）、终端电容（$C_t$）、上升时间（$t_r$）。

光电二极管阵列（PDA）：是在一片集成电路上布置光电二极管的线性阵列。对于光谱测量来说，PDA 被置于一个分光计的图像平面上以对一定范围的波长进行探测。它类似于摄影中的底版。阵列探测器对于记录快速通过探测器的从紫外到可见光吸收光谱是非常有用的。PDA 系列光电二极管对于无偏置操作的超低漏电流应用是非常合适的。使用 PDA 在可见光和近红外波段内有良好的响应。其优点为：低噪声（主要由于低的漏电流），高灵敏度。但是光电二极管阵列的每一单元都要求一路处理电路，这对于系统的功耗和体积将会有更高的要求；光电二极管阵列的单元之间还存在缝隙，可能漏探信号，需要外加的光学系统进行补偿。

20世纪国内外的核爆炸光辐射探测系统中，主要利用硅光电二极管或硅光电池作为光电探测器，接收光辐射到达探测系统的时间和光辐射的强度来进行相关参数测量。其优点是具有较高的响应速度和灵敏度，可以准确捕捉到核爆炸光辐射的各个特征点，并且能够探测到全事件波形，从而计算出爆炸的当量和距离。其存在的缺点：一是探测参量有限，硅光电二极管或硅光电池只能进行点探测。二是只能即时测量，测量结果非可视化，无法对爆炸过程进行数据保存，不利于后续的进一步数据核对和查询。为了解决火球方位角和俯仰角的测量，一般都加上扫描机构用以爆心定位。

探测器件硅光电二极管的光谱响应范围为400～1100nm，选择这个波段探测器的原因首先是这个光谱范围有较高的大气透过率，其次是波段较宽，探测效率较高，而且在这个波段核爆炸光辐射波形的特征值与当量关系比较明确。触发阈值的确定，主要考虑选定的阈值既要满足在正常气象条件下对千吨级大气层核爆炸的探测，又能大大降低闪电等干扰信号产生的闪光所造成的虚警。动态范围的确定主要考虑要探测的核爆炸当量范围、大气衰减和不同探测距离的探测能力等。

也有人试图采用CCD图像传感器，但由于当时器件的采集速度、动态范围等原因，均达不到核爆炸探测中的高速要求，相关研究一度被搁置。近年来CCD器件及其应用技术进展迅猛，被视为20世纪70年代以来出现的最重要的半导体器件之一，也逐渐成为用于核爆探测的主要光电探测器件。

### 2. 工作模式

光电二极管的工作模式主要分为无偏压模式、有偏压模式两种。比较上述的两种工作模式：无偏压模式线性范围较大，暗电流较小，暗电流随温度变化的幅度相当小。有偏压模式可以提高二极管的响应频率，但随着偏压的增加，其暗电流随温度变化的幅度较大。无偏压高阻抗模式暗电流较小，线性范围最宽。

### 3. 前级预处理

主要完成对探测信号动态范围的压缩。根据核爆探测一般战技要求可知，探测当量范围基本在1～1000kt之间，探测距离为几千米到几十千米，大气层的消光作用较强。而卫星探测核爆有几百千米到几万千米的探测距离，大气层的消光作用基本上相当于8km左右厚度的地面大气作用。若距离地面30km探测1kt的核爆炸，经计算，核爆光辐射探测的动态范围通常要求达到6个数量级左右。这样，普通的单个光电探测器件是难以满足的。为使探测系统既能满足大的动态范围以及峰谷比、第一峰上升速率等要求，又能对峰值、谷值等特征点不失真地进行测量，必须进行相应变换，以达到软硬件判据分析。通常采用压缩变换和分段变换两种方式：

（1）压缩变换　可采用对数放大方式，即对小能量信号放大而对大能量信号压缩，适用于大动态范围的信号处理。也可采用双通道放大的方式，即采用线性放大器和非线性放大器（如对数放大）结合的方式。当核爆炸光辐射的强度小于指定值时，前端机对线性通道进行采集，用于探测小信号，可满足最小照度的测量要求。当核爆炸光辐射的强度大于指定值时，前端机对对数通道进行采集。如果采用第二峰下降速率作为爆炸方式的判别依据，则采用对数放大方式对第二峰下降速率的判断会产生影响。

（2）分段变换　即采用多通道线性放大的方式。通过采用不同放大倍数的光学衰减片，使用多个具有不同探测量程的传感器（不灵敏的一路探测高量程，灵敏的一路探测低量程），这就满足了大动态范围的探测要求。同时还需要满足在承受光辐射强度上限的冲击下，仍然能够保持线性的要求。在此原则下选择合适的探测器件，设计相应的接收电路，保证整个动态范围内线性放大均能具有良好的保真度，满足全波形探测的要求。

### 4. 抗干扰设计

主要完成对探测信号的去噪处理。由于多种光信号都会产生干扰，而其中大部分与核爆信号特征的差别是很显著的，为了尽可能提高速度、减轻后续处理的压力，需在前级预处理单元进行基本的抗干扰设计。

① 信号特征：设置适合的开机阈值，控制第一脉冲上升沿。核爆信号的第一脉冲上升沿变化速度快、上升速率高，是核爆特征之一，可从电子学电路设计方面考虑该问题。

② 光谱响应：加滤光片或滤光玻璃。除了数千吨当量以下的小型核弹光辐射峰值波长在可见光频段外，其余较大当量的核爆光辐射峰值波长均在近红外波段附近。据此可增加适合的滤光片或滤光玻璃，从光谱响应上滤除大部分可见光干扰信号。

③ 光电符合：光辐射和电磁辐射在核爆瞬间同时产生，光电信号到达的时间差值范围大约为 20μs～3ms。应设计成同时收到两个信号才启动整机测量程序，这样阳光波动、火山爆发、森林火灾、化学爆炸以及各种人工干扰源等单一闪光信号因没有电磁信号的发生，能够较容易地剔除。

④ 几何光学角度：充分压低视场，以减少干扰光的影响。因为低角度时，阳光本底强度较小，所以可把探头的高低角限制在一定角度范围内，超过该角度的光禁入。这种限制并不影响对光辐射波形的测量，直射光和散射光均能产生相同的波形。通过该方法可去除月亮、太阳、行星等光的干扰。天基核爆监测时为了防止太阳光和空间粒子的干扰，在光学系统前面增加了一定长度的遮光罩。

⑤ 高本底下的背景去除：太阳本底光信号水平较高，经计算，太阳光直射时比核爆信号峰值能量高约几个数量级，可通过以下几种方式加以去除。

a. 可设计背景去除电路，利用阳光本底的近直流特性，将其去除。如在光电二极管后面的放大电路中设计自动调零电路，平时自动调零，光电符合启动后调整电路自动保持此“零”点，以便放大器使核爆信号从“零”点开始上升。

b. 根据背景信号缓慢变化而核爆信号快速变化的特点，采用电压交流耦合或高通滤波技术，仅取出有用的核爆信号而将背景信号隔离掉。

c. 实时背景预测技术可以完成阈值的自适应设定，提高系统的弱信号探测性能。实时背景预测技术的机理就是根据目前已经检测到的信号快速估计出背景信号的大小，并以此为据，实时消除强背景信号的影响，从而检测出微弱目标信号。

⑥ 光辐射波形识别：闪电信号与核爆信号最为类似，是核爆探测最主要的干扰源。但核爆光辐射特有的双峰波形显著区别于自然闪电，是识别核爆事件最有价值的方法。国内外核试验和理论研究结果均提供了多条光辐射波形判据，识别效果已得到确认。因其识别过程较为复杂，一般放在后续的计算机中进行数据处理。

## 二、核电磁脉冲

### （一）核电磁脉冲的形成

核电磁脉冲（NEMP）是伴随核爆炸产生的一种瞬时电磁辐射，可以在长导线与其他的导体上产生电压和电流。它的产生机理是核爆产生的高能瞬时γ射线使空气分子电离，散射出高速飞行的康普顿电子，形成基本上沿径向的康普顿电子流，从而使核爆炸发生的地方正电荷极速堆积，形成了周围的强电磁场，而电磁场辐射的过程就形成了强电磁脉冲。它不仅能对人体造成伤害，在电子信息技术高速发展的今天，也会对相关的器件设备等造成严重的损害。关于核电磁脉冲的毁伤效应主要有以下几种：热效应，会造成易燃易爆物品的燃爆，或者使一些敏感器件烧毁，降低电路的性能；强电场效应，会造成电子设备击穿；磁效应，产生强的磁场，易干扰通信。

**1. 康普顿电流机制**

低层大气中核爆炸电磁脉冲的形成，主要是因为康普顿电流机制。核爆炸产生的大量γ射线，在沿以爆心为原点的径向运动过程中，与空气分子发生康普顿效应，打出康普顿电子。具有较高能量的康普顿电子沿径向快速运动，又与空气分子作用，产生更多的电子。由于电子的快速运动，形成了康普顿电流。同时，在爆心附近存在多余正电荷，而在远离爆心方向存在多余负电荷区域，这个区域称作源区。在源区中，由于电荷分离，形成一个很强的径向电场。在径向电场的作用下，一些电子会向返回爆心方向运动形成回电流，阻止径向电场继续增加，而趋向于一个稳定值，称为饱和场。饱和场的电场强度可高达 $10^5$V/m 的数量级。

由于周围大气的密度随高度而变化，核本身结构不均匀，甚至空气里水蒸气的变化都将破坏源区的对称性等原因，康普顿电流和回电流相互作用形成的净电流不是球对称的，而是随时间而变化的，这样就会向四周广大空间辐射出极强的电磁脉冲。

**2. 康普顿电子与地磁场相互作用机制**

高空核爆炸产生核电磁脉冲，主要是因为康普顿电子与地磁场相互作用机制。

核爆炸发生在几十千米至几百千米的高空时，由于空气密度很小，γ射线在传播时，平均自由程极大，能传播相当远的距离。向下传播时，γ射线遇到密度越来越大的空气层，与空气分子作用发生大量电离，形成了电磁脉冲电离沉积区，即源区。在源区内，γ射线与空气相互作用打出康普顿电子。高速运动的康普顿电子，受到地球磁场的偏转，围绕磁力线做旋转运动，形成极强的环形电流，向外辐射出很强的电磁脉冲。

**3. 地磁场排斥机制**

在核爆炸瞬间，中心区域是高度电离的物质，高温和高压使其快速膨胀，但由于外面的地磁场不能穿透到等离子体内，于是周围的地磁场受到压缩，产生磁流体力学波向外传播。这就是所谓的地磁场排斥机制。这种电磁脉冲信号的频率低，出现时间较晚。高空核爆炸时，由于空气稀薄，等离子体膨胀速度极快，影响范围大；地下核爆炸时，地磁场较密集。因此，这种机制产生的低频电磁脉冲在高空核爆炸和地下核爆炸中比低层大气中爆炸和地面爆炸更为显著。

#### 4. 系统内电磁脉冲

当γ射线直接作用于电子系统、传输线或封闭的金属腔体时，由于存在瞬时康普顿电流，导致瞬时电荷分离，从而在系统内部激励起电磁信号——系统内电磁脉冲。在核爆炸的核辐射中，即使电子系统有良好的电磁屏蔽，防止了其他机制产生的核电磁脉冲对系统的干扰或破坏，但γ射线对系统直接作用激励出的系统内电磁脉冲仍能造成干扰或破坏。

### （二）核电磁脉冲的特点

#### 1. 场强很高

核电磁脉冲的场强很高，在源区内场强可达 $10^5$V/m 量级，这比可能使人失明或产生绝育损伤的大功率雷达波束强 1000 倍，比典型的大都市上空电源所产生的场强大 $10^7$ 倍。

#### 2. 影响范围很大

距地面几千米内进行的低层大气核爆炸，由于源区范围不大，辐射场在源区外急剧衰减，能引起电气、电子设备干扰或破坏的范围不超过几十千米，但在离爆点几千千米以外仍能测到核电磁脉冲信号。

高空核爆炸时，由于其源区是在离地面几十千米的上空，覆盖着地球广大的面积，从如此大面积的源区向下发射的核电磁脉冲，其场强不是像低层大气中的核爆炸那样随距离衰减，而是根据测点和爆心的连线与地磁场磁力线的方向来确定。

#### 3. 频谱很宽

在距离爆心不远的源区，核电磁脉冲的频谱非常宽（从极低频到甚高频），频率的上限约为 1000MHz。随着距爆心距离的增加，高频分量迅速衰减。在 100km 以内，以辐射场为主的近区核电磁脉冲的频谱分布在 100kHz 以下，主频率在 10～20kHz 左右。一般说来，氢弹核爆产生的电磁脉冲，主频率落在 7～8.6kHz 的范围内；原子弹产生的电磁脉冲，主频率有 95%的概率落在 15.25～18.99kHz 的范围内。

#### 4. 作用时间很短

核电磁脉冲主要是伴随瞬发γ射线所产生的次级效应，它的作用时间与瞬发γ射线的发射有着密切的关联。径向电场的上升时间，通常为 $10^{-8}$s。由低层大气中爆炸的核电磁脉冲波形可知，核电磁脉冲可保持数十微秒或更长时间。高空核爆炸的电磁脉冲作用时间达数百微秒或更长时间。

### （三）核电磁脉冲探测器系统

由于 NEMP 频谱很宽，所有的探测系统都只能选择其中部分频段进行探测。在地面进行探测时，由于高频电磁信号沿地面衰减很快，一般利用 LF/VLF（3～300kHz）探测设备进行探测。利用星载设备进行探测时，低频信号不能穿过电离层，一般采用 VHF（30～300MHz）探测设备进行探测。

电磁脉冲探测器一般由四个部分组成：电磁脉冲接收天线、数据采集模块、通信模块和时间定标系统。其中后三部分组成电磁脉冲探测器接收机部分，如图 4-2 所示。

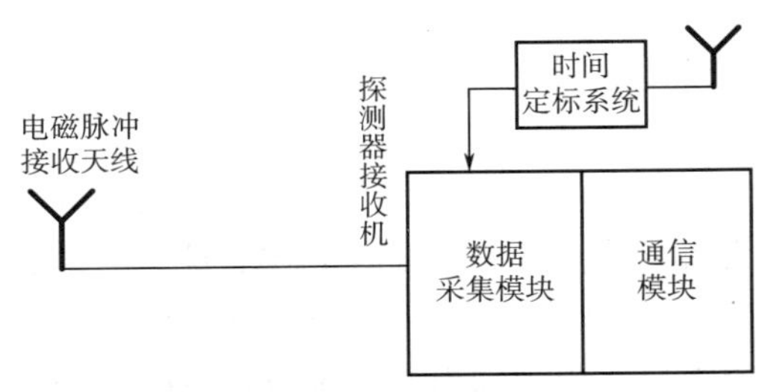


**图 4-2　电磁脉冲探测器组成框图**

### 1. 电磁脉冲探测器天线设计

核电磁脉冲信号属于宽带信号，信号频谱分布于直流到几百兆赫兹的范围。在探测接收时，不可能实现信号的完全接收，一般情况下有宽带接收和窄带接收两种方式。另外，根据接收频率的不同还可以分为 VLF 和 VHF 接收天线。随着天线以及接收机技术的不断进步，接收天线的形式也变得多样化，有鞭天线、磁环天线、偶极子天线、对数周期天线和双锥天线、蝶形天线等多种形式。

核电磁脉冲信号具有很宽的频带，为了得到更多的信号特征，获取核电磁脉冲信号波形，在信号接收时宽带信号接收机需要选择宽带接收天线。宽带接收天线的主要特征是在较宽的工作频率范围内，天线的输入阻抗保持恒定。此外，输入传输线的导行波到自由空间光滑过渡，内向波的大部分能量被接收而只有很少的能量被反射。

根据核爆炸探测的目的和接收机工作方式的不同，比如仅用于判断核爆事件的时间和有无，接收天线也经常选择带宽内的某频点进行窄带接收。

由于核爆炸电磁脉冲的能量主要集中在低频或甚低频段，并且在该频段的传播距离远，一般利用电小的单鞭天线和环形天线（单鞭天线属于电场接收，场能量转化为电压信号；环形天线属于磁场接收，场能量转化为电流信号）。然而核爆炸电磁脉冲高频信号携带有更丰富的核爆炸信息，在核爆探测时希望同时接收（高平台以及天基核爆炸电磁脉冲探测方式可以实现高频信号的远距离接收）。当然，对于高空核爆炸电磁脉冲，高频信号的接收则不受接收平台的限制。高频电磁脉冲接收天线有对数周期天线、单鞭天线、偶极天线、双锥天线和蝶形天线等。

下面根据不同频段接收机选择的天线形式，分别进行分析。

（1）VLF 电磁脉冲探测器的天线设计　VLF 电磁脉冲探测器常采用鞭状电场天线或环形磁场天线，属于电小天线，测量的是近场空间的感应场，是把电磁场能量转化为电压信号或电流信号输送到接收机的装置。

① 鞭状天线（垂直短天线接收法）。此种天线常用于测量核爆炸电磁脉冲的甚低频脉冲场，甚低频频率在 3～300kHz，波长 100～10km。从天线长度讲，其属于电小天线，转换效率很低，因此常用于测量核爆的近场。

垂直短天线可以等效为一个小电容与天线感应电压的串联。短天线的等效电容 $C=\dfrac{24.13l}{\lg(2l/d)-k}$，单位为 pF。其中，$l$ 为天线的长度，单位为 m；$d$ 为天线的直径，单位为 m；$k$ 为修正系数。

$l_{eeq}$ 是天线的有效高度，$l_{eeq}=\dfrac{l}{2}+h'$（$h'$为天线下端到地面的高度）。修正系数 $k$ 与 $h'/l$

有关，当 $h'/l\approx 0$ 时，$k\approx 0.45$（最大值）。天线的等效电路如图 4-3 所示。图中 $E_{inc}$ 为入射电场强度，负载 $Z_c$ 上的频域电压表达式为 $V(jw)=\dfrac{Z_c l_{eeq}E(jw)\sin\theta}{Z_c+(1/jwc)}$。

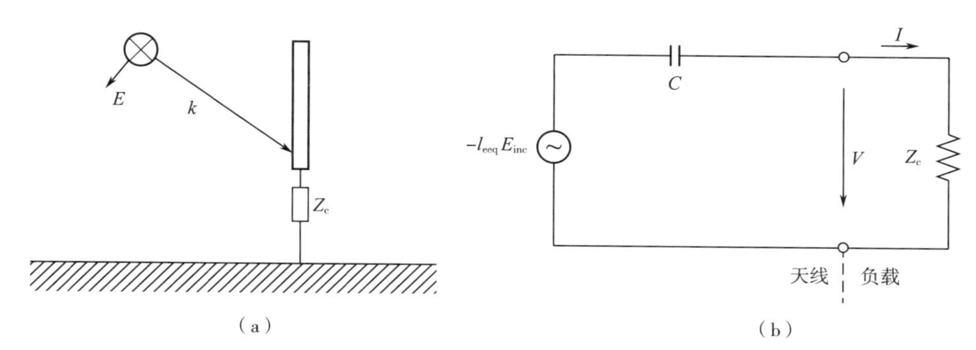


图 4-3　垂直短天线及其等效电路

当 $Z_c\gg\dfrac{1}{wc}$，$w\gg\dfrac{1}{Z_c c}$ 时

$$V(jw)=l_{eeq}E(jw)\sin\theta \tag{4.2}$$

当 $Z_c\ll\dfrac{1}{wc}$，$w\ll\dfrac{1}{Z_c c}$ 时

$$V(jw)=jwcl_{eeq}E(jw)\sin\theta \tag{4.3}$$

式中，$\theta$ 为入射角。

假设核爆炸电磁脉冲波形的表达式为双指数形式

$$E(t)=E_0(e^{-\alpha t}-e^{-\beta t}) \tag{4.4}$$

则对于负载阻抗较大时，天线的响应波形与入射波形一致；对于负载阻抗小时，天线的响应波形是入射波形的微分，如图 4-4 所示。

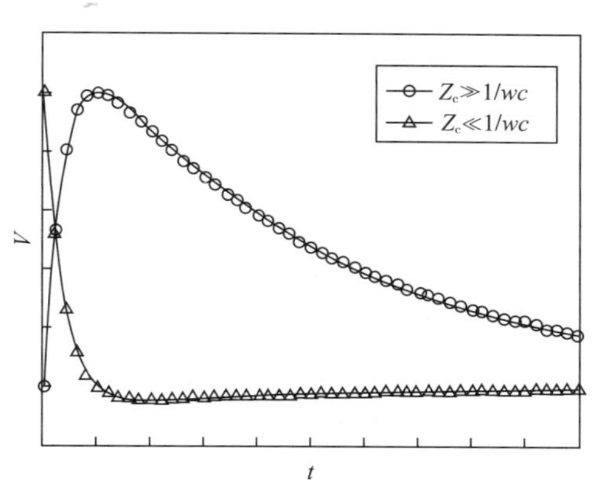


图 4-4　天线响应波形示意图

② 磁环天线。基本的磁场传感器由环形天线终端加负载组成。由于磁环天线具有一定的方向性，因此在核爆探测中经常用于辅助定向。

定义天线的有效面积为 $A_{heq}$，有效长度为 $l_{heq}$，它们之间的关系表示为 $A_{heq}=\dfrac{L}{\mu}l_{heq}$（$L$

为电感），则 $V_{\text{heq}}=\frac{\mu}{L}A_{\text{heq}}A_{\text{heq}}=\frac{\mu}{L}l_{\text{heq}}l_{\text{heq}}=A_{\text{heq}}l_{\text{heq}}$。磁环天线的等效电路如图 4-5 所示。图中负载 $Z_c$ 上的频域电压表达式 $V(jw)=\frac{B_{\text{inc}}(jw)A_{\text{heq}}Z_c}{jwL+Z_c}l_{\text{heq}}$。

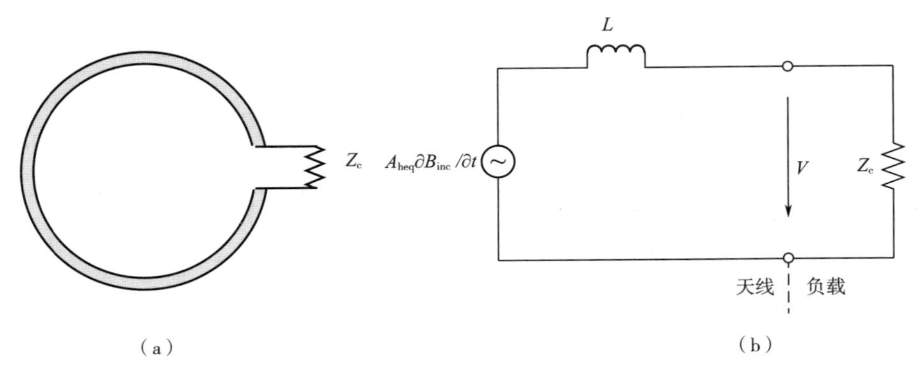


图 4-5　磁环天线及其等效电路

当 $Z_c \gg wL$，$w \ll \frac{Z_c}{L}$ 时

$$V(jw)=jwB_{\text{inc}}(jw)A_{\text{heq}} \tag{4.5}$$

当 $Z_c \ll wL$，$w \gg \frac{Z_c}{L}$ 时

$$V(jw)=H_{\text{inc}}(jw)l_{\text{heq}}Z_c \tag{4.6}$$

式中，$B_{\text{inc}}$ 为磁感应强度，$H_{\text{inc}}$ 为磁场强度。

针对核爆炸电磁脉冲双指数波形［公式（4.4）］，磁环天线的感应电动势对于负载阻抗较大时，天线的响应输出是电场强度对时间的微分；对于负载阻抗小时，天线的响应输出与入射电场强度波形一致。

③ 平行板天线。平行板天线由两块平行金属平板构成，属于鞭状天线的变形，用于接收电磁脉冲信号的电场分量，为电磁脉冲信号的极性判断提供依据。

当电磁脉冲信号到来时，就会在金属圆平板上感应出相应的脉冲信号，等效原理如图 4-6 所示。两块金属圆平板可等效为一个电容，有电磁脉冲信号传来时，电容所在空间的磁场强度就会发生改变，电容出现充放电过程。随着外场强度的变化，电容两端感应出相应的脉冲信号，此脉冲信号首先送至低噪声前置放大器进行放大。

假设天线金属圆平板的面积为 $A$，大气电场为 $E$（$E$ 在地面附近是垂直的），金属圆平板水平放置，这时平板的电荷为

$$\theta=-\varepsilon_0 EA \tag{4.7}$$

式中，$\varepsilon_0=8.85\times10^{-12}\text{C}/(\text{N}\cdot\text{m}^2)$。

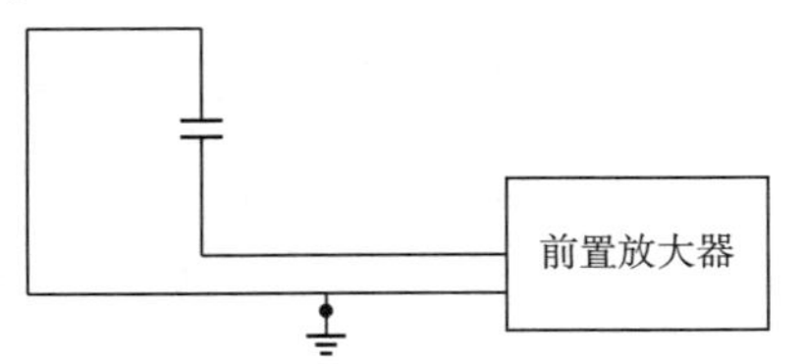


图 4-6　平行板天线等效原理

金属圆平板在单频正弦交变电场作用下感应的电荷为

$$\theta=-\varepsilon_0 E_{\text{m}}A\sin\omega t \tag{4.8}$$

式中，$E_m$ 为电场强度。

感应电流为

$$i_i = d\theta(t)dt = -i_{imi}\omega\cos\omega t \quad (4.9)$$

式中，$i_{imi} = -\varepsilon_0 A E_m \omega$，就是我们需要的感应电流。若低噪声前置放大器的输入阻抗为 $R$，这时低噪声前置放大器输入端呈现的电压为

$$|U_i| = \varepsilon_0 E_m A \omega R \quad (4.10)$$

所以，感应输出电压主要取决于输入阻抗和金属圆平板的面积。

磁场天线由两个正交环天线组成，电磁脉冲信号到来时，就会在这两个正交环天线上感应出相应的脉冲信号，由这两个脉冲信号可确定信号的来波方向。

设在单频的正弦形交变电磁场的作用下，则两个正交环天线的感应电压分别为

$$U_x = hE\sin\theta\cos\omega t \quad (4.11)$$

$$U_y = hE\cos\theta\cos\omega t \quad (4.12)$$

式中，$h$ 为环天线的有效高度；$\theta$ 为以 $Y$ 环对准零度方向的来波角。

比较 $U_x$ 和 $U_y$ 分量，则有

$$\tan\theta = \frac{U_x}{U_y} \text{ 或 } \theta = \arctan\frac{U_x}{U_y} \quad (4.13)$$

由此可见，只要能同时测得 $U_x$ 和 $U_y$ 就能求出来波的方向角。

磁场天线在外场的作用下，感应的电压由下式决定：

$$V_m \approx 2.1 \times 10^{-8} E_m SNF \quad (4.14)$$

式中　$E_m$——外场强度，V/m；

　　$S$——天线环面积，$m^2$；

　　$N$——天线绕制匝数，无量纲；

　　$F$——接收的频率，Hz。

(2) VHF 电磁脉冲探测器的天线设计　VHF 段天线在工作频率内，要求天线的输入阻抗与馈线匹配，保证电磁能量的转换效率。用于核爆炸电磁脉冲探测的 VHF 天线目前主要是偶极子天线或带反射面的单极天线、对数周期振子阵天线、双锥天线或螺旋天线等。

① 偶极子（对称振子）天线。在甚高频段核爆炸电磁脉冲探测时，最常选用的天线仍是处于谐振结构的半波偶极子天线。偶极子天线结构简单，有全向方向图，相位一致，适于甚高频窄带脉冲信号的接收。

沿 $z$ 轴取向、长 $L$、中心馈电的对称振子天线如图 4-7 所示。振子上的电流分布为正弦函数，并可写为

$$I(z') = I_m \sin\left[K\left(\frac{L}{2} - |z'|\right)\right] \quad |z'| < \frac{L}{2} \quad (4.15)$$

振子末端电流为 0，向馈电点画正弦波，与末端相距 $\lambda/4$ 为电流最大值 $I_m$，箭头表示电流的方向；相距 $\lambda/2$ 为 0，每隔 $\lambda/2$ 电流反向，相位相差 180°。两臂对应部分电流方向相同，辐射场彼此增强；而传输线则方向相反，因而辐射场几乎抵消。

对称振子远区场的电场分量为

$$E_\theta = 60jI_m \frac{e^{-jkr}}{r} \times \frac{\cos\left(\frac{kL}{2}\cos\theta\right) - \cos\left(\frac{kL}{2}\right)}{\sin\theta} \quad (4.16)$$

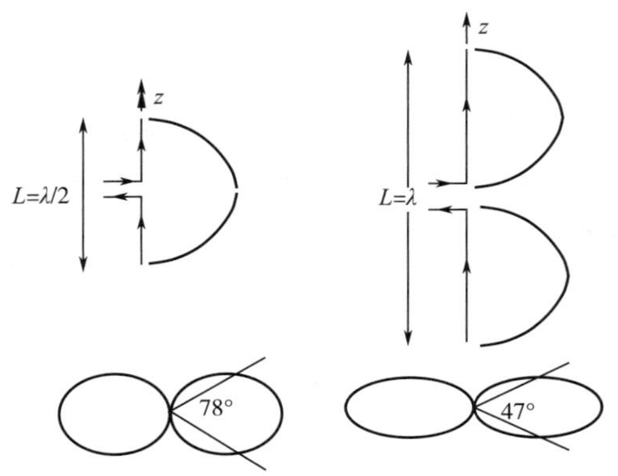


图 4-7　对称振子天线电流分布及方向图

$L=\lambda/2$ 为半波振子，归一化方向图函数 $F(\theta)=\dfrac{\cos\left(\dfrac{\pi}{2}\cos\theta\right)}{\sin\theta}(L=\lambda/2)$，半功率波束宽度为 78°。方向图系数为 1.64，约 2.15dB。有效口径面积为 $0.13\lambda^2$。

输入阻抗求解方法可以按等效传输线法求解，也可用输入阻抗的感应电动势法求解。对于半波振子完整的输入阻抗为 $Z_{in}=73.1+j42.5(L=\lambda/2)$，在使用时为了使天线谐振而电抗为零，要求天线比半波长略短，同时辐射电阻降为 65Ω。

$L=\lambda$ 为全波振子，天线上不会出现反向电流，天线辐射方向图主瓣不分裂。归一化方向图函数 $F(\theta)=\dfrac{\cos(\pi\cos\theta)+1}{2\sin\theta}(L=\lambda)$，半功率波束宽度为 47°。

$L=1.5\lambda$ 时天线上出现反向电流，天线辐射方向图主瓣将分裂。归一化方向图函数 $F(\theta)=0.7148\dfrac{\cos\left(\dfrac{3}{2}\pi\cos\theta\right)+1}{\sin\theta}\left(L=\dfrac{3}{2}\lambda\right)$。

② 对数周期振子阵天线。对数周期振子阵结构的振子尺寸按一特定的比例因子 $\tau$ 变化，在 $f$、$\tau f$、$\tau^2 f$ 等离散频率点上有相同的电性能，其方向如图 4-8 所示。天线阻抗和极化特性是频率对数的周期函数，因而称为对数周期振子阵天线，英文缩写为 LPDA。这种结构简单、造价低廉、重量轻，是一种通用的宽频带天线。

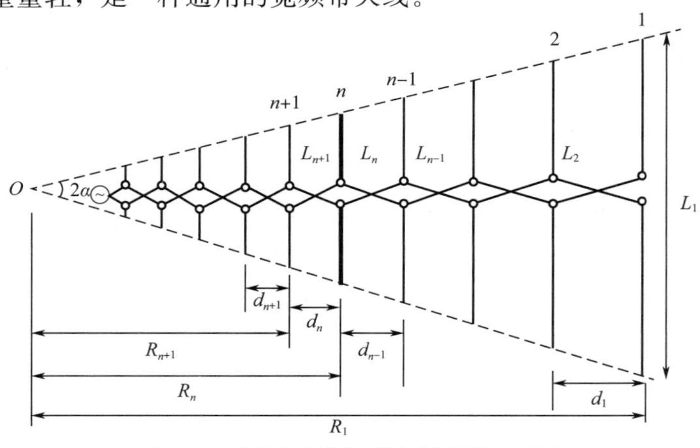


图 4-8　对数周期振子阵天线结构示意图

如图 4-8 所示，对数周期振子阵是由馈电点向外长度逐渐增加的平行半波振子串馈阵，内连馈线，在相邻阵子之间交叉。振子阵的结构关系满足下式：

$$\tau=\frac{R_{n+1}}{R_n}=\frac{L_{n+1}}{L_n}=\frac{d_{n+1}}{d_n} \tag{4.17}$$

对于某一工作频率 $f_n=f$，长度远小于半波的振子，输入端呈现很大的容抗，其上电流很小，辐射很微弱，集合线上的能量在这一区域衰减很小；长度接近半波的几个振子，输入阻抗几乎是纯电阻，其上承受了比其他振子大得多的电流，形成有效区，产生强辐射。LPDA 的电性能主要取决于有效区，能量在这一区域有很大衰减。经过有效区后，集合线上的能量所剩无几，长度远大于半波的振子几乎处于未激励状态，恰好满足截断特性。频率变为 $f_{n+1}=\tau f_n$，有效区由馈电端向外移动一个振子。若结构无限长，对于频率 $f_n$ 和 $f_{n+1}$ 天线尺寸保持不变，因而电性能相同。由于 $f_n/f_{n+1}=\tau$，$\ln f_{n+1}=\ln f_n+\ln(1/\tau)$，因而电性能是频率对数的周期函数。但在一周期内电性能是变化的，若变化在允许的范围内，仍可得到良好的非频变特性。对于有限长天线，工作频带的上下限约为最长与最短振子的二分之一波长，即 $L_1\approx\frac{\lambda_L}{2}$ 和 $L_2\approx\frac{\lambda_U}{2}$（$\lambda_L$ 和 $\lambda_U$ 是工作频率上下限的波长）。由于有效区不完全局限于 1 个振子，为确保整个频带上电性能满足要求，通常振子的两端再附加几个振子。

③ 双锥天线。首先分析无限长的双锥天线，它能够导引向外的球面行波，就像均匀传输线引导平面行波那样，如图 4-9 所示。双锥天线和长均匀传输线都具有恒定的特性阻抗 $Z_k$ 且无限长，使输入阻抗 $Z_i=Z_k$。两者都是纯电阻，即输入阻抗 $R_i=Z_i=Z_k$。对于无限长双锥天线，有 $R_i=120\ln\cot(4/\theta)$，这里 $\theta$ 是锥角。

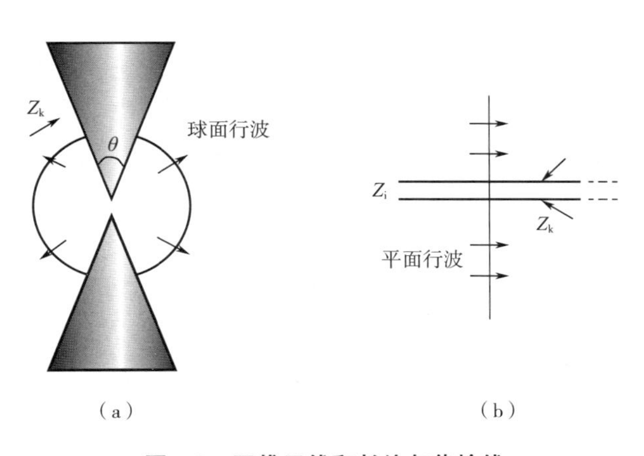


图 4-9　双锥天线和长均匀传输线

（3）应用　地基核电磁脉冲探测一般采用 LF/VLF 和 VHF 频段接收天线。LF/VLF 接收天线可采用偶极子天线和磁环/偶极子组合天线；VHF 天线可采用偶极振子天线阵（图 4-10），或带反射面的单极子天线阵，阵列天线能够满足接收机定位功能的要求。

受到电离层反射作用，一般情况下，10MHz 以下频率的信号不能穿过电离层，因此，星载电磁辐射探测器的接收频段选用 20～300MHz。天基核爆炸电磁脉冲探测器接收利用了多个窄带信号采样接收的方式，美国的 Vela 卫星、FORTE 卫星和 GPS 卫星探测接收天线分别采用了带反射面的单极天线、对数周期天线、螺旋天线等形式。ALEXIS 卫星、Vela

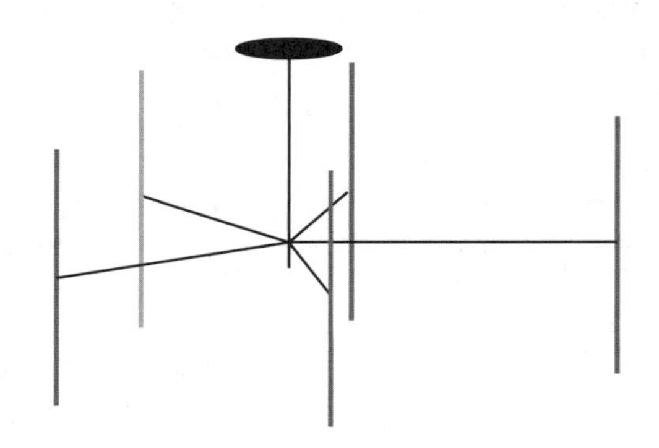

图 4-10　地基偶极子天线阵列

卫星和 GPS Block IIF（图 4-11），都利用了偶极或单极的振子天线作为 VHF 脉冲的接收天线。

图 4-11　GPS Block IIF 卫星 VHF 接收机及其天线（见彩插）

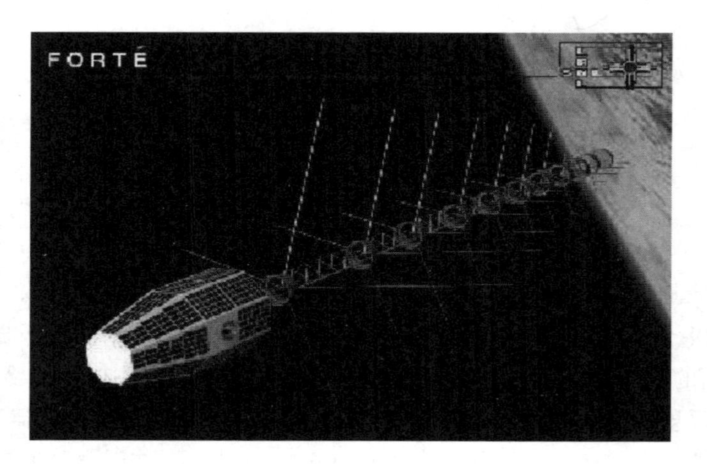


图 4-12　FORTE 卫星对数周期振子阵天线（见彩插）

美国的FORTE卫星采用的是可折叠展开的对数周期振子阵天线，如图4-12所示。由于振子阵天线为线极化方式，为了接收不同极化方向的电磁脉冲，采用了十字正交型振子阵；天线的工作频带在20～300MHz，天线长度11.4m，最长振子有9m多。

针对不同的功能要求，可采用不同的接收天线形式。天线设计的优劣决定了核爆炸电磁脉冲信号的接收效果，所以无论哪种频段、哪种接收方式，研究者们都需要花费很多的精力设计制作性能优良的天线。

### 2. 电磁脉冲探测器接收机设计

电磁脉冲探测器接收机部分的工作原理如图4-13所示。其主要由低噪声前置放大器、滤波、数据处理传输、时间定标系统、电源等部分组成。

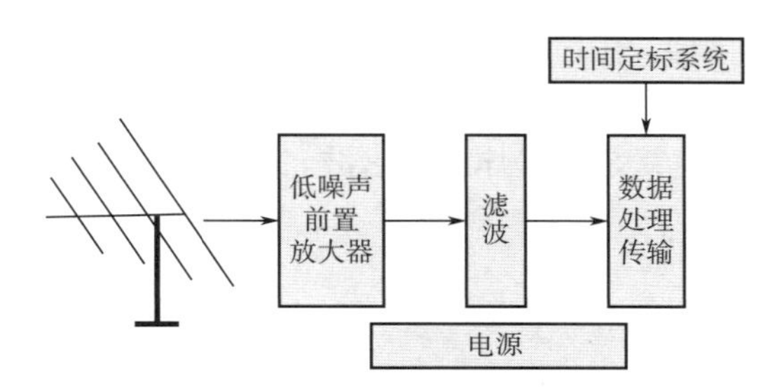


图4-13 电磁脉冲探测设备原理框图

天线接收的信号极其微弱，采用低噪声前置放大器来实现放大的功能，达到抑制噪声、实现信号频率准确放大接收的目的，为后续电路的处理带来方便。电磁场信道都需要采用低噪声前置放大器。

滤波器的主要功能是将频带以外的信号加以滤除，减少干扰。

为了得到更丰富的来波信号信息，提高采样率、增大AD的转换精度是有效措施。但高采样率、高转换精度会增加数据处理量，延长处理时间，从而降低设备的实时性能。采样率的确定与接收信号频率有关，为了获得较好的波形，便于核爆炸波形的进一步分析处理，一般采样率应在接收信号最大频率的10倍以上。

数字信号处理部分通常由AD采集、FPGA、ARM、DSP等部分组成。AD采集数据送入FPGA，FPGA对幅度信号进行阈值比较，如有过阈值信号，将AD采集数据与带通采样波形数据分别予以缓存；缓存完一个事件后，通知DSP，DSP将AD采集数据以块方式连续读走，然后对其进行相关运算处理。FPGA可进行阈值设置，实现逻辑控制、时钟计数链等。ARM主要实现与中心站处理机之间的通信，定时返回设备工作状态参数，响应中心站发送的设置工作状态参数指令等。DSP主要对接收的事件数据进行处理得到信号的特征参数，对接收的事件进行预判别；并将处理结果提供给ARM，ARM将结果与带通采样波形数据一块传送出去。

## 三、冲击波

核爆炸冲击波，是核爆炸形成的高温高压气团猛烈压缩和推动周围介质产生的高压脉冲波。冲击波是核爆炸的主要毁伤因素之一。

### （一）冲击波的形成

核弹在大气层中爆炸时，反应区的温度可达几千万摄氏度，在这样的高温下，构成弹体的物质骤然变成了高温等离子体。在核爆炸后瞬间，高温等离子体被局限在很小的体积内，因而具有极高的压强，约几百亿个大气压；然后高温高压等离子体向外迅速扩张，猛烈地压缩四周邻近的空气层，使之成为压强和密度都远远大于正常大气的压缩空气层，称为压缩区。

压缩区随着火球的扩张而不断扩大，迅速向外传播。由于火球的不断扩大和发展，其内部的温度和压强不断下降，当火球半径发展到最大值后，便停止膨胀。但由于惯性的作用，压缩区仍然向外运动，并与火球脱离。

在压缩区向外运动的同时，在它的后面就必然会出现一个压强和密度都小于正常大气的空气层，称为稀疏区。这样就形成了一个外层为压缩区、内层为稀疏区的球体，在大气中以超声速向更大的空间传播，这就是核爆炸的冲击波，并逐渐消失在大气中。

### （二）冲击波的主要特性

#### 1. 冲击波内的压强

冲击波刚形成不久，其波阵面上的压强比火球内部的压强要高一些；随着冲击波向外传播，其波阵面和火球内部的压强迅速降低，直到爆后某一时刻，冲击波压缩区脱离火球，使得冲击波压缩区后的空气被稀疏；此后，冲击波以压缩区与稀疏区相连的形式在大气中超声速传播。

#### 2. 冲击波在大气中的传播

冲击波在大气中是以超声波传播的，并与超压大小有关，超压越大，传播速度越快。冲击波在传播过程中不断地消耗能量，最后衰减为声波，消失在大气中。

#### 3. 冲击波内气体分子的运动

冲击波在大气中传播时，高速运动的波阵面撞到波前空气，空气微团便获得很大的动能，以很高的速度随着波阵面前进，但空气微团的运动速度总是低于冲击波波阵面的传播速度，空气微团便落在波阵面后面。在前进过程中，空气微团的能量不断损耗，运动速度越来越低，逐渐落到压缩区后界，然后在某一瞬间它的运动速度等于0；这时空气微团离开未扰动时的位置，跟冲击波向前运动了一大段距离后，紧接着冲击波稀疏区到来，在其负压作用下，落在压缩区后界的空气微团便往相反于冲击波传播的方向运动，即向该空气微团原来位置的方向运动，最后落在稀疏区后界上，空气微团的运动速度再一次等于0。

### （三）冲击波的测量方法

对核爆炸冲击波的测量主要包括地面冲击波超压、水平动压和冲击波走时的测量。对于超压测量仪器主要分为机测和电测两大类：机测仪器常用的是钟表式压力自记仪，具有简单、轻便、准确，便于大量布点等优点；电测仪器主要包括压强式、压差式、压强与压差复合式等传感器设备，具有造价低、准确度高的优点。在我国早期的核试验中，对核爆炸动压的测量曾采用空气动压管和球形拖曳力传感器，分别测量冲击波浪阵面后的气流动压和冲击波卷起地面灰尘的动压。随着传感器技术的发展，目前主要利用各种压力传感器进行冲击波的测量，结合后部记录仪器可实现对冲击波波形的全时域测量。

根据压力传感器敏感元件的工作原理，常用的压力传感器分为电磁式、压阻式、压电式和电容式等。这些传感器大都以弹性材料（膜片或者其他）作为感受压力的元件，而后根据传感器的原理转换成电信号，即可得到压力参数。

目前应用较为广泛的压力传感器主要包括压电式和压阻式两种。压电式压力传感器是基于某些晶体材料的压电效应，常使用的压电材料有石英和钛酸钡等；当这些晶体受压力作用发生机械形变时，其相对的两个侧面上产生异性电荷，经电压放大器或者电荷放大器后可得到压力参数。压阻式压力传感器主要是利用硅、锗或者锰铜等材料的压阻效应制成，以惠斯通电桥作为力-电变换的元件；当膜片受到外界压力作用时，电桥失去平衡，通过对电桥施加激励电源（恒流或恒压），便可得到与被测压力成比例的输出电压。两者比较：压电式压力传感器具有结构简单、灵敏度和信噪比高等优点，但容易受到电磁环境的影响；压阻式压力传感器具有频率响应好、经济、耐用的优点，但其结构较为复杂，且受温度影响较大，使用时需要进行温度补偿。

对于爆炸冲击波的压力测试常用电压法和锰铜压阻法测试系统。

#### 1. 电压法测试系统

压电式压力传感器可以和电压放大器或者电荷放大器配合使用，利用数字存储示波器（DSO）或者数字存储记录器（DSR）等进行数据记录。较为常用的是电荷放大测压系统，如图 4-14 所示。电压放大测压系统见图 4-15。

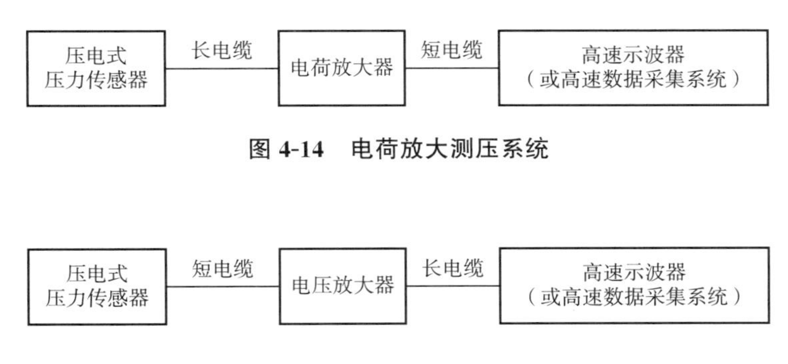


**图 4-14　电荷放大测压系统**

**图 4-15　电压放大测压系统**

从图 4-14 和图 4-15 中可以看出，两种测压系统的传感器和放大器之间的电缆长度不同，即电荷放大器的增益受输入电缆长度的影响较小，而电压放大器的增益受输入电缆长度的影响较为明显。另外，由于电荷放大器有强烈的电容反馈，其上限频率较低，而电压放大器没有此问题，其频响主要受到输入电缆的长度值和传感器的频宽值等参数的限制。

#### 2. 锰铜压阻法测试系统

锰铜压阻传感器的结构形式很多，有丝状和箔状，还有低阻的和高阻的。图 4-16 和图 4-17 是爆炸与冲击过程测量常用的锰铜压阻法测试系统。

图 4-16 是低压力量程锰铜压阻法测试系统，适用的压力范围为 1MPa～10GPa。该系统包含高阻值压阻计、锰铜压阻应力仪和数字存储示波器。图 4-17 是高压力量程锰铜压阻法

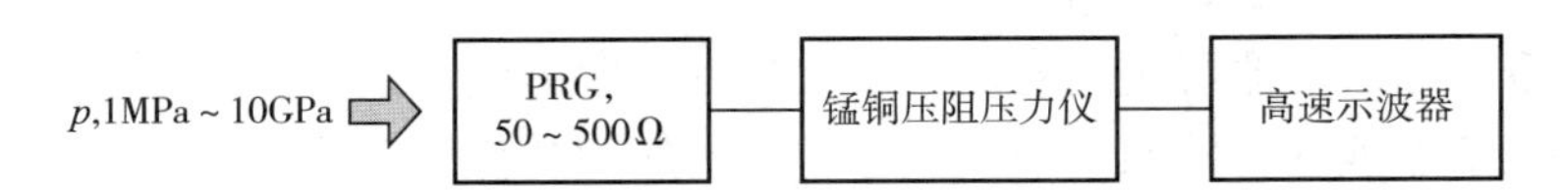


**图 4-16　低压力量程锰铜压阻法测试系统**

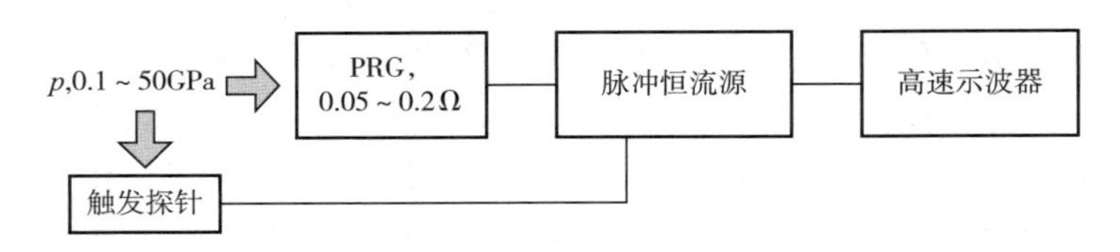


**图 4-17　高压力量程锰铜压阻法测试系统**

测试系统，适用的压力范围为 0.1～50GPa。该系统包含低阻值压阻计、脉冲恒流源和数字存储示波器。两系统的不同之处在于使用的锰铜压阻计（PRG）阻值不同，高阻值压阻计的阻值为 50～500Ω，低阻值压阻计的阻值为 0.05～0.2Ω。另外，两系统中的二次仪表不同，低压力量程锰铜压阻法测试系统采用的是应力仪，利用压力模拟信号本身触发数字存储示波器；而高压力量程锰铜压阻法测试系统则采用脉冲恒流源，并且脉冲恒流源必须采用外触发方式，如探针触发。

在爆炸或冲击过程的测量中，大多采用低阻值的压阻计。一方面是因为载荷强度高，传感器不必具有很高的灵敏度；另一方面是因为阻值小，可以缩小敏感元件的有效工作面积，适应小型爆炸和冲击测量的需要。

## 四、核辐射

早期核辐射，指核爆炸后十几秒内放出的中子流和 γ 射线。早期核辐射是核武器特有的毁伤效应。

### （一）早期核辐射

#### 1. 早期核辐射的形成

核爆炸时，在重核裂变链式反应和轻核自持聚变反应过程中，均能释放大量的 γ 射线和中子；重核裂变产物绝大多数具有放射性，它们存在于火球和初期烟云之中，不断发射 γ 射线和 β 射线，少数还能发射中子；剩余核装料能发射 γ 射线和 α 射线等。α 射线和 β 射线在空气中射程很短，一般不能穿出火球和烟云的范围；γ 射线和中子则能穿透很远的距离，形成早期核辐射。

核爆炸 γ 射线按发射时间的先后，又可分为瞬发 γ 射线和缓发 γ 射线。瞬发 γ 射线是指在弹体蒸发飞散之前放出来的 γ 射线，它包括重核裂变、轻核聚变过程中放出的 γ 射线，还包括裂变产物在弹体飞散前放出的少量 γ 射线、中子与弹体物质作用放出的 γ 射线等；缓发 γ 射线是指在弹体蒸发、飞散之后放出的 γ 射线，它包括裂变产物放出的 γ 射线、氮俘获 γ 射线。由于瞬发 γ 射线绝大部分被弹体吸收变成热能，而缓发 γ 射线在穿入空气前被吸收的极少，造成在离开核爆炸一定距离处的缓发γ射线数量比瞬发γ射线约大100倍。

核爆炸中子可分为瞬发中子和缓发中子。瞬发中子随核反应放出，一般发生在爆后$10^{-6}$s之内。其中，一部分被弹体俘获吸收；一部分与弹体原子核发生散射而形成“热平衡中子”，并被空气中的氮俘获释放出γ射线；一部分则穿出弹体形成平均能量约为2MeV的“泄漏中子”。缓发中子由重核裂变碎片放出，其能量份额大于瞬发中子。因而核爆炸早期核辐射的主要成分是缓发γ射线、瞬发中子产生的次级γ射线和“泄漏中子”以及缓发中子。

### 2. 早期核辐射的主要特性

（1）传播特性　早期核辐射从爆心向外发射时，开始基本上是直线传播，γ射线在大气中以光速传播，中子的传播速度与能量有关，一般认为发现闪光就已受到辐射；然后由于空气的吸收或散射而成为具有一定角分布的辐射，这会使得遮蔽物背后亦能受到辐射。

（2）电离特性　中子和γ射线本身不带电，不能产生直接电离作用，而是通过与物质作用后产生反冲核和反冲电子等带电粒子，使物质产生次级电离作用。这种电离特性可在人体中引发一系列生物效应，也可使某些物体发生化学和物理变化。

（3）贯穿特性　中子和γ射线在空气中的平均自由程很长，具有很强的贯穿能力，在贯穿了几百米到几千米的空气层甚至工事防护层后仍具有一定的强度，因而又被称为“贯穿辐射”。

（4）瞬时特性　早期核辐射的作用时间一般认为只有十几秒（通常为0～15s）。

（5）感生放射性　感生放射性是指在早期核辐射中子流的照射下可使弹体、大气和土壤中的某些稳定核素变成放射性核素，形成感生放射性物质。

## （二）放射性沾染

### 1. 放射性烟云的形成

核爆炸在极短时间、有限空间内释放出巨大能量，形成了高温、高压的火球。火球急剧膨胀、扩大，迅速上升，然后变冷，逐渐变成一团烟云。烟云内部发生激烈的内循环运动，加之烟云的迅速上升，会在爆心投影点附近产生一股强烈的、向上抽吸的气流，将更多的空气从火球底部吸入，并将地面掀起的尘土、碎石卷进去，形成从地面升起的尘柱，如图4-18所示。尘柱携带的大量地面物质熔融后与放射性裂变产物混合形成颗粒较大的落下粒子，并较快地沉降在爆区和近云迹地面。

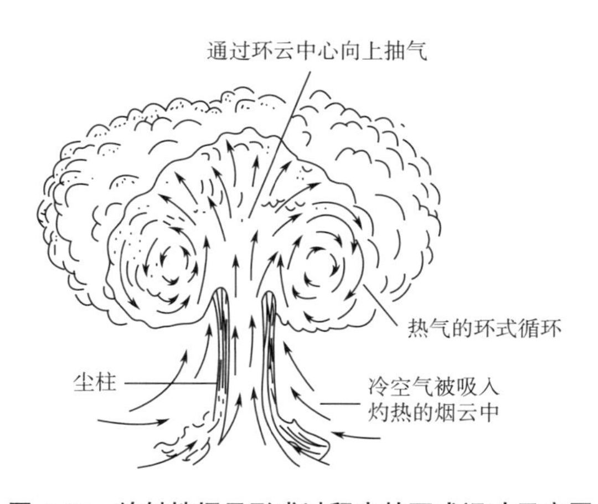


**图4-18　放射性烟云形成过程中的环式运动示意图**

放射性烟云上升到一定高度，就不再上升，此时称为稳定烟云。随后，烟云边缘起毛，轮廓开始模糊，并逐渐被风吹散。

在稳定烟云中，放射性在垂直方向上的分布随爆炸方式而异。地面核爆炸时，稳定烟云的蘑菇头中，约含总放射性的 90%；在尘柱中仅含总放射性的 10%左右，且主要集中在尘柱上部的 1/3 体积内。

### 2. 落下灰的形成

放射性落下灰是指核爆炸后从烟云中沉降下来的带放射性的粒子（这种粒子有大有小，主要由核裂变碎片组成），此外还含有部分感生放射性（由弹体物质俘获中子而生成）和未裂变装料。

落下灰的主要成分都是金属、金属氧化物或氢氧化物，而且有时还和混入的地面物质一起被高温烧结成玻璃体（玻璃体是很难溶于水的）。落下灰中的少量感生放射性核素，如$^{24}Na$易溶于水，而$^{56}Mn$则难溶于水，未裂变的核装料难溶于水。放射性落下灰随着烟云的发展而逐渐形成，如图 4-19 所示。

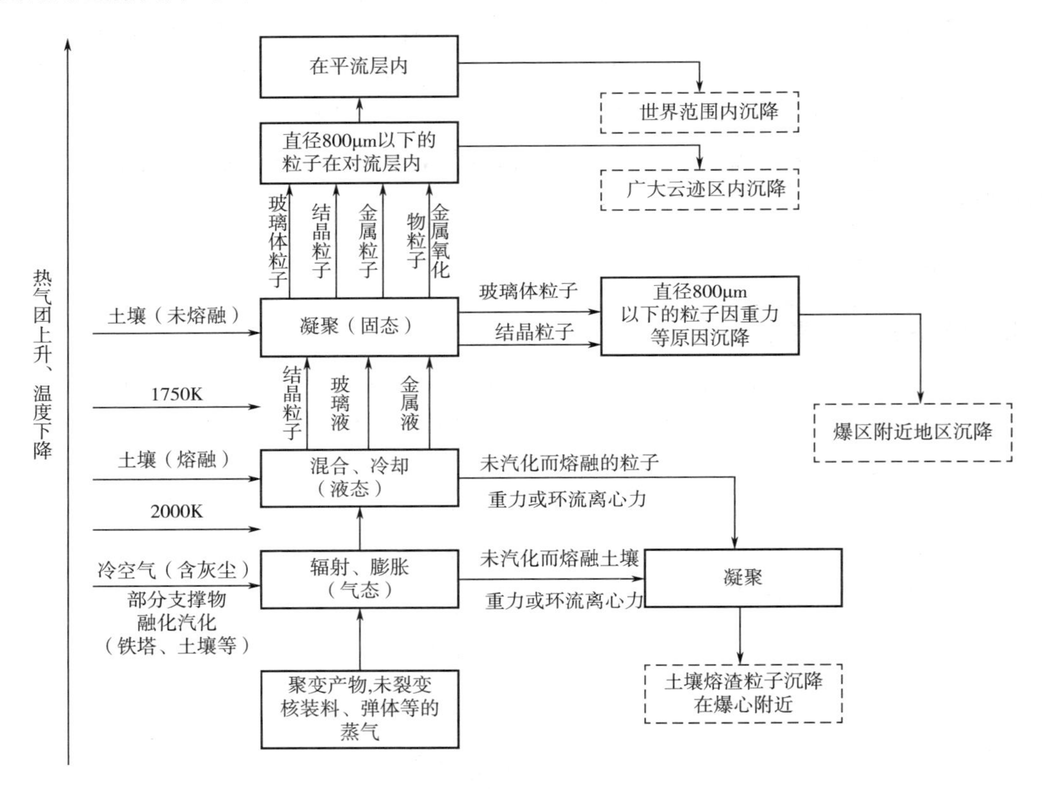


**图 4-19　放射性落下灰形成示意图**

## （三）核辐射传感器

### 1. 核辐射传感器的组成及结构

在核辐射测量领域，一般将核辐射传感器称为核辐射探测器。单独的核辐射探测器是无法完成射线测量工作的，必须与数据处理模块、数据显示模块、电源模块等相互组合才能使用。核辐射测量设备主要由探测器模块、数据处理模块、数据显示模块、电源模块等构成，如图 4-20 所示。

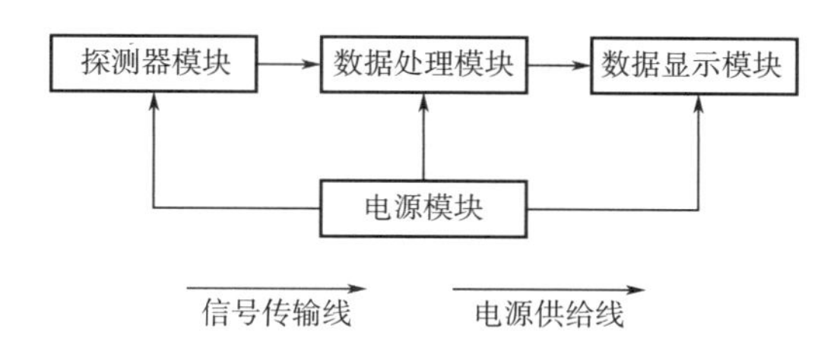


**图 4-20　核辐射测量设备的基本结构**

探测器模块由核辐射探测器及其输出电路组成。核辐射探测器是指能够感知核辐射或射线，并将核辐射或射线能量转变为可测量电信号的装置或器件。在物理学中，核辐射探测器就是射线传感器，其主要作用就是将不同射线的能量转变为可测量的电信号。

数据处理模块主要由数字电路和计算处理芯片构成，主要功能就是在计算处理芯片的控制下对探头电路输出的电脉冲进行计数、参数修正和单位变换，将测量电路记录的原始计数转变为反映核辐射水平的辐射量（例如剂量、剂量率、表面活度、质量活度或体积活度）或者进行核素分析的能谱。

数据显示模块的主要作用就是显示测量结果、仪器操作和仪器状态的提示信息等。

电源模块的作用不言而喻，就是将电池电压或其他电源电压转变为探测器、测量电路和显示电路正常工作所需的电压和电流。

除上述 4 个单元模块外，根据功能、用途和使用环境的不同，一些放射性测量设备也有其他单元电路或器件。例如，用于夜间测量的照明模块、发出报警信号的报警模块。

在上述所有单元中，核辐射探测器的性能在很大程度上决定着核辐射测量设备的主要技术指标，因此，核辐射探测器是核辐射测量设备的核心器件。以下简要介绍核辐射探测器的种类、基本结构、简单工作原理和应用等。

根据材料不同，常见的核辐射探测器分为气体探测器、闪烁体探测器和半导体探测器 3 种。

（1）气体探测器

① 基本结构和工作原理。图 4-21 为气体探测器的基本结构，主要由工作气体、阳极和阴极构成一个密闭的气室。

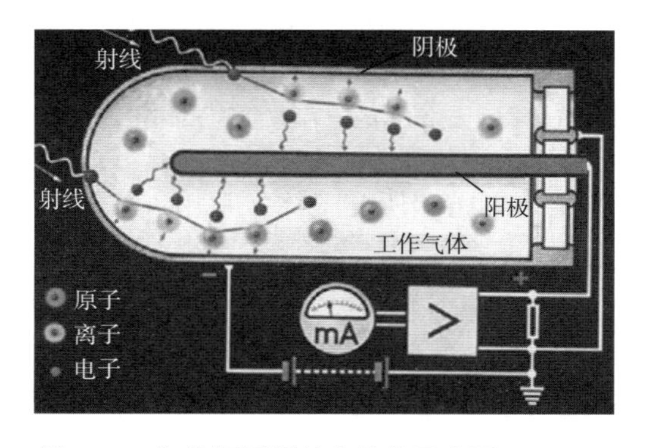


**图 4-21　气体探测器基本结构示意图**（见彩插）

气体探测器的工作原理是：当气体探测器的阳极和阴极分别接在电压源的正、负极时，气室内部就会形成从阳极指向阴极的气体电场，如图 4-21 所示。此时，如果有射线打进气室，就会引起工作气体发生电离，产生成对的自由电子和正离子（简称电子-离子对），而且这些电子-离子对的数目与射线的能量成正比关系。在电场的作用下，电子和正离子会分别向阳极和阴极做定向漂移运动，在此过程中，就会在输出回路中形成电脉冲信号（电流或电压信号）。如果在此回路中接入合适的测量电路，就可以探测到射线产生的电信号；而且根据所测信号的大小，还可以确定射线的能量。此外，单位时间内记录的电脉冲数也与射线的强度成正比，从而可测量到被测物的放射性比活度。

图 4-22 为气体探测器产生的电荷数量随其阴极和阳极之间所加电压（简称工作电压）变化的曲线。可以看出，随工作电压的升高，气体探测器可分为三个工作区：电离区、正比区和 G-M 区。在电离区，气体探测器产生的电荷数量基本不随工作电压的升高而增加。但是当继续增大工作电压而进入正比区时，气体探测器产生的电荷数量会随工作电压的升高而增加。造成电荷数量增加的主要原因在于：随着工作电压的升高，气体电场的强度也会增大，使得电子在沿电场方向漂移的过程中会获得较大的动能；当电场强度增大到一定程度时，单个电子在与另外一个原子或分子发生碰撞前，就能够获得足够大的动能，从而导致附近的气体原子和分子发生电离。这种现象我们称为气体倍增或气体放大，其结果自然会使气体探测器产生更多的电荷，从而在输出回路中形成较大的电脉冲信号。当再进一步升高工作电压时，气体探测器将进入 G-M 区。之所以称为“G-M 区”，是因为此现象是由著名的物理学家盖革（Geiger）和缪勒（Mueller）共同发现的。在 G-M 区，气体电场中的电荷数量不再随工作电压的升高而增加。造成这种现象的主要原因在于：当气体放大达到一定程度，倍增后的大量电子漂移到阳极附近时，就会大幅减弱阳极和阴极之间的电场强度，进而大幅减弱气体放大作用。

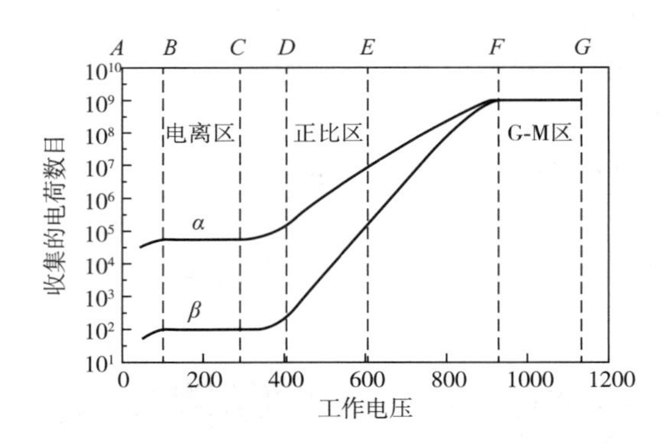


**图 4-22　气体探测器产生的电荷数量随工作电压变化的曲线**

② 常用气体探测器。按工作电压和所充气体，常用气体探测器分为电离室、正比计数管和盖革计数管（G-M 计数管）3 类。

电离室是历史上最早出现的核辐射探测器，其结构也是最简单的。电离室的电场强度不高，可以做成各种形状，并且对所充气体的要求不高，充气压力的范围也可以很宽，甚至可直接用常压下的空气，被广泛用于 γ 射线的剂量测量和放射性气体的测量。图 4-23 为高压电离室。

正比计数管大多采用同轴圆柱形结构。由于具有气体放大作用，正比计数管输出的电脉冲信号要比电离室大几千倍，便于测量电路进行信号处理。因此，正比计数管更适合探测能量较低的β、γ和X射线。此外，也可制成薄窗或无窗正比计数器，用于测量α粒子和β粒子的能量。图4-24为常见的正比计数管。

图 4-23　高压电离室

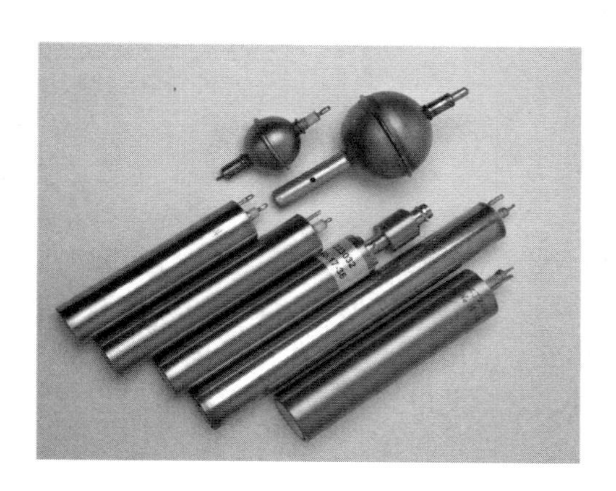

图 4-24　正比计数管

盖革计数管也称为盖革-弥勒计数管，常见的结构为圆柱形及钟罩形。其中，圆柱形盖革计数管如图4-25所示。在一个密封的玻璃管中间是阳极，阳极用钨丝材料制作，玻璃管内壁涂一层导电物质或是一个金属圆筒作为阴极，内部抽空充惰性气体（氖、氦）、卤素气体。一般圆柱形盖革计数管主要用于γ射线测量，而钟罩形盖革计数管由于有入射窗，主要用于α、β射线测量。

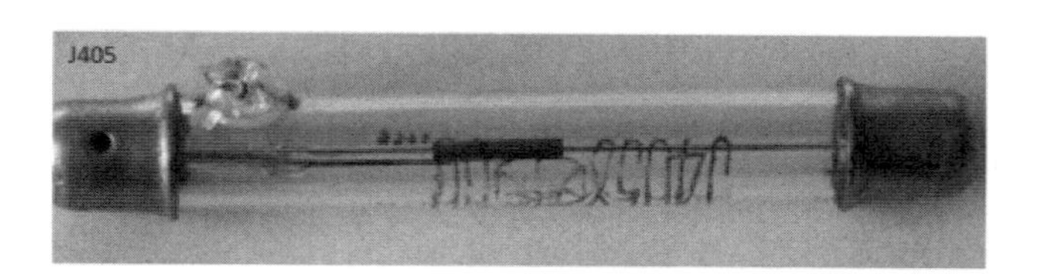


图 4-25　圆柱形盖革计数管（见彩插）

（2）闪烁体探测器

① 基本结构和工作原理。当某些透明的物质与射线发生相互作用时，能将射线能量转变为肉眼可见的闪烁荧光，我们将这些透明的物质称为闪烁体。闪烁体探测器就是利用闪烁体的这一特性来实现射线探测的。

闪烁体探测器的基本结构如图4-26所示，主要由闪烁体、光电倍增管、分压器和避光暗筒构成。

如图4-27所示，闪烁体探测器的工作原理包含5个相互联系的过程，具体如下：

第一，射线打进闪烁体，与闪烁体发生相互作用，使闪烁体的原子或分子发生电离或激发。

第二，受激发的原子或分子在退激过程中发射出肉眼可见的闪烁荧光。

第三，利用闪烁体包裹的反射材料和光导将闪烁荧光尽可能多地收集到光电倍增管的光

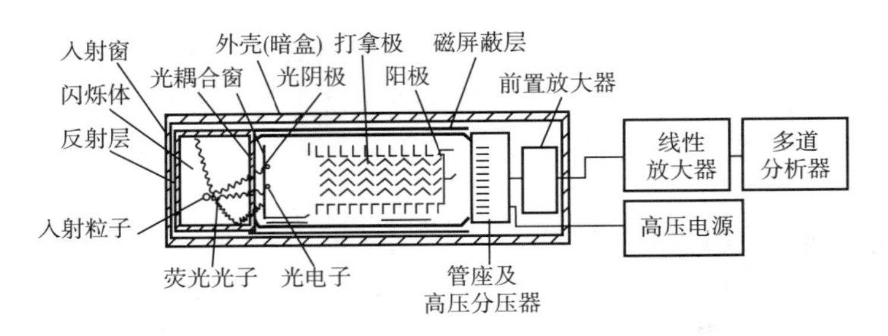


**图 4-26　闪烁体探测器基本结构示意图**

阴极，通过光电效应，在光阴极上打出光电子。

第四，光电子在光电倍增管中被加速，数量倍增（数目可增加几个数量级）。

第五，倍增后的电子束在光电倍增管的阳极上被收集，形成的电子流在阳极电阻上产生电脉冲信号，此电脉冲信号被测量电路记录就可实现射线探测。

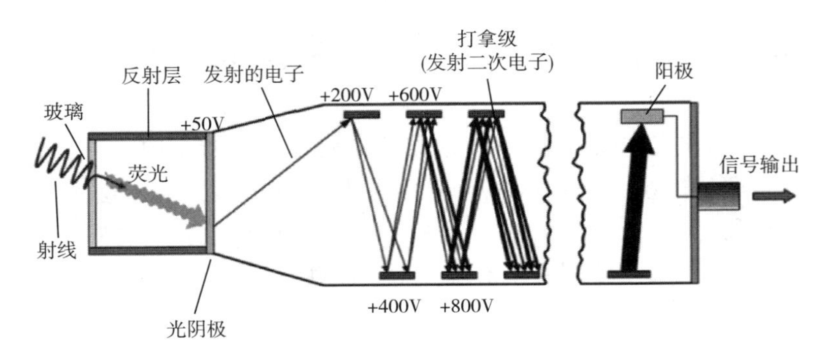


**图 4-27　闪烁体探测器工作原理图**（见彩插）

② 常用闪烁体探测器。按材料和化学分子结构，常用于探测射线的闪烁体分为两大类：一类是无机闪烁体，通常是指含有少量杂质（称为“激活剂”）的无机盐晶体。常用的有碘化钠（铊激活）单晶体，即 NaI（Tl）单晶；碘化铯（铊激活）单晶体，即 CsI（Tl）单晶；硫化锌（银激活）多晶体，即 ZnS（Ag）多晶等。另一类是有机闪烁体，它们都是环碳氢化合物，包括有机晶体闪烁体、有机液体闪烁体和塑料闪烁体 3 种。

与气体探测器相比，闪烁体探测器由于常采用固体或液体闪烁体，密度较大，对 γ 射线的阻挡能力强。因此，在体积相同的条件下，闪烁体探测器对 γ 射线的探测效率明显高于气体探测器。而且，有些无机闪烁晶体对 γ 射线的能量分辨能力也好于气体探测器。

由于闪烁体的表面容易被划伤，而且一些晶体，例如 NaI（Tl），也容易潮解，因此，闪烁体探测器在出厂前需要进行封装。图 4-28 和图 4-29 分别为封装好的 NaI（Tl）晶体和塑料-ZnS（Ag）复合闪烁体。

（3）半导体探测器

① 基本结构和工作原理。半导体探测器是 20 世纪 60 年代以来得到迅速发展的一种核辐射探测器，其突出的优点是对射线的能量分辨能力强，因此在各种射线的能谱测量中具有广泛应用。半导体探测器的基本结构如图 4-30 所示，由阴极、阳极和半导体构成。

图 4-28　封装好的 NaI（Tl）晶体

图 4-29　封装好的塑料-ZnS（Ag）复合闪烁体

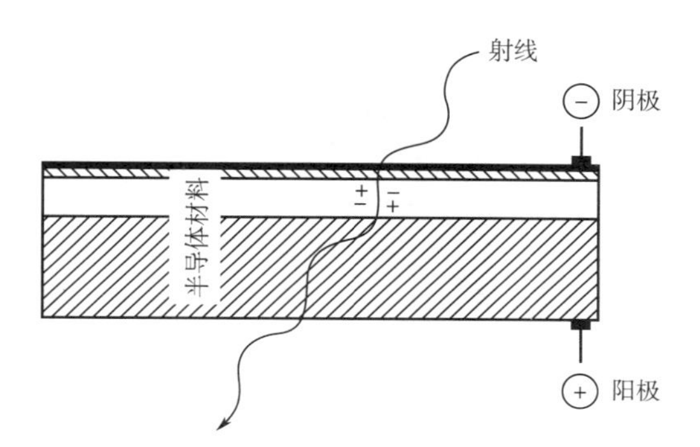


图 4-30　半导体探测器结构图

半导体探测器又称固体电离室，其工作原理与气体探测器十分相似。不同之处在于，射线引起气体探测器中的气体分子或原子电离时，产生的是电子-离子对，但是在半导体探测器中，产生的却是电子-空穴对，如图 4-31 所示。

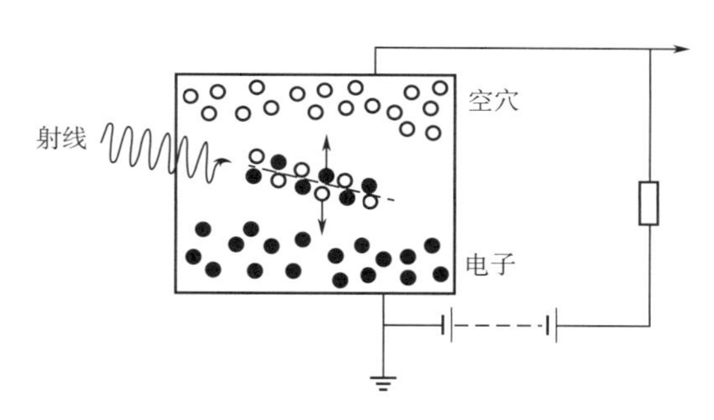


图 4-31　半导体探测器工作原理图

② 常用半导体探测器。按结构和材料，常用半导体探测器分为四类：结型半导体探测器、锂漂移型半导体探测器、高纯锗（HPGe）半导体探测器和化合物半导体探测器。图 4-32 为一些不同类型的半导体探测器。结型半导体探测器的主要类型有：金硅面垒半导体探测器、离子注入 PN 结探测器、钝化离子注入平面硅（PIPS）探测器；锂漂移型半导体探测器的

主要类型有：平面型锂漂移锗［Ge(Li)］探测器、同轴型锂漂移锗探测器、井型锂漂移锗探测器、锂漂移硅［Ge(Si)］探测器；高纯锗半导体探测器的主要类型有：平面锗探测器、低能锗（LEGe）探测器、同轴圆柱形锗探测器、倒置电极锗（REGe）探测器、井型锗探测器；化合物半导体探测器的主要类型有：碲锌镉（CdZnTe）探测器、砷化镓（GaAs）探测器、碘化汞（$HgI_2$）探测器和碳化硅（SiC）探测器等。

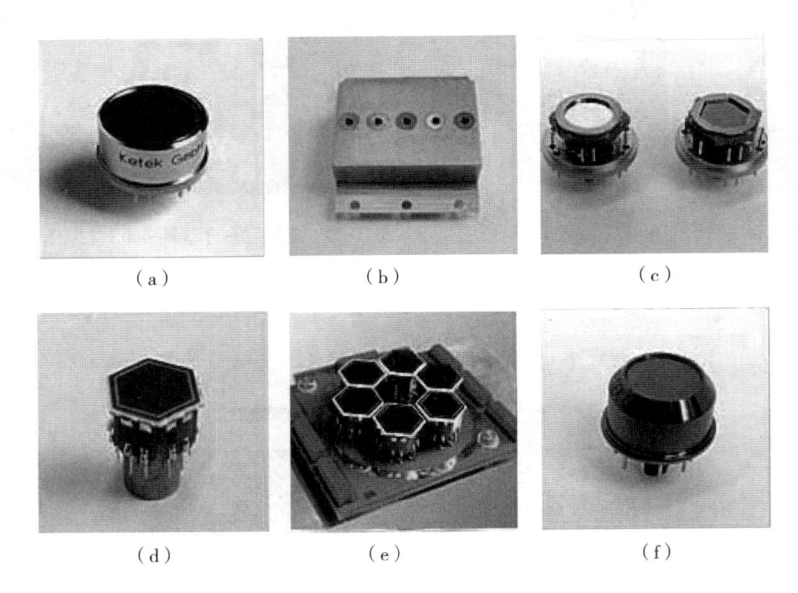

（a）（b）（c）

（d）（e）（f）

**图 4-32　不同类型的半导体探测器**（见彩插）

与气体探测器相比，半导体为固体，密度较大，对γ射线的阻挡能力强。因此，在体积相同的条件下，半导体探测器对γ射线的探测效率要明显高于气体探测器。同时，半导体探测器（以高纯锗探测器为例）对γ射线的能量分辨能力远优于闪烁体探测器［以 NaI（Tl）探测器为例］。因此，当对γ射线能量的测量精度要求较高时，多采用半导体探测器。

### 2. 核辐射传感器的应用

（1）气体探测器的应用　G-M 计数管具有很强的气体放大作用，产生的电脉冲幅度可达几伏甚至十几伏，大幅降低了对测量电路的要求，整个测量仪器可以做得轻巧灵便，便于携带。此外，G-M 计数管对工作电压的稳定度要求也不高，而且环境适应性较强，因此，在现地核辐射测量中具有广泛的应用，例如美军现役的斯瑞克核生化侦察车上配备的 AN/UDR-13 型辐射探测仪、AN/VDR-2 型辐射探测仪等就采用了不同型号的 G-M 计数管。AN/UDR-13 型辐射探测仪是一款手持式设备，只有手机普通大小，内置有 G-M 计数管和 $^{3}$He 中子管，能够测量核事件中的γ射线及中子剂量和剂量率。该仪器上有液晶显示屏及按键板，用于对剂量率和剂量的模式选择、功能控制及声光警报阈值的设定。

AN/VDR-2 型辐射探测仪可测量γ射线剂量率和β射线剂量率。它具有自动转换量程功能，可以在车辆内进行地面辐射测量，也可作为单兵的手持剂量仪，用于放射性测量及个人监测。该设备由辐射仪主机和辐射探头组成，其探头中有两个量程不同的 G-M 计数管：低量程计数管装在探头内部，可测量β射线和γ射线；高量程 G-M 计数管为即插即用型，装在探头背部，不能测量β射线。

（2）闪烁体探测器的应用　与气体探测器一样，闪烁体探测器也是当今应用最多、最广泛的电离辐射探测器之一。有一些闪烁体如 NaI（Tl）、$LaBr_3$（Ce）等所发出的闪烁光子数基本上与入射粒子在闪烁体内损耗的能量成正比，因此常用来测量入射粒子的能量，进行能谱测量及核素分析识别。这种类型的设备一般称为“闪烁谱仪”。目前美军设备的联合核生化侦察系统中配备的 identiFINDER 便携式核素识别仪就是一款闪烁谱仪，能够获取和处理放射性核素能谱数据进行核素识别，同时还具有剂量（率）测量、放射源搜寻定位等功能。identiFINDER 便携式核素识别仪所使用的探测器包括一个 $\phi$1.2in×1.5in（1in＝2.54cm）NaI（Tl）探测器和一支 G-M 管（用于测量能量较高的 γ 射线剂量率）。

另外，塑料闪烁体的应用也较广泛，其具有机械性能好、耐辐射特性好、易于制成大体积晶体等特性。目前，各国主要应用大面积塑料闪烁体制成辐射检测门用于快速测量人员、车辆和其他设备表面的 γ 射线。例如，美国的 Canberra 公司生产的 minisentry2 人员门式沾染检测仪、法国的 MirionTechnologies 公司研制的 FastTrack-Fibre 人员门式沾染检查仪。这两款门式沾染检查仪均采用了大体积塑料闪烁体，其中 FastTrack-Fibre 人员门式沾染检查仪的闪烁体体积达到 14L，具有极高的探测效率，能够快速查明人员体表是否受沾染，或检测到人员是否携带放射性危险品。

（3）半导体探测器的应用　半导体探测器因具有极好的能量分辨率，常用来制作半导体 γ 谱仪分析样品中的放射性核素，例如美国 ORTEC 公司生产的 DETECTIVE-DX-100 便携式 HPGe γ 谱仪。该型 γ 谱仪采用了高纯锗探测器，并运用电制冷技术使高纯锗探测器冷却到其工作温度，从而高纯锗探测器的能量分辨率远远高于闪烁体探测器，这使其能够识别成分更多、更复杂的放射性样品。当然 HPGe 探测器由于价格昂贵、对工作环境温度要求高等缺点，在一定程度上制约了半导体探测器在军事尤其是野战核辐射监测设备中的应用。近年来随着技术发展，常温条件下可使用的新型半导体已出现，如美国已生产了含有 CdZnTe（镉锌碲）探测器的便携式 γ 能谱测量设备 identiFINDER-R300 便携式核素识别仪，法国已将硅半导体探测器应用到了个人剂量监测仪 DMC2000 中。常温半导体探测器不需要制冷装置，可使仪器小型化。同时其具有比闪烁体探测器高的能量分辨率，核素识别效果较好。

## 第三节　化学监测信源

军事行动中，以毒害作用杀伤人、畜的化学物质称为军用毒剂，简称毒剂。化学武器是以毒剂的毒害作用杀伤有生力量的，包括毒剂（或其前体）、装有毒剂（或其前体）的弹药和装置以及与使用这些弹药和前体直接有关的专门设备等。比如装有毒剂或毒剂前体的炮弹、航空炸弹、火箭弹、导弹战斗部、地雷、航空布洒器以及其他毒剂施放器材。

## 一、化学武器的伤害形式及特点

### 1. 毒剂的分类

毒剂按毒理作用，即毒害作用或对正常生理作用的影响分类有以下几种。

（1）神经性毒剂　这是一类破坏神经系统正常传导功能的毒剂。这类毒剂为含有机磷酸酯类化合物，称含磷毒剂或有机磷毒剂。主要有沙林（GB）、梭曼（GD）、塔崩（GA）、维埃克斯（VX）。

（2）糜烂性毒剂　这是一类能使皮肤、黏膜细胞组织坏死溃烂的毒剂，又称“起泡剂”。主要有芥子气（HD）、路易氏剂（L）。

（3）全身中毒性毒剂　这是一类能抑制体内细胞色素氧化酶，破坏组织细胞氧化功能，使机体不能利用氧的毒剂。主要有氢氰酸（AC）、氯化氰（CK）。

（4）窒息性毒剂　这是一类刺激呼吸道，引起肺水肿，造成窒息的毒剂。主要有光气（CG）等。

（5）失能性毒剂　这是一类能造成思维和运动感官功能障碍，使人员暂时丧失战斗力的毒剂。主要有毕兹（BZ）等。

以往把刺激剂列为毒剂，这是一类刺激眼睛、上呼吸道及皮肤，引起大量流泪或剧烈喷嚏的化学战剂。主要有苯氯乙酮（CN）、西埃斯（CS）、亚当氏剂（DM）等。现行《禁止化学武器公约》不再将其列为毒剂，而是视为抗爆剂。

### 2. 毒剂的战斗状态

化学武器使用后，毒剂发挥杀伤作用的状态叫作战斗状态。毒剂的战斗状态有蒸气态、气溶胶态、液滴态和微粉态四种。

（1）蒸气态　毒剂蒸发成气态分散在空气中，造成空气染毒。可通过呼吸道、眼睛、皮肤引起中毒。

（2）气溶胶态　毒剂液体或固体分散在空气中的混合体（雾态、烟态）。它不易沉降，能较长时间悬浮于空气中，主要造成空气染毒。

（3）液滴态　分散降落于地面的毒剂细小液珠。毒剂液滴主要造成地面、物体表面染毒，其蒸发出的蒸气也能使空气染毒。

（4）微粉态　分散后既能沉降于地面，又能飘浮于空气中的毒剂细小粉粒；既能造成地面染毒，又能造成空气染毒。

毒剂施放后，有的是一种战斗状态，有的是几种战斗状态同时存在，而以其中一种状态为主。通常呈液滴态的毒剂还会蒸发成蒸气态。

### 3. 化学武器的伤害形式

毒剂的四种战斗状态构成了化学武器使用后的三种伤害形式，即毒剂初生云、再生云和液滴。

毒剂初生云是指化学武器使用后直接形成的毒剂云团，是暂时性毒剂的主要伤害形式，一些高沸点毒剂采用汽化、雾化技术后也能使其初生云成为主要伤害形式。主要通过呼吸道吸入伤害人员。

毒剂再生云是指由染毒地面、物体上的毒剂蒸发形成的毒剂云团。主要通过呼吸道吸入伤害人员。

毒剂液滴是指毒剂经爆炸分散或布洒形成的小液珠。毒剂液滴的粒径通常为1～4mm，主要造成地面、物体表面的染毒，在一定条件下可蒸发形成毒剂蒸气，造成空气染毒。

#### 4. 化学武器的伤害特点

化学武器具有与常规武器不同的杀伤特点，对军队的战斗行动会产生与常规武器不同的影响。与常规武器相比，化学武器具有以下伤害特点：

（1）毒剂种类多、战斗状态多，中毒途径多　常规武器主要靠弹丸、弹片直接杀伤人员，而化学武器则靠毒剂的毒性使人畜中毒，毒剂种类多，能造成空气、地面、物体、水源、食物等染毒。

由于各种毒剂的战斗状态不同，中毒途径也不同。染毒空气可经呼吸道吸入、皮肤吸收使人员中毒；毒剂液滴可经皮肤渗透使人员中毒；染毒食物或染毒水被误食或误饮，可经消化道吸收使人员中毒；有的毒剂还能通过多种途径使人员中毒。因而对化学武器的防护较之常规武器有很大区别。

（2）杀伤范围广　常规武器的杀伤作用一般只限于弹丸、弹片的飞行轨迹上，属于线杀伤；而化学武器使用后，由于在空间形成毒剂云团，因此在一定范围内的整个空间都有杀伤作用，而且具有流动性的毒剂云团，还会从毒袭区向四周或下风方向扩散、传播，并渗透到工事、战斗车辆、建筑物内，造成大范围的空间染毒，将化学武器的杀伤效应大大扩展开去，这就使得用化学武器对付敌方具体配置尚不十分清楚的目标或分散配置的目标和处于坚固设防内的人员比较有效。

（3）持续时间长　常规武器通常只在爆炸或弹丸飞行瞬间有杀伤作用，而化学武器的杀伤作用具有持续性，可延续几分钟、十几分钟、几小时，有的可达几天以上。例如，沙林毒剂弹爆炸后，染毒空气的杀伤作用时间可持续几分钟到数小时；维埃克斯使地面、物体染毒后，其杀伤作用则可持续几天到几周的时间。

（4）威慑作用大　与常规武器相比，化学武器能起到威慑作用，可使部队人员经常处于精神紧张和恐惧的心理状态。为防敌方突然的化学危害，人员时刻处于紧张状态，一旦听到对方炮袭，就马上进行防护，这大大影响了部队的士气，削弱了战斗力。

## 二、化学武器的种类及危害方式

### （一）化学武器的种类

化学武器按照其将毒剂变为战斗状态的方法可分为爆炸型、热分散型和布洒型三类。

#### 1. 爆炸型化学武器

爆炸型化学武器是利用弹中炸药爆炸的能量将装填在弹中的毒剂分散成气态、雾态和液滴态，造成空气和地面染毒。它是化学武器最主要的一种使用方法，有装填毒剂的炮弹、航弹、火箭弹、导弹、地雷等。

#### 2. 热分散型化学武器

热分散型化学武器是利用其中燃烧剂的燃烧将固体毒剂加热蒸发成毒烟，造成空气染毒。有毒烟罐、毒烟手榴弹、毒烟发生器、毒烟炮弹和毒烟航弹等。

### 3. 布洒型化学武器

布洒型化学武器是利用气体的压力将毒剂从容器中喷出，使其在空气阻力撞击作用下分散为战斗状态。有航空布洒器、汽车布毒器、手提式布毒器等。

## （二）化学武器的使用兵器

### 1. 毒剂弹

由于现代航空兵、炮兵、火箭、导弹技术的发展，毒剂弹是最常见的一种化学武器，能在广阔环境和各种战斗时节中广泛使用。根据弹中毒剂的性质，可将毒剂弹分为暂时性毒剂弹、持久性毒剂弹、固体毒剂弹。

（1）暂时性毒剂弹　暂时性毒剂弹分别装填沙林、氢氰酸、氯化氰、光气等挥发度较大的毒剂，以沙林弹最为重要。暂时性毒剂弹通常采用触地爆的方式，形成的主要战斗状态是蒸气态，主要的伤害形式是毒剂初生云。其主要战斗用途是杀伤对方的有生力量。

（2）持久性毒剂弹　持久性毒剂弹分别装填维埃克斯、芥子气、路易氏剂、梭曼或胶状芥子气与路易氏剂混合物、胶状梭曼等持久性毒剂。持久性毒剂弹可采用空爆，也可采用触地爆，形成的主要战斗状态是液滴态和气溶胶态，主要的伤害形式是毒剂液滴、毒剂初生云和毒剂再生云。

其主要的战斗用途是：限制对方利用物质、设备和设施；杀伤对方的有生力量；迟滞对方的军事行动，延缓战斗进程。

（3）固体毒剂弹　此类弹装填固体毒剂，有刺激弹、毒烟弹和微粉弹等，可使用爆炸法和热分散法，主要的战斗状态是气雾态和微粉态。以气雾态形式存在时，其持续时间较短；以微粉态形式存在时，其持续时间较长。其主要的战斗用途是：扰乱、疲惫对方的有生力量，迟滞对方的战斗行动，常配合其他火力杀伤对方的有生力量。

### 2. 毒烟器材

除了上述固体毒剂弹以外，还有各种各样的毒烟器材，如毒烟手榴弹和毒烟罐等，主要装填固体毒剂和燃烧剂，以加热蒸发法将毒剂蒸发形成毒烟，发烟时间长达几分钟到十几分钟。形成的毒剂初生云团，持续时间短，其主要的战斗用途是：暂时性失能剂，通常用于特殊场合，如敌我双方混战或不宜使用速杀性毒剂时，使对方暂时失去战斗力；刺激剂，在进攻和防御战斗中都可以使用，主要是扰乱、疲惫、迟滞对方，并配合其他火力杀伤对方的有生力量。

### 3. 布洒器材

布洒器材主要有航空布洒器、汽车布毒器和手提式布毒器等，以布洒的方式使用。装填的毒剂以持久性毒剂为主，以液滴态为主要战斗状态。其主要的战斗用途是：造成前沿地区和深远纵深的大面积染毒，迟滞对方的军事行动，杀伤对方的有生力量。

## （三）化学武器危害的方式

在不同条件下，为达到不同的战术企图，可采取的基本危害方式有：杀伤性化学危害、迟滞性化学危害和扰乱性化学危害。

### 1. 杀伤性化学危害

杀伤对方有生力量的化学危害。一般采用急袭的方式，使用速杀性毒剂，突然、大量、集中地危害某一目标，造成致死或半致死浓度，以达到杀伤有生力量的目的。

危害的主要目标是人员集结地域、对方主攻方向部队或主要防御地段、指挥机关和交通枢纽，特别是对无完好防护器材或防毒训练差、防毒纪律松懈的部队实施此种危害能达到最大杀伤效果。

### 2. 迟滞性化学危害

迟滞性化学危害是为迟滞对方军事行动和削弱对方有生力量而进行的化学危害。此种危害通常使用持久性毒剂，危害的持续时间较长，以此来阻碍和限制对方利用产品或设备器材及地形；形成化学障碍，分割空间，保障侧翼；迫使对方追击部队减缓速度；降低对方作战指挥和后勤工作效能；使对方人员长期处于防护状态，从而削弱其战斗力。

### 3. 扰乱性化学危害

扰乱性化学危害是扰乱对方的军事行动和疲惫对方有生力量的化学危害。一般使用少量的速效性毒剂进行间断、无规律的化学危害，常与普通弹配合使用，以此来扰乱对方的军事行动和战斗队形，疲惫对方的有生力量，使其暂时失去战斗力；迫使对方无防护人员离开工事以利于火器杀伤，或使对方人员无法进入对使用者有威胁的工事。

## 三、化学毒剂传感器

化学毒剂传感器用于查明化学危害情况，探测地面、空气、水源、产品或设备等是否染毒，确定染毒种类、程度、范围并标志重要染毒目标，测定染毒浓度和密度，并对目标染毒及变化进行实时监测。

各类化学毒剂传感器的原理和技术不同，可分为比色法、离子迁移谱、电化学、声表面波、红外光谱、质谱、拉曼光谱等。

### （一）电化学传感器

电化学传感器的原理是不同化合物分子在传感器电极上进行氧化还原反应产生不同的电流信号。

### 1. 电化学传感器的组成和结构

电化学传感器一般由电极、电解质、防水透气膜、选择性过滤膜、壳体等组成（图 4-33）。

电极是电化学气体传感器最重要的组件。其中工作电极是被测气体分子发生电极反应的承载体，其制备材料的选择很重要。对具有强氧化性或强还原性的气体，通常选用一些贵金属如 Au、Pt、Ag 等制成网状电极。在这些电极上，一些难以自发进行电极氧化或还原反应的气体，通过外加电压提供一定的能量也能使其进行电极氧化或还原反应。但对一些稳定性很高的气体如 CO，则需要使用铂黑制成的催化电极。通常为了提高检测的灵敏度，对那些在贵金属制成的网状电极上能发生电极反应的气体也选用铂黑催化电极。

电解质对于电极反应和离子迁移的进行都是必不可少的。除了少数情况下使用有机电解质以外，通常的电解质都是水溶液，但水的挥发会影响传感器的寿命。有时为了减少水的挥发，可采用水-乙二醇-丙三醇混合溶剂，这会大大延长电化学传感器的使用寿命。对于一些不能直接进行电极反应的检测对象，有时还需要在电解质中加入特定的转化试剂。另外，还应根据气体检测对象的不同来确定电解质适当的 pH 值，以利于电极反应的进行。

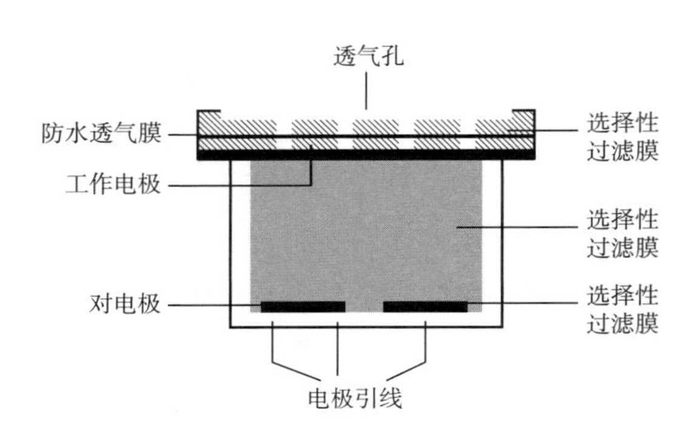

图 4-33　电化学传感器结构示意图

### 2. 电化学传感器的分类和工作原理

按所用电极的不同可分为金属电极传感器、离子电极传感器和催化电极传感器；也可以按所用电解质的不同分为液体电解质传感器、凝胶电解质传感器和固体电解质传感器。但是使用相对较多的传统分类方法是按传感器的工作原理进行分类，也分为三类：伽伐尼电池式气体传感器、电解池式气体传感器和离子电极型气体传感器。

（1）伽伐尼电池式气体传感器　伽伐尼电池式气体传感器也叫原电池式传感器，是只有工作电极和对电极的双电极体系，使用的工作电极是金属电极或催化电极。这种传感器的检测对象必须是氧化性或还原性很强的气体，如 $Cl_2$、$O_2$ 和 $H_2$ 等。它的工作方式是在不施加任何外部能量的情况下由被测气体在传感器中自动产生电流输出信号。其原理是被测气体造成的浓差极化使得工作电极与对电极之间形成了电位差。

（2）电解池式气体传感器　如前所述，伽伐尼电池式气体传感器适用于强氧化性或强还原性气体的检测。而对于氧化性或还原性相对较弱的气体检测对象，如 $SO_2$、NHS 和苯胺等，则需要外部提供能量，例如通过外加电压，来促使它们进行电极氧化或电极还原反应。在外加电压的作用下，当弱的还原性气体或弱的氧化性气体到达工作电极-电解质界面上时，也能发生电极氧化反应或电极还原反应。与伽伐尼电池式气体传感器的差别是，电解池式气体传感器通过外电路施加了电极间的电压。也就是说，在伽伐尼电池式气体传感器中电极氧化或电极还原反应是自发进行的；而在电解池式气体传感器中，电极氧化或电极还原反应是被外加电压强制进行的。

（3）离子电极型气体传感器　在伽伐尼电池式气体传感器和电解池式气体传感器中使用的工作电极是金属电极或催化电极，与之不同的是，离子电极型气体传感器所用的工作电极是离子选择电极。被测气体在离子选择电极传感器中的反应像在伽伐尼电池式气体传感器中一样，是无须外加电压的自发反应，而且也是双电极体系。但是这种电极反应不是直接的电极氧化、还原反应，而是伴随有电子得失的离子络合反应。

### 3. 电化学传感器的应用

在目前所有不同类型的气体传感器中，电化学气体传感器的功耗是最低的。例如原电池

（包括伽伐尼电池和离子电极）式气体传感器，其本身是一个微型发电机，因此在工作时没有任何功耗。

即使是电解池式气体传感器，其功耗通常也在0.05W以下。因此，电化学气体传感器特别适用于制作袖珍式或便携式检测仪器。由于这一独特的优点，使得电化学气体传感器在涉及工业生产领域有毒有害气体的检测和防化侦检方面都得到了广泛的应用。

#### 4. 工业有毒有害气体的检测

在石油、化工、钢铁、半导体材料和粮食熏蒸、自来水处理及环境监测等许多生产和生活领域都涉及有毒有害气体的使用和检测问题。为了工作人员的健康和生命安全，对涉及的有毒有害气体进行检/监测具有十分重要的意义。用电化学气体传感器制作的便携式检测仪器以其低功耗这一独特的优势在这些领域得到了最广泛的应用。除了电化学气体传感器最早的检测应用对象氧气以外，像石油工业涉及的硫化氢、化学工业生产中的氨气、钢铁工业和自来水处理中使用的氯气、半导体材料处理和粮食熏蒸所用的磷化氢以及大气中需要监测的含硫氧化物、含氮氧化物和一氧化碳等，目前均有电化学气体传感器和相应的检测仪器商品可供选购和使用。其商品化程度也反映了它们应用的普遍性。

#### 5. 毒剂的检测

电化学气体传感器应用于军用毒剂侦检最具代表性的器材是美军的单兵化学战剂检测器（individual chemical agent detector，ICAD）。该检测器使用两个电化学气体传感器。其中，一个传感器对神经性毒剂（GA、GB和GD）、窒息性毒剂（CG）和全身中毒性毒剂（AC、CK）进行检测和报警，另一个传感器对糜烂性毒剂（HD和L）进行检测和报警。

从20世纪70年代初就开始了对上述四类多种毒剂的电化学气体传感器的研究。20世纪70年代初至80年代中期主要研究的问题是$Ag/Ag_2S$电极的制备和性能测试，并研制出了可检测上述四类多种毒剂的车用侦毒器。其中电化学气体传感器的电解质溶液是浸渍在海绵载体上的，使用时需要每隔两小时更换一次。20世纪80年代中期至90年代中期，研究解决的主要技术问题是凝胶电解质的制备。在此基础上制备了8种有毒有害气体（光气、芥子气、氢氰酸、硫化氢、磷化氢、氯化氰、氯气和偏二甲肼）的凝胶电解质传感器，并研制出了其中五种气体的便携式检测仪。20世纪90年代中期至今，致力于研究和解决的关键技术问题是液体电解质电化学气体传感器的结构设计和电解质载体的制备。

### （二）离子迁移谱传感器

离子迁移谱（ion mobility spectrometry，IMS）是基于气相中不同的气相离子在电场中迁移速度的差异来对化学离子物质进行表征的一项检测技术，涉及原理、方法和仪器装置等多个方面的内容。

#### 1. 离子迁移谱传感器的组成和结构

离子迁移谱传感器由漂移管核心部件和其他辅助测量部件组成。离子的生成和分离表征都是在漂移管中进行的，其他的辅助部件包括进样系统、电离源、加热装置、气路装置和控制电路。控制电路包括高压控制、离子栅门控制和微弱信号调理模块。常见的IMS检测仪器组成如图4-34所示。

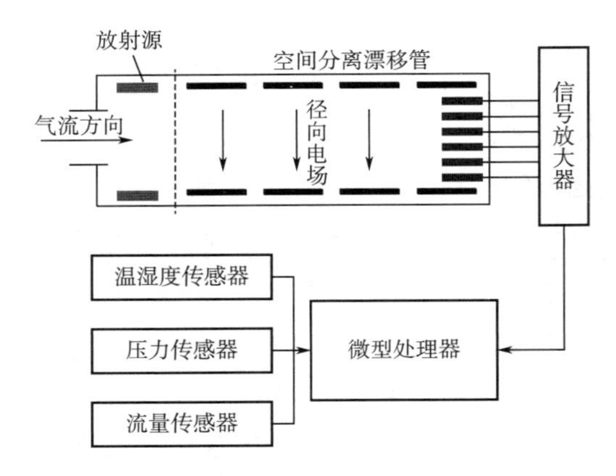


**图 4-34　离子迁移谱传感器组成示意图**

### 2. 离子迁移谱传感器的工作原理

（1）进样系统　进样系统负责将样品引入漂移管，引入方法须满足样品在环境压力条件下生产气相离子的要求。另外，仪器对样品的测量在分析上必须是可靠的，即要求进样口与样本之间的界面状况不能导致分析样本的化学信息扭曲或改变。根据样品的存在状态，分别有气体、液体和固体进样系统。

（2）电离源　在离子迁移谱测量中，要先生成气相离子然后才能进行产物离子的分离和检测。事实上，在样品进入漂移管的同时电离过程就开始进行了，IMS 分析中的离子化过程通常都是在常压条件下的空气中进行的。因此，生成的离子的反应或方法也要在有一定水分和氧气存在的情况下进行。现有的电离源有放射源、光致放电管、激光电离、电喷雾电离、实时直接分析（direct-analysis in real time，DART）、MALDI、火焰电离、电晕放电和表面电离源。

（3）信号处理　在使用离子栅门的线性电场 IMS 漂移管中，所得到的离子迁移谱就是作为漂移时间函数的离子电流信号强度的曲线图。离子迁移谱信号一般认为由三部分构成：纯谱 $s$，基线 $b$，噪声 $n$；并且它们是简单的加性模型，即 $x=s+b+n$。离子迁移谱检测仪由于外部电磁干扰以及仪器内部工作状况等因素的影响，获得的谱图信号常常伴随有噪声及基线漂移现象。

一般而言，离子迁移谱信号中的噪声可以假设服从零均值的正态分布，即高斯白噪声。在噪声较大时，首先要对离子迁移谱信号进行去噪处理。目前常用的去噪方法有多次叠加平均法、Savitzky-Golay 卷积平滑法、傅里叶变换法和小波变换法等。

### 3. 离子迁移谱传感器的应用

离子迁移谱技术具有分析灵敏度高、响应时间短、检测范围广等突出优点，是目前使用最为广泛的痕量化学物质探测技术之一。离子迁移谱技术最先应用于军事领域中化学毒剂的检测，随后在公共安全领域中用来检测毒品和爆炸物。近年来，随着电离源和进样技术的发展，像肽、蛋白质和碳水化合物的分子和样品也进行了探索和研究。

20 世纪 60 年代，美国军方研制了一些基于空气中分子-离子反应的气体检测器（如 M-431 离子检测池），于 70 年代投入部队使用。随后，美英两国军方联合研发了便携式 IMS 分析仪器——化学毒剂监测仪（CAM），在整个 20 世纪 80 年代进行了大量的试验和部署。

在CAM基础上研制的改进型检测器包括CAM-2、ICAM、APD2000、RAID-M、IMS-2000、ACADA-GID3、Sabre2000等。同时，芬兰基于开放回路式离子迁移谱技术研制了M86和M90探测器，可在极端高低温度、相对湿度以及超高浓度的环境中持续操作。后经过改进形成了ChemPro 100及ChemPro 100 plus，在多国部队中大量装备部署，并在民用市场应用广泛。20世纪80年代末，苏联基于高场强离子迁移率与电场的非线性关系提出了非对称场离子谱技术；90年代后期，Smith Detection公司研发了新的小型军用分析仪——LCD，使用电晕放电技术替代了常用的$^{63}$Ni电离源，并使用了新的微通道技术。LCD坚固耐用、操作简便，且长期不需要维护，在美英军队得到了大量的部署。

### （三）声表面波传感器

声表面波（surface acoustic wave，SAW）是英国物理学家瑞利（Lord Rayleigh）在1885年研究地震波的过程中发现的一种能量能够集中于地球表面传播的声波，是沿物体表面传播的弹性波。随着人们对这种波的性质认识不断深入，特别是1965年怀特（R. M. White）等发明了激励和检测声表面波的叉指换能器，使SAW技术取得了重大突破，大大促进了声表面波技术的发展与应用。

#### 1. 声表面波传感器的基本原理

声表面波产生的基本原理是基于其基底材料——压电材料的变化而产生的。压电材料在受到外界作用力（如质量、压力等）时，其表面粒子会产生机械变形，可释放出各种声表面波，如瑞利波、兰姆波、乐甫波、声电波、斯通莱波等。这些弹性波在使用上各有优点，但瑞利波在SAW中使用得是最多的，选择适当的晶体材料能够使得声表面波在其表面做定向传播。SAW谐振器的谐振率$f=v/\lambda$［式中，$f$是SAW的振荡频率；$\lambda$是波长；传播速度$v=\left(\frac{E}{\rho}\right)^{1/2}$，$E$是基底材料弹性系数，$\rho$是密度］。SAW的基底材料在受到外界作用力后，使得SAW的传播速度$v$和波长$\lambda$均发生了变化，最终导致谐振频率$f$也发生变化，通过测量频率变化的大小即可知道外界作用力的大小。SAW传感器（图4-35）是在压电材料的同一方向两端镀上两个叉指换能器，在IDT1（输入换能器）上施加一定释放频率（$\gamma_f$）的交变电压，通过基片的逆压电效应将电信号变为声表面波信号；SAW在基片表面延迟线（delay line）上定向传播到IDT2（输出换能器），IDT2又通过压电效应将SAW信号重新转换成电信号，实现声-电转换。在延迟线上的时延就是SAW在两换能器间传播的时间。对于所用的IDT其指间宽度等于指条距，等于波长的四分之一，而叉指对数$N$与换能器的相对宽度成反比，即$\frac{\Delta f}{f_0}=\frac{1}{N}$。

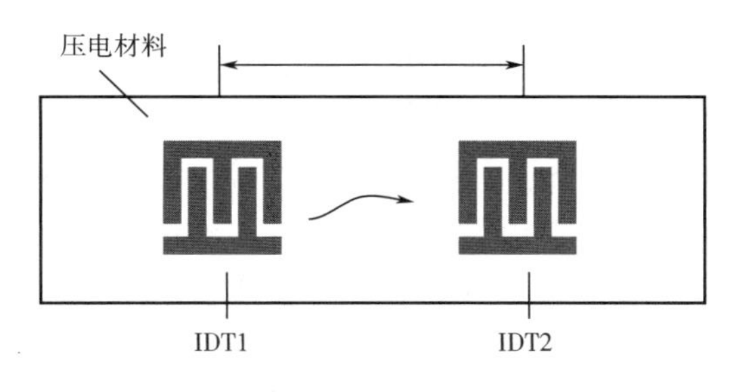


图4-35 SAW传感器结构示意图

对于 SAW 在延迟线上的传播过程，SAW 的延迟线是至关重要的。在延迟线上不仅产生了声表面波，而且提供了 SAW 与延迟线上膜的反应方式，也就是说，产生的声表面波在传播过程中，如果镀在延迟线上的敏感膜与被测气体发生了作用，膜表面任何质量或机械的改变都会导致 SAW 的传播速度、波长、频率产生相应的变化，产生频率位移 $\Delta f$，通过测量 $\Delta f$ 进而做进一步的检测。

### 2. 声表面波传感器的组成及结构

一个完整的 SAW 传感器通常由石英晶体声表面波装置（ST-quartz SAW device）、振幅测量系统（amplitude measurement system）、相测量系统（phase measurement system）、频率测量系统（frequency measurement system）、压力监测系统（pressure monitoring system）、温度控制系统（temperature control system）、温度压力检测仪（temperature and pressure test apparatus）、数据采集软件（data acquisition software）等构成。

### 3. 声表面波传感器的特点

SAW 化学传感器技术是通过选择性检测膜实现定性，以检测到的频率信号大小实现定量。它之所以日益受到各国传感器工作者的重视，是因为与其他传感器技术相比，其具有一些独特的技术特点，主要表现在：

（1）体积小，重量轻。SAW 具有极快的传播速度和极短的波长，是相应的电磁波传播速度和波长的十万分之一。通常在 UHF 和 VHE 频段内，电磁波器件的尺寸与波长大小是相当的，作为电磁器件的 SAW 器件，其尺寸也是和信号的声波波长相匹配的。因此，在同一频段内，SAW 器件的尺寸比相应的电磁波器件小得多，重量也大大减轻。

（2）选择性好，灵敏度高，能够对低浓度气体进行检测。由于 SAW 传感器的工作频率通常在 5MHz～3GHz 之间，作为质量型检测器，在有痕量被测气体存在情况下，即可产生很高的频率信号，进而大大提高了检测的灵敏度。此外，通过 SAW 传感器中选择性膜材料对被测气体的定性识别，就能够将选择性和灵敏度有机地结合在一起，提高检测的准确度和灵敏度。

（3）易于信号处理，实现智能化。由于 SAW 沿固体表面传播，加上传播速度快，使得时变信号在给定瞬间完全呈现在晶体基片表面上，于是当信号在器件的输入和输出端之间行进时，容易对信号取样和转换，使其以简单的方式去完成其他技术难以完成或完成起来过于繁重的各种功能。例如把传感器与信号处理电路制作在同一芯片上，将电信号的变化转化成数字信号或声音信号，实现对毒剂气体的迅速报警，或与计算机接口连接，建立适应实时处理的系统工作站。

（4）易于小型化、集成化，便于携带，适合远距离信号输送。例如多通道延迟线的 SAW 传感器，如果在其各延迟线上分别镀以不同的检测膜材料，并以空白延迟线除去背景因素，就能够同时对多种有害气体进行检测。此外，SAW 技术还能够与电化学、气相色谱、远距离发射装置等技术联用，进而提高检测的准确度和安全性。

（5）由于 SAW 器件是在压电单晶材料上用半导体平面工艺制作的，因此具有很高的一致性和重复性，易于批量生产，降低成本。而且当使用某些单晶或复合材料时，其器件就会具有很高的热稳定性。

尽管 SAW 化学传感器发展时间不长，但由于其所固有的高灵敏度、易小型化等特点，正在向着高精度、高可靠性、高度集成化的方向发展。但同时也应该看到，SAW化学传感器技术目前也存在某些不足。例如由于它是采用单晶材料制作，工艺要求高、条件苛刻，在一定程度上制约了这一技术的发展。

#### 4. 几种化学毒剂检测器

经过多年大量的基础研究，各国传感器工作者开始将SAW技术应用于化学毒剂的检测，并研制成功了一系列具有实用价值的SAW化学毒剂传感器，广泛应用于军、民领域，尤其是在反恐斗争当中发挥了积极的作用。

（1）NRLpCAD型掌式SAW化学毒剂检测器 美国海军实验室研制的NRLpCAD掌式SAW化学毒剂检测器体积小、灵敏度高、选择性好、携带方便，对有机磷类化合物的响应时间只有几秒，检测后2s内即可恢复，真正做到了即时分析。同一时期荷兰也研制出用于个人的微型SAW检测器，在10s内能够检测到浓度为0.006～0.06mg/$m^3$的神经类化学毒剂，使用寿命为5～10年。因此，发展联合化学毒剂检测器，尤其是便携式、快速、灵敏、准确的检测系统，是目前各国争逐的焦点，也是今后更好适应实际作战及反恐战争的需要。

（2）JCAD联合化学毒剂检测器 从目前已研制出的各种联合化学毒剂检测器来看，以美国海军实验室、空军实验室及位于北美得克萨斯州Austin的BAE（British Aerospace and Marconi Electronic Systems）公司共同研制的联合化学毒剂检测器（JCAD）的综合性能最为先进而成熟，并已开始成规模生产，能够对神经性、糜烂性等多种毒剂气体进行报警。此化学毒剂检测器所使用的声表面波检测器是由多个SAW晶体组成检测器内核的传感器基阵，工作频率为275MHz，并带有一个预浓缩器对低浓度毒剂进行预浓缩，连续工作时间可达到20min。JCAD不仅能够同时检测多种化学毒剂，而且适应性很强，能够满足装甲车辆、飞机空战、舰船内外、地面单兵等多种情况的需要。

（3）HAZMATCAD检测器 美国Microsensor Systems也开发、研制出了HAZMATCAD的声表面波化学毒剂检测器。作为SAW检测器的第二代产品，HAZMATCAD将SAW技术和电化学技术结合了起来，是一种更加新型的多功能、手持式的SAW检测器，不仅能够检测到化学毒剂，还可检测到多种有毒、有害气体。HAZMATCAD技术于2004年11月通过了美国环保署（EPA）环境检测认证，是第二项通过此项论证的技术。相比之下，其响应时间更短，灵敏度更高，成本也更低。它使用的也是SAW检测阵列、电化学池和热解吸浓缩器，而信号处理技术使得其在未知情况下的误报率极低，因而对有机磷和有机硫类毒剂的选择性更好，能够进行现场检测。HAZMATCAD使用了固态电子技术、现场检测的设计技术和仿生技术，因而可靠性极高。

### （四）质谱检测传感器

质谱检测技术是通过对被测样品的质荷比的测定来进行分析的一种检测技术。作为一种物质最基本的定性、定量分析手段，质谱检测技术具有通用性好、检测范围广、灵敏度高、响应速度快、检测结果准确等特点，广泛用于军事、公共安全、环境保护、食品科学、生命科学、核工业、航空航天、法医刑侦、地质、医药、材料科学、能源等各领域对物质组分和含量及结构进行分析。

#### 1. 质谱仪的基本原理

质谱仪（mass spectrometer或mass spectrograph）是利用电磁学原理使离子按照质荷

比进行分离，从而测定物质的质量与含量的科学实验仪器。即质谱仪是通过对样品所含化合物的离子的质量和强度的测定，确定物质成分和结构的仪器。质谱分析中，被检测的样品以一定的方式（直接进样或通过色谱仪进样）进入质谱仪；然后在质谱仪离子源的作用下，气态分子或固体、液体的蒸气分子电离，产生带电荷的离子，或进一步使离子的化学键断裂，产生与原分子结构有关的具有不同质荷比的碎片离子。这些离子在置于真空条件下的质量分析器中，利用在电场或磁场运动行为的不同按质荷比分开，再经过离子检测器检测，从而得到样品离子按质荷比的大小顺序排列的质谱图；通过质谱图和相关信息，可以得到样品的定性、定量结果。质谱图是按照物质（离子）的质量与电荷的比值顺序排列成的图谱。对于常见的二维图谱，其横坐标代表质荷比，可作为定性分析的依据；纵坐标代表离子电流强度，可作为定量分析的依据。

### 2. 质谱仪的组成及结构

质谱仪一般由真空系统、进样系统、离子源、质量分析器和计算机控制与数据处理系统等部分组成，如图 4-36 所示。

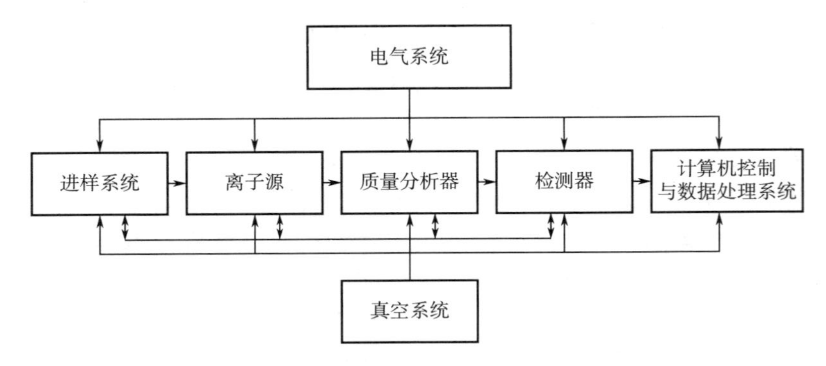


**图 4-36　质谱仪结构示意图**

其中，真空系统提供一定的真空条件；进样系统把被分析的物质即样品送进离子源；离子源把样品中的原子、分子电离成离子；质量分析器使离子按照质荷比的大小分离开来；检测器用来测量、记录离子流强度而得出质谱图。质量分析器是质谱仪的主体，决定了其分辨率和质量测量范围，离子源的结构和性能对分析效果影响巨大，称为质谱仪的心脏，它们与检测器、真空系统都属于质谱仪的关键部件。

在化学侦察领域，质谱仪因具有检测范围广、检测结果准确等特点，能够在未来环境或突发事件中对已知和未知（不明）的化学毒剂或有毒有害污染物的种类和浓度进行准确识别与定量分析，因而成为化学侦察技术的重要设备，主要应用于化学侦察、分析化验、环境监测和环境评价、反化学恐怖危害、化学事故应急救援等方面。

质谱仪在化学侦察方面的应用主要是装载于防化侦察车、无人机、机器人等平台或由人员携行进行化学侦察。由于现场侦察用的质谱仪在完成任务的性质和使用要求方面均不同于一般实验室内的分析仪器，因此，化学侦察质谱仪的性能应满足以下要求：

① 具有快速检测与报警能力。

② 可在线连续自动监测。

③ 能够满足高温低温、电磁干扰、承受车辆等平台环境下的振动和冲击，或人员携行

跌落等环境适应性要求。

④ 抗干扰能力强，特别是抗化学噪声的影响。

⑤ 具有丰富的标准谱库和专用谱库，数据处理能力强。

⑥ 具有可移动性，要求尽可能小型化、轻量化、低功耗。

⑦ 具有自动化、智能化、信息化等能力。

### （五）拉曼光谱传感器

#### 1. 拉曼光谱传感器的基本原理

光与物质相互作用的形式很多，包括吸收、反射、透射、散射等。如前所述，拉曼光谱属于散射光谱，拉曼散射（效应）是光散射现象的一种，单色光束的光子与分子相互作用可发生弹性和非弹性碰撞。在弹性碰撞过程中光子与分子之间没有能量交换，光子只改变运动方向而不改变频率，这种散射过程称为瑞利散射。而在非弹性碰撞过程中，光子与分子之间发生能量交换，光子部件改变运动方向，同时光子的一部分能量传递给分子，或者分子的振动或转动能量传递给光子，从而改变了光子的频率，这些频率信息的改变包含了化学键及其所处环境的信息。

拉曼散射引起的偏移由分子的振动态和基态之间的间隔决定，即由系统的声子（phonons）决定。这包含了分子振动、转动能量状态和分子极化状态变化的信息，这些信息取决于构成分子的特定原子或离子性质、连接它们的化学键、分子结构的对称性及其所处的物理、化学环境。因此，拉曼光谱不仅能用作分析化合物分子的结构信息，还可作为物质材料识别的有效手段。

#### 2. 拉曼光谱传感器的组成和结构

拉曼光谱传感器从结构上可以分为色散型拉曼光谱仪、傅里叶变换型拉曼光谱仪以及共焦显微拉曼光谱仪等。目前研究级的拉曼光谱仪多采用后两者，便携式拉曼光谱仪多为色散型。

色散型拉曼光谱仪的结构见图 4-37。激光器产生一束窄线宽且光强稳定的激光，激光经过激光滤光片滤除杂散光后，聚焦到待测样品上，激发待测样品的拉曼散射光，然后采集系统对拉曼散射光进行收集，滤除瑞利散射光，最后传输到光谱仪检测系统。光谱仪分析检测单元内置的光栅根据拉曼散射光波长的不同对其进行分离，然后光谱仪检测器就对不同波长的拉曼信号进行记录收集，并转换成数字信号，最后光谱仪把转换后的数字信号通过接口传送到数据处理主控系统。

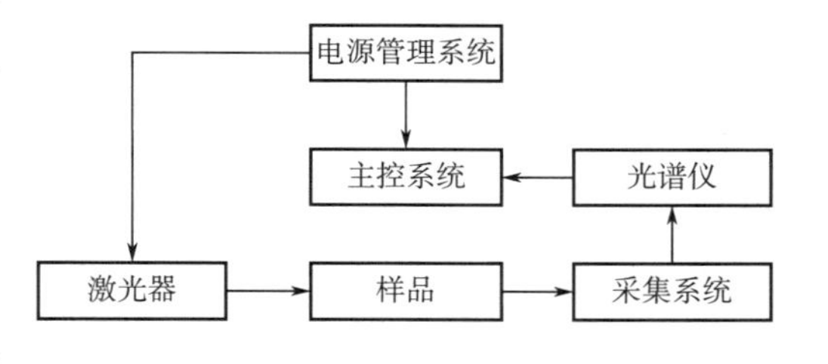


图 4-37 拉曼光谱仪的结构示意图

#### 3. 拉曼光谱传感器的应用

拉曼光谱（Raman spectroscopy）是近些年发展最快的一种可用于现场快速检测的分子光谱技术，其无需样品预处理、非接触式操作的优点契合遂行防化侦察、应急救援等任务简便快捷的需求，一些著名的化学生物危险品探测供应商如史密斯（Smiths）、布鲁克（Bruker）、赛默飞（Thermo Fisher）、安捷伦（Agilent）等迅速在拉曼检测领域布局，推出了多款手持式拉曼检测设备如BRAVO、FirstDefender、Reslove等供军方采购。

美国多家仪器公司都推出了性能先进的手持式拉曼光谱仪，如海洋光学的Accuman SR-S 10 Pro拉曼光谱仪、必达泰克光电科技的TacticID毒品化学品爆炸物手持拉曼分析仪；用户使用该设备可对毒品、未知的化学品、炸药和其他物质进行现场实时取证分析，且能在保证没有损害样品完整性和证据链的前提下，降低现场取证的不确定性和鉴定时间。TacticID-GP内置有涵盖5000多种危险化学品的数据库，包括爆炸物、危险化学品、毒品、处方药、前体和稀释毒品等。赛默飞世尔科技推出的拉曼光谱仪如FirstDefender和TruDefender可在现场快速测试和鉴定化学战剂（CWA）、有毒工业化学品（TIC）、有毒化工材料（TIM）以及多种其他危险物质。该仪器易于消毒，坚固性符合MIL-STD 8106标准，尤其适合在危险区域使用，可将污染和暴露风险降到最低。此外，德国Bruker公司推出了BRAVO手持式拉曼光谱仪；英国Smiths公司推出的ACE-ID利用先进的轨道光栅扫描（ORS）技术，降低了对易燃物质和高能物质分析时的安全风险；瑞士万通也推出了可用于毒害物质现场检测的手持式拉曼光谱仪。

## 第四节　生物监测信源

### 一、生物战剂的分类

生物战剂（biological agent），是指在战争中用来伤害人、畜或毁坏农作物的致病性微生物及其毒素等。细菌或真菌产生的毒素，是没有生命的蛋白质，可以从培养液中提取出来，有时将其称为生物-化学战剂，以区别于纯化学战剂。生物战剂包括病毒、立克次体、衣原体、细菌、真菌及其毒素等，其剂型有液体或固体粉末两种。装有生物战剂的各种施放装置称为生物武器（biological weapon），由于最初使用的战剂是致病性细菌，故又称细菌武器。生物武器的施放装置包括炮弹、航弹、集束炸弹、安装在火箭或导弹弹头中的分散装置以及安装在飞机上的各种布洒器等。能把各种施放装置投放到攻击目标的运载工具，如飞机、气球、火箭和导弹等，称为运载系统。

生物战（biological warfare）：应用生物武器完成军事目的的行动称为生物战。

生物恐怖（bioterror）：故意使用微生物导致敏感人群疾病或使用微生物毒素导致敏感人群中毒，威胁人类健康、引起社会的广泛恐慌或威胁社会安全与安定以达到政治或信仰目的的行为。

气溶胶（aerosol）：固体或液体微粒悬浮于空气中形成的胶体系统称为气溶胶。固体微粒悬浮于空气中形成的胶体系统称为烟，液体微粒悬浮于空气中形成的胶体系统称为雾。气溶胶的粒谱范围通常在0.01～50$\mu$m之间。

媒介生物（vector）：生物学上将专一地或机械地把致病微生物从一个机体传播给另一

个机体的生物称为媒介生物。它们主要为节肢动物，如蚊、蜱虫等。

对人、畜和农作物致病的微生物及其毒素种类繁多，但能否作为生物战剂，还要看它是否符合下列条件：致病力强，性能稳定，易于大量生产。符合这些条件可作为生物战剂的病原微生物大约有100种。生物战剂有多种分类方法，既可以根据军事效能进行分类，也可以按照微生物学分类法进行分类，还可以按攻击对象进行分类。

### （一）根据军事效能分类

#### 1. 根据对人的危害程度分类

致死性与失能性战剂：致死性战剂是指病死率较高的战剂，如天花病毒、黄热病毒、炭疽杆菌、鼠疫杆菌等。一般认为，病死率大于10%的为致死性战剂。失能性战剂是指病死率很低的战剂，如布鲁氏菌、委内瑞拉马脑炎病毒、Q热立克次体、葡萄球菌肠毒素等。一般认为，病死率小于5%的为失能性战剂。

#### 2. 根据有无传染性分类

传染性与非传染性战剂：传染性战剂是指进入机体后不但能大量繁殖引起疾病，而且能不断地向体外排出，使周围的人感染，如鼠疫杆菌、霍乱弧菌等。非传染性战剂是指能使被危害者发病，从而丧失战斗力，但病原体不能从体内排出，故对周围人群不构成威胁，如布鲁氏菌、土拉热杆菌、肉毒毒素等。

#### 3. 根据潜伏期分类

长潜伏期与短潜伏期战剂：长潜伏期战剂是指进入机体要较长时间才能发病的战剂，如Q热立克次体潜伏期2～4周，布鲁氏菌潜伏期1～3周，甚至长达数月。短潜伏期战剂是指进入机体较短时间就能发病的战剂，如委内瑞拉马脑炎病毒、霍乱弧菌（1～3天），甚至有仅几个小时就发病的，如葡萄球菌肠毒素、肉毒毒素等。

### （二）按照微生物学分类

#### 1. 细菌战剂

具有原核结构，不含叶绿素，有细胞壁，同时含有DNA和RNA，能在人工培养基上生长的单细胞生物。如鼠疫杆菌、霍乱弧菌、炭疽杆菌、伤寒杆菌、痢疾志贺菌、类鼻疽菌、土拉热杆菌、布鲁氏菌、鼻疽菌、多杀性巴氏杆菌等。

#### 2. 立克次体战剂

大小、结构及繁殖方式近似细菌，但它只能在活细胞中寄生。如流行性斑疹伤寒立克次体、落基山斑疹热立克次体和Q热立克次体等。

#### 3. 病毒战剂

仅含少量蛋白质和核酸（DNA或RNA），无细胞结构，只能在活细胞（生物）中寄生。如马脑脊髓炎病毒、森林脑炎病毒、乙型脑炎病毒、天花病毒、黄热病毒、裂谷热病毒、委内瑞拉马脑炎病毒、登革病毒、流行性感冒病毒、口蹄疫病毒、马尔堡病毒和基孔肯亚病毒等。病毒类战剂占现有生物战剂的半数以上。

#### 4. 真菌战剂

是一群单细胞或多细胞的真核微生物。可作为生物战剂的只有两种，即荚膜组织胞浆菌和厌酷球孢子菌。有些真菌产生的毒素，如镰刀菌产生的 T2 毒素也可作为生物战剂。

#### 5. 毒素战剂

毒素是一类来自微生物、植物或动物的有毒物质（蛋白质）。有些毒素也可以化学合成。如葡萄球菌肠毒素、肉毒毒素等。

### （三）按攻击对象分类

#### 1. 攻击人类的生物战剂

（1）细菌战剂

① 炭疽杆菌（bacillus anthracis）；

② 羊种布鲁氏菌（Brucella ovis）；

③ 鼠疫杆菌（Yersinia pestis）。

（2）病毒战剂

① 埃博拉病毒（Ebola virus）；

② 裂谷热病毒（Rift valley fever virus）；

③ 天花病毒（variola virus）；

④ 猴痘病毒（monkeypox virus）；

⑤ 基萨那森林热病毒（Kyasanur forest fever virus）。

（3）立克次体战剂

① 贝纳柯克斯体（coxiella burnetii）；

② 普氏立克次体（rickettsia prowazekii）；

③ 立氏立克次氏体（rickettsia rickettsii）。

（4）毒素战剂

① 肉毒毒素（botulinum toxin）；

② 葡萄球菌肠毒素（staphyloentero-toxin）。

（5）真菌战剂

① 荚膜组织胞浆菌；

② 球孢子菌。

#### 2. 攻击动物的生物战剂

① 非洲猪瘟病毒；

② 禽流感病毒；

③ 口蹄疫病毒；

④ 牛瘟病毒；

⑤ 新城疫病毒。

#### 3. 攻击植物的生物战剂

① 玉蜀黍黑粉病；

② 柑橘溃疡病单胞菌；
③ 水稻枯黄单胞菌；
④ 核盘菌。

## 二、生物战剂的施放方法

### （一）施放微生物气溶胶

#### 1. 直接喷洒

利用飞机、导弹等直接在接近地面层处喷洒固体或液体微生物气溶胶。

#### 2. 投掷生物弹或气溶胶发生器

可利用飞机投掷低空或地面爆炸的生物弹。每个生物弹中间有爆管，装有炸药，生物战剂装在爆管周围的弹腔内，由触发引信或定时引信使生物弹爆炸，形成微生物气溶胶。也可以利用飞机投掷气溶胶发生器。这种借助液化气体压力的发生器材产生的气溶胶粒子较小，对生物战剂的破坏少，而且没有爆炸声，美军已正式装备部队。

#### 3. 在海面向陆地喷洒

据报道，一艘潜艇沿海岸航行 8km，在微风条件下，向陆地施放微生物气溶胶，在下风方向，流向陆地的污染面积可高达 7500～20000km$^2$。

#### 4. 火炮发射

利用火炮发射装有生物战剂的炮弹，炮弹爆炸后形成微生物气溶胶。

### （二）施放带生物战剂的昆虫或其他媒介生物

#### 1. 投放四格弹

这是美军在朝鲜和我国东北地区曾应用最多的一种生物武器，大小和形状类似 500lb（1lb≈0.4536kg）的炸弹，容积 72L，分为四格，装有定时引信，大致在离地面 30m 高处纵向裂开，将装在其中的昆虫等散布在 100m 直径范围内。

#### 2. 投放带降落伞的硬纸筒

它的外形与照明弹相似，是一个直径 13cm、长 36cm 的硬纸筒，系在小降落伞下投放，在一定高处，底盖脱开放出昆虫。这种容器适用于撒布比较脆弱的蚊类。

#### 3. 投放石灰质薄壳细菌弹

2mm 厚以碳酸钙为主要成分构成的相当于 2 倍足球大小的球形容器，落地后即砸得粉碎，带菌昆虫撒出。美军曾用这种容器装过带有炭疽杆菌的家蝇、蜘蛛及羽毛等，也可装带鼠疫杆菌的跳蚤。

### （三）特工投放

利用特工将带有生物战剂的食品或日用品遗弃路旁，使对方人员或动物感染发病，或将生物战剂秘密地投入到对方欲用水源、食品工厂、车站、电影院，或其他人口稠密的公共场所、马场、畜牧场等处，使人群或牲畜直接受到传染。另外，也可将生物战剂或昆虫直接撒布在农作物上。

## 三、生物传感器

生物监测技术涉及生物、化学、物理、医学、电子技术等多种学科。自 20 世纪中叶以来，生物传感器的发展大致经历了三个阶段：一是由固定了生物组分的非活性基质膜（透析膜或反应膜）和电化学电极组成；二是将生物组分直接吸附或共价结合到转换器的表面，无需非活性的基质膜，测定时不必向样品中加入其他试剂；三是把生物组分直接固定在电子元件上，它们可以直接感知和放大界面物质的变化，从而把生物识别和信号的转换处理结合在一起。

### （一）生物传感器的组成和结构

生物传感器的结构一般有两个主要组成部分：其一是生物分子识别元件（感受器），是具有分子识别能力的生物活性物质（如组织切片、细胞、细胞器、细胞膜、酶、抗体、核酸、有机物分子等）；其二是信号转换器（换能器），主要有电化学电极（如电位、电流的测量）、光学检测元件、热敏电阻、场效应晶体管、压电石英晶体及表面等离子共振器件等。当待测物与分子识别元件特异性结合后，所产生的复合物（或光、热等）通过信号转换器转变为可以输出的电信号、光信号等，从而达到分析检测的目的，如图 4-38 所示。

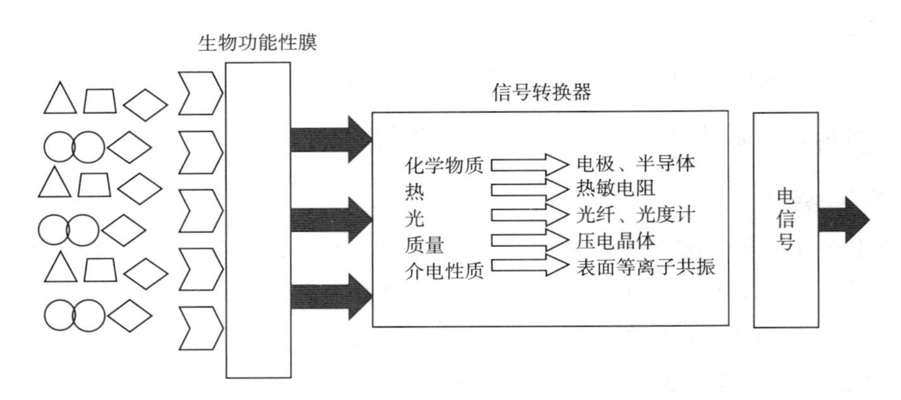


**图 4-38　生物传感器的传感原理**

### （二）生物传感器的基本原理

生物分子识别是分子之间的一种独特功能，包括酶识别、基因识别、抗原识别、受体识别和蛋白质识别。具有识别能力的生物分子叫生物功能物质。例如，葡萄糖氧化酶能从多种糖分子的混合溶液中，高选择性地识别出葡萄糖，并迅速氧化为葡萄糖酸内酯，葡萄糖氧化酶即为生物功能物质。具有识别能力的生物功能物质有酶、抗原、抗体、受体、结合蛋白质、植物凝血素和激素等。广义上讲，微生物也是一种生物功能物质，因为它们具有高选择性地同化（摄取）某些特定有机化合物的能力。例如，芸苔丝孢酵母可同化乙酸，可以用来制备乙酸传感器。

生物敏感膜属于分子识别元件，是利用生物体内具有奇特功能的物质制成的膜，它与被测物质接触时伴有物理、化学变化的生化反应，可以进行分子识别。生物敏感膜是生物传感器的关键元件，它直接决定了传感器的功能与质量。由于选材不同，可以制成酶膜、全细胞膜、组织膜、免疫功能膜、细胞器膜、复合膜等，如表 4-1 所示。

**表 4-1 生物传感器的分子识别元件**

| 分子识别元件 | 生物活性材料 |
| --- | --- |
| 酶膜 | 各种酶类 |
| 全细胞膜 | 细菌、真菌、动植物细胞 |
| 组织膜 | 动植物组织切片 |
| 细胞器膜 | 线粒体、叶绿体 |
| 免疫功能膜 | 抗体、抗原、酶标记抗原等 |

分子识别能力决定生物传感器的选择性，生物物质都已通过载体结合形式用于分子识别。这些生物物质提供了一种特定的分子空间，它在大小和形状上都切合相应的待识别分子。例如，抗原分子就只限于被结合在相应抗体的分子识别空间内，结合常数范围在 $10^8$ ～ $10^{10}M^{-1}$ 之间。像抗生物素蛋白这样的黏合蛋白，其结合常数大（$10^{15}M^{-1}$）。具有分子识别能力的生物物质见表 4-2。

**表 4-2 具有分子识别能力的生物物质**

| 生物物质 | 识别对象 |
| --- | --- |
| 酶 | 底物、同类物、辅因子、抑制剂 |
| 抗体 | 抗原、半抗原、补体 |
| 外源凝集素 | 糖类 |
| 黏合蛋白质 | 生物素、视黄醛 |
| 激素受体 | 激素 |

### （三）生物传感器的应用

未来战争将面临信息化条件下的多维战争，通常是在核、化学、生物威胁以及次生核、化学、生物危害条件下进行的。核生化威胁的检验、监测和鉴定是部队顺利实施核生化防护，削弱核生化的杀伤破坏作用，避免或减轻次核生化危害，保持持续战斗力的重要前提。生物传感器由于具有高度特异性、灵敏性，能快速地检测化学战剂和生物战剂（包括病毒、细菌和毒素等）的种类与浓度，且具有经济、简便、迅速、灵敏等特点，是最重要的一类化学战剂和生物战剂侦检器材，在未来战争中具有广阔的军事应用前景。随着新型生物识别分子的出现及其与微电子学的交叉发展，使得发展众多的小型、超敏感生物传感器成为可能。其中酶传感器和免疫传感器被广泛应用于军事领域，成功实现了化学战剂和生物战剂的快速检测。

### 1. 酶法报警技术

酶传感器在军事上的典型应用是利用酶分析法研制的含磷毒剂报警设备，用于鉴定空气中的神经性毒剂。该类毒剂能抑制胆碱酯酶生物活性，导致酶水解底物速率发生变化，引起化学显色剂、荧光剂、电流电位值或溶液酸碱度等改变，经适当变换器转变后给予显示。主要有 20 世纪 70 年代美国利用生化反应与恒电流电解法原理研制的 IEA 固定化酶报警器；80 年代荷兰根据生化反应与比色法原理研制的 ACAL 固定化酶报警器；英国根据生化反应与电流转换原理研制的神经性毒剂固定化酶报警器。

### 2. 免疫传感检测技术

免疫传感器主要由免疫抗体材料与传感器件组成，可用于检测毒素、细菌、病毒、生物调节剂及化学毒剂。免疫传感器是应用范围最广的一类生物传感器，主要利用待测物-抗体分子间结合的特异性来检测生物战剂。由于具有较快的免疫化学反应的速度和敏感的信号转换器性能，并与现代微电子技术结合，可以衍生出一系列有军事应用价值的免疫传感器。美国、加拿大、英国、德国等利用免疫测定与光敏、压电、表面等离子体共振、拉曼等检测技术相结合，研制出了一系列基于免疫检测原理的生物现场检测军用设备及商业化产品，均能够快速检测蓖麻毒蛋白、相思子毒素、葡萄球菌肠毒素 B、肉毒毒素、T2 毒素等生物毒素和数十种细菌、病毒等生物战剂。例如，美军装备的 JBPDS 联合生物点源探测系统、BIDS 生物综合探测系统、IBADS 间歇式生物战剂探测系统；加拿大国防部的 CIBADS/4WARN 综合生物战剂探测系统；美国劳伦斯利弗莫尔国家实验室研制的 APDS 自动化病原体探测系统、美国 Positive ID 公司研制的 M-BAND 微流体生物战剂自主网络检测仪、美国 Battelle 研究所研制的 REBS 生物识别系统等商业化生物检测产品等。

### 3. 生物远程检测技术

与生物传感器的现场检测相比较，远程检测同样十分重要。多数远程检测主要监控各种可能含有生化毒剂的气溶胶云团，即通过无线电波和雷达监测云团的形状、大小、方向和速度，是一种与雷达功能相似的激光识别和探测技术，通过激光生成红外、紫外以及可见光电磁波照射云团，分析反射光获取相关信息。美国军方研制的远程生物检测系统（LR-BSDS）就采用了此种技术。在中远程监测过程中，激光应用非常频繁。激光诱导裂解光谱技术（LIBS）能够检测分布在气溶胶中或土壤、石块表面的微生物及毒素，而且还能够识别具体的细菌种类和来自花粉、霉菌等可能生物的干扰。

无人机能够进入更远的距离进行远程监测。美军开发了 LIDAR 传感器并装备到无人机（UAV）上，首先通过激光散射在近红外区监测气溶胶空间分布，然后监测气溶胶浓度，最后在紫外区通过荧光散射检测生物战剂。

第五章

# 核生化检测融合技术及应用

# 第一节　检测融合技术基本原理

遭遇核生化危害后，及时准确地报警是首要任务。在实际环境中，由于气象、硝烟等影响，报警器往往存在一定的误判概率，会对环境区域内的部队造成较大的影响。综合利用各类核生化侦察装备的监测信息，在作战地域内进行多源信息融合，对提高核生化危害检测精度具有重要作用。

## 一、分布式检测融合基本原理

在并行结构的分布式检测融合系统中，已假定各局部检测器的决策规则是已知的，系统设计的目的是在某一准则下确定系统融合中心的融合规则，以便对来自各局部节点的决策进行融合，进而得到全局判决。这里的融合规则并不考虑包括局部节点在内的全局优化问题，假定各局部节点是固定阈值检测，中心是局部固定判决的融合。对于分散式结构中的融合，这些方法均适用。

设 $H_1$ 和 $H_0$ 分别表示目标存在与目标不存在的假设，两种假设的先验概率分别为 $P_r(H_0)=P_0$ 和 $P_r(H_1)=P_1$。假定有 $N$ 个检测器，各个检测器的观测值是统计独立的，第 $i$ 个检测器做出的决策为 $u_i(i=1,\cdots,N)$，则

$$u_i=\begin{cases}0 & \text{当接受 } H_0 \text{ 时}\\ 1 & \text{当接受 } H_1 \text{ 时}\end{cases} \tag{5.1}$$

各个检测器在做出决策 $u_i$ 之后，将决策送到融合中心。根据各个检测器的决策报告，系统融合中心做出系统级的决策 $u_0$，即

$$u_0=g(u_1,u_2,\cdots,u_N)=\begin{cases}0 & \text{如果判决 } H_0 \text{ 为真}\\ 1 & \text{否则}\end{cases} \tag{5.2}$$

满足上式的判决称作硬判决。

设 $P_{Fi}$、$P_{Di}$、$P_{Mi}$ 分别表示检测器 $i$ 的虚警、检测和漏警率，融合中心的虚警、检测和漏警率表示为 $P_F$、$P_D$、$P_M$，并由下式给出。

$$P_F=P_r(u_0=1|H_0),\ P_D=P_r(u_0=1|H_1),\ P_M=P_r(u_0=0|H_1) \tag{5.3}$$

现在的问题是在一定的准则下如何设计系统融合规则。根据上述分析，若把各检测器的判决作为观测值，则检测融合问题可等效为一个二元假设检验问题，其最优检验规则就是似然比与门限的比较，而采用不同的准则时决策门限是不同的。由于贝叶斯最小风险准则和最小错误概率准则是两种常用的准则，故下面先介绍这两种准则下的分布式检测融合。

## 二、核生化信息检测融合问题描述

在一个环境区域内，准确地判断一个化学危害事件是否存在具有重要作用，是化学侦察

与防护行动的开端。然而，由于技术限制和环境干扰，单个毒剂报警设备不可避免地存在漏警和虚警的概率。防化分队的现地侦察作业可以进一步确认毒剂的状态，但是现地侦察需要深入毒区作业，速度慢、耗时长，对人员的专业技术水平要求较高。因此，通过分布式检测融合技术，融合中心根据收到的各局部信源的报警信号在一定的优化准则下进行全局判决，从而使检测覆盖范围更广，尽可能降低漏警和虚警的风险。

化学危害的分布式检测问题是一个二元决策问题，判断化学危害的“有”或“无”，用数学逻辑可表示为 0 或 1。其基本决断流程如图 5-1 所示。

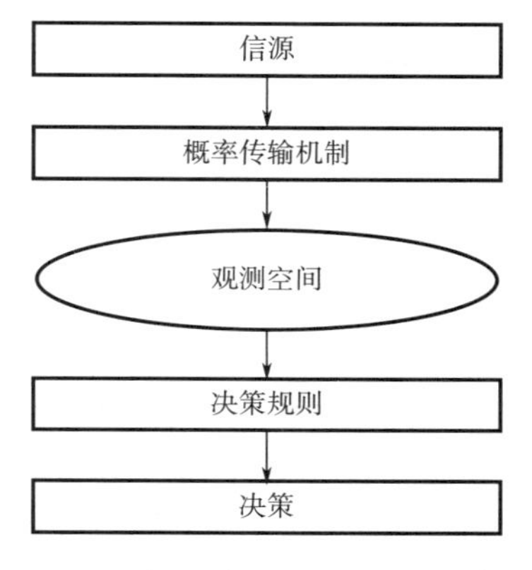

**图 5-1　假设检验问题的解决流程**

化学危害信源的检测结果由不同的装备生成，因此可认为其观测值是相互独立的。在判决过程中可能会出现四种情况，如表 5-1 所示。

**表 5-1　假设检测判断结果分析**

| 实际情况 | 判断结果 | 结果 |
|---|---|---|
| 有毒剂（$H_1$ 为真） | $H_1=1$，$H_0=0$ | 正确 |
| | $H_1=0$，$H_0=1$ | 漏警 |
| 无毒剂（$H_0$ 为真） | $H_1=1$，$H_0=0$ | 虚警 |
| | $H_1=0$，$H_0=1$ | 正确 |

上述四种情况包括了假设检测的两类典型错误：

第一类错误：原假设 $H_0$ 本来是正确的，没有毒剂危害，但结果却拒绝了 $H_0$，进行了报警，即虚警。

第二类错误：原假设 $H_0$ 本来是错误的，有毒剂危害，但结果却接受了 $H_0$，没有报警，即漏警。

分布式检测融合的目的就是运用检测融合算法，使这两种错误概率达到最小。

# 第二节　单点信源的分布式检测融合方法

单点信源是化学危害信息体系中的重要组成部分，通常指毒剂报警设备，部署数量多、分布范围广，能够对常见的毒剂进行及时报警。

## 一、基础模型构建

单点信源在某一时刻只能报告其所在位置的毒剂浓度情况，在达到报警阈值时进行报警。由于目前尚未查阅到相关文献对单个毒剂报警设备的漏警率和虚警率进行研究，本书将对毒剂报警设备的物理模型和数学模型进行刻画，对报警过程进行数学建模，为融合算法的设计提供依据。

以离子迁移谱型的毒剂报警设备为例，其原理是毒剂蒸气在微型泵的作用下进入电离室，被放射源电离形成离子簇；离子簇被气流带入电场后，在电场的垂直作用下发生偏转；由于不同离子束的迁移率是不同的，因此极板可以收集到不同物质的电流特征。如国外某型毒剂报警设备有 6 个极板，从而形成了 6 个通道，利用这 6 个通道的数据特征就可以对气体的种类进行判断。报警器内置了温湿度传感器、压力传感器和流量传感器，可以用于对特征电流的补偿和概略测量浓度，如图 4-34 所示。

通过图 4-34 可以看到，毒剂报警设备的报警信号与多个外部因素有关，包括毒剂浓度、温度、湿度、压力和流量等。离子迁移谱型报警器通常采用相关系数法来分析 6 个通道的数据，最终形成毒剂“有”或“无”的决策，并利用传感器对决策进行修正。可用下式来表示毒剂报警设备的判决过程：

$$G=f(e_1,e_2,e_3,e_4,e_5,e_6)k_{\mathrm{T}}k_{\mathrm{H}}k_{\mathrm{P}}k_{\mathrm{F}} \tag{5.4}$$

式中，$G$ 为判决结果；$f(e_1,e_2,e_3,e_4,e_5,e_6)$ 为 6 个通道数据的相关系数函数，输出相关系数值；$k_{\mathrm{T}}$ 为温度修正因子；$k_{\mathrm{H}}$ 为湿度修正因子；$k_{\mathrm{P}}$ 为压力修正因子；$k_{\mathrm{F}}$ 为流量修正因子。

相关系数的求解方法为

$$f(e_1,e_2,e_3,e_4,e_5,e_6)=\frac{S_{\mathrm{xy}}}{S_{\mathrm{x}}S_{\mathrm{y}}} \tag{5.5}$$

式中，$S_{\mathrm{xy}}$ 为样本协方差：

$$S_{\mathrm{xy}}=\frac{\sum_{i=1}^{n}(X_i-\bar{X})(Y_i-\bar{Y})}{n-1} \tag{5.6}$$

$S_{\mathrm{x}}$ 表示 $X$ 的样本标准差，通常由标准气体获得。

$$S_{\mathrm{x}}=\sqrt{\frac{\sum_{i=1}^{n}(x_i-\bar{x})^2}{n-1}} \tag{5.7}$$

$S_{\mathrm{y}}$ 表示 $Y$ 的样本标准差，为待测气体。

$$S_{\mathrm{y}}=\sqrt{\frac{\sum_{i=1}^{n}(x_i-\bar{y})^2}{n-1}} \tag{5.8}$$

根据相关文献的研究，在正常的监测范围内，对于温湿度、压力和流量等信号的修正已在装备内部完成，输出结果已经包含了这些参数的权重叠加，因此在一定的环境条件下，其报警性能是可靠的。但外场环境下面临毒剂浓度的差异性大、温湿度条件不可控等问题，毒剂报警设备存在漏警和虚警的概率。

### （一）漏警率 $P_{\mathrm{M}}$

毒剂报警设备的灵敏度受毒剂浓度的影响较大，在毒剂浓度较低时，由于离子簇在空气中的占比较少，特征电流的值不稳定，相关系数 $f$ 一般处于较低的水平，会出现响应时间变长，或者不报警的情况。而当毒剂的浓度太大，超过参考浓度 1 个数量级时，反应时间也会增长，漏警率增加；一旦超过参考浓度 3 个数量级，就会出现无法报警的现象，其主要原因是离子浓度太大时，极板产生的电流已无法形成特征峰，检测算法无法检测出峰值，造成部分通道内数据失真。

除毒剂浓度这个输入条件的影响外，报警器的漏警率还与环境因素有关。根据查阅的文献和相关实验数据来看，由于考虑了修正因子，温度和压力与报警结果的相关性不大。而对于流量参数，装备内部已经进行了调整，且在装备性能良好的情况下，输入流量是固定的，本书也不作为影响因素考虑。湿度对离子迁移谱型的报警器影响比较大，主要原因是水分子的存在可能改变其电流效应，在湿度很大的情况下，对判定准确度有比较明显的影响。

综上，在固定其他环境变量的情况下，本书主要考虑浓度与湿度对报警器漏警率的影响。

### 1. 浓度的影响

根据毒剂报警设备原理和影响因素分析，本书用下式表示漏警率与浓度的关系：

$$P_{\mathrm{M}}(C)=\begin{cases}\varnothing & C\leqslant C_{\mathrm{d}}\\ f'(C) & C_{\mathrm{d}}<C\leqslant C_0\\ \lambda & C_0<C\leqslant 10C_0\\ f''(C) & C_{\mathrm{m}}<C\leqslant 1000C_0\\ 1 & C>1000C_0\end{cases} \tag{5.9}$$

式中，$C$ 表示当前位置浓度；$C_{\mathrm{d}}$ 表示最低门限浓度；$C_0$ 表示毒剂报警设备指标参考浓度；低于最低门限浓度时，不存在漏警的情况，因此用 $\varnothing$ 表示；$f'(C)$ 表示低浓度相关函数；$f''(C)$ 表示高浓度相关函数。

根据相关资料，本书中把各参数设为：$C_{\mathrm{d}}=0.005\mathrm{mg/m^3}$，$C_0=1.5\mathrm{mg/m^3}$。所以，求出 $f'(C)$ 和 $f''(C)$ 即可。

国外相关文献分析了低浓度条件下漏警率的变化规律，在近 2000 组数据中提取了相对湿度在 58%～60%之间的 595 组数据，统计其漏警次数和漏警率，结果如表 5-2 所示。

**表 5-2　毒剂报警设备漏警率与浓度的关系**

| 毒剂浓度/（$\mathrm{mg/m^3}$） | 实验次数 | 报警次数 | 漏警率/% |
|---|---|---|---|
| 0.05 | 100 | 97 | 3 |
| 0.1 | 100 | 98 | 2 |
| 0.15 | 121 | 119 | 1.65 |
| 0.16 | 68 | 67 | 1.47 |
| 0.17 | 90 | 89 | 1.1 |
| 0.20 | 100 | 99 | 1 |

根据表 5-2 中的数据作出变化趋势图，如图 5-2 所示。

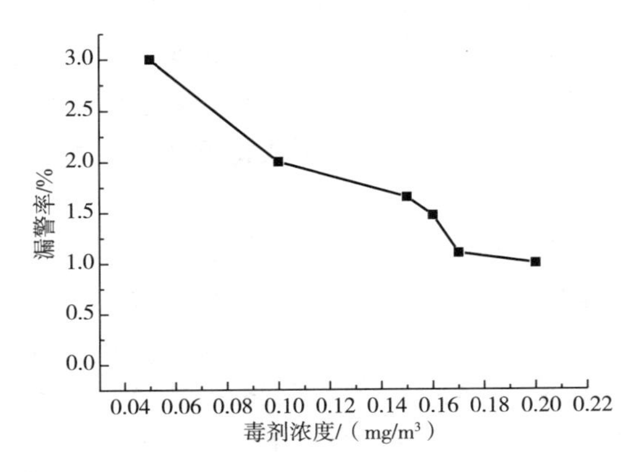


**图 5-2　漏警率与毒剂浓度的关系**

从图 5-2 中可以看到在相对湿度基本相同的情况下，随着毒剂浓度的上升漏警率有下降趋势。毒剂报警设备的检验标准为 0.2mg/m³ 左右，因此没有更高毒剂浓度的数据支持。采用指数曲线拟合数据，其表达式为

$$f(C)=aC^{b} \tag{5.10}$$

拟合后求出参数 $a=0.2992$，$b=-0.8048$，则低浓度条件下，$f'(C)=aC^{b}=0.2992C^{-0.8048}$。由此可以得到，当毒剂浓度为 1.5mg/m³ 时，其漏警率 $\lambda=0.22\%$。

而对于高浓度条件下的 $f''(c)$ 的求解，可利用边界条件获取。试验数据表明，在浓度超过 1 个数量级时，特征电流以指数函数形式下降，直到达到 3 个数量级时变为 0。因此，可推出在浓度超过 1 个数量级时，漏警率以指数函数方式上升，直到 3 个数量级时变为 100%。所以其边界条件为 $f''(1.5)=0.22\%$，$f''(1500)=100\%$，则其指数函数表达式为

$$f''(C)=0.006C^{1.33} \tag{5.11}$$

综上，可以作出漏警率与浓度的关系曲线，如图 5-3 所示。由于最低浓度值与最高浓度值差异性非常大，常规坐标系内不容易看出趋势变化，因此采用的是对数坐标系。

从图 5-3 中可以看出，随着浓度的变化，毒剂报警设备的漏警率呈现出先下降后上升的趋势，为本书研究基于报警器的信息融合技术提供了基础。

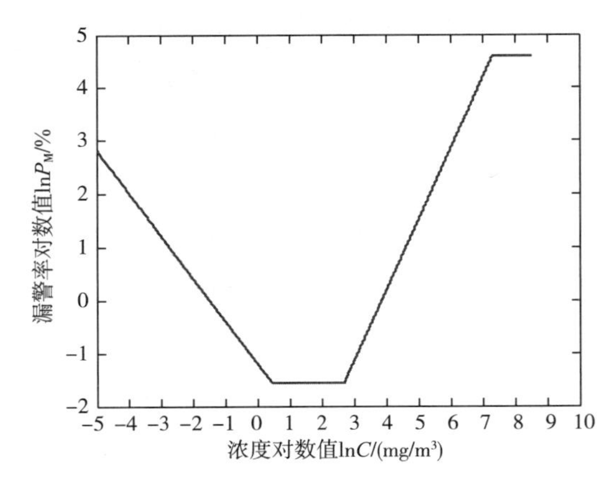


**图 5-3　毒剂报警设备漏警率与毒剂浓度的关系（对数坐标）**

### 2. 湿度的影响

从上述数据中提取毒剂浓度均为 $0.2mg/m^3$ 的数据，然后按相对湿度排列，结果如表 5-3 和图 5-4 所示。

表 5-3　毒剂报警设备漏警率与相对湿度的关系（沙林）

| 相对湿度/% | 实验次数 | 报警次数 | 漏警率/% |
| --- | --- | --- | --- |
| 30 | 119 | 119 | 0 |
| 38 | 142 | 141 | 0.70 |
| 48 | 100 | 99 | 1.00 |
| 57 | 111 | 110 | 0.90 |
| 60 | 100 | 98 | 2.00 |
| 63 | 194 | 187 | 3.61 |

从图 5-4 中可以看到，总体上相对湿度越高，其漏警率越高；在相对湿度大于 55%时，漏警率有明显的上升。

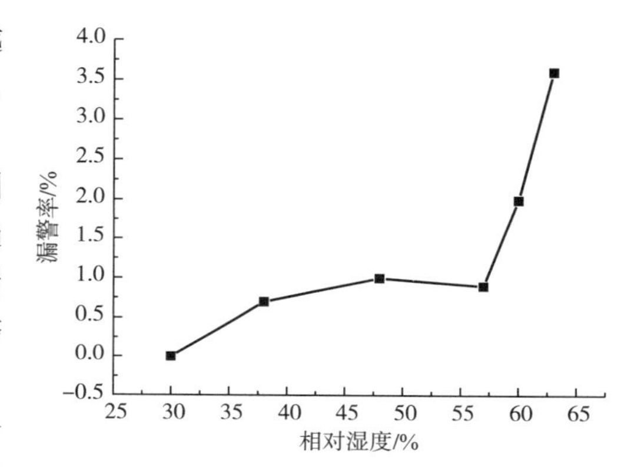

图 5-4　漏警率与相对湿度的关系

用 $P_M(H)=ae^{bx}$ 拟合所获得的数据，得到结果 $a=0.0001614$，$b=0.1582$。从曲线的趋势可以看到，当湿度增加到一定程度时，其漏警率上升明显；在湿度达到 80%以后，其漏警率理论上可达 50%。

由报警器的原理可知，浓度与湿度是两个独立变量，则联合分布函数是边缘分布函数之积，得到毒剂报警设备漏警率与当前位置浓度、湿度的关系如下：

$$P_M=1-(1-P_M(C))(1-(P_M(H)) \tag{5.12}$$

式中，$C$ 为毒剂报警设备所处位置的毒剂浓度，$mg/m^3$；$H$ 为当前位置的相对湿度，%。

可见，受毒剂浓度与湿度的影响，毒剂报警设备的漏警率波动较大，复杂环境下单个毒剂报警设备的检测率不稳定。

## （二）虚警率 $P_F$

当环境中存在汽油、柴油、煤油等尾气时，会对报警装备形成干扰。由国外相关文献的实验结果可知，在干扰气浓度大于 0.1%时，就无法保证正确识别毒剂。为简化计算过程，单个毒剂报警设备的虚警率可用下式表示：

$$P_F=\begin{cases} P_0 & \dfrac{c(t)}{c(t)+C}\geqslant 0.1\% \\ 0 & \dfrac{c(t)}{c(t)+C}<0.1\% \end{cases} \tag{5.13}$$

式中，$c(t)$ 为随机生成的噪声环境的浓度，代表外场环境中各类干扰源的干扰，与外场环境存在的干扰源有比较大的关系。设 $c(t)$ 满足高斯噪声的分布规律，则 $c(t)$ 可以写成

$$c(t) \sim N(\mu, \sigma^2) \tag{5.14}$$

式中，参数 $\mu$ 和 $\sigma$ 由具体的环境决定。

## 二、融合算法设计

分布式检测融合算法的本质就是检测器规则的优化设计问题，一般包括融合中心的融合规则和局部信源检测规则。分布式检测融合的最终目标是使这两个规则同时达到最优，主要包括以下三种形式：

① 全局最优化。使融合中心的虚警率不大于某一个值，然后寻求最优的局部判决规则和融合规则。

② 融合规则优化。即给定局部信源的判决规则，寻求局部规则约束下的极大化系统检测性能。

③ 局部判决规则优化。即给定融合规则，寻求最优的局部判决规则。

外场环境内分布的单点信源的局部判决规则已在装备内部完成，因此化学危害分布式检测融合主要是优化融合规则，即在局部判决规则已知的情况下，通过算法优化融合后的结果，使系统的虚警率和漏警率最优。

### （一）融合规则设计

以两个报警器为例，假设其漏警率均为 50%，则单个报警器的漏警率 $P_M=0.5$。如果对这两个报警器进行融合分析，这里融合中心以简单并集的形式进行融合，则结果如表 5-4 所示。

**表 5-4　融合算法举例**

| 事件 | 报警器 1 | 报警器 2 | 融合结果 |
|---|---|---|---|
| $H_1$ 为真 | $H_1$ | $H_1$ | $H_1$ |
| | | $H_0$ | $H_1$ |
| | $H_0$ | $H_1$ | $H_1$ |
| | | $H_0$ | $H_0$ |

从表 5-4 中可以看到，经过融合后，当 $H_1$ 为真，而错误地判断为 $H_0$ 的概率由原来的 0.5 下降到了 0.25，即漏警率下降 50%。

上述例子仅考虑了漏警率，采用并集运算的方法就可以使漏警率下降。但在实际情况中，报警器还存在一定的虚警率，并集运算会使虚警率上升，给化学防护带来不利影响。另外，不同位置毒剂报警设备的漏警率和虚警率并不相同，需要采用更为全面的算法。实际上，上述例子是硬判决规则的一部分，如果推广到一般情况，根据前文对化学危害检测融合的描述，对于一个化学危害事件具有 $H_0$ 和 $H_1$ 两种判断，其先验概率设为 $P_0$ 和 $P_1$，对于 $N$ 个信源来说，其局部判决为

$$u_i=\begin{cases}0 & \text{如果报警器 } i \text{ 判决 } H_0 \text{ 成立} \\ 1 & \text{如果报警器 } i \text{ 判决 } H_1 \text{ 成立}\end{cases} \tag{5.15}$$

融合中心接收来自每一个信源的判决结果，可以得出经过融合后的决策：

$$u_0=\begin{cases}0 & \text{如果判决 } H_0 \text{ 成立} \\ 1 & \text{如果判决 } H_1 \text{ 成立}\end{cases} \tag{5.16}$$

对于一个二元的假设检测问题，最重要的是确定其判决规则，即根据多个局部输入以一定的规则输出“1”或“0”的判决结果。未采用融合算法时，当有 $N$ 个局部判决结果时，会存在 $2^{2^N}$ 个决策结果。假设存在两个局部信源，那么可能存在的规则有 16 种，如表 5-5 所示。

**表 5-5 两个二元输入的可能融合规则**

| 输入 | | 输出 $u_0$ | | | | | | | | | | | | | | | |
|---|---|---|---|---|---|---|---|---|---|---|---|---|---|---|---|---|---|
| $u_1$ | $u_2$ | $f_1$ | $f_2$ | $f_3$ | $f_4$ | $f_5$ | $f_6$ | $f_7$ | $f_8$ | $f_9$ | $f_{10}$ | $f_{11}$ | $f_{12}$ | $f_{13}$ | $f_{14}$ | $f_{15}$ | $f_{16}$ |
| 0 | 0 | 0 | 0 | 0 | 0 | 1 | 0 | 0 | 1 | 0 | 1 | 1 | 0 | 1 | 1 | 1 | 1 |
| 0 | 1 | 0 | 0 | 0 | 1 | 0 | 0 | 1 | 0 | 1 | 0 | 1 | 1 | 0 | 1 | 1 | 1 |
| 1 | 0 | 0 | 0 | 1 | 0 | 0 | 1 | 0 | 0 | 1 | 1 | 0 | 1 | 1 | 0 | 1 | 1 |
| 1 | 1 | 0 | 1 | 0 | 0 | 0 | 1 | 1 | 1 | 0 | 0 | 0 | 1 | 1 | 1 | 0 | 1 |

在以上判决规则中包含了简单的逻辑运算规则，如 $f_2$ 代表“与”规则，可以降低虚警的发生，而 $f_{12}$ 表示的是“或”规则，可以降低漏警的发生。有一些规则明显不适用，如 $f_1$ 和 $f_{16}$，其结果与输入输出没有任何关系，所以理想的融合规则函数应该具有以下特征：

① 输出结果与每一个输入都具有相关性；

② 当整体判决结果为 1 时，不会因局部判决为 1 的个数增加而增大。

根据上述规则，$f_3$ 和 $f_9$ 即可排除，可以把融合规则减少到一个较少的水平，如“与”“或”和“大数规则”都可以满足上述两个要求，但是无法得到最优解。因此，确定最优的融合规则是检测融合的核心。

### （二）基于贝叶斯准则的融合算法

单个毒剂报警设备输出的结果可以看作一个二元随机变量，根据前文描述，用 $P_{Fi}$、$P_{Di}$、$P_{Mi}$ 分别表示信源 $i$ 的虚警、检测和漏警率，即

$$P_{Fi}=P_r(u_i=1|H_0) \tag{5.17}$$

$$P_{Di}=P_r(u_i=1|H_1) \tag{5.18}$$

$$P_{Mi}=P_r(u_i=0|H_1) \tag{5.19}$$

在融合中心的判决 $u_0$ 也用虚警、检测和漏警率描述，分别用 $P_F$、$P_D$ 和 $P_M$ 表示：

$$P_F=P_r(u_0=1|H_0) \tag{5.20}$$

$$P_D=P_r(u_0=1|H_1) \tag{5.21}$$

$$P_M=P_r(u_0=0|H_1) \tag{5.22}$$

以 $y$ 代表信源的观测值，那么基于两种不同假设条件概率 $p(y|H_i)(i=0,1)$，一般称上式为先验概率，用 $P_0$ 和 $P_1$ 表示。检测融合的最终目的是通过融合中心的判决算法，使

最终决策的代价最小，因此设定每一个可能的判决结果的代价为 $\varepsilon_{ij}(i=0,1;\ j=0,1)$，可以代表当 $H_j$ 是事实时判决为 $H_i$ 的代价，则贝叶斯风险函数

$$R=\sum_{i=0}^{l}\sum_{j=0}^{l}\gamma_{ij}P_jP(H_i|H_j\text{ 为真})=\sum_{i=0}^{l}\sum_{j=0}^{l}\gamma_{ij}P_j\int_{R_i}p(y|H_j)\mathrm{d}y \tag{5.23}$$

设 $R$ 为所有观测值的空间区域，$R_i$ 与假设 $H_i$ 的决策区域一致。当观测值在区域 $R_i$ 时，$H_i$ 为真。可将式（5.23）分解为由 $R_0$ 和 $R_1$ 组成的观测域空间：

$$R=P_0\varepsilon_{00}\int_{R_0}p(y|H_0)\mathrm{d}y+P_0\varepsilon_{10}\int_{R_1}p(y|H_0)\mathrm{d}y+P_1\varepsilon_{01}\int_{R_0}p(y|H_1)\mathrm{d}y+P_1\varepsilon_{11}\int_{R_1}p(y|H_0)\mathrm{d}y \tag{5.24}$$

由于观测空间的点是根据已知的条件概率生成的，因此在全部的观测空间内，其累积分布概率为 1，即

$$\int_{R}p(y|H_j)\mathrm{d}y=1\quad j=0,1 \tag{5.25}$$

式（5.24）可以写成

$$R=P_0\varepsilon_{10}+P_1\varepsilon_{11}+\int_{R_0}\{[P_1(\varepsilon_{01}-\varepsilon_{11})p(y|H_1)]-[P_0(\varepsilon_{10}-\varepsilon_{00})p(y|H_0)]\}\mathrm{d}y \tag{5.26}$$

式（5.26）中前两项的值是固定的，所以可以通过后一项来控制代价函数 $R$ 的最小值。显然，做出错误决策的代价要比做出正确决策的代价大，所以有 $\gamma_{10}>\gamma_{00}$，$\gamma_{01}>\gamma_{11}$，上式的最小结果可以表示为

$$\frac{p(y|H_1)}{p(y|H_0)}\underset{H_0}{\overset{H_1}{\gtrless}}\frac{P_0(\varepsilon_{10}-\varepsilon_{00})}{P_1(\varepsilon_{01}-\varepsilon_{11})}\triangleq\eta \tag{5.27}$$

式中，$\eta$ 表示门限。根据全局判决的定义，上式左侧可以写成

$$\begin{aligned}\frac{p(y|H_1)}{p(y|H_0)}&=\frac{P_r(u_1,u_2,\cdots,u_N|H_1)}{P_r(u_1,u_2,\cdots,u_N|H_0)}=\prod_{i=1}^{N}\frac{P_r(u_i|H_1)}{P_r(u_i|H_0)}\\&=\prod_{R_1}\frac{P_r(u_i=1|H_1)}{P_r(u_i=1|H_0)}\prod_{R_0}\frac{P_r(u_i=1|H_1)}{P_r(u_i=1|H_0)}\\&=\prod_{R_1}\frac{1-P_{Mi}}{P_{Fi}}\prod_{R_0}\frac{P_{Mi}}{1-P_{Fi}}\end{aligned} \tag{5.28}$$

把式（5.28）代入式（5.27）中，两边取对数，则有

$$\sum_{R_1}\ln\frac{1-P_{Mi}}{P_{Fi}}+\sum_{R_0}\ln\frac{P_{Mi}}{1-P_{Fi}}\underset{u_0=0}{\overset{u_{0=1}}{\gtrless}}\ln\eta \tag{5.29}$$

把观测域 $R_i$ 展开得到

$$\sum_{i=1}^{N}[u_i\ln\frac{1-P_{Mi}}{P_{Fi}}+(1-u_i)\ln\frac{P_{Mi}}{1-P_{Fi}}]\underset{u_0=0}{\overset{u_{0=1}}{\gtrless}}\ln\eta \tag{5.30}$$

由此可以得到最终的融合判决规则，即比较左右两边的数值大小。

$$\sum_{i=1}^{N} u_i[\ln \frac{(1-P_{Mi})(1-P_{Fi})}{P_{Mi}P_{Fi}}] \underset{u_0=0}{\overset{u_0=1}{\gtrless}} \ln[\eta \prod_{i=1}^{N}(\frac{1-P_{Fi}}{P_{Mi}})] \tag{5.31}$$

当式（5.31）的左边大于等于右边时，融合输出 $u_0=1$，认为 $H_1$ 成立，即化学危害事件成立；否则 $H_0$ 成立，即不存在危害。

## 三、数值仿真实验设计

根据上述算法，利用数值仿真实验生成指定区域内的浓度场，然后依据历史数据给出每个局部报警器的判决结果，输出到融合中心后，利用融合中心的判决规则给出融合后的判决结果。

### （一）毒剂浓度预测模型

大气扩散模型是研究化学危害物质在空气中扩散规律的重要手段，是定量分析化学污染物浓度的数学计算方法。由于计算结果受气象、地形、干湿沉降和污染物自身分解等不确定因素的影响，用一种模式来计算这些问题是非常困难的。根据采用的数学方法进行分类，基本上可以分为高斯模式、拉格朗日模式、欧拉模式和嵌套模式等。

化学危害发生的时间短，要求在很短的时间内对下风方向的危害情况做出判断，因此通常采用高斯模式。高斯模式所需的气象条件少，计算量小，计算速度快，在大气条件恒定不变、地形水平均匀的扩散条件下模拟效果较为理想，是大气扩散的一种经典方法。根据前文分析，化学危害主要有连续释放和瞬时释放这两种模式。

#### 1. 连续释放模式

连续释放模式是在平稳和均衡的大气中，设从坐标原点有为 $Q_p(g/s)$ 的源强连续不断地、均衡地向大气中释放毒剂气溶胶，释放出来的物质在外场环境空间内沿 $x$ 轴方向形成一种圆锥形的毒剂云团。可以想象空间任一点的浓度是不随时间变化的，在 $x$ 处垂直截面浓度的分布应符合二维正态分布。对于地面释放的化学毒剂来说，其浓度表达式为

$$C_{(x,y,z)}=\frac{Q_p}{\pi u\sigma_x\sigma_y}e^{-(\frac{y^2}{2\sigma_y^2}+\frac{z^2}{2\sigma_z^2})} \tag{5.32}$$

式中，$C_{(x,y,z)}$ 为任一坐标点的浓度；$Q_p$ 为连续点源源强；$\sigma_x\sigma_y$ 为大气扩散系数。

#### 2. 瞬时释放模式

瞬时释放模式适用于一发或数发炮弹（炸弹）爆炸的形式危害。高斯烟团模式可以看成是将高斯烟羽模型分割成数个烟团，每个烟团都利用初始条件计算浓度分布，然后综合所有烟团对某一点的影响。其浓度表达式为

$$C_{(x,y,z,t)}=\sum_{i=1}^{n}\frac{Q_{i,t}}{(2\pi)^{3/2}\sigma_{x,i,t}\sigma_{y,i,t}\sigma_{z,i,t}}e^{-\frac{1}{2}\left[\frac{(x-x_{i,t})^2}{\sigma_{x,i,t}^2}+\frac{(y-y_{i,t})^2}{\sigma_{y,i,t}^2}+\frac{(z-z_{i,t})^2}{\sigma_{z,i,t}^2}\right]} \tag{5.33}$$

式中，$C_{(x,y,z,t)}$ 为 $t$ 时刻，空间内任意点（$x$，$y$，$z$）的浓度；$x_{i,t}$、$y_{i,t}$、$z_{i,t}$ 为某个烟团

的位置参数；$Q_{i,t}$ 为单个烟团的毒剂浓度；$\sigma_{x,i,t}$、$\sigma_{y,i,t}$、$\sigma_{z,i,t}$ 为 $t$ 时刻，烟团在 $x$、$y$、$z$ 方向的扩散参数。

本书的扩散参数根据帕斯奎尔方法计算得出，这也是我国比较常用的扩散系数计算方法，可以根据经验判断稳定度类型，查表得出各个系数值。

$$\sigma_y=\gamma_1 x^{\alpha_1},\ \sigma_z=\gamma_2 x^{\alpha_2} \tag{5.34}$$

式中，$\gamma_1$、$\gamma_2$ 和 $\alpha_1$、$\alpha_2$ 为扩散系数。在 D～F 类稳定度条件下，$\sigma_z$ 也可以写成

$$\sigma_z=\frac{ax}{(1+bx)^c} \tag{5.35}$$

上式中的系数由实验确定，在一个相当长的距离（50km）内为常数。

### （二）背景场设定

对于化学危害的判断来说，漏警的危害远大于虚警，因此在仿真时主要考虑漏警的情况，即有化学危害发生，毒剂报警设备能够正确响应的概率。假设危害方式为瞬时释放模式，则在危害后瞬间形成了一个有毒云团并向下风方向扩散。

为便于计算，假设毒剂报警设备分布在距离为 100m 的网络上，如图 5-5 所示。危害地点位于上风方向 1000m 处，化学危害后，在很短暂的时间内瞬间释放了一个有毒云团，并向下风方向扩散。

初始条件设为：$Q_0=50$kg，风速 $u=2$m/s，初始释放高度 $H=2$m，监测点高度 $z=1$m，D 类稳定度，扩散参数取 $\alpha_1=0.8933$，$\gamma=0.1389$，$a=0.050$，$b=0.0017$，$c=0.46$。本书研究毒剂报警设备在 $t=500$s 时的报警情况，所有浓度达到报警阈值的报警器分布如图 5-6 所示。

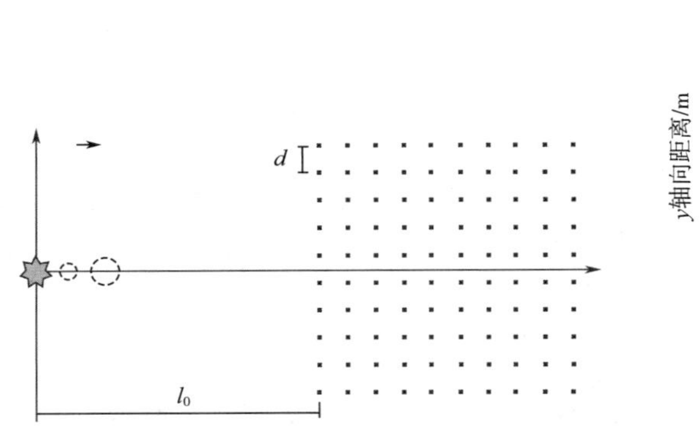


图 5-5　毒剂报警设备模拟分布

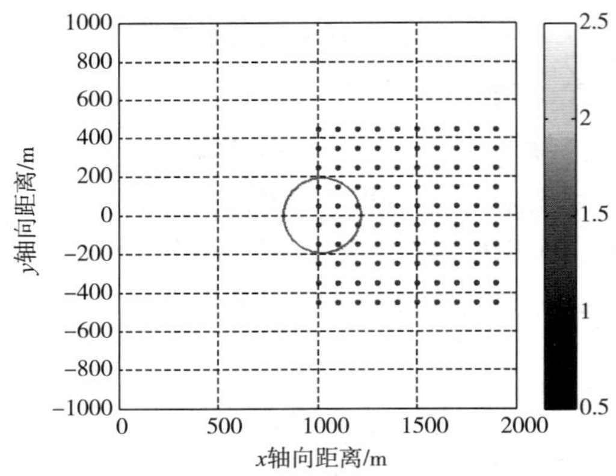


图 5-6　毒剂云团覆盖情况示意图（$t=500$s）（见彩插）

从图 5-6 中可以看到，毒剂云团自左向右覆盖毒剂报警点，在选定的时刻内覆盖了 10 个报警器。如果以这 10 个报警器为研究对象，则其报警过程是“待机—部分报警—全部报警—部分报警—解除报警”。

### （三）融合算法实现

首先求解各报警位置的浓度值。将初始条件代入式（5.35），把等值线内的 10 个报警器

按从左至右、从上至下的顺序编为 $A_1 \sim A_{10}$，其浓度如表 5-6 所示。

表 5-6　毒剂报警设备位置的初始浓度值

| 报警器编号 | 浓度/（mg/m³） | 报警器编号 | 浓度/（mg/m³） |
|---|---|---|---|
| $A_1$ | 8.22 | $A_6$ | 79.07 |
| $A_2$ | 3.72 | $A_7$ | 25.09 |
| $A_3$ | 79.07 | $A_8$ | 2.07 |
| $A_4$ | 25.09 | $A_9$ | 8.22 |
| $A_5$ | 2.07 | $A_{10}$ | 3.72 |

假设相对湿度为 70%，根据漏警率的计算公式可以得到各报警器的漏警率，如表 5-7 所示。

表 5-7　单个毒剂报警设备的漏警率

| 报警器编号 | 漏警率/% | 报警器编号 | 漏警率/% |
|---|---|---|---|
| $A_1$ | 10.59 | $A_6$ | 12.20 |
| $A_2$ | 10.59 | $A_7$ | 10.80 |
| $A_3$ | 12.20 | $A_8$ | 10.59 |
| $A_4$ | 10.80 | $A_9$ | 10.59 |
| $A_5$ | 10.59 | $A_{10}$ | 10.59 |

虚警率与外场环境的随机干扰信号有关，这里假设虚警率为定值，设 $P_F=5\%$。$\varepsilon_{11}=\varepsilon_{00}=0$，$\varepsilon_{10}=\varepsilon_{01}=1$，即设融合决策正确反映危害事件时，代价设为 0；对危害事件做出错误决策时，代价设为 1。对于先验概率，在没有历史数据的基础上，可取 $P_0=P_1=50\%$。

利用 Matlab 的随机函数生成 10000 组 $A_1 \sim A_{10}$ 的局部判决结果，然后根据式（5.35）生成最终的融合判决结果。随机矩阵用 randsrc（m，n，[alphabet；prob]）函数来计算（$m$，$n$ 表示生成的矩阵维数；“alphabet”表示随机数元素；“prob”表示每个随机数元素的发生概率）。融合漏警率与单个报警器的平均漏警率结果如表 5-8 所示。

表 5-8　漏警率仿真实验结果

| 实验次数 | 1 | 2 | 3 | 4 | 5 | 6 | 7 | 8 | 9 | 10 | 均值/% |
|---|---|---|---|---|---|---|---|---|---|---|---|
| 融合漏警率/% | 0.05 | 0 | 0.01 | 0.04 | 0.01 | 0.04 | 0.03 | 0.01 | 0.04 | 0.02 | 0.03 |
| 单个报警器的平均漏警率/% | 10.89 | 10.89 | 10.91 | 10.84 | 10.85 | 11.03 | 11.09 | 11.13 | 11.10 | 10.95 | 10.97 |

用同样的方法，假设未遭遇化学危害，以固定虚警率 $P_F=5\%$产生随机数，然后进行融合计算，结果如表 5-9 所示。

表 5-9 虚警率仿真实验结果

| 实验次数 | 1 | 2 | 3 | 4 | 5 | 6 | 7 | 8 | 9 | 10 | 均值/% |
|---|---|---|---|---|---|---|---|---|---|---|---|
| 融合虚警率/% | 0.01 | 0.02 | 0.01 | 0.01 | 0.01 | 0.01 | 0.02 | 0.01 | 0.01 | 0.02 | 0.01 |
| 单个报警器的平均虚警率/% | 5.03 | 4.63 | 5.04 | 4.97 | 5.06 | 5.14 | 5.06 | 4.63 | 4.98 | 4.99 | 4.95 |

根据上述数据作对比图，如图 5-7 和图 5-8 所示。

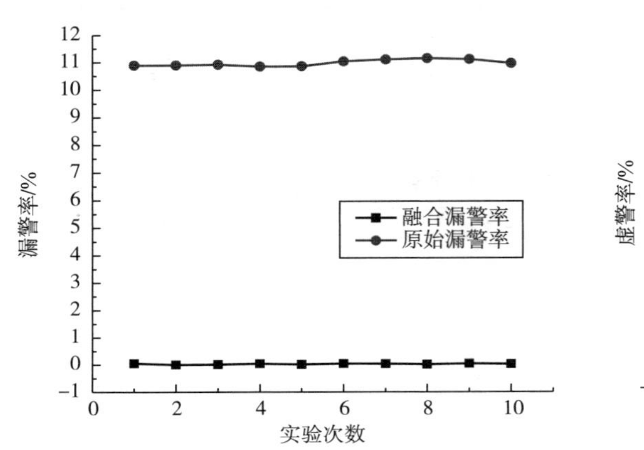


图 5-7 漏警率仿真实验结果对比

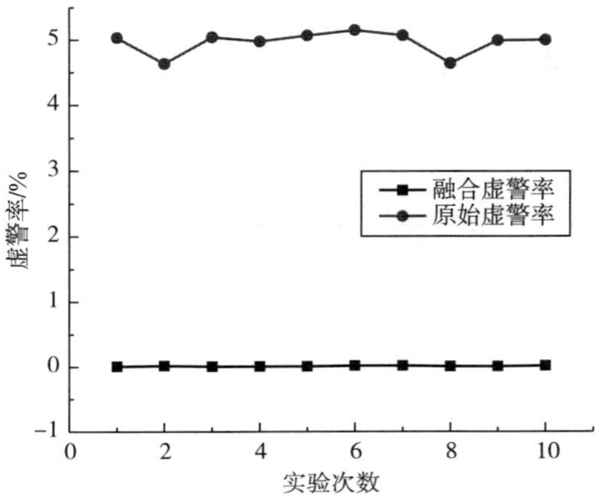

图 5-8 虚警率仿真实验结果对比

从结果可以看到，在相同的外场环境下，融合后的漏警率明显降低，由平均 10.97%下降到了 0.03%。同时融合后的虚警率也大幅下降，由平均 4.95%下降到了 0.01%。可见，通过对多个信源输出信息的融合处理，可以在装备性能不变的情况下，提高报警准确度，增加报警结果的可信度。

## （四）影响因素研究

多种环境因素均可影响分布式检测融合结果。检测准则的门限取值不同时，融合的结果也有一定的差异，主要影响因素包括源项参数、先验概率、代价函数、单个毒剂报警设备的漏警率和虚警率等。

### 1. 源项参数

源项参数对毒剂报警设备的影响主要是浓度的影响，当浓度过低时达不到最低检测门限；浓度过高时如果不报警就会产生严重后果。利用本书构建的融合算法可以降低漏警发生的风险。

假设多个化学弹同时爆炸将源强提高了一个数量级，毒剂报警设备距危害位置的距离为 500m，其他条件不变，在 $t=250$s 时可求出报警点的浓度，如表 5-10 所示。

表 5-10 毒剂报警设备位置的初始浓度值（源项参数影响）

| 报警器编号 | 浓度/（$mg/m^3$） | 报警器编号 | 浓度/（$mg/m^3$） |
| --- | --- | --- | --- |
| $A_1$ | 0.93 | $A_6$ | 2290.17 |
| $A_2$ | 0.40 | $A_7$ | 112.32 |
| $A_3$ | 2290.17 | $A_8$ | 0.29 |
| $A_4$ | 112.32 | $A_9$ | 0.93 |
| $A_5$ | 0.29 | $A_{10}$ | 0.40 |

根据式（5.35），可以得到各报警器的漏警率，如表 5-11 所示。

表 5-11 单个毒剂报警设备的漏警率（源项参数影响）

| 报警器编号 | 漏警率/% | 报警器编号 | 漏警率/% |
| --- | --- | --- | --- |
| $A_1$ | 10.69 | $A_6$ | 100 |
| $A_2$ | 10.97 | $A_7$ | 13.27 |
| $A_3$ | 100 | $A_8$ | 11.13 |
| $A_4$ | 13.27 | $A_9$ | 10.69 |
| $A_5$ | 11.13 | $A_{10}$ | 10.97 |

从表 5-11 的融合结果可以看到，有两个毒剂报警设备的漏警率是 100%，即出现了因浓度过高而无法报警的情况。由于单个报警器的漏警率为 100%时，基于随机函数的数值仿真模型无法求解，可以近似地设为 99.99%来计算。按照融合规则，求出融合漏警率的结果如表 5-12 所示。

表 5-12 漏警率仿真实验结果（源项参数影响）

| 实验次数 | 1 | 2 | 3 | 4 | 5 | 6 | 7 | 8 | 9 | 10 | 均值/% |
| --- | --- | --- | --- | --- | --- | --- | --- | --- | --- | --- | --- |
| 融合漏警率/% | 0.11 | 0.13 | 0.08 | 0.07 | 0.12 | 0.05 | 0.06 | 0.11 | 0.14 | 0.09 | 0.10 |

结果表明，在一定的外场环境下，浓度过大使部分报警器不能工作时，基于融合算法的漏警率仅为 0.10%，大幅降低了对化学危害事件漏报警的概率。

需要注意的是，在实际的外场环境下，下风方向的某一点浓度值总是由低到高的过程，这个过程受气象条件、爆炸方式和地形条件等影响，时间从数秒到几十秒不等。离子迁移谱型毒剂报警设备在理想浓度条件下，响应时间一般为 8s 左右，而最长响应时间可以达到 30s，因此完全有可能出现过高浓度导致报警失败的情况。

## 2. 先验概率

先验概率主要确定 $P_0=P(H_0)$ 以及 $P_1=P(H_1)$ 的值。实际上，在环境中先验概率很难事先确定。化学毒剂危害发生的概率只能通过爆炸时的外观景象概略判断，如爆炸声响，爆炸烟团，危害后的土壤、植物和水源征候等。可以利用层次分析法，建立每个特征的权重（0～1），再利用对现象的判断，得出化学危害发生概率。$P_0/P_1$ 的取值范围理论上是 [0，∞)， 在这个取值范围内，本书研究其对融合结果的影响。

从图 5-9 和图 5-10 中可以看到，当代价函数 $\varepsilon_{ij}$ 保持固定时，$\eta=P_0/P_1$ 对融合漏警率和融合虚警率具有一定影响，但融合后的漏警率和虚警率依然保持在很低的水平。当 $\eta$ 的取值在 [0,100] 之间变化时，融合漏警率小于 0.2%，而此时的虚警率则小于 1.5%，相对于原始漏警率和原始虚警率依然有明显降低。可见，当环境中能够根据化学危害的特征获取先验概率时，可以有效提高检测融合算法的性能。当无法获取先验概率时，融合算法依然可以大幅降低毒剂报警设备的漏警率和虚警率。

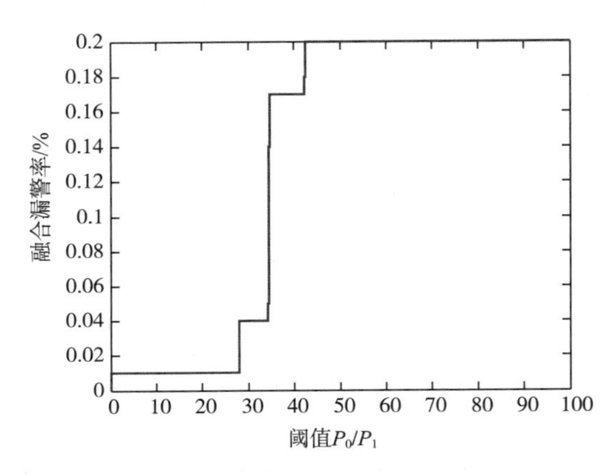


图 5-9 先验概率 $P_0/P_1$ 对融合漏警率的影响

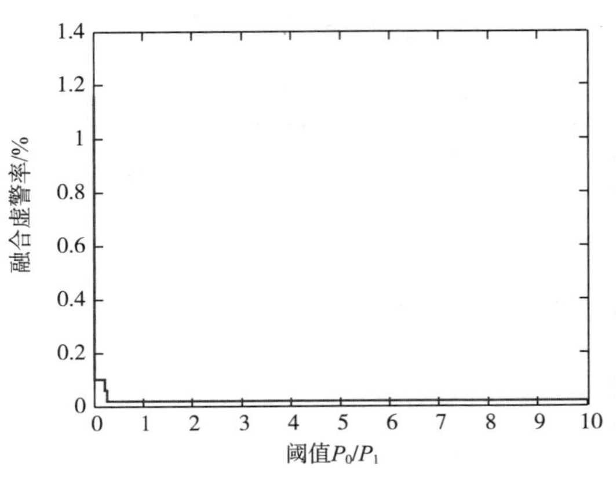


图 5-10 先验概率 $P_0/P_1$ 对融合虚警率的影响

### 3. 代价函数

先假设 $P_0/P_1$ 为定值，则 $\eta$ 只与 $\frac{\varepsilon_{10}-\varepsilon_{00}}{\varepsilon_{01}-\varepsilon_{11}}$ 有关。而根据化学危害的实际情况，显然有 $\varepsilon_{00}=\varepsilon_{11}=0$，即预测结果正确时，代价为 0。$\varepsilon_{10}$ 和 $\varepsilon_{01}$ 的取值区间可以设为（0，1），0 表示没有代价，1 表示代价的最大值。目前尚未查到有关毒剂报警设备代价函数的文献，无法直接给出准确结果，但是可以通过判断对部队的作战影响间接计算。

对于漏警的情况，在使用速杀性毒剂后，在遭袭地域可以使 50%的人员丧失战斗力，可以认为发生漏警后代价 $\varepsilon_{01}=0.5$。对于虚警的情况，主要是考虑穿戴化学防护装具后对战斗力的影响，其代价比漏警小，即 $\varepsilon_{10}<\varepsilon_{01}$，主要是对通话、观察、运动和生理产生影响，一般结合专项的试验确定数值。

当代价函数的值发生变化，且 $\varepsilon_{00}=\varepsilon_{11}=0$ 时，$\frac{\varepsilon_{10}-\varepsilon_{00}}{\varepsilon_{01}-\varepsilon_{11}}$ 的取值变化范围为（0，1），作出漏警率和虚警率的变化如图 5-11、图 5-12 所示。

从图 5-11、图 5-12 中可以看到，在代价函数的取值范围内，融合后的算法都具有良好的适应性，漏警率和虚警率相比单个毒剂报警设备均有明显降低。

### 4. 单个报警器的漏警率

通过前文分析可知，相对湿度对毒剂报警设备的漏警率有重要影响，在相对湿度为

60%以上时，就会使漏警率有比较明显的上升，因此在实际外场环境下，单个报警器的漏警率可能在一个比较大的范围内波动。为此假设 10 个毒剂报警设备的漏警率相同，变化范围为 0.1%～50%，然后分析融合漏警率的变化情况，如图 5-13 所示。

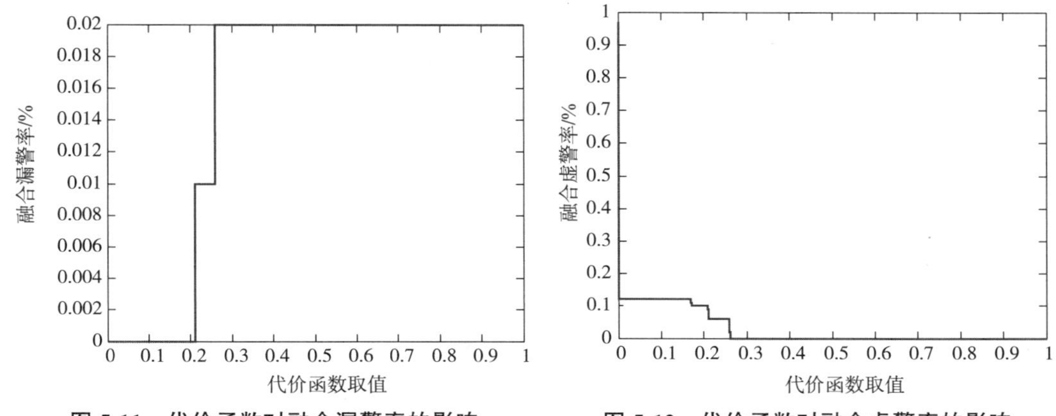


**图 5-11　代价函数对融合漏警率的影响**　　**图 5-12　代价函数对融合虚警率的影响**

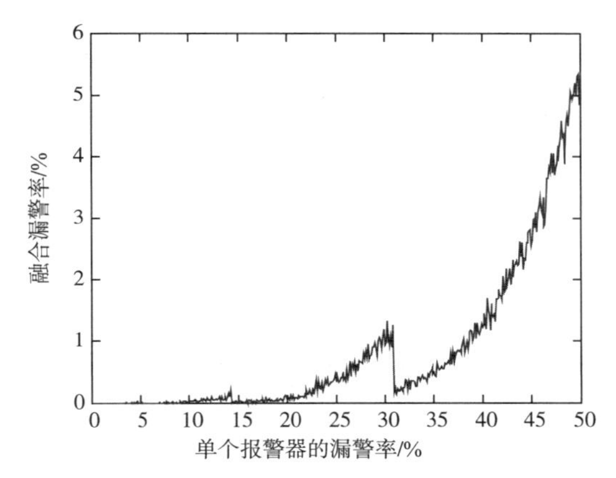


**图 5-13　融合漏警率与单个报警器漏警率的关系**

由图 5-13 可以看到，单个报警器的漏警概率上升，融合漏警率也呈上升趋势，但仍远小于单个报警器；融合后的漏警率在 0～6%之间变化，相比单个毒剂报警设备具有明显优势，表明检测融合算法受单个毒剂报警设备的性能参数影响较小，具有较大的适应范围。可见，融合算法也适用于不同种类和不同技术状态的毒剂报警装备信息的融合处理，装备的漏警率可能随着外场环境各种因素的变化而波动，经过融合后可以提供更准确的报警结果。

### 5. 单个报警器的虚警率

单个报警器的虚警率与所在位置和时间有关，很难事先给出预测数据。在检测融合过程中，只能通过历史数据和环境计算出经验值。图 5-14 所示的是单个报警器的虚警率在 0～50%的情况下，融合虚警率的变化。从图中可以看到，在单个报警器的虚警率发生较大范围的变化时，融合虚警率仍然控制在比较低的水平；当单个报警器的虚警率在 44%左右时，融合虚警率出现最高值（为 0.5%）；单个报警器的虚警率在 0～20%区间时，融合虚警率没有明显变化。

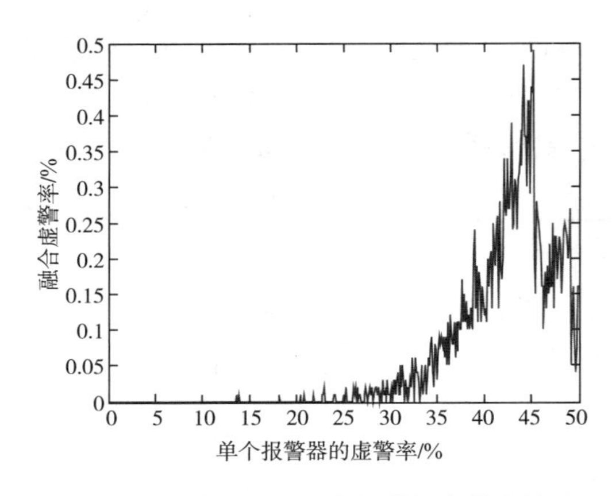


**图 5-14　融合虚警率与单个报警器虚警率的关系**

在实际的外场环境下，单个毒剂报警设备受环境条件影响而出现虚警的情况时有发生，自然环境中的干扰气体、各种车辆设备的尾气以及各种弹药爆炸后形成的烟团等都会影响单装的虚警率指标。运用检测融合算法，可以有效降低单装虚报警的影响，使化学危害报警的可信度更高。

综上所述，融合算法受到源项参数、先验概率、代价函数和单个毒剂报警设备的漏警率、虚警率等因素影响，判决准确度会发生变化，在外场环境下进行化学危害的检测融合时应尽可能根据实际条件确定这些参数。影响因素的取值在较大的范围内变化时，融合后的漏警率与虚警率均在一个比较低的水平，进一步证明了融合算法的有效性。

# 第三节　混合信源的分布式检测融合方法

前文所述的单点信源的分布式检测融合方法可以大幅提高对毒剂检测的准确度，有效降低报警器本身的漏警率与虚警率影响。

## 一、融合算法设计

### （一）混合信源算法的特点

混合信源的检测融合主要有以下 3 个特征，因此融合算法需要进一步改进才能适应其要求。

#### 1. 异步判决

单点信源的二元判决是建立在时间一致基础上的同步判决，即在同一时刻对发生的事件进行判决，利用各信源所在位置的浓度不同从而确定单个信源的漏警率和虚警率，达到融合判决的目的。而远程遥测信源的特点是可以对云团进行不间断的扫描，在一定的时间段 $[0,\tau]$ 内不断地产生判决结果。

### 2. 门限未知

在前文单点信源的分布式检测融合算法中，根据计算需要，给出了单点信源的基础数据算法，即对单个毒剂报警设备的漏警率和虚警率给出了推算方法。对于门限值 $\eta$，可根据环境中出现的化学危害信号给出判断。根据前文分析可知，$P_0$ 和 $P_1$ 的取值不同会影响到最后的判决结果。在实际的外场环境下，远程遥测装置探测的距离较远，在探测之前对于化学危害后的特征判断时间有限，基本无法通过各种现象确定先验概率。同时，环境中对于代价函数也难以进行量化，漏报警和虚报警的代价很难直接确定，因此混合信源的门限值未知。

### 3. 局部检测概率不变

遥测毒剂报警设备对云团进行持续监测时，只要云团浓度在可探测范围之内，即可检测出毒剂的存在。因此本节假设漏警率和虚警率是定值，与单点信源的毒剂报警设备有较大的不同，可用下式表示。

$$P_{\mathrm{M}}=\begin{cases}a_{\mathrm{M}} & C\geqslant C_0\\ \phi & C<C_0\end{cases},\ P_{\mathrm{D}}=\begin{cases}a_{\mathrm{D}} & C\geqslant C_0\\ 0 & C<C_0\end{cases},\ P_{\mathrm{F}}=\begin{cases}a_{\mathrm{F}} & C\geqslant C_0\\ \phi & C<C_0\end{cases} \tag{5.36}$$

## （二）基于 N-P 规则的自适应算法

本节基于 Neyman-Pearson 规则（简称 N-P 规则）来解决门限未知的问题。对于一个化学危害事件，有漏警率 $P_{\mathrm{M}}$、检测率 $P_{\mathrm{D}}$ 和虚警率 $P_{\mathrm{F}}$，理想的检测融合算法是使 $P_{\mathrm{M}}$ 和 $P_{\mathrm{F}}$ 同时达到最小化，但实际上很难同时达到。根据 N-P 规则，只能在限制 $P_{\mathrm{F}}$ 的情况下，使 $P_{\mathrm{M}}$ 达到最小，这种准则下的检测融合称为 N-P 检测。其设计目标是在预先设定的检验水平上，使检验功效最大。

因此，把 N-P 检测定义为一个约束条件下的函数问题，引入拉格朗日乘子。其必要条件是使下式的值达到最小。

$$F=P_{\mathrm{M}}+\lambda(P_{\mathrm{F}}-\alpha_0) \tag{5.37}$$

式中，$\lambda$ 表示拉格朗日乘数。根据前文定义，用条件概率将 $P_{\mathrm{F}}$ 和 $P_{\mathrm{M}}$ 替换，则上式变为

$$F=\int_{Z_0}p(y|H_1)\mathrm{d}y+\lambda\left[\int_{Z_1}p(y|H_0)\mathrm{d}y-\alpha_0\right]=\lambda(1-\alpha_0)+\int_{Z_0}[p(y|H_1)-\lambda p(y|H_0)]\mathrm{d}y \tag{5.38}$$

实际上，在单点信源的检测融合中，本书给出了基于代价函数的计算方法，基于 N-P 检测的函数 $F$ 就是平均代价函数的特殊形式。在贝叶斯检测中，平均代价函数由下式给出：

$$R=\sum_{i=0}^{l}\sum_{j=0}^{l}\varepsilon_{ij}P_jP(H_i|H_j\text{为真}) \tag{5.39}$$

如果令 $\varepsilon_{00}=\varepsilon_{11}=0$，$P(H_0)\varepsilon_{10}=\lambda$，$P(H_1)\varepsilon_{01}=1$，$P_{\mathrm{F}}-\alpha_0=P(H_1|H_0)$，则上式可以转化为

$$R'=P(H_0|H_1)+\lambda P(H_1|H_0) \tag{5.40}$$

由式（5.37）和式（5.40）相比可知，N-P 规则实际上就是在规定条件下的贝叶斯规则的特殊表示，因此分析函数 $F$ 的第二项的最小值可以采用下面的似然比检测。

$$\Lambda(y)=\frac{p(y|H_1)}{p(y|H_0)}\underset{H_0}{\overset{H_1}{\gtrless}}\lambda \tag{5.41}$$

根据式（5.27）～式（5.29），可以把上式变换为

$$\sum_{i=1}^{N}\left[u_i\ln\frac{(1-P_{Mi})}{P_{Fi}}+(1-u_i)\ln\frac{P_{Mi}}{1-P_{Fi}}\right]\underset{u_0=0}{\overset{u_{0=1}}{\gtrless}}\ln\lambda \tag{5.42}$$

判决的门限 $\lambda$ 可由虚警率的约束确定，即满足下式。

$$\int_{Z_1}p(y|H_0)\mathrm{d}y=\int_{\lambda}^{\infty}p(\Lambda|H_0)\mathrm{d}\Lambda=\alpha_0 \tag{5.43}$$

通过式（5.42）和式（5.43）即可确定基于给定虚警率约束的门限自适应算法，判定结果不受先验概率和代价函数的影响。

### （三）基于异步判决的融合算法改进

通过基于 N-P 算法的检测融合可以在虚警概率给定的情况下求出门限，从而完成融合判决。而对于远程遥测信源来说，由于具有异步判决的特点，因此，需要进一步研究多次异步检测情况下的融合检测规则。

假定分布式检测系统工作在一个给定的观测区间［0，$\tau$］，在这个区间内事件不发生变化。遥测信源在区间内的不同时刻作出了多个关于假设存在的判决，这些判决不断地送入融合中心，最后在［0，$\tau$］的结束时刻产生全局判决。假设远程遥测毒剂报警装置的局部判决时间为 $\beta$，则在区间［0，$\tau$］内，远程遥测报警器 B 的判决次数为

$$k=\frac{\tau}{\beta} \tag{5.44}$$

所以遥测报警器在［0，$\tau$］内发送的局部判决集合用 $u_B=\{u_{B1},u_{B2},\cdots,u_{Bk}\}$ 表示。假定在［0，$\tau$］内，遥测报警器 B 的虚警和检测率 $P_M$ 和 $P_D$ 是平稳的，即它们不随时间和云团的扩散浓度变化而变化，全局判决规则是基于在该区间内接收的所有局部判决且在观测区间［0，$\tau$］的结束时间作出的。如果把遥测信源的每一次检测都看成一次局部判决，则最优融合规则可以表示为以下的似然比检测：

$$\Lambda'(y)=\frac{p(y|H_1)}{p(y|H_0)}=\frac{P_r(u_1,u_2,\cdots,u_N,u_B|H_1|)}{P_r(u_1,u_2,\cdots,u_N,u_B|H_0|)}\underset{H_0}{\overset{H_1}{\gtrless}}\lambda \tag{5.45}$$

式中，$u_N$ 表示在毒剂报警区域内有 $N$ 个单点毒剂报警设备；$u_B$ 表示区域内有 1 个遥测报警器。由于 $u_B$ 表示 $k$ 次判决，因此把上式右半部分展开：

$$\begin{aligned}\frac{P_r(u_1,u_2,\cdots,u_N,u_B|H_1)}{P_r(u_1,u_2,\cdots,u_N,u_B|H_0)}&=\frac{P_r(u_1,u_2,\cdots,u_N,u_{B1},u_{B2},\cdots,u_{Bk}|H_1)}{P_r(u_1,u_2,\cdots,u_N,u_{B1},u_{B2},\cdots,u_{Bk}|H_0)}\\&=\prod_{i=1}^{N+k}\frac{P_r(u_i=1|H_1)}{P_r(u_i=1|H_0)}\\&=\prod_{R_1}\frac{P_r(u_i=1|H_1)}{P_r(u_i=1|H_0)}\prod_{R_0}\frac{P_r(u_i=1|H_1)}{P_r(u_i=1|H_0)}\\&=\prod_{R_1}\frac{1-P_{Mi}}{P_{Fi}}\prod_{R_0}\frac{P_{Mi}}{1-P_{Fi}}\end{aligned} \tag{5.46}$$

两边取对数得到基于异步判决的检测融合算法：

$$\sum_{i=1}^{N+\frac{\tau}{\beta}}\left[u_i\ln\frac{(1-P_{Mi})}{P_{Fi}}+(1-u_i)\ln\frac{P_{Mi}}{1-P_{Fi}}\right]\underset{u_0=0}{\overset{u_0=1}{\gtrless}}\ln\lambda \tag{5.47}$$

## 二、数值仿真实验设计

### （一）背景场设定

假定毒剂云团的爆炸方式和初始源项参数与单点信源的数值仿真实验不变，扩散模式采用风向固定的高斯烟团模式，毒剂报警设备的分布如图 5-15 所示。

在混合信源的计算中，由于远程遥测毒剂报警设备的存在，假设只有 5 个单点信源，报警器编号为 $A_1$、$A_2$、…、$A_5$。其坐标位于距化学爆炸点 $l=1000$m 的直线上，每个监测点相距 200m。

远程信源的坐标为（$x_0$，$y_0$），设其到云团的距离 $l_0=1100$m，完成一次检测的时间 $\beta=20$s，检测区间 $\tau=100$s。其他初始条件与单点信源的条件相同。

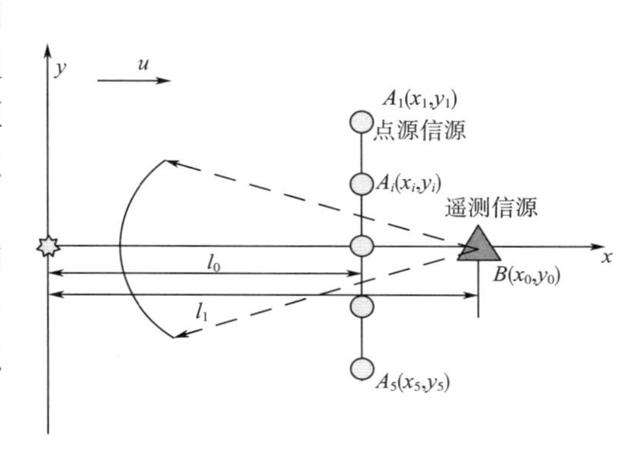


图 5-15　混合信源分布

### （二）融合算法实现

如果云团沿 $x$ 轴运动，在 $t=500$s 时，监测点浓度达到单点报警器的报警阈值。假设远程遥测报警器在 $400\text{s}\leqslant t\leqslant 500\text{s}$ 区间内对毒剂云团进行持续监测，其浓度如表 5-13 所示。

表 5-13　单点信源坐标点的初始浓度值

| 报警器编号 | 浓度/（mg/m³） |
| --- | --- |
| $A_1$ | 0.00 |
| $A_2$ | 1.13 |
| $A_3$ | 104.93 |
| $A_4$ | 1.13 |
| $A_5$ | 0.00 |

表 5-13 中 $A_1$ 和 $A_5$ 两个点的浓度为 0.00，表示浓度已低于 Matlab 默认的单精度浮点数，可作为 0 考虑。假设外场环境当前的相对湿度为 70%，根据浓度值与漏警率的拟合公式，可以得到单个报警器的漏警率，如表 5-14 所示。

表 5-14　单点信源的漏警率

| 报警器编号 | 漏警率/% |
| --- | --- |
| $A_1$ | ∅ |
| $A_2$ | 10.65 |
| $A_3$ | 13.03 |
| $A_4$ | 10.65 |
| $A_5$ | ∅ |

遥测报警装置的漏警率和虚警率由综合因素决定，与地形条件、气象条件和云团的浓度分布状况有关系。由于缺乏实际的实验数据，根据前文分析的混合信源的特点，将其设定为常量（$P_F=0.1$，$P_M=0.05$）。

根据 N-P 算法，假设融合后可接受的虚警率要求为 $\alpha_0=0.05\%$，然后由式（5.47）可得检测门限。由于不能得到关于 $\alpha_0$ 的解析解，因此本书采用基于插值的近似解，在上述基础数据已知的情况下，考察不同的 $\lambda$ 取值对虚警率的影响。其算法如图 5-16 所示。

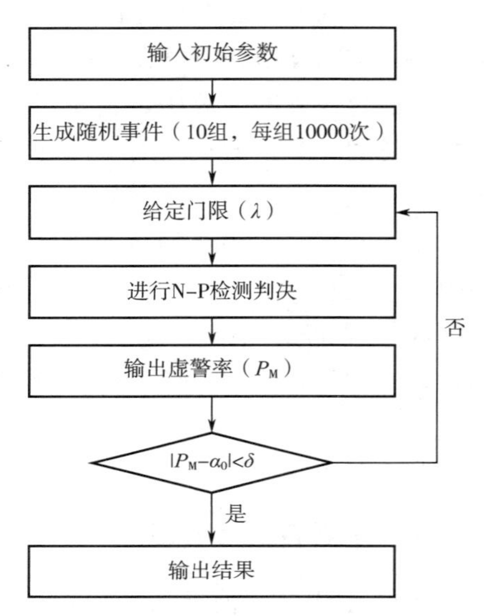


图 5-16　通过 $\alpha_0$ 求解门限 $\lambda$ 的方法

根据前文对虚警率的影响因素研究，发现 $\lambda$ 对 $\alpha_0$ 是单调递减的函数，因此求解 $\lambda$ 可采用插值法逐渐逼近准确值，使门限满足 $\alpha_0$ 的要求。

根据上述算法作出 $\alpha_0$ 和 $\lambda$ 的相关曲线，具体如图 5-17 所示。曲线中点的步长为 0.001，范围是 [0,1]。通过曲线可以看到，函数不是连续可导的，存在突变。运用 Matlab 的 find 函数，解出当 $\lambda=0.181$ 时 $\alpha_0=0.0510$；当 $\lambda=0.1820$ 时 $\alpha_0=0.0380$。所以要满足虚警率的最低要求，根据插值法，门限值应取 $\lambda=0.18107$。

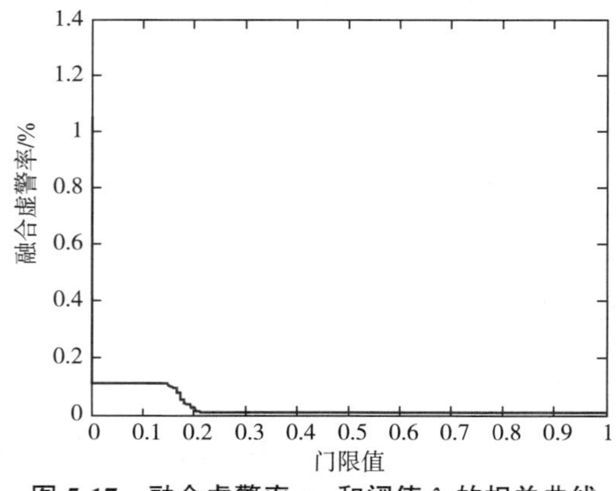


图 5-17　融合虚警率 $\alpha_0$ 和阈值 $\lambda$ 的相关曲线

在获取了门限之后，对随机生成的10000组数据进行统计，融合漏警率如表5-15和图5-18所示。

表5-15　混合信源的漏警率仿真实验结果

| 实验次数 | 1 | 2 | 3 | 4 | 5 | 6 | 7 | 8 | 9 | 10 | 均值/% |
|---|---|---|---|---|---|---|---|---|---|---|---|
| 融合漏警率/% | 0.010 | 0.014 | 0.014 | 0.013 | 0.010 | 0.010 | 0.016 | 0.005 | 0.01 | 0.015 | 0.012 |
| 单个报警器的平均漏警率/% | 10.05 | 9.92 | 10.04 | 9.99 | 9.84 | 9.90 | 9.89 | 10.05 | 9.96 | 9.83 | 9.95 |

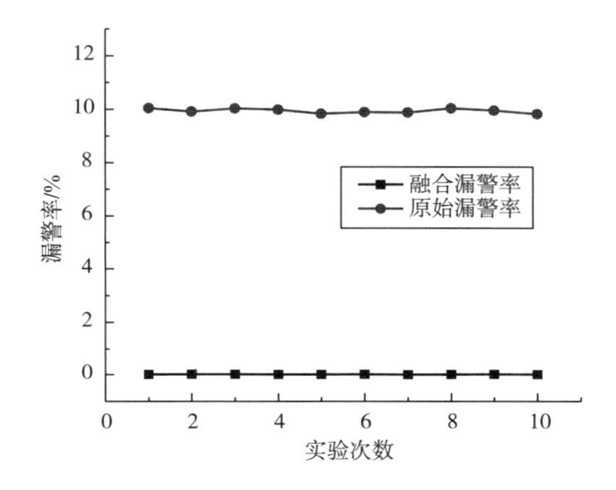


图5-18　混合信源的漏警率仿真实验结果对比

从结果可以看到，在相同初始条件下，混合信源的融合算法漏警率明显下降，由平均9.95%下降到了0.012%。与单点信源相比（融合漏警率0.02%），混合信源在信源数量减少的情况下，融合漏警率更小。其原因是遥测信源可以在一定的时间范围内对同一云团进行异步检测，从而增加了检测信息的数量，减少了出现检测错误的概率。

# 第六章

# 核生化危害预测技术及应用

# 第一节　核生化危害预测概述

## 一、核生化危害预测基本概况

核生化危害预测是核生化信息融合的重要内容之一，主要研究核生化危害物在大气环境下的排放、传输与扩散。大气中的核生化危害物，主要以气溶胶粒子形态存在，因此可忽略它们对空气的反作用，而看作仅仅是被空气携带。本章即是讨论这样一个被动标量的输运过程。所谓被动标量通常具有以下两个方面的含义：①被动性，即标量的存在与变化对流动的速度场无影响；②跟随性，即标量不与携带它的流体微团分离。例如，若被动标量是化学危害物浓度 $C$，则意味着危害物无惯性，且与携带它的流体微团无相对运动。显然，上述两条假设是近似的，核危害的剂量率 $\gamma$、生化危害的浓度 $C$ 都会影响到流体的密度，造成正或负的浮力或阻力。跟随性的要求更是与流动的湍流涡旋结构的概念相抵触。然而，在通常精度范围内，这两条假设都是可以接受的。

核生化危害的输运过程可简化为由平均运动的对流传输和湍流运动的扩散这两种机制构成。二者在对流扩散方程中采用不同的项来表达。

以化学危害浓度 $C$ 为例，依照分子扩散的梯度传输机制，假定穿过某一控制面的标量 $C$ 的通量与该标量沿该平面法线方向的梯度 $-\dfrac{\partial C}{\partial n}$ 成正比，负号表示扩散的方向沿 $C$ 减小的方向。考虑一个体积为 $\tau$、表面积为 $s$ 的流体微团，标量 $C$ 的随体导数应等于边界面上 $C$ 的扩散的负值（暂不考虑标量的源项和沉降），即

$$\frac{\mathrm{d}}{\mathrm{d}t}\int C\mathrm{d}\tau=-\int_{s}\left(-\boldsymbol{K}\frac{\partial C}{\partial n}\right)\mathrm{d}s \tag{6.1}$$

式中，$\boldsymbol{K}=(K_x, K_y, K_z)$，为大气扩散系数张量。将上式左端微商与积分交换次序，右端用奥高公式转换，则变成

$$\int_{\tau}\frac{\mathrm{d}C}{\mathrm{d}t}\mathrm{d}\tau=\int_{\tau}\nabla\left(\boldsymbol{K}\frac{\partial C}{\partial n}\right)\mathrm{d}\tau \tag{6.2}$$

去掉积分号，即可得到描述核生化危害扩散过程的对流扩散方程

$$\frac{\partial C}{\partial t}=\nabla(\boldsymbol{K}\nabla C)-\boldsymbol{v}\nabla C \tag{6.3}$$

式中，$C=C(x,y,z,t)$，为空间任一点$(x,y,z)$在 $t$ 时刻的扩散浓度；$\boldsymbol{v}=(v_x, v_y, v_z)$，为对流速度向量。

## 二、国外核生化危害预测相关应用平台

20 世纪 90 年代至今，随着相关基础学科的发展，核生化危害预测技术与微气象场数值分析、复杂地形污染物扩散模拟、虚拟环境仿真等不断融合完善，美国、英国、荷兰、瑞典等多个国家都先后建立了包含泄漏源项模型、风场模型和扩散模型的综合应急反应系统，有多种评估软件系统（表 6-1）在国际上得到了广泛的商业推广应用，具备成熟的产业化程度。其中，最具代表性的有 HGSYSTEM 系统、NARAC 系统和 TRACE 系统等。

美国能源部（DOE）资助开发的 HGSYSTEM 系统主要包括热力学模型、逸出模型、烟羽喷流模型、重气扩散模型、远距离扩散模型等，可评估气体、液体的扩散或包括多元混合物的两相释放，用于气体逸出扩散、闪蒸扩散、蒸发池扩散、重气扩散、纯扩散及伴有化学反应的六氟化硫气体扩散。美国国家大气释放咨询中心研制的 NARAC 系统能够模拟复杂的流场、详尽的颗粒扩散、多种空间尺度上的干湿沉降过程，包括局部及地区级气象预测、扩散模型和核爆沉降模型，可模拟分析复杂环境下的核生化危害泄漏和释放。TRACE 系统可以处理多种类型化学危害颗粒及液滴的释放、转移和扩散，包括瞬时、连续、瞬变流、抬升释放以及低或高动量射流等。

另外，英国的 NAME 系统通过跟踪流体粒子的三维轨迹并采用蒙特卡罗方法计算空气浓度，模拟污染物中长期的传递和沉积，可以对瞬时或连续时间的空气浓度进行预测，包括放射性同位素的浓度、沉积量及剂量率。荷兰应用科学研究院（TNO）开发的决策支持系统 GASMAL 将计算速度、图形显示以及数据库信息结合在一起，增强了对于化学事故应急处置至关重要的快速决策，以确保应急反应的时效性。加拿大国防部研究局 CBRN 计划支持下的城市流与扩散多尺度建模子系统（CUDM）由中尺度（15km-250m 网格）数值天气预报模型 urbanGEM、网格生成器 urbanGrid、边界插值器 urbanBoundary、流场求解器 urbanSTREAM、对流扩散模型 urbanEU/AEU、拉格朗日随机扩散模型 urbanLS、后处理模块 urbanPOST 等 7 个模块组成，用于危害物 CFD 流动和扩散建模。德国、瑞典、俄罗斯、日本、法国等也陆续开发了服务自身需求的核生化危害应急反应系统。

**表 6-1 国外核生化危害应急反应系统**

| 系统名称 | 开发机构/国家 | 中小尺度大气扩散模式 | 风场计算 | 危害剂量 | 中尺度和远距离模式 |
|---|---|---|---|---|---|
| HGSYSTEM | DOE/美国 | 高斯烟羽喷流模型；重气扩散模型；远距离扩散模型 | 有 | 有 | 有 |
| NARAC | LLNL/美国 | 粒子扩散模式 | 有 | 有 | 有 |
| TRACE | SAFER 公司/美国 | 拉格朗日烟团模式；高斯颗粒扩散模型 | 有 | 有 | — |
| NAME | 英国 | 随机游走模式；三维数值模式；蒙特卡罗模式 | 有 | 有 | 有 |
| GASMAL | TNO/荷兰 | 拉格朗日烟团模式；高斯颗粒扩散模型 | 有 | 有 | — |

续表

| 系统名称 | 开发机构/国家 | 中小尺度大气扩散模式 | 风场计算 | 危害剂量 | 中尺度和远距离模式 |
|---|---|---|---|---|---|
| CUDM | 国防部/加拿大 | 拉格朗日随机扩散模型 | 有 | 有 | 有 |
| RODOS | 欧盟 | 分段高斯烟羽模式；高斯烟团模式；拉格朗日烟团模式 | 有 | 有 | 有 |
| RESEY | FZK/德国 | 分段高斯烟羽模式 | 有 | 有 | — |
| STREAM | SSES/美国 | 拉格朗日粒子输运模式（MESO）；高斯烟羽模式 | 有 | 有 | — |
| LENA-WIN | SSI/瑞典 | 高斯直线烟羽模式 | — | 有 | — |
| RECASS | SPA/俄罗斯 | 高斯烟团模式；三维数值模式；蒙特卡罗模式 | 有 | 有 | — |
| SPEEDI | JAERI/日本 | 粒子扩散模式（WIND04/PRWDA） | 有 | 有 | 有 |
| IMIS | BFS/德国 | 拉格朗日和欧拉扩散模式 | 有 | 有 | — |
| WISERD | NRPB/英国 | 高斯类模式 | 有 | 有 | — |
| CONRAD | IRSN/法国 | 图表法和高斯烟团模式 | — | 有 | — |

## 三、国内核生化危害预测相关应用平台

国内对核生化危害预测的研究始于20世纪90年代，目前仍处于中试阶段，尚未达到产业化应用程度。原化工部劳动保护研究所对工业有毒物质的事故性泄漏进行了研究总结，建立了事故性泄漏模式及泄漏源反演模型。

北京城市有毒有害易燃易爆危险源控制技术研究中心自1997年成立以来，一直将危害物质泄漏仿真技术研究作为主攻方向之一，不断进行泄漏扩散、反演和风洞模拟实验研究，先后完成了“重要有毒物质泄漏扩散模型及监控技术研究”“毒物泄漏源项反演模型研究”等科研课题。

中国辐射防护研究院的胡二邦等先后完成了秦山、连云港、福建惠安等核电厂事故应急实时评价系统的研制，为此他们组织开展了大量的$SF_6$示踪实验和分析。扩散预测作为其中的核心技术组成，可在获取传感器数据后对扩散态势进行估计，为核电厂环境评价和应急处置提供了科学依据。

原公安部消防局组织研发了化学灾害事故处置辅助决策系统，很多企业、工业园区和政府部门也对危险化学品的生产、使用、储运开发了针对性较强的危险化学品泄漏点反演、扩散及应急救援系统。

由相关平台研究可知，常用的核生化危害扩散模式包括高斯扩散模式、欧拉扩散模式、拉格朗日粒子扩散模式、拉格朗日烟团扩散模式、蒙特卡罗模式等，这些模式均有一定的适

用性和优劣性。在此基础上，本书重点对基于高斯扩散模式的核生化危害快速预测技术和基于流体动力学的核生化危害详细预测技术进行详解。

# 第二节　基于高斯扩散模式的核生化危害快速预测技术

## 一、高斯扩散模式的基本原理

为了更好地反映各种条件下大气中有关物质的浓度分布以及时空扩散规律，人们将源项、气象条件及各种相关信息输入计算机，建立模型，将扩散过程进行了模型化、模式化，从而将问题转变为改进模式的参数及计算方式，得到更高效、更准确的物质扩散时空分布。本节针对环境下遭遇核生化危害的快速报警需求，利用高斯扩散模式所需气象条件少、计算速度快的特点，设计了核生化危害扩散快速预测模型。高斯扩散模式的工作原理如图 6-1 所示。

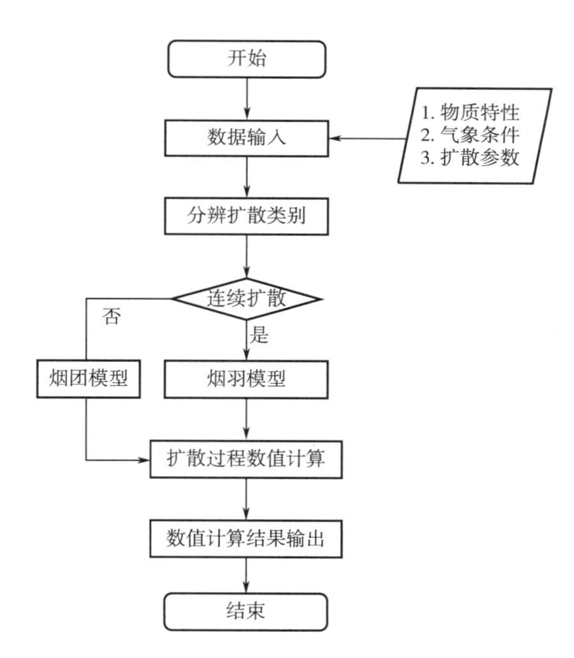


**图 6-1　高斯扩散模式工作原理图**

## 二、瞬时扩散下的高斯扩散

瞬时释放适用于一发或数发炮弹爆炸的形式危害。这种情况下高斯扩散模式又称为高斯烟团模式，可以看成是将高斯烟羽模式分成数个烟团。瞬时点源排放的迁移模式基本方程如下：

$$\frac{\partial C}{\partial t}+u\frac{\partial C}{\partial x}=\frac{\partial}{\partial x}\left(K_x\frac{\partial C}{\partial x}\right)+\frac{\partial}{\partial y}\left(K_y\frac{\partial C}{\partial y}\right)+\frac{\partial}{\partial z}\left(K_z\frac{\partial C}{\partial z}\right) \tag{6.4}$$

$$K_x=\frac{{\sigma_x}^2}{2t} \quad K_y=\frac{{\sigma_y}^2}{2t} \quad K_z=\frac{{\sigma_z}^2}{2t} \tag{6.5}$$

式中，$C$ 为危害物扩散浓度。同时，假定在原点(0,0,0)，即 $x=y=z=0$ 处有一个瞬时点源排放；当时间趋近零时，浓度趋近零，当时间趋向无穷大时，浓度也趋近于零；整个扩散过程，满足质量守恒定律，且假定时间为零时，排放物的总质量为 $M$。

在满足上述条件之后，微分方程式的解为

$$C\ (x,\ y,\ z,\ t)\ =\sum_{i=1}^{n}\frac{Q_{i,t}}{(2\pi)^{3/2}\sigma_{x,i,t}\sigma_{y,i,t}\sigma_{z,i,t}}\mathrm{e}^{-\frac{1}{2}\left(\frac{(x-x_{i,t})^2}{\sigma^2_{x,i,t}}+\frac{(y-y_{i,t})^2}{\sigma^2_{y,i,t}}+\frac{(z-z_{i,t})^2}{\sigma^2_{z,i,t}}\right)} \tag{6.6}$$

可以作为瞬时点源扩散模式。式中，$C(x,y,z,t)$ 为 $t$ 时刻，空间中任一点$(x,y,z)$ 的浓度；$Q_{i,t}$ 为单个烟团的浓度；$\sigma_{x,i,t}$、$\sigma_{y,i,t}$、$\sigma_{z,i,t}$ 为$t$ 时刻各方向上的扩散参数；$x_{i,t}$、$y_{i,t}$、$z_{i,t}$ 为某个毒剂烟团的位置参数，可按照下面的公式计算。

$$x_{i,t}=x_0+u_xt \tag{6.7}$$

$$y_{i,t}=y_0+u_yt \tag{6.8}$$

$$z_{i,t}=z_0+u_zt \tag{6.9}$$

式中，$t$ 为烟团扩散时间，s；$u_x$、$u_y$、$u_z$ 分别为风速在三维坐标轴上的分量。

## 三、连续扩散下的高斯扩散

点源扩散是高斯扩散模式的主要研究对象之一，它是指在扩散进行了一段时间且气象状况平稳（风向恒定）的条件下所进行的扩散。在这个过程中，我们把释放源的位置作为坐标原点，且源项为连续、均衡地释放，释放出来的危害物质沿风向不断进行扩散运动。如果以风向为 $x$ 轴，垂直方向为 $y$ 轴建立坐标系的话，不难预见，毒剂气体将在下风方向形成圆锥形的云团，并且在 $x$ 轴的任一截面处都符合二维正态分布。连续扩散下，高斯扩散模式又叫高斯烟羽模型。

地面点源连续排放的粒子迁移方程为

$$u\frac{\partial C}{\partial x}=K_y\left(\frac{\partial^2 C}{\partial y^2}\right)+K_z\left(\frac{\partial^2 C}{\partial z^2}\right) \tag{6.10}$$

式中，各参数的含义与瞬时扩散时相同。在满足质量守恒定律的前提下，该微分方程的通解为

$$C(x,y,z)=Kx^{-1}\exp\left[-\left(\frac{y^2}{K_y}+\frac{z^2}{K_z}\right)\frac{u}{4x}\right] \tag{6.11}$$

按照所排放毒剂的性质不同，标准解一般可分为两种情况，即地面反射与地面不反射。

### （一）地面反射

在扩散过程中，当毒剂沉降到地面时，反射回大气层或者不沉降到地面的情况，数学上的表达为满足积分

$$Q=\int_{0}^{+\infty}\int_{-\infty}^{+\infty}uC\mathrm{d}y\mathrm{d}z \tag{6.12}$$

将式（6.12）代入式（6.11），可得

$$C(x,y,z,h)=\frac{Q_{\mathrm{p}}}{2\pi u\sigma_y\sigma_z}\mathrm{e}^{-\frac{y^2}{2\sigma_y^2}\left(\frac{(z-h)^2}{2\sigma_y^2}+\frac{(z+h)^2}{2\sigma_z^2}\right)} \tag{6.13}$$

式中，$h$ 为源项与地面的高度，如果是地面源，那么其值为零；其他项的含义和瞬时扩散方程相同。

### （二）地面不反射

在扩散过程中，当毒剂沉降到地面或者渗透到地下时，不反射回大气层的情况，数学上的表达为满足积分

$$Q=\int_{-\infty}^{+\infty}\int_{-\infty}^{+\infty}uC\mathrm{d}y\mathrm{d}z \tag{6.14}$$

将上述积分等式代入通解中，可得

$$C(x,y,z)=\frac{Q_{\mathrm{p}}}{2\pi u\sigma_y\sigma_z}\mathrm{e}^{-\left(\frac{y^2}{2\sigma_y^2}+\frac{z^2}{2\sigma_z^2}\right)} \tag{6.15}$$

式中各项的含义与式（6.13）相同。

## 四、扩散参数获取方式

在上述扩散过程中，确定扩散参数 $\sigma_x$、$\sigma_y$、$\sigma_z$ 其实是很困难的。一般来说，需要特定条件下的气象观测，并进行大量的计算工作。但是在实际操作中，往往只有常规的观测资料。所以，为了能方便高效地根据已有资料推算出扩散参数，研究人员进行了深入的研究，得出了一些行之有效的方法，包括帕斯奎尔扩散曲线法以及 Briggs 公式等。

帕斯奎尔法最初是由帕斯奎尔（Pasquill）于 1961 年提出的，后来由 Gifford 进一步完善，又称 P-G 曲线。该方法将大气划分为了 A～F 六个稳定度级别。稳定度划分如表 6-2 所示。

表 6-2　大气稳定度分级

| 地面风速（距地面 10m 处）/（m/s） | 白天太阳辐射 | | | 阴天的白天或夜间 | 有云的夜间 | |
|---|---|---|---|---|---|---|
| | 强 | 中 | 弱 | | 云量＞5/10 | 云量＜4/10 |
| ＜2 | A | A～B | B | D | | |
| 2～3 | A～B | B | C | D | E | F |
| 5 | B | B～C | C | D | D | E |
| 5～6 | C | C～D | D | D | D | D |
| ＞6 | C | D | D | D | D | D |

同时，Pasquill 和 Gifford 也给出了不同稳定度下 $\sigma_y$ 与 $\sigma_z$ 随下风距离 $x$ 变化的经验曲线，

如图 6-2 所示。

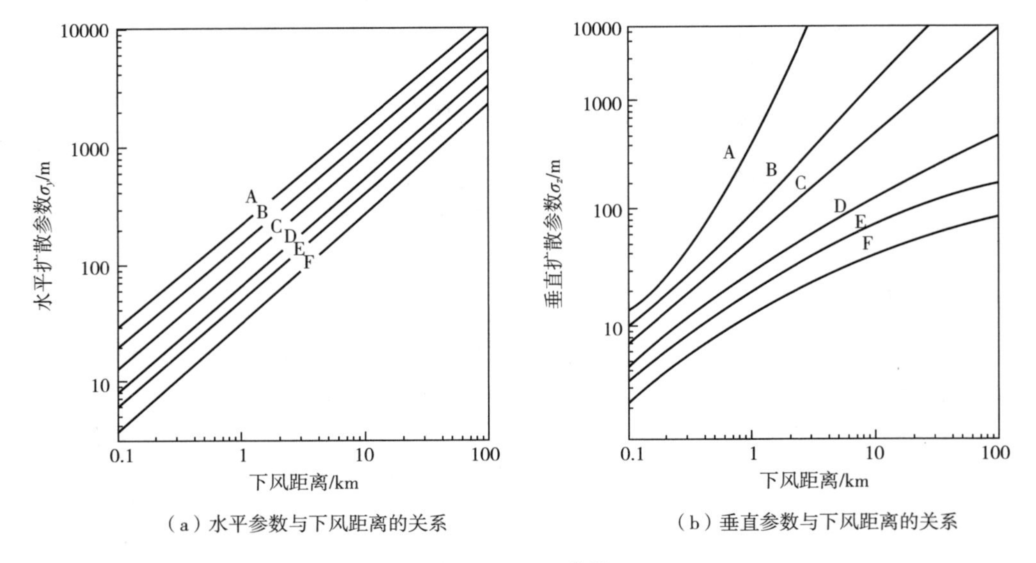

（a）水平参数与下风距离的关系　　（b）垂直参数与下风距离的关系

**图 6-2　P-G 曲线**

在 P-G 曲线的基础上，我国根据实际情况制定了国家标准《制定地方大气污染物排放标准的技术方法》。确定了大气稳定度后，通过下面两个公式来计算扩散参数：

$$\sigma_{xy}=\gamma_1 x^{a_1} \tag{6.16}$$

$$\sigma_z=\gamma_2 x^{a_2} \tag{6.17}$$

式中，$x$ 为下风方向距离；$a_1$、$a_2$ 及 $\gamma_1$、$\gamma_2$ 为扩散参数，都是无量纲常数。

当大气稳定度在 D～F 类稳定度下，且在一段相当长的距离内时，下式成立。

$$\sigma_z=\frac{ax}{(1+bx)^c} \tag{6.18}$$

## 第三节　基于流体动力学的核生化危害预测技术

关于核生化危害扩散预测，受地形、障碍物、湍流等影响，经典高斯烟羽模型、欧拉模型和拉格朗日模型虽然计算速度较快，但很难精细模拟其扩散过程，严重影响了预测精度和结果。计算流体动力学（CFD）技术糅合物理、数值方法和计算机科学于一体，能够精细化描述危害物在大气湍流运动中的物理现象，更本质地反映实际流动中浓度场、流场的变化规律，对于有障碍物或明显地形变化的复杂扩散过程更为可靠，已被广泛应用于大城市街区空气流动和污染物扩散模拟估计中，在解决中小尺度污染物扩散精细模拟问题上具有独到的优势。因此，本节采用开源平台 OpenFOAM 作为 CFD 建模工具，通过其中的 PISOFOAM 瞬态求解器构建核生化危害扩散预测模型和求解器，进一步提升预测模型的求解精度和计算效率。

## 一、OpenFOAM 开源平台概况

目前核生化危害扩散预测大多是通过商业软件来进行的，而现有商业软件中基本没有针对核生化危害扩散模拟的功能，难以形成综合性的态势感知。在我国大力发展自主知识产权软件的大背景下，OpenFOAM 的开源特性有助于打破软件的版权壁垒，自主地开发研究工具。邓雅军等用内双迭代高效算法（IDEAL）代替 interFOAM 求解器中的 PIMPLE 算法，构建了适用于非稳态两相流问题求解的压力速度耦合求解器，并通过算例验证了所建算法的正确性、收敛性和有效性。曾剑锐等通过热物性表制备与读取、原热物理派生类改写、热物性库编译 3 个步骤，构建了适用于超临界 $CO_2$ 流动与传热问题的 $sCO_2FOAM$ 求解器，该研究对于 OpenFOAM 求解器的移植性和拓展性编译借鉴性较强。马宇等针对中子输运模拟的复杂性和耦合性，基于 OpenFOAM 和有限体积法构建了中子输运动力学求解器 ntk-FOAM，实现了中子输运过程中传热传质的精细耦合计算。Abhishek Kumar Verma 等将连续等离子体输运模型用于 OpenFOAM 开发平台，通过对几何体并行模拟、网格剖分、动量守恒模型进行设计编译，构建 SOMAFOAM 求解器，实现了低温等离子体在有限体积内的连续扩散模拟。陈存杨等在 PISOFOAM 的基础上引入浓度标量场，开发了用于重气扩散浓度预测的 MyPISOFOAM 求解器。但是其用于控制浓度标量场的微分方程未考虑沉降、多源效应，同时未植入相应的信息融合、源项反演、数据同化等算法，导致预测精度不高。因此，本节通过 OpenFOAM 平台，定制化开发核生化危害扩散预测模型，进一步提高模型的计算效率和预测精度。

## 二、基于 OpenFOAM 的核生化危害扩散详细预测模型

### （一）基于 OpenFOAM 的核生化危害扩散详细预测流程

采用 OpenFOAM 进行核生化危害扩散预测模拟就是在已知源项信息的情况下，综合 CFD 技术、三维图形学技术、GIS 分析技术，在虚拟环境中构建核生化危害扩散背景场(风场、温度场、下垫面和建筑物扰动、湍流影响等)，模拟危害物在三维空间的扩散过程，进而对未来时刻核生化危害剂量率/浓度的时空分布进行预测，最终生成不同时刻的核生化危害剂量率/浓度分布、等值线等值面和综合态势。基于 OpenFOAM 的核生化危害扩散预测模拟流程如图 6-3 所示。

由图 6-3 可知，采用 OpenFOAM 进行核生化危害扩散详细预测模拟，主要分为以下 4 个步骤：一是在虚拟环境下对源项信息进行构建，主要包括危害物种类、释放方式、释放位置、释放时刻、释放强度等；二是以源项位置为中心快速提取扩散场几何边界，通过射线求交算法、blockMesh 剖分技术和 snappyHexMesh 剖分技术，对建筑物、地形三维模型进行求交和空间离散剖分，建立扩散空间三维体网格；三是对侦测到的现场气象数据进行标准化预处理、时空一致性匹配，导入扩散空间生成扩散背景场；四是通过扩散近场预测模型和求解器，对核生化危害在扩散空间内的交互、干涉、沉降、输运等过程进行模拟和求解，预测各时刻不同位置的核生化危害分布，绘制各时刻核生化危害分布图、等值线等值面和综合态势图。

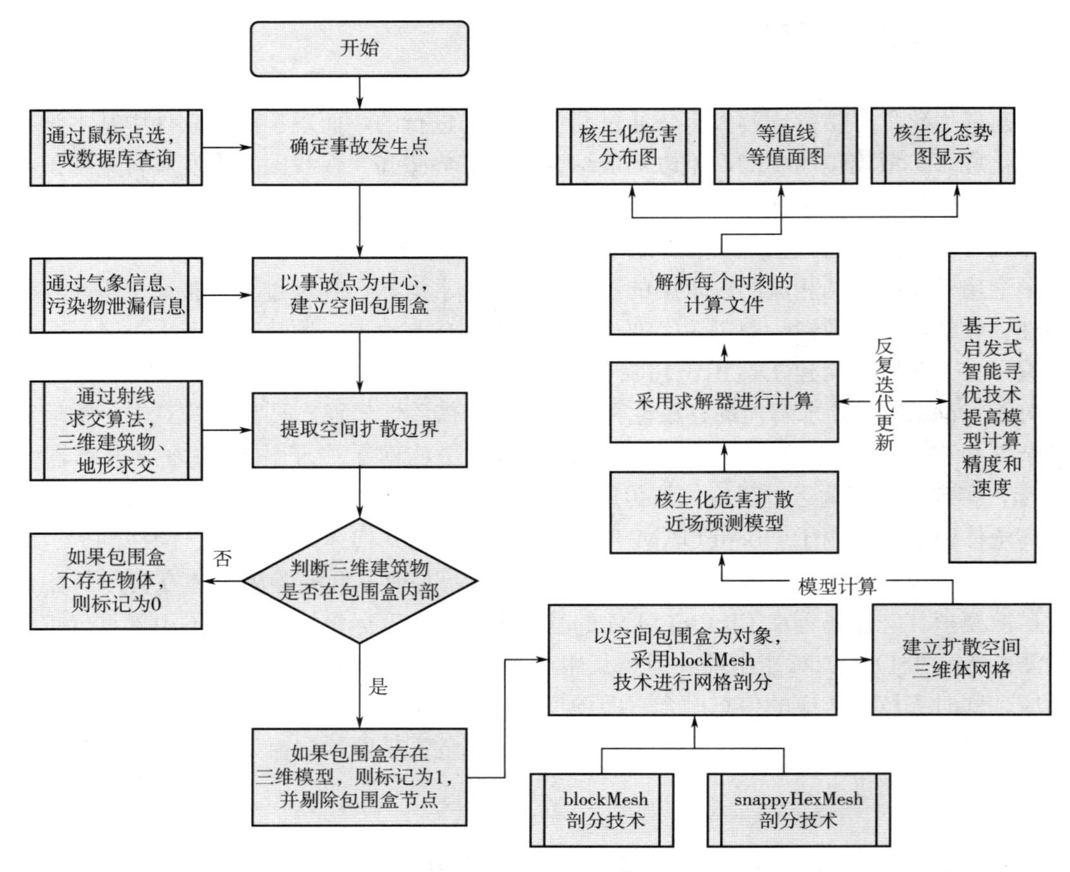


**图 6-3　基于 OpenFOAM 的核生化危害扩散详细预测模拟流程图**

## （二）核生化危害扩散近场预测模型

由核生化危害扩散预测模拟流程可知，近场预测模型和求解器是核生化危害预测的关键。下面重点对环境下核生化危害扩散近场预测的 CFD 基本控制方程进行描述，构建核生化危害扩散近场预测模型（model of chemical hazard diffusion near field prediction，CHDN-FP 模型），为下一步模型求解奠定基础。

对于核生化危害扩散近场预测来说，由于扩散空间复杂，流体流动的速度、方向、大小时刻都在发生变化，不可能趋于稳定，因此核生化危害扩散是一种非定常流动问题。由于放射性灰尘和经典化学毒剂的稳定性较高，核生化危害扩散近场预测重点计算危害组分在传播过程中的扩散路径，对危害物扩散中的热交换与化学反应不做考虑，因此可利用动量守恒定律和组分守恒定律来对危害物近场扩散进行流动守恒控制。同时，核生化危害扩散属于非线性的复杂流动问题，湍流效应必然对流体流动造成显著影响，因此可利用湍动能和湍动耗散双方程对危害物近场扩散的湍流效应进行控制。由组分守恒定律、动量守恒定律、湍动能和湍动耗散双方程构建 CHDNFP 模型，具体如下：

$$
\text{s.t.}\begin{cases}
\dfrac{\partial(\rho\omega)}{\partial t}+\dfrac{\partial(\rho u_j\omega)}{\partial x_j}=\dfrac{\mu_t}{\sigma_c}\times\dfrac{\partial^2\omega}{\partial x_j^2}+\dfrac{1}{\sigma_c}\times\dfrac{\partial\mu_t}{\partial x_j}\times\dfrac{\partial\omega}{\partial x_j} \\
\dfrac{\partial(\rho v_x)}{\partial t}+\dfrac{\partial(\rho v_x^2)}{\partial x}+\dfrac{\partial(\rho v_x v_y)}{\partial y}+\dfrac{\partial(\rho v_x v_z)}{\partial z}=\left\{\begin{array}{l}-\dfrac{\partial p}{\partial x}+\mu_t(2\dfrac{\partial^2 v_x}{\partial x^2}+\dfrac{\partial^2 v_x}{\partial y^2}+\dfrac{\partial^2 v_x}{\partial z^2}+\dfrac{\partial^2 v_y}{\partial x\partial y}+\dfrac{\partial^2 v_z}{\partial x\partial z}) \\ +\dfrac{\partial\mu_t}{\partial x}(2\dfrac{\partial v_x}{\partial x}+\dfrac{\partial v_x}{\partial y}+\dfrac{\partial v_x}{\partial z})+\dfrac{\partial\mu_t}{\partial y}\times\dfrac{\partial v_y}{\partial x}+\dfrac{\partial\mu_t}{\partial z}\times\dfrac{\partial v_z}{\partial x}\end{array}\right\} \\
\dfrac{\partial(\rho v_y)}{\partial t}+\dfrac{\partial(\rho v_y^2)}{\partial y}+\dfrac{\partial(\rho v_x v_y)}{\partial x}+\dfrac{\partial(\rho v_y v_z)}{\partial z}=\left\{\begin{array}{l}-\dfrac{\partial p}{\partial y}+\mu_t(\dfrac{\partial^2 v_y}{\partial x^2}+2\dfrac{\partial^2 v_y}{\partial y^2}+\dfrac{\partial^2 v_y}{\partial z^2}+\dfrac{\partial^2 v_x}{\partial x\partial y}+\dfrac{\partial^2 v_z}{\partial y\partial z}) \\ +\dfrac{\partial\mu_t}{\partial y}(\dfrac{\partial v_y}{\partial x}+2\dfrac{\partial v_y}{\partial y}+\dfrac{\partial v_y}{\partial z})+\dfrac{\partial\mu_t}{\partial x}\times\dfrac{\partial v_x}{\partial y}+\dfrac{\partial\mu_t}{\partial z}\times\dfrac{\partial v_z}{\partial y}\end{array}\right\} \\
\dfrac{\partial(\rho v_z)}{\partial t}+\dfrac{\partial(\rho v_z^2)}{\partial z}+\dfrac{\partial(\rho v_x v_z)}{\partial x}+\dfrac{\partial(\rho v_y v_z)}{\partial y}=\left\{\begin{array}{l}-\dfrac{\partial p}{\partial z}+\mu_t(\dfrac{\partial^2 v_z}{\partial x^2}+\dfrac{\partial^2 v_z}{\partial y^2}+2\dfrac{\partial^2 v_z}{\partial z^2}+\dfrac{\partial^2 v_x}{\partial x\partial z}+\dfrac{\partial^2 v_y}{\partial y\partial z})+\dfrac{\partial\mu_t}{\partial z} \\ (\dfrac{\partial v_z}{\partial x}+\dfrac{\partial v_z}{\partial y}+2\dfrac{\partial v_z}{\partial z})+\dfrac{\partial\mu_t}{\partial x}\times\dfrac{\partial v_x}{\partial z}+\dfrac{\partial\mu_t}{\partial y}\times\dfrac{\partial v_y}{\partial z}-(\rho-\rho_a)g\end{array}\right\} \\
\dfrac{\partial(\rho k)}{\partial t}+\dfrac{\partial(\rho k v_x)}{\partial x}+\dfrac{\partial(\rho k v_y)}{\partial y}+\dfrac{\partial(\rho k v_z)}{\partial z}=\dfrac{\partial}{\partial x_j}\left[(\mu+\dfrac{\mu_t}{\sigma_k})\dfrac{\partial k}{\partial x_j}\right]+G_k+G_b-\rho\varepsilon-\mathbf{Y}_M+S_k \\
\dfrac{\partial(\rho\varepsilon)}{\partial t}+\dfrac{\partial(\rho\varepsilon v_x)}{\partial x}+\dfrac{\partial(\rho\varepsilon v_y)}{\partial y}+\dfrac{\partial(\rho\varepsilon v_z)}{\partial z}=\dfrac{\partial}{\partial x_j}\left[(\mu+\dfrac{\mu_t}{\sigma_\varepsilon})\dfrac{\partial\varepsilon}{\partial x_j}\right]+C_{1\varepsilon}\dfrac{\varepsilon}{k}(G_k+C_{3\varepsilon}G_b)-C_{2\varepsilon}\rho\dfrac{\varepsilon^2}{k}+S_\varepsilon
\end{cases}
\tag{6.19}
$$

式中，$\omega$ 为组分的质量分率；$\rho$ 为核生化危害流体的密度；$u_j$ 为组分 $j$ 的质量平均速度；$x_j$ 为组分 $j$ 控制体的长度；$\sigma_c$ 为经验常数，一般取 1；$\mu_t$ 为核生化危害流体的湍流黏度；$v_x$、$v_y$、$v_z$ 分别为核生化危害流体在 $x$、$y$、$z$ 三个方向上的速度分量；$p$ 为绝对压强；$g$ 为重力加速度；$\rho_a$ 为环境中空气的密度；$k$ 为湍流动能；$\mu$ 为核生化危害流体的涡旋系数；$\sigma_k$ 为 $k$ 方程的湍流普朗特数；$\sigma_\varepsilon$ 为 $\varepsilon$ 方程的湍流普朗特数，一般取 1.3；$G_k$ 为平均速度梯度引起的湍动能产生项；$\varepsilon$ 为湍流动能耗散率；$\boldsymbol{Y}_M$ 为湍流脉动扩张量；$C_{1\varepsilon}$、$C_{2\varepsilon}$、$C_{3\varepsilon}$ 为经验常数，$C_{1\varepsilon}$、$C_{2\varepsilon}$ 一般取 1.44、1.92，对于 $x$、$y$ 轴方向，$C_{3\varepsilon}$ 一般取 1，对于 $z$ 轴方向，$C_{3\varepsilon}$ 一般取 0；$S_k$ 和 $S_\varepsilon$ 为根据初始边界条件确定的源项；$G_b$ 为浮力引起的湍动能产生项，计算模型如下：

$$G_b = -g\frac{u_t}{\rho Pr_t} \times \frac{\partial \rho}{\partial z}$$

式中，$Pr_t$ 为湍流能力的普朗特数，一般取 0.85。

### （三）基于中心差分的 CHDNFP 模型离散化

CHDNFP 模型涉及的基础参数较为复杂，具有非线性、多变量、强耦合、定解条件复杂等特点，下垫面、建筑物和湍流的干扰也导致参数不确定性和计算难度大大增加，很难通过解析推导对其进行求解，须用数值迭代法求解。因此，下面采用中心差分法对 CHDNFP 模型进行离散化处理，以便于寻优迭代和收敛求解。

#### 1. 基于非均匀交错的扩散空间网格剖分

网格化是 CHDNFP 模型离散化的基础，其对模型求解的难易性、精确性、收敛性具有重要的作用。常见的网格剖分方法有正交与非正交网格、均匀与非均匀网格、固定与变网格等，本小节主要考虑下垫面、建筑物、湍流对核生化危害的扩散影响，故在 blockMesh 剖分和 snappyHexMesh 剖分的基础上，采用正交、非均匀、固定的交错网格体系，对扩散空间中的释放源、下垫面和障碍物附近进行加密网格划分。

假设 $P^t$ 为 $t$ 时刻扩散空间内任一控制容积的网格节点，则坐标系中其相邻网格节点定义为 $W^t$（$x$ 负方向）、$E^t$（$x$ 正方向）、$S^t$（$y$ 负方向）、$N^t$（$y$ 正方向）、$B^t$（$z$ 负方向）、$H^t$（$z$ 正方向），前一时间步的同一节点（$t$ 方向）为 $P^{t-\Delta t}$，$w$、$e$、$s$、$n$、$b$、$h$ 是 $P^t$ 点和各相邻节点连线与控制容积各表面的交点，如图 6-4 所示。

非均匀网格剖分时，一般变量的节点总是在控制容积的正中心，而速度变量的节点可能不在其控制容积的中心，速度变量在坐标系各维度的节点总数也往往小于扩散空间网格控制容积总数，因此采用交错方式对速度变量进行网格剖分，使速度变量 $v_x$ 的节点位于各网格 $w$、$e$ 等位置，速度变量 $v_y$ 的节点位于各网格 $s$、$n$ 等位置，速度变量 $v_z$ 的节点位于各网格 $b$、$h$ 等位置。该方法可使得对速度分量计算时不必再进行任何内插，同时避免了阶梯形速度场和压力场的出现，提高了求解的简易化和真实性。

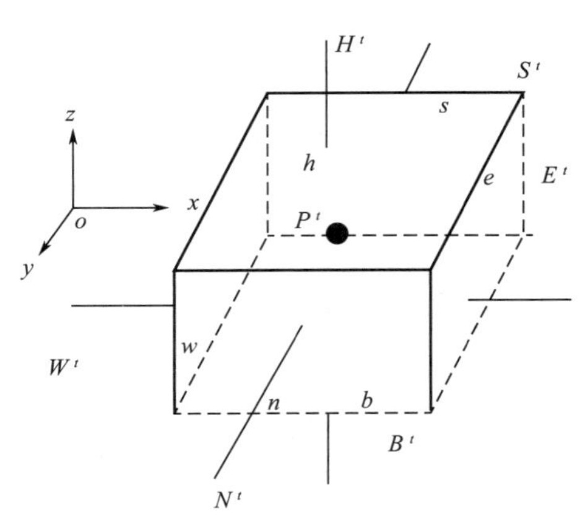


图 6-4　三维控制容积示例

### 2. CHDNFP 模型中心差分格式

在扩散空间网格非均匀加密剖分、控制容积节点设置、速度变量节点设置的基础上，以图 6-4 所示的 $t$ 时刻节点 $P^t$ 为例，构建 CHDNFP 模型中心差分格式，实现模型的离散化处理。对核生化危害流体长度沿 $x$ 轴方向进行剖分，节点 $P^t$ 的 CHDNFP 模型中心差分格式为

$$
\left\{\begin{array}{l}
\dfrac{\rho_P^{t+\Delta t}\omega_P^{t+\Delta t}-\rho_P^{t-\Delta t}\omega_P^{t-\Delta t}}{2\Delta t}+\dfrac{u_j(\rho_E^t\omega_E^t-\rho_W^t\omega_W^t)}{|WE|}=\dfrac{\mu_{tP}^t}{\sigma_c}\times\dfrac{\omega_E^t+\omega_W^t-2\omega_P^t}{|WE|^2}+\dfrac{(\mu_{tE}^t-\mu_{tW}^t)(\omega_E^t-\omega_W^t)}{\sigma_c|WE|^2} \\[3ex]
\left\{\begin{array}{l}
\dfrac{\rho_P^{t+\Delta t}v_w^{t+\Delta t}-\rho_P^{t-\Delta t}v_w^{t-\Delta t}}{2\Delta t} \\
+\dfrac{\rho_E^t(v_e^t)^2-\rho_W^t(v_w^t)^2}{|WE|} \\
+\dfrac{v_w^t(\rho_N^t v_n^t-\rho_S^t v_s^t)}{|SN|} \\
+\dfrac{v_w^t(\rho_H^t v_h^t-\rho_B^t v_b^t)}{|BH|}
\end{array}\right\}=\left\{\begin{array}{l}
2\mu_{tP}^t\left(2\dfrac{v_e^t-v_w^t}{|WE|^2}+\dfrac{v_e^t-v_w^t}{|SN|^2}+\dfrac{v_e^t-v_w^t}{|BH|^2}+\dfrac{v_n^t-v_s^t}{|WE||SN|}+\dfrac{v_h^t-v_b^t}{|WE||BH|}\right) \\
+\dfrac{(\mu_{tE}^t-\mu_{tW}^t)(v_e^t-v_w^t)(2|SN||BH|+|WE||SN|+|WE||BH|)}{|WE|^2|SN||BH|} \\
+\dfrac{(\mu_{tN}^t-\mu_{tS}^t)(v_n^t-v_s^t)|BH|+(\mu_{tH}^t-\mu_{tB}^t)(v_h^t-v_b^t)|SN|}{|WE||SN||BH|}+\dfrac{p_W^t-p_E^t}{|WE|}
\end{array}\right\} \\[3ex]
\left\{\begin{array}{l}
\dfrac{\rho_P^{t+\Delta t}v_s^{t+\Delta t}-\rho_P^{t-\Delta t}v_s^{t-\Delta t}}{2\Delta t} \\
+\dfrac{\rho_N^t(v_n^t)^2-\rho_S^t(v_s^t)^2}{|SN|} \\
+\dfrac{v_s^t(\rho_E^t v_e^t-\rho_W^t v_w^t)}{|WE|} \\
+\dfrac{v_s^t(\rho_H^t v_h^t-\rho_B^t v_b^t)}{|BH|}
\end{array}\right\}=\left\{\begin{array}{l}
2\mu_{tP}^t\left(\dfrac{v_n^t-v_s^t}{|WE|^2}+2\dfrac{v_n^t-v_s^t}{|SN|^2}+\dfrac{v_n^t-v_s^t}{|BH|^2}+\dfrac{v_e^t-v_w^t}{|WE||SN|}+\dfrac{v_h^t-v_b^t}{|SN||BH|}\right) \\
+\dfrac{(\mu_{tN}^t-\mu_{tS}^t)(v_n^t-v_s^t)(2|WE||BH|+|WE||SN|+|SN||BH|)}{|WE||SN|^2|BH|} \\
+\dfrac{(\mu_{tE}^t-\mu_{tW}^t)(v_e^t-v_w^t)|BH|+(\mu_{tH}^t-\mu_{tB}^t)(v_h^t-v_b^t)|WE|}{|WE||SN||BH|}+\dfrac{p_N^t-p_S^t}{|SN|}
\end{array}\right\} \\[3ex]
\left\{\begin{array}{l}
\dfrac{\rho_P^{t+\Delta t}v_b^{t+\Delta t}-\rho_P^{t-\Delta t}v_b^{t-\Delta t}}{2\Delta t} \\
+\dfrac{\rho_H^t(v_h^t)^2-\rho_B^t(v_b^t)^2}{|BH|} \\
+\dfrac{v_b^t(\rho_E^t v_e^t-\rho_W^t v_w^t)}{|WE|} \\
+\dfrac{v_b^t(\rho_N^t v_n^t-\rho_S^t v_s^t)}{|SN|}
\end{array}\right\}=\left\{\begin{array}{l}
2\mu_{tP}^t\left(\dfrac{v_h^t-v_b^t}{|WE|^2}+\dfrac{v_h^t-v_b^t}{|SN|^2}+2\dfrac{v_h^t-v_b^t}{|BH|^2}+\dfrac{v_e^t-v_w^t}{|WE||BH|}+\dfrac{v_n^t-v_s^t}{|SN||BH|}\right)+ \\
\dfrac{(\mu_{tH}^t-\mu_{tB}^t)(v_h^t-v_b^t)(2|WE||SN|+|WE||BH|+|SN||BH|)}{|WE||SN||BH|^2}+\dfrac{p_N^t-p_S^t}{|SN|}+ \\
\dfrac{(\mu_{tE}^t-\mu_{tW}^t)(v_e^t-v_w^t)|SN|+(\mu_{tN}^t-\mu_{tS}^t)(v_n^t-v_s^t)|WE|}{|WE||SN||BH|}-(\rho_P^t-\rho_{aP}^t)g
\end{array}\right\} \\[3ex]
\left\{\begin{array}{l}
\dfrac{\rho_P^{t+\Delta t}k_P^{t+\Delta t}-\rho_P^{t-\Delta t}k_P^{t-\Delta t}}{2\Delta t}+\dfrac{k_E^t\rho_E^t v_e^t-k_W^t\rho_W^t v_w^t}{|WE|} \\
+\dfrac{k_N^t\rho_N^t v_n^t-k_S^t\rho_S^t v_s^t}{|SN|}+\dfrac{k_H^t\rho_H^t v_h^t-k_B^t\rho_B^t v_b^t}{BH}
\end{array}\right\}=\left\{\begin{array}{l}
\left(\mu+\dfrac{\mu_{tP}^t}{\sigma_k}\right)\dfrac{k_E^t+k_W^t-2k_P^t}{|WE|^2}-\dfrac{gu_{tP}^t(\rho_H^t-\rho_B^t)}{\rho_P^t Pr_t|BH|}-\rho_P^t\varepsilon_P^t-Y_M+S_{k_P^t} \\
\dfrac{(\sigma_k\mu_E^t+\mu_{tE}^t-\sigma_k\mu_W^t-\mu_{tW}^t)(k_E^t-k_W^t)}{\sigma_k|WE|^2}+G_{k_P^t}
\end{array}\right\} \\[3ex]
\left\{\begin{array}{l}
\dfrac{\rho_P^{t+\Delta t}\varepsilon_P^{t+\Delta t}-\rho_P^{t-\Delta t}\varepsilon_P^{t-\Delta t}}{2\Delta t}+\dfrac{\varepsilon_E^t\rho_E^t v_e^t-\varepsilon_W^t\rho_W^t v_w^t}{|WE|} \\
+\dfrac{\varepsilon_N^t\rho_N^t v_n^t-\varepsilon_S^t\rho_S^t v_s^t}{|SN|}+\dfrac{\varepsilon_H^t\rho_H^t v_h^t-\varepsilon_B^t\rho_B^t v_b^t}{BH}
\end{array}\right\}=\left\{\begin{array}{l}
\left(\mu+\dfrac{\mu_{tP}^t}{\sigma_\varepsilon}\right)\dfrac{\varepsilon_E^t+\varepsilon_W^t-2\varepsilon_P^t}{|WE|^2}+C_{1\varepsilon_P^t}\dfrac{\varepsilon_P^t}{k_P^t}\left(G_{k_P^t}-\dfrac{C_{3\varepsilon_P^t}gu_{tP}^t(\rho_H^t-\rho_B^t)}{\rho_P^t Pr_t|BH|}\right) \\
\dfrac{(\sigma_\varepsilon\mu_E^t+\mu_{tE}^t-\sigma_\varepsilon\mu_W^t-\mu_{tW}^t)(\varepsilon_E^t-\varepsilon_W^t)}{\sigma_\varepsilon|WE|^2}-C_{2\varepsilon_P^t}\rho_P^t\dfrac{(\varepsilon_P^t)^2}{k_P^t}+S_{\varepsilon_P^t}
\end{array}\right\}
\end{array}\right.
\tag{6.20}
$$

式中，各参数定义同式（6.1）～式（6.19）。

### 3. CHDNFP 模型计算基本流程

根据 CHDNFP 模型差分格式离散化可知，核生化危害扩散近场预测主要分为以下 5 个

步骤：一是使用速度分量的非均匀交错网格，对扩散空间中的释放源、下垫面和障碍物附近进行加密网格划分；二是采用有限差分法对 CHDNFP 模型进行离散化处理，得到离散化的微分方程；三是通过迭代计算，对离散化的微分方程进行寻优求解，求得收敛后的近场扩散空间内速度、压力、密度等基础参数的分布，生成贴近真实环境的初始流场分布；四是根据初始流场分布，计算核生化危害扩散近场时的瞬态流场和剂量率/浓度场分布；五是通过对比预测剂量率/浓度场和观测剂量率/浓度场，对核生化危害扩散的边界条件进行迭代优化，最终求得贴近真实环境的 CHDNFP 模型解。CHDNFP 模型计算的基本流程为：

步骤 1：输入 $t=0$ 时刻的初始化条件。

步骤 2：按非均匀交错法划分形成扩散空间三维立体网格。

步骤 3：输入 CHDNFP 模型计算边界条件。

步骤 4：求解单网格速度、压力、密度等流场分布参数。

步骤 5：判断是否收敛。若收敛，生成单网格流场分布，进行下一步；若不收敛，调整参数，转向步骤 4。

步骤 6：根据单网格流场分布，计算扩散空间初始流场分布。

步骤 7：将初始流场分布作为边界条件，代入离散化 CHDNFP 模型，求解扩散空间瞬态流场、核生化危害剂量率/浓度场。

步骤 8：判断是否收敛。若收敛，进行下一步；若不收敛，转向步骤 3。

步骤 9：迭代结束，输出 CHDNFP 模型最优解。

### （四）适应度函数的确定

根据 CHDNFP 模型计算的一般流程可知，通过离散化处理，是将 CHDNFP 模型求解转变为扩散空间单网格流场寻优和全网格浓度预测寻优两个过程，因此必须构建科学的目标函数作为寻优迭代计算的适应度函数。

#### 1. 基于修正压强的单网格流场寻优适应度函数

采用非均匀交错网格剖分，虽然避免了阶梯形速度场和压力场的出现，但是由于核生化危害背景场事先不可知，易导致模型求解偏离度过大、稳定性较差，因此必须在数值迭代中完成速度与压力场的耦合，以确保模型求解的连续性、精确性和收敛性。本小节采用 PISO-FOAM 中修正压强的概念，通过将修正压强迭代实现速度与压力场的耦合，进而实现单网格流场的最优。

假设初始压力场为 $p^*$，正确压力场为 $p$，则修正压强表示初始压力场与正确压力场之间的距离，即 $p'=p-p^*$。以 $t$ 时刻节点 $P^t$ 为例，将修正压强代入连续性方程和动量守恒方程，推导构建修正压强计算模型：

$$p'_P=\frac{\Delta t\left(\sum_{I}^{W,\cdots,H} D_I A(p_I) p'_I+b\right)}{\Delta t\sum_{I}^{W,\cdots,H} D_I A(p_I)+(\rho_P^{t-\Delta t}-\boldsymbol{S}_P\Delta t)|WE||SN||BH|} \tag{6.21}$$

式中，$D_I$ 为核生化危害流体在网格 $I$ 处的扩散通量；$A(p_I)$ 为核生化危害流体在网格 $I$ 处的截面积；$p'_I$ 为扩散空间网格 $I$ 处的修正压强；$b$ 为因初始压力场计算偏差导致的质量积累源项；$\boldsymbol{S}_P$ 为扩散空间网格 $P$ 处的面矢量；其他参数同上。

$$D_I=\frac{\Gamma_I|WE||SN||BH|}{2(\delta x)_I|PI|}, A(p_I)=|0, (1-0.1|p_I|)^5|+\frac{\rho_I^t v_i^t(\delta x)_I}{\Gamma_I},$$

$$b=\frac{(\Delta t Sc+\rho_P^{t-\Delta t}\phi_P^{t-\Delta t})|WE||SN||BH|}{\Delta t}$$

式中，$\Gamma_I$ 为核生化危害流体在网格 $I$ 处的环量；$v_i^t$ 为 $t$ 时刻节点 $i$ 的速度；$Sc$ 为湍流 Schmidt 数；$\phi_P^{t-\Delta t}$ 为 $t-\Delta t$ 时刻网格 $P$ 处的体积通量，由（$v_w^t, v_s^t, v_b^t$）和 $\boldsymbol{S}_P$ 矢量的乘积得到；其他参数同上。通过求解最小修正压强，即可使交错网格体系中节点的速度与其相邻节点的压强相关联，进而求得最优的单网格流场分布。在单网格流场分布的基础上，即可得到整个扩散空间初始流场分布。

### 2. 基于 rRMSE 的全网格浓度预测寻优适应度函数

在扩散空间初始流场分布的基础上，对离散化 CHDNFP 模型进行计算，即可得到核生化危害预测剂量率/浓度场分布。本小节采用预测剂量率/浓度场与观测剂量率/浓度场的相对均方根误差（relative root mean squared error，rRMSE）作为扩散空间全网格寻优的适应度函数，其值越小，表征预测剂量率/浓度场与观测剂量率/浓度场之间的误差越小。

$$\text{rRMSE}=\sqrt{\frac{\sum_{i=1}^{n}(\dot{C}_i^t-C_i^t)^2}{\sum_{i=1}^{n}(C_i^t)^2}} \tag{6.22}$$

式中，$n$ 为扩散空间内监测节点的个数；$\dot{C}_i^t$ 为第 $i$ 个监测节点 $t$ 时刻的危害剂量率/浓度预测值；$C_i^t$ 为第 $i$ 个监测节点 $t$ 时刻的危害剂量率/浓度观测值。

### 3. 适应度计算基础参数定义

为便于模拟和计算，本小节对适应度函数中的基础参数进行了定义。表 6-3 为单网格修正压强寻优基础参数定义，表 6-4 为全网格 rRMSE 寻优基础参数定义。

**表 6-3　单网格修正压强寻优基础参数定义（以网格 $P$ 为例）**

| 序号 | 参数定义 | 符号 | 序号 | 参数定义 | 符号 |
|---|---|---|---|---|---|
| 1 | 网格 $P$ 的面矢量 | $\boldsymbol{S}_P$ | 12 | $t$ 时刻连接点 $b$ 的流体速度 | $v_b^t$ |
| 2 | 网格 $W$ 处危害流体环量 | $\Gamma_W$ | 13 | $t$ 时刻连接点 $h$ 的流体速度 | $v_h^t$ |
| 3 | 网格 $E$ 处危害流体环量 | $\Gamma_E$ | 14 | $t$ 时刻网格 $W$ 处危害流体密度 | $\rho_W^t$ |
| 4 | 网格 $S$ 处危害流体环量 | $\Gamma_S$ | 15 | $t$ 时刻网格 $E$ 处危害流体密度 | $\rho_E^t$ |
| 5 | 网格 $N$ 处危害流体环量 | $\Gamma_N$ | 16 | $t$ 时刻网格 $S$ 处危害流体密度 | $\rho_S^t$ |
| 6 | 网格 $B$ 处危害流体环量 | $\Gamma_B$ | 17 | $t$ 时刻网格 $N$ 处危害流体密度 | $\rho_N^t$ |
| 7 | 网格 $H$ 处危害流体环量 | $\Gamma_H$ | 18 | $t$ 时刻网格 $B$ 处危害流体密度 | $\rho_B^t$ |
| 8 | $t$ 时刻连接点 $w$ 的流体速度 | $v_w^t$ | 19 | $t$ 时刻网格 $H$ 处危害流体密度 | $\rho_H^t$ |
| 9 | $t$ 时刻连接点 $e$ 的流体速度 | $v_e^t$ | 20 | $t-\Delta t$ 时刻网格 $P$ 处危害流体密度 | $\rho_P^{t-\Delta t}$ |
| 10 | $t$ 时刻连接点 $s$ 的流体速度 | $v_s^t$ | 21 | 湍流 Schmidt 数 | $Sc$ |
| 11 | $t$ 时刻连接点 $n$ 的流体速度 | $v_n^t$ | | | |

**表 6-4　全网格 rRMSE 寻优基础参数定义（以网格 $P$ 为例）**

| 序号 | 参数定义 | 符号 | 序号 | 参数定义 | 符号 |
|---|---|---|---|---|---|
| 1 | $t+\Delta t$ 时刻网格 $P$ 处质量分率 | $\omega_P^{t+\Delta t}$ | 31 | $t$ 时刻网格 $N$ 处的压强 | $p_N^t$ |
| 2 | $t-\Delta t$ 时刻网格 $P$ 处质量分率 | $\omega_P^{t-\Delta t}$ | 32 | $t$ 时刻网格 $B$ 处的压强 | $p_B^t$ |
| 3 | $t$ 时刻网格 $W$ 处组分质量分率 | $\omega_W^t$ | 33 | $t$ 时刻网格 $H$ 处的压强 | $p_H^t$ |
| 4 | $t$ 时刻网格 $E$ 处组分质量分率 | $\omega_E^t$ | 34 | 网格 $P$ 处环境空气密度 | $\rho_{aP}^t$ |
| 5 | $t$ 时刻连接点 $w$ 的流体速度 | $v_w^t$ | 35 | $t+\Delta t$ 时刻网格 $P$ 处湍动能 | $k_P^{t+\Delta t}$ |
| 6 | $t$ 时刻连接点 $e$ 的流体速度 | $v_e^t$ | 36 | $t-\Delta t$ 时刻网格 $P$ 处湍动能 | $k_P^{t-\Delta t}$ |
| 7 | $t$ 时刻连接点 $s$ 的流体速度 | $v_s^t$ | 37 | $t$ 时刻网格 $W$ 处湍动能 | $k_W^t$ |
| 8 | $t$ 时刻连接点 $n$ 的流体速度 | $v_n^t$ | 38 | $t$ 时刻网格 $E$ 处湍动能 | $k_E^t$ |
| 9 | $t$ 时刻连接点 $b$ 的流体速度 | $v_b^t$ | 39 | $t$ 时刻网格 $S$ 处湍动能 | $k_S^t$ |
| 10 | $t$ 时刻连接点 $h$ 的流体速度 | $v_h^t$ | 40 | $t$ 时刻网格 $N$ 处湍动能 | $k_N^t$ |
| 11 | $t$ 时刻网格 $W$ 处危害流体密度 | $\rho_W^t$ | 41 | $t$ 时刻网格 $B$ 处湍动能 | $k_B^t$ |
| 12 | $t$ 时刻网格 $E$ 处危害流体密度 | $\rho_E^t$ | 42 | $t$ 时刻网格 $H$ 处湍动能 | $k_H^t$ |
| 13 | $t$ 时刻网格 $S$ 处危害流体密度 | $\rho_S^t$ | 43 | $t+\Delta t$ 时刻网格 $P$ 处湍动耗散率 | $\varepsilon_P^{t+\Delta t}$ |
| 14 | $t$ 时刻网格 $N$ 处危害流体密度 | $\rho_N^t$ | 44 | $t-\Delta t$ 时刻网格 $P$ 处湍动耗散率 | $\varepsilon_P^{t-\Delta t}$ |
| 15 | $t$ 时刻网格 $B$ 处危害流体密度 | $\rho_B^t$ | 45 | $t$ 时刻网格 $W$ 处湍动耗散率 | $\varepsilon_W^t$ |
| 16 | $t$ 时刻网格 $H$ 处危害流体密度 | $\rho_H^t$ | 46 | $t$ 时刻网格 $E$ 处湍动耗散率 | $\varepsilon_E^t$ |
| 17 | $t+\Delta t$ 时刻网格 $P$ 处流体密度 | $\rho_P^{t+\Delta t}$ | 47 | $t$ 时刻网格 $S$ 处湍动耗散率 | $\varepsilon_S^t$ |
| 18 | $t-\Delta t$ 时刻网格 $P$ 处流体密度 | $\rho_P^{t-\Delta t}$ | 48 | $t$ 时刻网格 $N$ 处湍动耗散率 | $\varepsilon_N^t$ |
| 19 | 组分 $j$ 的质量平均速度 | $u_j$ | 49 | $t$ 时刻网格 $B$ 处湍动耗散率 | $\varepsilon_B^t$ |
| 20 | 组分 $j$ 控制体的长度 | $x_j$ | 50 | $t$ 时刻网格 $H$ 处湍动耗散率 | $\varepsilon_H^t$ |
| 21 | $t$ 时刻网格 $P$ 处流体湍流黏度 | $\mu_{tP}^t$ | 51 | 化学危害流体的涡旋系数 | $\mu$ |
| 22 | $t$ 时刻网格 $W$ 处流体湍流黏度 | $\mu_{tW}^t$ | 52 | $k$ 方程的湍流普朗特数 | $\sigma_k$ |
| 23 | $t$ 时刻网格 $E$ 处流体湍流黏度 | $\mu_{tE}^t$ | 53 | $\varepsilon$ 方程的湍流普朗特数 | $\sigma_\varepsilon$ |
| 24 | $t$ 时刻网格 $S$ 处流体湍流黏度 | $\mu_{tS}^t$ | 54 | 湍流脉动扩张量 | $\boldsymbol{Y}_M$ |
| 25 | $t$ 时刻网格 $N$ 处流体湍流黏度 | $\mu_{tN}^t$ | 55 | 速度梯度引起的湍动产生项 | $G_k$ |
| 26 | $t$ 时刻网格 $B$ 处流体湍流黏度 | $\mu_{tB}^t$ | 56 | 源项引起的湍动产生项 | $S_k$ |
| 27 | $t$ 时刻网格 $H$ 处流体湍流黏度 | $\mu_{tH}^t$ | 57 | 源项引起的耗散率产生项 | $S_\varepsilon$ |
| 28 | $t$ 时刻网格 $W$ 处的压强 | $p_W^t$ | 58 | 扩散空间内监测节点的个数 | $n$ |
| 29 | $t$ 时刻网格 $E$ 处的压强 | $p_E^t$ | 59 | 第 $i$ 个节点 $t$ 时刻的观测值 | $C_i^t$ |
| 30 | $t$ 时刻网格 $S$ 处的压强 | $p_S^t$ | | | |

由表 6-3、表 6-4 可以发现，单网格寻优基础参数有 21 个，全网格寻优基础参数有 59 个；同时，全网格的基础参数设置是单网格计算的基础，单网格寻优计算的结果又是全网格寻优计算的输入，二者反复嵌套迭代完成 CHDNFP 模型的求解。

## 三、面向 CHDNFP 模型求解的 IDEFWA 设计

CHDNFP 模型的求解是一个单网格和全网格反复嵌套迭代的复杂过程，其解空间呈现高度非线性、可行域形状极不规则、可能存在多个可行域且彼此不连通等复杂特征，计算工作量大、耗时长，必须构建适用的迭代寻优算法，以快速高效精准地求得扩散空间瞬态流场和化学危害浓度场。本小节将 DEA 与 FWA 结合起来，充分利用 DEA 收敛速度快、解决非线性多峰多变量问题稳健性强与 FWA 全局寻优能力强、不受可行域不连通限制的优点，同时结合两者均可群体并行搜索的特点，构建了面向化学危害扩散预测的混合算法 IDEFWA，实现对离散化预测模型的迭代求解。

### （一）算法改进及融合策略

#### 1. DEA 改进策略

DEA 主要通过在种群的不同个体间建立合作和竞争机制，采用变异、交叉、选择操作实现种群更新，最终搜索得到目标最优解。一般情况下，DEA 的变异操作主要通过 rand/1、current-to-best/1、best/1 等 3 种变异算子完成，但是这 3 种常用的变异算子均只向同一个方向收敛，无法对全局范围内的最优解进行搜索，容易出现过早收敛或最优解质量不高的问题。为此，本书对以上 3 种变异算子进行融合，提出了一种可多方向进化的改进变异操作，使变异后的种群多样性大大增强。

假设第 $t$ 代种群中的第 $i$ 个个体为 $X_i^t$（$X_i^t=[X_{i,1}^t,\ X_{i,2}^t,\cdots,X_{i,L}^t]$，$L$ 为第 $i$ 个个体解链的长度）；对 $X_i^t$ 进行变异操作，变异后个体为 $B_i^{t+i}$，则改进变异操作为

$$B_i^{t+i}=X_{\text{best}}^{\tau(i)}+\zeta(X_{s1}^t-X_{s2}^t),\ \tau(i)=\begin{cases}\text{rand}(1,t) & t\geqslant k_0\\ i & t<k_0\end{cases} \tag{6.23}$$

式中，$X_{\text{best}}^{\tau(i)}$ 为第 $\tau(i)$ 代种群中的最优个体；$s_1,s_2\in(1,2,\cdots,N_{\text{G}})$，$s_1\neq s_2$，为随机数，$N_{\text{G}}$ 为群体中的个体数量；$X_{s1}^t$、$X_{s2}^t$ 为父代基向量，$X_{s1}^t-X_{s2}^t$ 为父代差分向量；$\zeta\in\{0,1,2\}$，为变异因子；$\text{rand}(1,t)$ 为 $(1,t)$ 之间的随机数；$t$ 为进化代数；$k_0$ 为进化代数的限定值。

#### 2. FWA 改进策略

相对于其他寻优算法，FWA 虽然能够在局部搜索和全局搜索中进行自适应调节，但是其精度和搜索能力受爆炸半径影响较大，爆炸半径过小易陷入局部最优，爆炸半径过大计算精度下降明显。因此，本书在原 FWA 个体更新中引入了混沌搜索（chaos search，CS），提高 FWA 的寻优遍历性和计算精度。

假设 $N_i^k$ 为原烟花 $i$ 在维度 $k$ 时的位置，$U_i^k$、$L_i^k$ 分别为烟花 $i$ 在维度 $k$ 时的搜索上界和下界，则烟花 $i$ 在维度 $k$ 时的混沌序列为

$$M_i^k = \frac{2(N_i^k - L_i^k)}{U_i^k - L_i^k} - 1 \quad M_i^k \in [-1,1], k \in [1,2,\cdots,N] \tag{6.24}$$

通过混沌搜索操作，可得到维度 $k$ 时新的烟花个体 $\widetilde{N}_i^k$ 和新的混沌序列 $M_{i+1}^k$，计算模型如下：

$$\widetilde{N}_i^k = \frac{1}{2}[U_i^k(M_i^k + 1) - L_i^k(M_i^k - 1)] \tag{6.25}$$

$$M_{i+1}^k = 1 - 2(M_i^k)^2 \tag{6.26}$$

通过对 $\widetilde{N}_i^k$ 和 $N_i^k$ 进行比较分析，选出目标解更优的烟花。如果 $\widetilde{N}_i^k$ 优于 $N_i^k$，$\widetilde{N}_i^k$ 代替 $N_i^k$，终止搜索；否则，通过 $M_{i+1}^k$ 进行下一次混沌搜索，直至求得更优结果或达到搜索结束条件。

### 3. DEA 和 FWA 融合策略

在对 DEA 和 FWA 进行改进的基础上，充分结合二者的优点，实现算法的融合。IDEFWA 的基本融合思路为：对改进后的 DEA 和 FWA 进行并行计算，利用 DEA 收敛速度更快的特点，将改进 DEA 求得的最优解和相对最优解作为新的初始种群，代入改进 FWA 进行迭代寻优。该融合算法既避免了 DEA 易陷入局部最优的不足，又提高了 FWA 的收敛速度和计算精度，融合策略如图 6-5 所示。

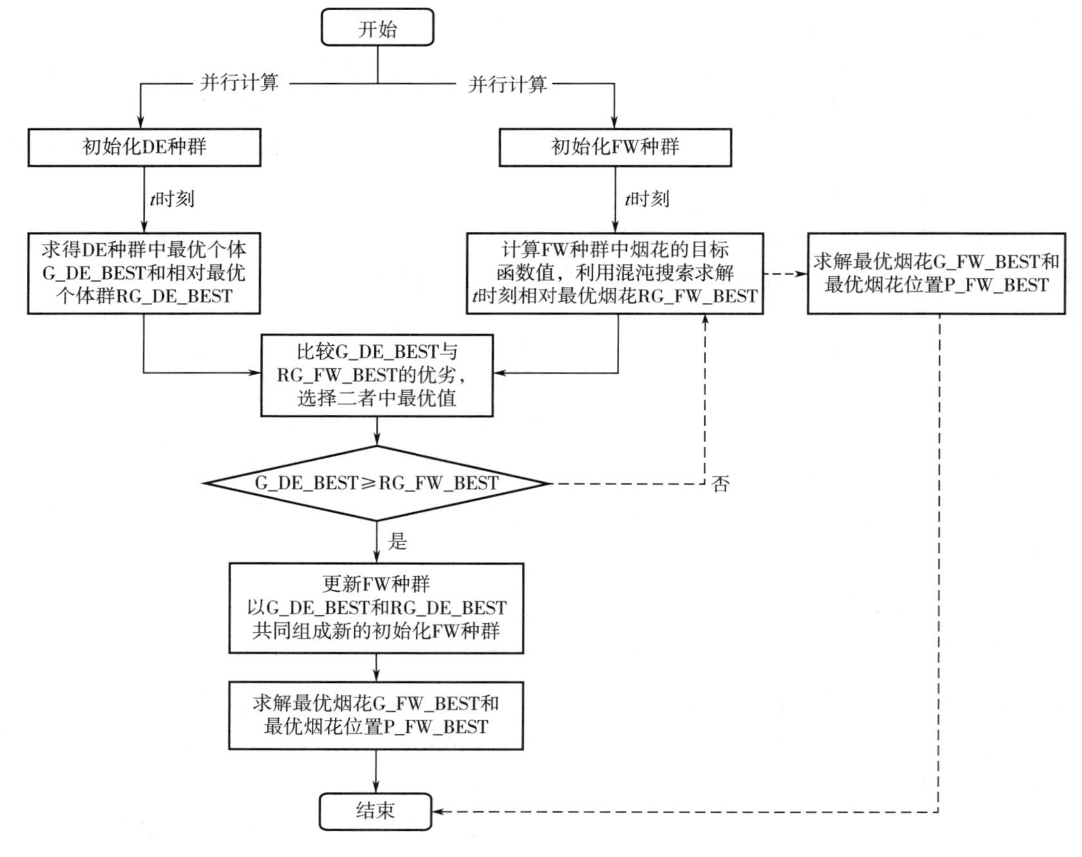


**图 6-5　DEA 和 FWA 融合策略**

## （二）个体定义及更新方式

### 1. 种群及个体（烟花）定义

为了确保 DEA、FWA 更好更快地融合，对两者的种群和个体（烟花）进行了统一定义。对于化学危害扩散近场预测这类离散性问题，通常种群中的每一个个体（烟花）即为一组可行方案。初始化种群和个体（烟花）定义如下：

$$\begin{cases} X^0 = [X_1^0, X_2^0, \cdots, X_{N_G}^0] \\ X_i^t = [x_{i,1}^t, x_{i,2}^t, \cdots, x_{i,L}^t] \end{cases} \tag{6.27}$$

式中，$X^0$ 为初始化种群；$N_G$ 为群体中的个体（烟花）数量；$X_i^t$ 为种群第 $t$ 次迭代时第 $i$ 个个体（烟花）；$L$ 为解链的长度。

### 2. DEA 更新方式

（1）变异操作　按照改进变异操作，生成变异后的个体 $B_i^{t+i}$。

（2）交叉操作　对变异的个体 $B_i^{t+i}$ 进行交叉操作，生成交叉个体 $M_{i,j}^{t+1}$。计算模型如下：

$$M_{i,j}^{t+1} = \begin{cases} B_{i,j}^{t+1} & C_r \geqslant \text{rand}(0,1) \quad 或 \quad j = j_{\text{rand}} \\ X_{i,j}^t & 其他 \end{cases} \tag{6.28}$$

式中，$\text{rand}(0,1) \in [0,1]$，为随机数；$C_r \in [0,1]$，为交叉概率；$j \in [1,L]$，为交叉距离；$j_{\text{rand}} \in [1,2,\cdots,L]$，为随机选择指数。

（3）选择操作　比较经变异和交叉操作后的个体的适应度函数值与父代个体的适应度函数值，选择值较小的个体作为子代个体。单网格寻优时选择操作如下：

$$X_i^{t+1} = \begin{cases} M_{i,j}^{t+1} & p'(M_{i,j}^{t+1}) < p'(X_i^t) \\ X_i^t & p'(M_{i,j}^{t+1}) \geqslant p'(X_i^t) \end{cases} \tag{6.29}$$

式中，$p'(M_{i,j}^{t+1})$ 为经过交叉操作后的修正压强值；$p'(X_i^t)$ 为原始个体的修正压强值。

扩散空间全网格寻优时选择操作如下：

$$X_i^{t+1} = \begin{cases} M_{i,j}^{t+1} & \text{rRMSE}(M_{i,j}^{t+1}) < \text{rRMSE}(X_i^t) \\ X_i^t & \text{rRMSE}(M_{i,j}^{t+1}) \geqslant \text{rRMSE}(X_i^t) \end{cases} \tag{6.30}$$

式中，$\text{rRMSE}(M_{i,j}^{t+1})$ 为经过交叉操作后的浓度场相对均方根误差值；$\text{rRMSE}(X_i^t)$ 为原始个体的浓度场相对均方根误差值。

### 3. FWA 更新方式

（1）烟花爆炸操作　假设算法中的烟花总数为 $N$，烟花 $i(i=1,2,\cdots,N)$ 为其中的每个个体。烟花爆炸生成火花，这一过程涉及两个参数，一个是生成的火花数量，另一个是爆炸的半径。烟花爆炸火花个数的计算公式为

$$S_i = SN \frac{Fit_i}{\sum_{i=1}^{N} Fit_{\max}} \tag{6.31}$$

式中，$Fit_i$ 为烟花 $i$ 的适应度函数值；$Fit_{\max}$ 为当前烟花种群中的最大适应度函数值；$SN$ 为总的火花数量。为获得整数个火花数，式（6.31）按照四舍五入规则取整数。

为了进行算法更好的搜索并求得最优解，需要对火花的个数进行控制，即控制优质火花的个数不能过多、劣质火花的个数不能太少。对 $S_i$ 的控制表达式如下：

$$S_i=\begin{cases}\mathrm{round}(aSN) & S_i<aSN\\ \mathrm{round}(bSN) & S_i>bSN\\ \mathrm{round}(S_i) & \text{其他}\end{cases} \tag{6.32}$$

式中，round 是根据四舍五入规则的取整运算函数；$a$、$b$ 为两个常数，通常取 $a=0.1$，$b=0.2$。

烟花爆炸半径的计算公式为

$$R_i=R_0\times\frac{Fit_{\mathrm{i}}-Fit_{\min}}{\overset{N\sum}{\sum\limits_{i=1}}(Fit_{\mathrm{i}}-Fit_{\min})} \tag{6.33}$$

$$R_i=\begin{cases}1 & R_i=0\\ R_i & \text{其他}\end{cases}$$

式中，$R_0$ 为基本的爆炸半径；$Fit_{\min}$ 为当前烟花种群中的最小适应度函数值。

根据式（6.32）与式（6.33）可知，烟花 $i$ 经爆炸过程生成 $S_i$ 个爆炸火花，计算表达式为

$$N_i^k=N_i^k+R_iU(-1,1) \tag{6.34}$$

式中，$U$（$-1$，$1$）为分布在区间 $[-1,1]$ 之间的均匀分布；$k\in\{1,2,\cdots,z\}$ 为随机维度。为避免生成的火花超出维度的限定界限，通过下述表达式进行转换。

$$N_i^k=LB_k+\mathrm{Mod}\left(\frac{|N_i^k|}{UB_k-LB_k}\right) \tag{6.35}$$

式中，$UB_k$、$LB_k$ 分别为 $k$ 维上火花取值的上、下边界；mod 表示取余。

由于爆炸火花侧重于在烟花的临近区域内进行寻优，为了扩大搜索范围，烟花算法通常还运用另外一种火花，称为高斯变异火花，以增加寻优范围，增加种群中解的多样性。高斯变异火花的构造过程为：随机选取种群中的 $N_{\mathrm{G}}$ 个烟花，对每个个体运用高斯变异，得到新的火花。变异计算表达式为

$$N_{ig}^k=N_{ig}^kN(1,1) \tag{6.36}$$

（2）选择操作　采用轮盘赌的选择规则，保留由烟花、爆炸火花和高斯变异火花组成的候选解集中的最优个体，并根据解的优先顺序，对其余的候选个体进行概率选择。计算表达式为

$$P_i=\frac{\sum\limits_{j=1}^{K}d(N_i,N_j)}{\sum\limits_{j=1}^{K}N_j} \tag{6.37}$$

式中，$\sum\limits_{j=1}^{K}d(N_i,N_j)$ 为个体 $i$ 与候选解集中其他个体之间的距离。

（3）混沌搜索操作　按照上述混沌搜索改进策略，对 FWA 中的子代个体进行搜索更新，生成最优烟花解。

### （三） CHDNFP-IDEFWA 求解步骤

在 IDEFWA 设计基础上，结合 CHDNFP 模型计算基本流程，采用 IDEFWA 求解 CHDNFP 模型的基本步骤为：

步骤 1：基本参数设置。每个子种群的个体（烟花）数量 $N_G$，变异因子 $\zeta$，交叉概率 $C_r$，设定的进化代数 $k_0$，加速系数 $c_1$、$c_2$，惯性权重 $\omega$，速度上限 $v_{max}$，速度下限 $v_{min}$；单网格寻优最大迭代次数 $T$，全网格寻优最大迭代次数 $K$；扩散空间网格总数 $N$；单网格寻优基础参数，全网格寻优基础参数。

步骤 2：单网格寻优种群初始化及个体定义。以网格 $P$ 为例，对其基础参数进行个体（烟花）定义，随机生成个体（烟花）数均为 $N_G$ 的两个子种群，分别记为 DE 种群和 FW 种群，然后分别初始化这两类种群。

步骤 3：单网格寻优计算更新。按照融合策略，对网格 $P$ 的基础参数进行更新和修正压强值寻优。DE 种群个体更新进行变异、交叉与选择运算，FW 种群个体更新进行烟花爆炸、选择、混沌搜索运算。

步骤 4：迭代结束，生成单网格最优流场分布。根据最小修正压强，求解网格 $P$ 的速度、压力、密度等流场分布参数。

步骤 5：生成扩散空间初始流场分布。按照步骤 2 至步骤 4，求解扩散空间内所有网格的流场分布参数，形成扩散空间初始流场分布。

步骤 6：求解扩散空间化学危害预测浓度场。将初始流场分布和全网格寻优基础参数作为输入，代入离散化 CHDNFP 模型，求解扩散空间瞬态流场、化学危害预测浓度场。

步骤 7：计算 rRMSE 值。结合预测浓度数据和现场观测数据，求解 rRMSE 值。

步骤 8：全网格寻优更新迭代。按照融合策略，对全网格基础参数进行更新和 rRMSE 值寻优（步骤 2 至步骤 7）。

步骤 9：迭代结束，输出最小 rRMSE 值下的全网格基础参数、流场分布和预测浓度场。

CHDNFP-IDEFWA 求解的详细步骤如图 6-6 所示。

## 四、CHDNFP-IDEFWA 求解器的编译

CHDNFP-IDEFWA 求解器的编译分为以下 8 个步骤：①复制目录 PISOFOAM 到新的位置，新目录名为 CHDNFP-IDEFWA；②将 PISOFOAM. C 改名为 CHDNFP-IDEFWA. C；③删除依赖文件 PISOFOAM. dep；④修改编译文件 files，进入 Make 目录，打开 files 文件，将 EXE = $（FOAM _ APPBIN）/ PISOFOAM 改为 EXE = $（FOAM _ USER _ APPBIN）/ CHDNFP-IDEFWA；⑤删除原来的 obj 文件；⑥在 creatFiles. H 文件中建立 CHDNFP 离散化模型、浓度场控制方程、IDEFWA 智能寻优算法；⑦在 CHDNFP-IDEFWA. C 中，通过 fvScalarMatrix、fvVectorMatrix 和 . solve（）工具加入浓度微分方程（CHEqn）、单网格寻优计算函数（PpEqn）、全网格寻优计算函数（rRMSEEqn）、智能寻优算法（CSEqn、CLEqn、CEqn）；⑧编译 wmake，实现算法模型间数据格式和接口的设置。编译后的 CHDNFP-IDEFWA 求解器计算过程如图 6-7 所示。

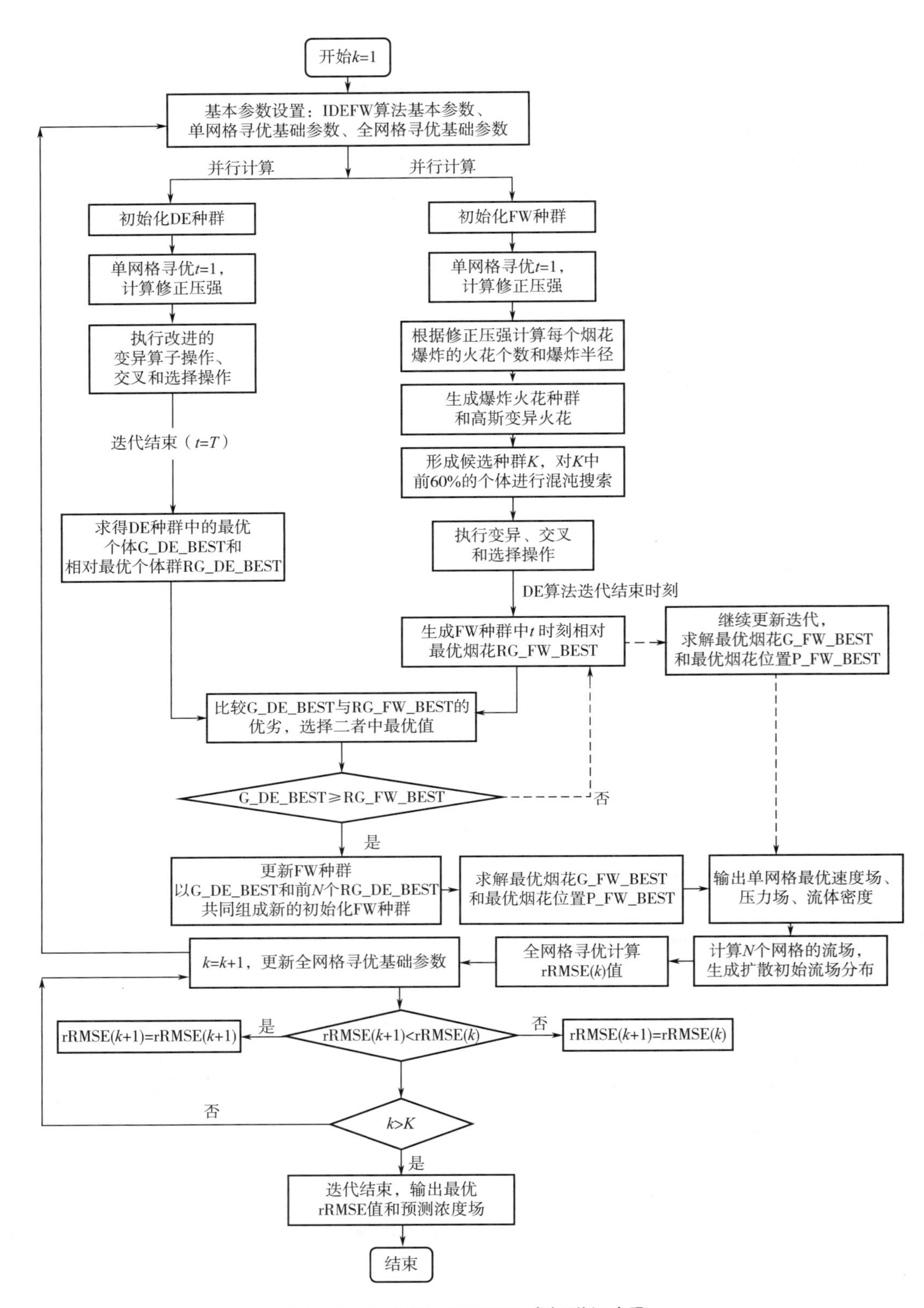


**图 6-6　CHDNFP-IDEFWA 求解详细步骤**

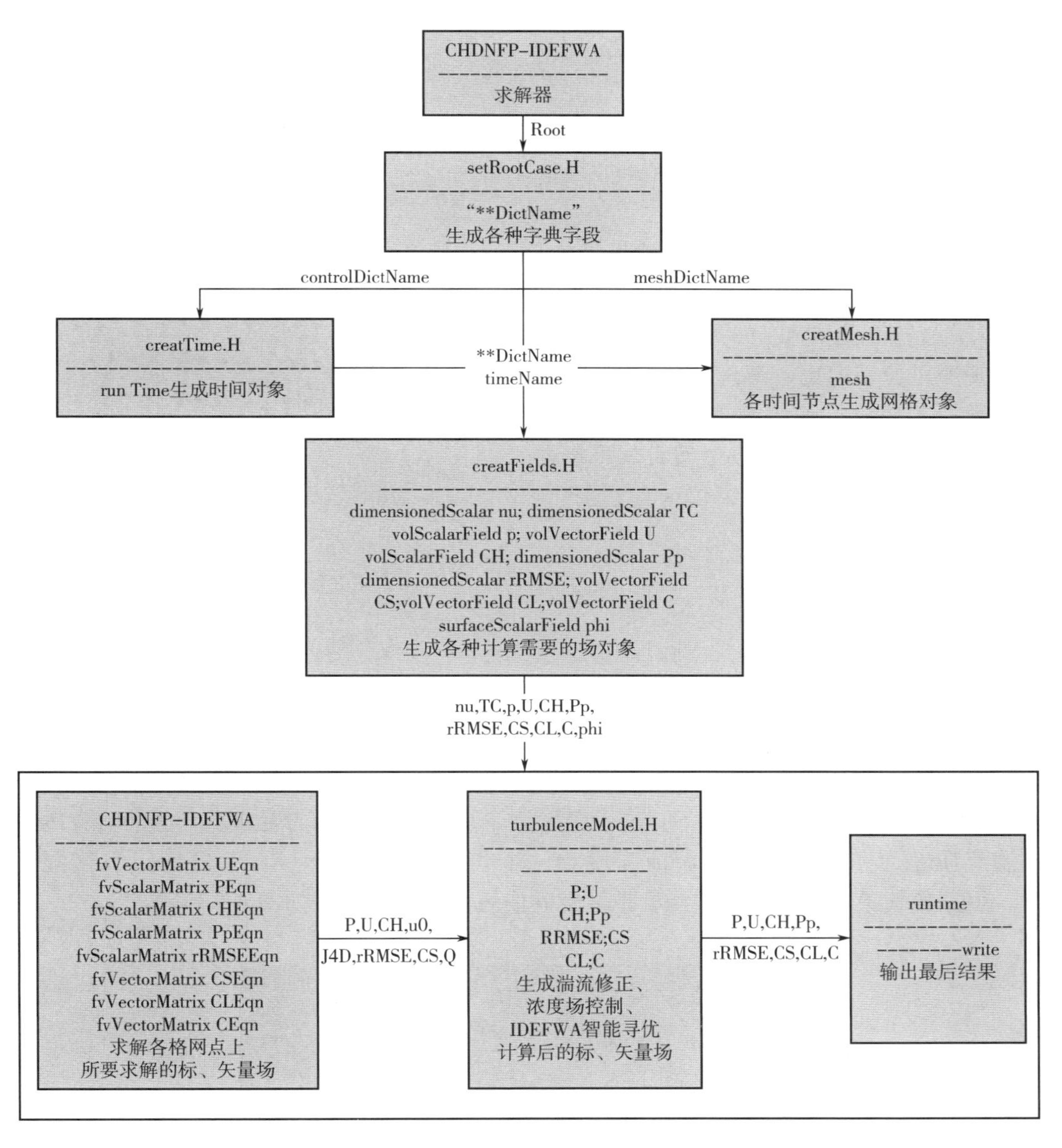


**图 6-7　CHDNFP-IDEFWA 求解器计算过程**

# 第四节　应用案例

本节以 2006 年的某次 $SF_6$ 示踪实验为例，通过构建虚拟地理三维场景，对释放源信息、气象信息、扩散空间等进行设置或剖分，对扩散过程进行模拟和预测求解。

## 一、$SF_6$ 示踪实验基本情况介绍

2006 年 11 月 8 日上午 6 时，在北京某地进行了大气扩散示踪实验，施放示踪物为 $SF_6$，风向为西北风，风速达中性稳定度，释放量为 4.65kg，释放时间为 80s。该次实验场地空间约为 1km×1.5km，共设立 2 个固定气象站、7 个便携式气象观测点和 120 个不规则取样点，以实时观测风速、温度、湿度、气压和示踪剂浓度等数据。释放点和监测节点布置如图 6-8 所示。$SF_6$ 样品分析采用 CD-1 型大气采样器、100ml 注射器、6890 气相色谱仪、真空泵、真空配气瓶等设备。

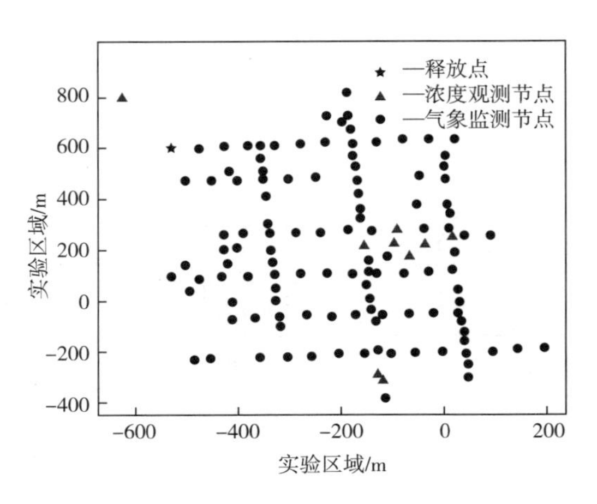


**图 6-8　实验点位布置图**

## 二、实验模拟与分析

### （一）实验参数设置

采用 CHDNFP 模型对整个扩散过程进行模拟计算，空气设为主相，$SF_6$ 作为第二相。CHDNFP 模型初始参数设置如下：$SF_6$ 密度为 6.52kg/m$^3$，动力黏度为 0.0000142Pa・s，入口湍流强度为 4.02%，出口湍流强度为 4.15%，外部气压为 1019.2hPa，空气湿度=24%。根据各气象观测点数据，构建扩散空间内风场信息，结果如图 6-9 所示。

**图 6-9　扩散空间风场构建**（见彩插）

根据 CHDNFP 模型计算初始参数，对 IDEFWA 设置如下：种群规模 $N=200$，变异因子 $\zeta=0.95$，交叉概率 $C_r=0.5$，进化代数 $k_0=300$，高斯火花数 $GN=300$，爆炸火花数 $SN=150$，基本半径 $R_0=30$，最大迭代次数 $T=500$，混沌搜索选择概率 $p_1=0.40$。

### （二）实验过程模拟

在实验参数设置和计算仿真的基础上，对示踪剂在不同时刻、不同高度、不同剖面的浓度分布情况进行模拟和可视化展示。

#### 1. 不同时刻扩散过程模拟

图 6-10 和图 6-11 分别是 10m 高度和沿风向切面下，10s、30s、1min、2min、3min、4min 时的示踪剂扩散浓度分布模拟状况。

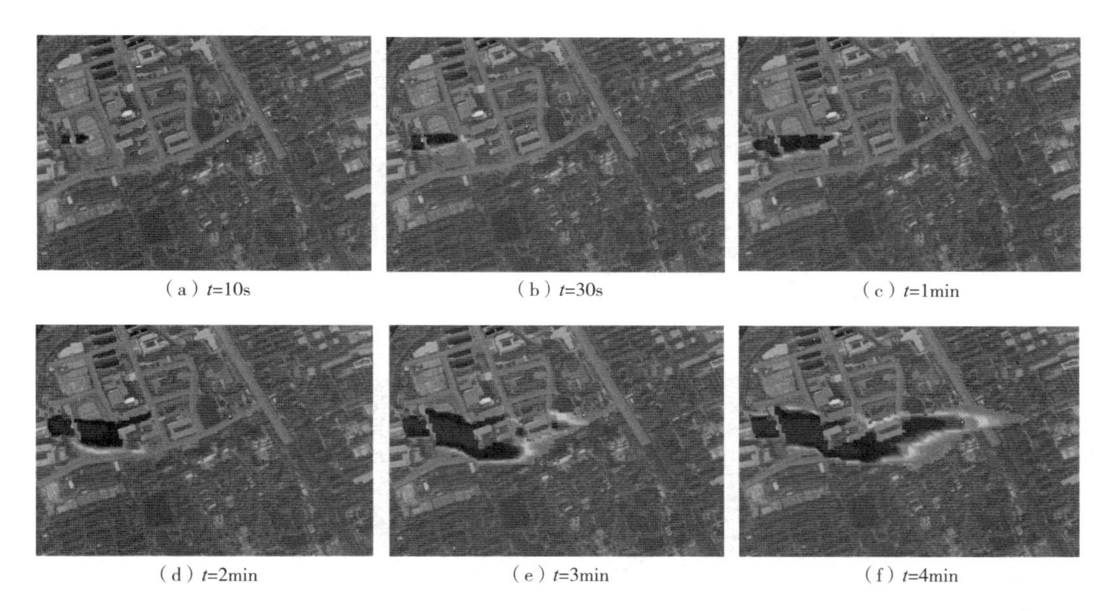

（a）$t$=10s （b）$t$=30s （c）$t$=1min

（d）$t$=2min （e）$t$=3min （f）$t$=4min

**图 6-10　10m 高度下各时刻示踪剂扩散浓度分布**（见彩插）

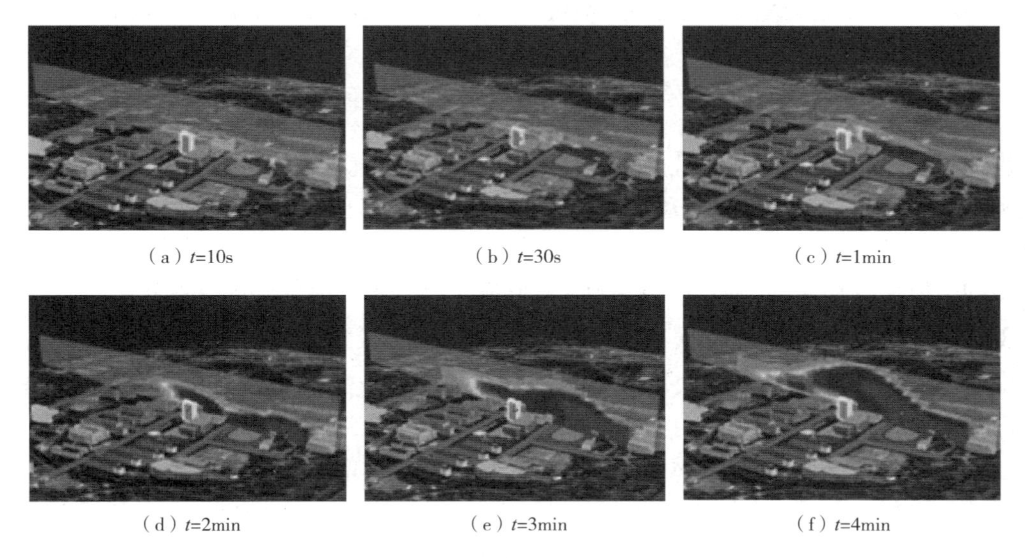

（a）$t$=10s （b）$t$=30s （c）$t$=1min

（d）$t$=2min （e）$t$=3min （f）$t$=4min

**图 6-11　沿风向方向各时刻示踪剂扩散浓度分布**（见彩插）

由图 6-10、图 6-11 可知，随着时间的增加，示踪剂沿风向方向逐渐蔓延至整个扩散空间；在遇到建筑物等干扰后，示踪剂会从两侧或上方随气流输送；在建筑物密集区域，示踪剂的扩散速度会减缓，部分地带出现滞留现象。

## 2. 不同高度扩散模拟分析

以 $t=4\text{min}$ 为例，对示踪剂在不同高度的空间分布状况进行模拟和分析，结果如图 6-12 所示。

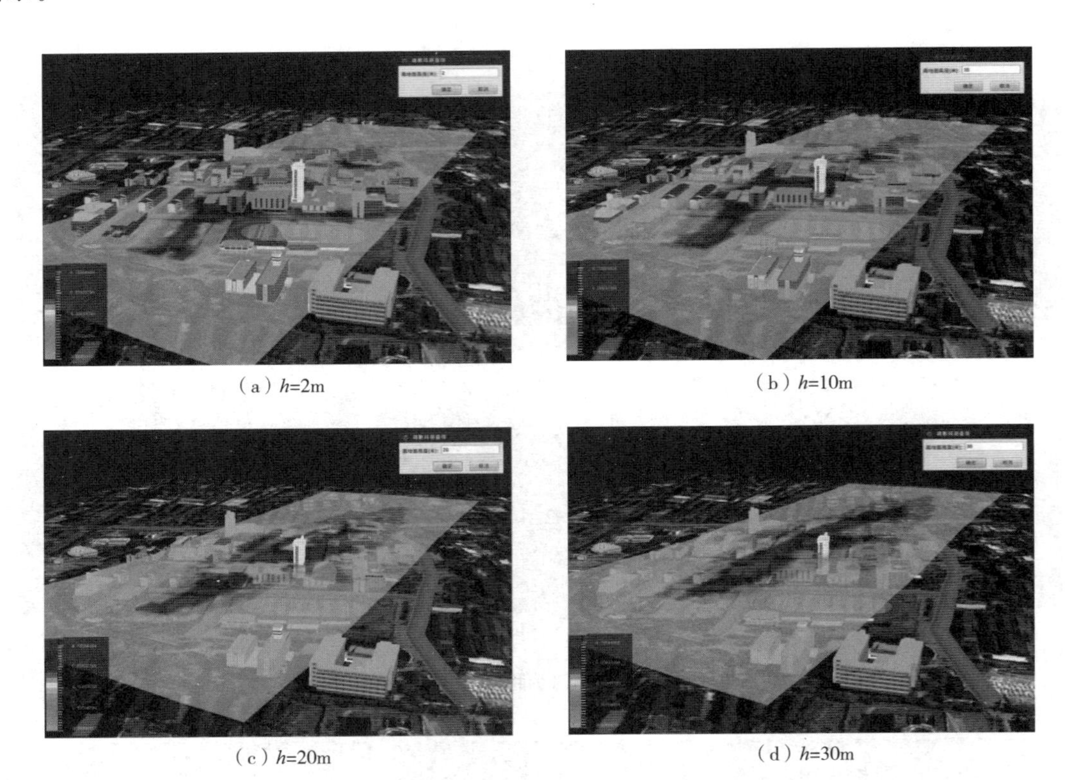

（a）$h$=2m （b）$h$=10m （c）$h$=20m （d）$h$=30m

**图 6-12 不同高度下示踪剂扩散浓度分布**（见彩插）

由图 6-12 可知，2m 高度时，示踪剂扩散受地形、建筑物和树木的影响非常明显，部分区域示踪剂存在明显滞留现象，危害区域标识呈杂乱无序特征；随着高度的增加，地形和建筑物对示踪剂扩散的影响逐渐减小，危害区域也逐渐呈规则化特征。这说明，小尺度空间内危害物的扩散受下垫面影响明显，采用 CFD 开展化学危害扩散预测优势十分突出。

## 3. 不同剖面扩散模拟分析

以 $t=4\text{min}$ 为例，对示踪剂在平行于风向、平行于地面、垂直于风向等 3 种剖面下的空间分布状况进行模拟和分析，结果如图 6-13 所示。

由图 6-13（a）可知，沿着风向方向，随着扩散区域的增大，除部分建筑物密集区域外，其余区域示踪剂浓度呈逐渐降低态势；由图 6-13（b）可知，同一高度下，示踪剂的浓度分布主要受风向和下垫面影响；由图 6-13（c）可知，同一区域内，不同高度的示踪剂浓度分布也相差较大，示踪剂的扩散不仅受下垫面影响，而且受风向风速和湍流的作用也十分明显。综合 3 个剖面可知，化学危害扩散预测不仅要按地域划分，更要按空间分层，对不同维

（a）平行于风向的剖面

（b）平行于地面的剖面

（c）垂直于风向的剖面

**图 6-13　不同剖面下示踪剂扩散浓度分布**（见彩插）

度的危害态势进行标注和显示。

## （三） CHDNFP-IDEFWA 仿真分析

在实验参数设置的基础上，按照 CHDNFP-IDEFWA 求解器的求解流程，对示踪剂扩散实验进行计算仿真，求解最小修正压强、最小 rRMSE 值下的流场和浓度场。由于释放量较小，持续时间较短，仅将 4min 以内的观测数据作为校验对象。图 6-14 为修正压强随时间寻优曲线，图 6-15 为 rRMSE 寻优变化曲线，图 6-16 为 IDEFWA 寻优变化曲线。

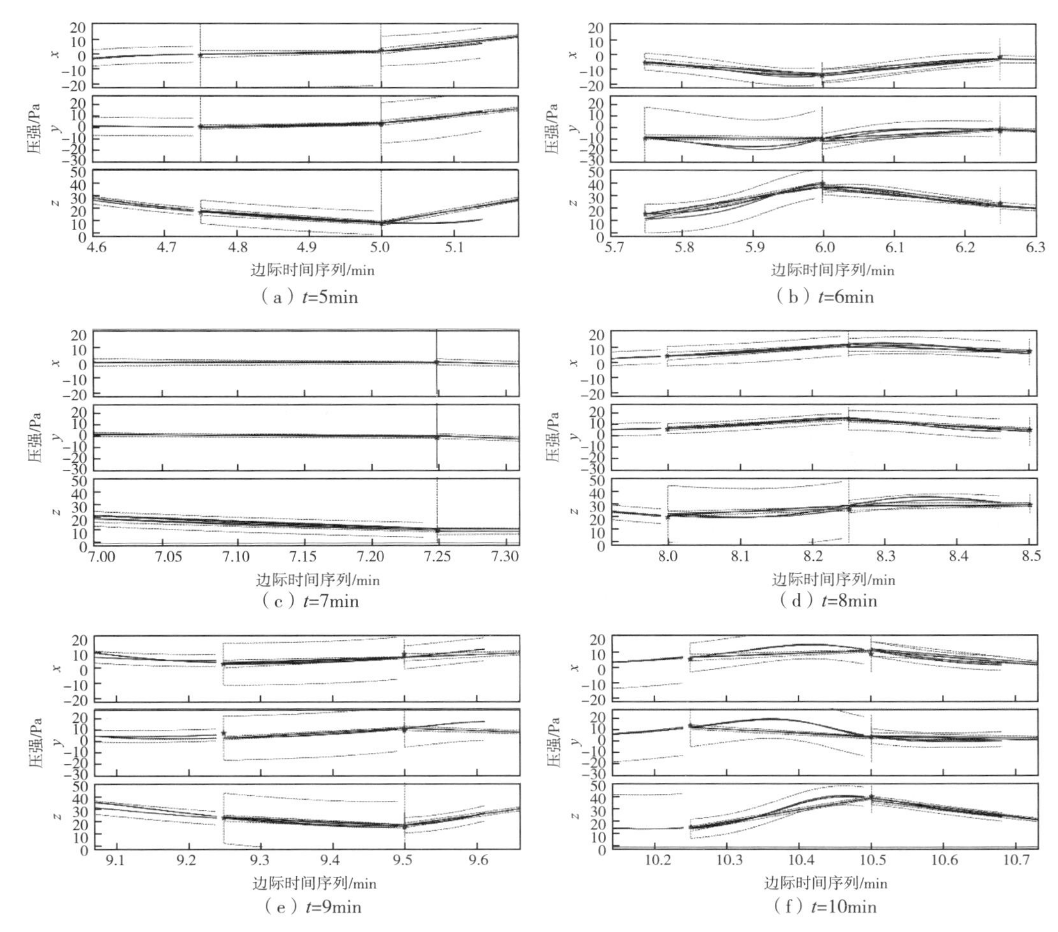


（a）$t$=5min　（b）$t$=6min　（c）$t$=7min　（d）$t$=8min　（e）$t$=9min　（f）$t$=10min

**图 6-14　修正压强随时间寻优曲线**（见彩插）

由图 6-14 可知，该算法在修正压强寻优时收敛性很强，不过由于 rRMSE 值最小化寻优，导致修正压强寻优始终处于“分散-收敛”交替变化状态；同时，该算法在运行至 10min 左右时基本趋于稳定，但预测数据为 4min 以内的监测数据，说明该算法在整体寻优时慢于实际情况，应在精细预测的时效性方面加强研究。

由图 6-15 可知，通过状态相关矩阵求 rRMSE 寻优，预测浓度场与观测浓度场之间的误差可逐渐降低至 115%左右，基本满足真实预测要求。但是，受实验限制，此次模拟仅与少量真实数据进行了对比，该算法的稳定性还需进一步验证。由图 6-16 可知，该算法在迭代 200 次时基本达到稳定收敛状态，说明其整体收敛性较强，可通过减少迭代次数提高其计算速率。

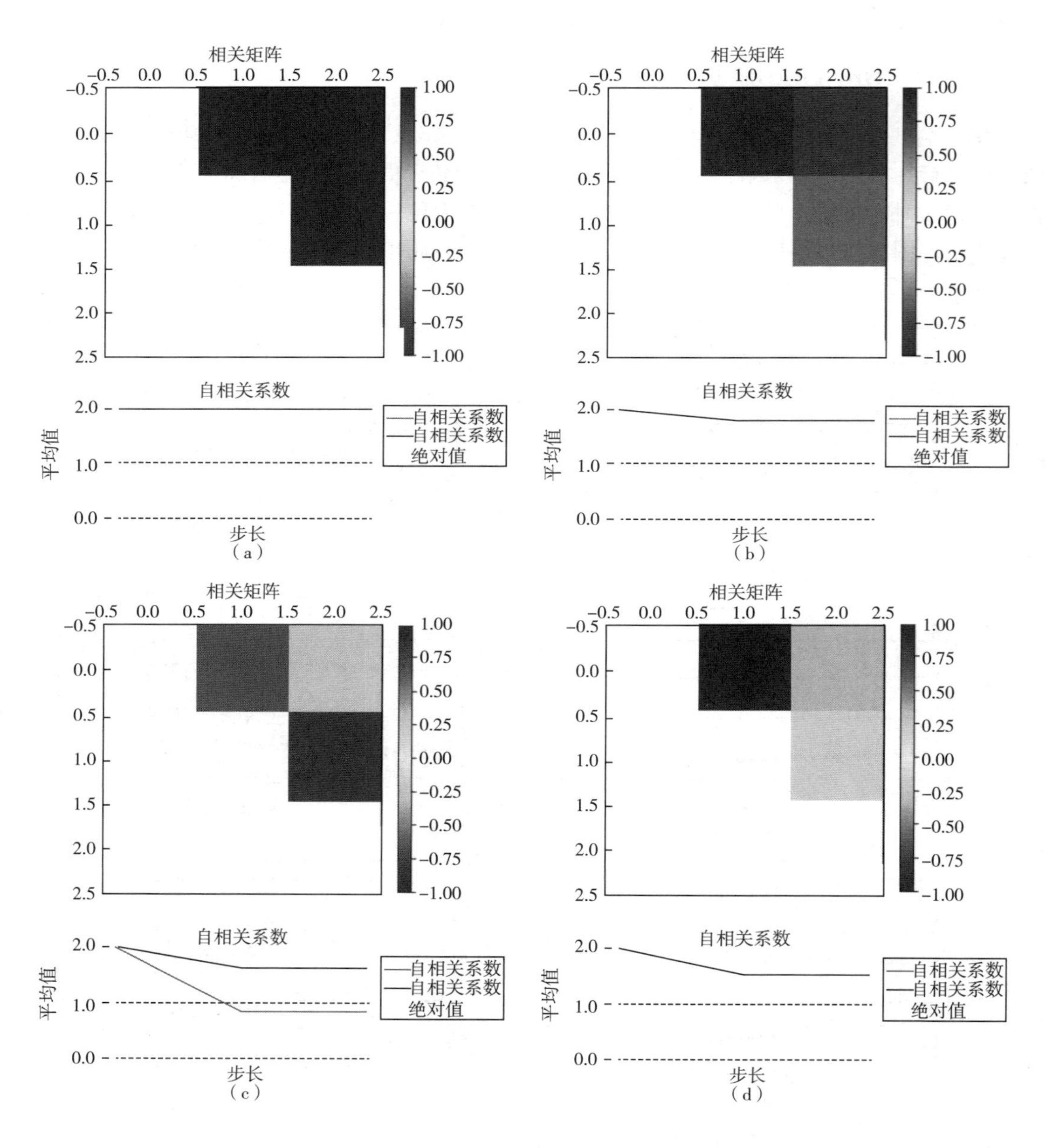

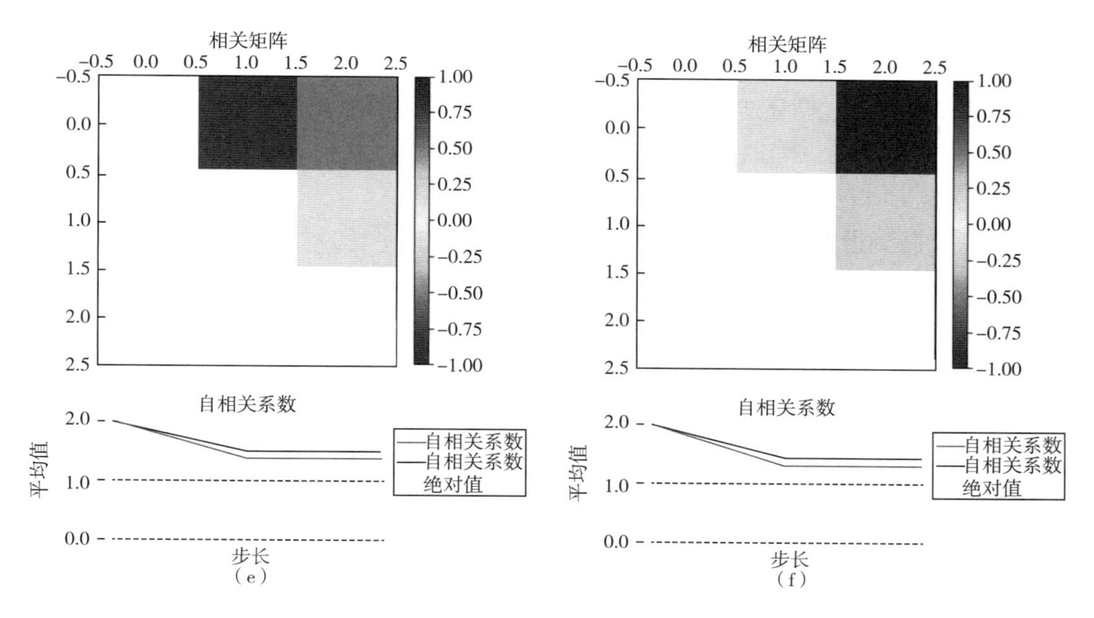


**图 6-15 rRMSE 寻优变化图**（见彩插）

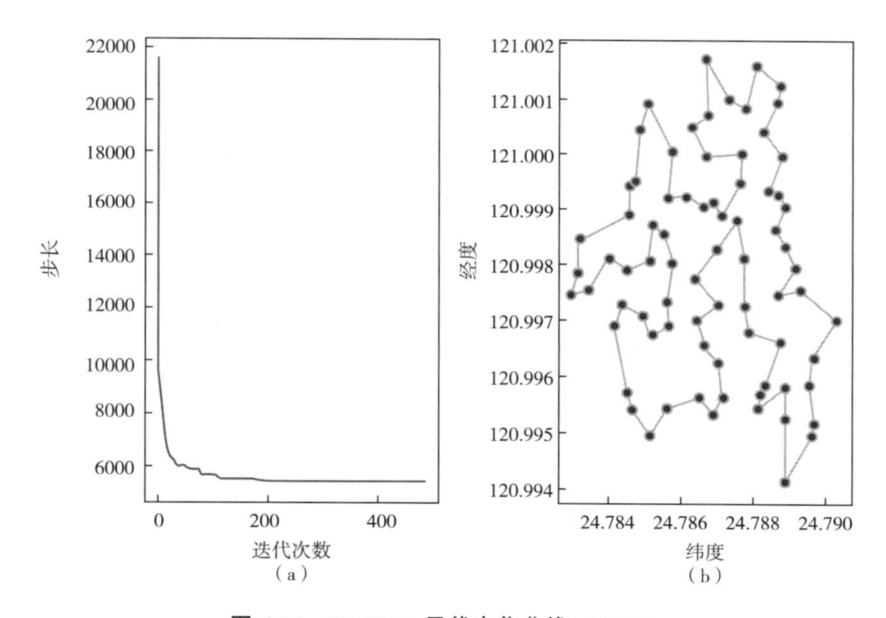


**图 6-16 IDEFWA 寻优变化曲线**（见彩插）

## 三、实验结果讨论

### （一）误差原因分析

由模拟实验可知，通过 CHDNFP-IDEFWA 求解器可使 rRMSE 值降至 115%左右，误差原因主要有以下 3 个方面：

### 1. 寻优算法计算误差

IDEFWA 只能通过循环迭代求得相对最优值，很难类似穷举法得到最优值。此类误差可通过多次独立仿真进行降低，但是不可能避免。本节对上述实验进行了 20 次独立实验，最终 rRMSE 最小值为 113.2%。

### 2. 观测仪器测量误差

示踪剂取样设备、气象测量设备、示踪剂分析设备等的测量偏差也是导致计算误差产生的原因。尤其是受仪器精度和操作影响，对 $SF_6$ 进行色谱分离时，一般会造成一定的相对偏差。本节对 $0.008\times10^{-9}$ 的 $SF_6$ 进行了 7 次分析，相对标准偏差为 4.1%，如表 6-5 所示。

表 6-5　$SF_6$ 分析相对标准偏差

| 分析次数 | 峰面积/（mAu·s） | 平均峰面积/（mAu·s） | 标准相对偏差 |
|---|---|---|---|
| 1 | 184.6 | 198.4 | 4.1% |
| 2 | 190.1 | | |
| 3 | 199.2 | | |
| 4 | 205.7 | | |
| 5 | 210.6 | | |
| 6 | 198.8 | | |
| 7 | 199.5 | | |

### 3. 背景场误差

造成实验预测模拟误差的另一个重要原因是背景场误差，主要由下垫面干扰误差和风场误差构成。下垫面干扰误差与地理模型的精细程度、气流与建筑物的干涉等息息相关。风场误差主要由监测点的数量和布局不够系统均匀造成。

## （二）CHDNFP-IDEFWA 求解器验证

为了验证 CHDNFP-IDEFWA 求解器的优劣性，按照均匀分布、全面覆盖的规则选取了 10 个监测点，以 90s、120s、180s、240s 等 4 个时刻的数据作为分析数据，分别通过 CHDNFP-IDEFWA 和 PISOFOAM 计算求解，分析二者与真实观测值之间的差异性。浓度差异计算表达式为

$$\begin{cases} d_1 = |c_1 - c_3| / c_3 \\ d_2 = |c_2 - c_3| / c_3 \\ d_3 = d_2 - d_1 \end{cases} \tag{6.38}$$

式中，$c_1$ 为 CHDNFP-IDEFWA 模拟预测浓度值；$c_2$ 为 PISOFOAM 模拟预测浓度值；$c_3$ 为真实观测浓度值；$d_1$ 为 CHDNFP-IDEFWA 模拟预测浓度值与真实观测浓度值的差异；$d_2$ 为 PISOFOAM 模拟预测浓度值与真实观测浓度值的差异；$d_3$ 为 CHDNFP-IDEFWA 模拟相对 PISOFOAM 模拟的精度提高程度。通过数据分析，将 CHDNFP-IDEFWA、PISOFOAM

扩散模拟与真实观测数据进行对比，结果如图 6-17 和图 6-18 所示。

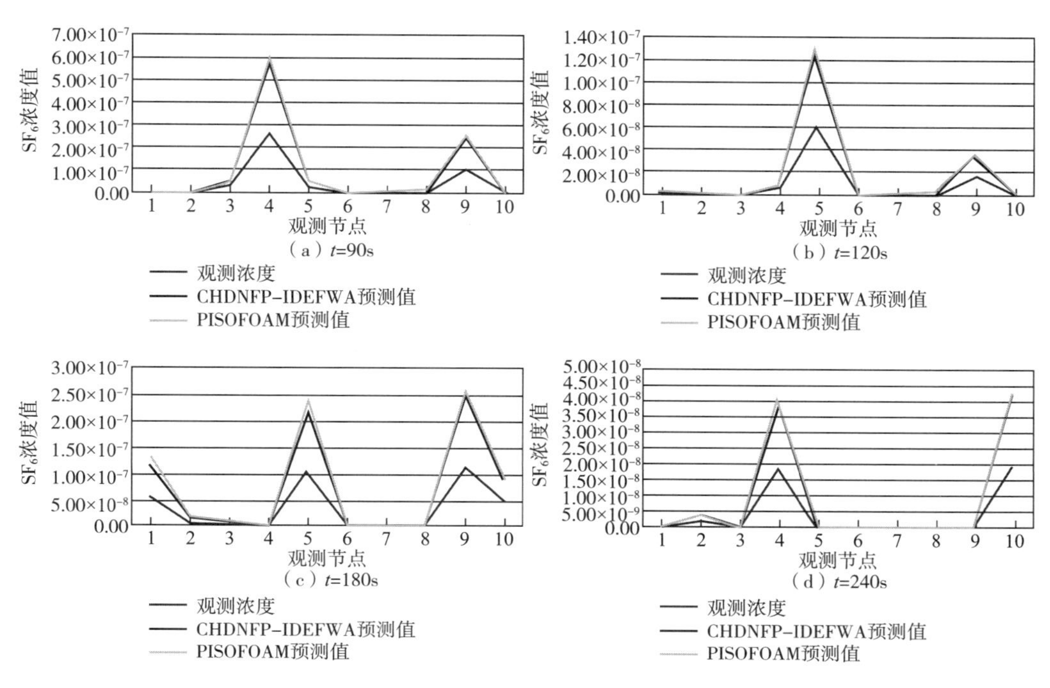


**图 6-17　CHDNFP-IDEFWA、PISOFOAM 扩散模拟与真实观测数据分析**（见彩插）

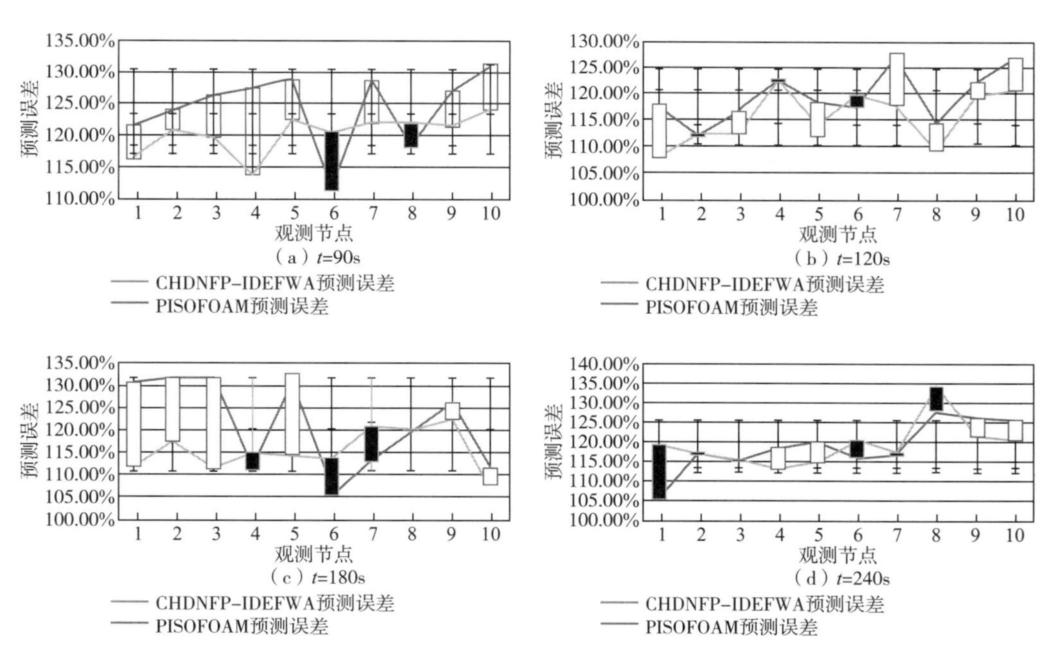


**图 6-18　CHDNFP-IDEFWA 和 PISOFOAM 预测误差分析**（见彩插）

由表 6-6 可知，$d_1$ 最小值（107.69%）出现在 10 号监测点（180s），最大值（134.71%）

表 6-6 CHDNFP-IDEFWA、PISOFOAM 扩散模拟与真实观测结果对比

| 节点 | 90s | | | | | | 120s | | | | | |
|---|---|---|---|---|---|---|---|---|---|---|---|---|
| | $c_1$/（kg/m³） | $c_2$/（kg/m³） | $c_3$/（kg/m³） | $d_1$/% | $d_2$/% | $d_3$/% | $c_1$/（kg/m³） | $c_2$/（kg/m³） | $c_3$/（kg/m³） | $d_1$/% | $d_2$/% | $d_3$/% |
| 1 | $1.61\times10^{-11}$ | $1.65\times10^{-11}$ | $7.43\times10^{-12}$ | 116.38 | 121.53 | 5.15 | $1.31\times10^{-9}$ | $1.37\times10^{-9}$ | $6.28\times10^{-10}$ | 108.08 | 117.96 | 9.89 |
| 2 | $7.11\times10^{-11}$ | $7.21\times10^{-11}$ | $3.22\times10^{-11}$ | 120.89 | 124.01 | 3.11 | $1.11\times10^{-9}$ | $1.11\times10^{-9}$ | $5.24\times10^{-10}$ | 112.55 | 111.72 | −0.83 |
| 3 | $4.98\times10^{-8}$ | $5.13\times10^{-8}$ | $2.27\times10^{-8}$ | 119.59 | 126.19 | 6.59 | $1.17\times10^{-10}$ | $1.19\times10^{-10}$ | $5.50\times10^{-11}$ | 112.36 | 116.82 | 4.45 |
| 4 | $5.66\times10^{-7}$ | $6.03\times10^{-7}$ | $2.65\times10^{-7}$ | 113.74 | 127.45 | 13.72 | $8.21\times10^{-9}$ | $8.19\times10^{-9}$ | $3.68\times10^{-9}$ | 123.15 | 122.50 | −0.65 |
| 5 | $5.34\times10^{-8}$ | $5.49\times10^{-8}$ | $2.40\times10^{-8}$ | 122.50 | 128.75 | 6.25 | $1.27\times10^{-7}$ | $1.30\times10^{-7}$ | $5.94\times10^{-8}$ | 113.40 | 118.16 | 4.76 |
| 6 | $3.42\times10^{-11}$ | $3.27\times10^{-11}$ | $1.55\times10^{-11}$ | 120.65 | 111.29 | −9.35 | $1.39\times10^{-9}$ | $1.37\times10^{-9}$ | $6.32\times10^{-10}$ | 119.94 | 117.26 | −2.68 |
| 7 | $1.05\times10^{-12}$ | $1.09\times10^{-12}$ | $4.75\times10^{-13}$ | 121.89 | 128.68 | 6.79 | $9.31\times10^{-11}$ | $9.76\times10^{-11}$ | $4.28\times10^{-11}$ | 117.57 | 127.99 | 10.42 |
| 8 | $7.81\times10^{-9}$ | $7.68\times10^{-9}$ | $3.52\times10^{-9}$ | 121.82 | 118.18 | −3.64 | $1.38\times10^{-9}$ | $1.41\times10^{-9}$ | $6.58\times10^{-10}$ | 109.42 | 114.47 | 5.05 |
| 9 | $2.50\times10^{-7}$ | $2.56\times10^{-7}$ | $1.13\times10^{-7}$ | 121.42 | 126.95 | 5.53 | $3.49\times10^{-8}$ | $3.54\times10^{-8}$ | $1.59\times10^{-8}$ | 119.25 | 122.42 | 3.18 |
| 10 | $6.41\times10^{-11}$ | $6.62\times10^{-11}$ | $2.86\times10^{-11}$ | 124.00 | 131.50 | 7.50 | $2.78\times10^{-9}$ | $2.86\times10^{-9}$ | $1.26\times10^{-9}$ | 120.83 | 127.06 | 6.24 |
| 节点 | 180s | | | | | | 240s | | | | | |
| | $c_1$/（kg/m³） | $c_2$/（kg/m³） | $c_3$/（kg/m³） | $d_1$/% | $d_2$/% | $d_3$/% | $c_1$/（kg/m³） | $c_2$/（kg/m³） | $c_3$/（kg/m³） | $d_1$/% | $d_2$/% | $d_3$/% |
| 1 | $1.17\times10^{-7}$ | $1.27\times10^{-7}$ | $5.51\times10^{-8}$ | 111.51 | 130.76 | 19.26 | $2.16\times10^{-13}$ | $2.03\times10^{-13}$ | $9.86\times10^{-14}$ | 119.51 | 105.57 | −13.95 |
| 2 | $1.53\times10^{-8}$ | $1.63\times10^{-8}$ | $7.05\times10^{-9}$ | 117.23 | 131.56 | 14.33 | $3.26\times10^{-9}$ | $3.25\times10^{-9}$ | $1.50\times10^{-9}$ | 117.33 | 116.67 | −0.67 |
| 3 | $1.16\times10^{-10}$ | $1.28\times10^{-10}$ | $5.50\times10^{-11}$ | 111.27 | 131.82 | 20.55 | $1.09\times10^{-11}$ | $1.09\times10^{-11}$ | $5.07\times10^{-12}$ | 115.45 | 115.28 | −0.17 |
| 4 | $3.59\times10^{-11}$ | $3.53\times10^{-11}$ | $1.67\times10^{-11}$ | 114.97 | 111.08 | −3.89 | $3.97\times10^{-8}$ | $4.07\times10^{-8}$ | $1.86\times10^{-8}$ | 113.25 | 118.76 | 5.52 |
| 5 | $2.21\times10^{-7}$ | $2.39\times10^{-7}$ | $1.03\times10^{-7}$ | 114.40 | 132.52 | 18.13 | $7.75\times10^{-12}$ | $7.96\times10^{-12}$ | $3.61\times10^{-12}$ | 114.78 | 120.40 | 5.62 |
| 6 | $1.62\times10^{-13}$ | $1.55\times10^{-13}$ | $7.56\times10^{-14}$ | 114.00 | 105.25 | −8.75 | $1.17\times10^{-12}$ | $1.14\times10^{-12}$ | $5.29\times10^{-13}$ | 120.53 | 116.10 | −4.43 |
| 7 | $1.81\times10^{-13}$ | $1.75\times10^{-13}$ | $8.21\times10^{-14}$ | 120.95 | 112.91 | −8.04 | $2.07\times10^{-12}$ | $2.06\times10^{-12}$ | $9.53\times10^{-13}$ | 117.70 | 116.63 | −1.07 |
| 8 | $1.08\times10^{-11}$ | $1.08\times10^{-11}$ | $4.90\times10^{-12}$ | 119.92 | 120.10 | 0.18 | $2.24\times10^{-13}$ | $2.18\times10^{-13}$ | $9.56\times10^{-14}$ | 134.71 | 128.06 | −6.64 |
| 9 | $2.53\times10^{-7}$ | $2.58\times10^{-7}$ | $1.14\times10^{-7}$ | 122.25 | 126.23 | 3.98 | $2.50\times10^{-12}$ | $2.56\times10^{-12}$ | $1.13\times10^{-12}$ | 121.42 | 126.15 | 4.73 |
| 10 | $8.83\times10^{-8}$ | $8.99\times10^{-8}$ | $4.25\times10^{-8}$ | 107.69 | 111.47 | 3.78 | $4.21\times10^{-8}$ | $4.32\times10^{-8}$ | $1.91\times10^{-8}$ | 120.63 | 125.92 | 5.29 |

注：监测点坐标，1（−426m，607m）；2（−175m，571m）；3（−190m，821m）；4（−346m，410m）；5（−328m，109m）；6（−400m，477m）；7（−338m，269m）；8（−369m，−61m）；9（−328m，103m）；10（−355m，−213m）。

出现在 8 号监测点（240s），平均误差百分比为 116.49%；$d_2$ 最小值（105.25%）出现在 6 号监测点（180s），最大值（132.52%）出现在 5 号监测点（180s），平均误差百分比为 119.63%；$d_3$ 最小值（−0.17%）和最大值（20.55%）均出现在 3 号监测点（180s 和 240s 时刻），平均误差差异为 3.38%。从图 6-17 和图 6-18 可知，在下垫面相对平坦、建筑物少的区域（6 号监测点、10 号监测点），CHDNFP-IDEFWA 和 PISOFOAM 计算误差均较低；在建筑物相对密集的区域（8 号监测点、5 号监测点），CHDNFP-IDEFWA 和 PISOFOAM 计算误差均较高；相对于 PISOFOAM，CHDNFP-IDEFWA 的预测精度总体提升 3%左右；180s 内 CHDNFP-IDEFWA 的计算精度明显高于 PISOFOAM，但是 240s 时刻提升效果比较微弱。

为进一步分析 CHDNFP-IDEFWA 的计算效率，分别对不同迭代次数、不同时间步长下 CHDNFP-IDEFWA 和 PISOFOAM 需要的计算时间进行了统计分析，结果如表 6-7 所示。其中，$d_4$ 表示 CHDNFP-IDEFWA 和 PISOFOAM 的耗时比。

表 6-7　CHDNFP-IDEFWA 和 PISOFOAM 不同步长模拟时间消耗统计

| 迭代次数 | 时间步长/s | 耗时/s | | |
|---|---|---|---|---|
| | | CHDNFP-IDEFWA | PISOFOAM | $d_4$/% |
| 1 | 240 | 56 | 84 | 66.67 |
| 2 | 120 | 125 | 149 | 83.89 |
| 4 | 60 | 182 | 215 | 84.65 |
| 6 | 40 | 426 | 658 | 64.74 |
| 8 | 30 | 729 | 987 | 73.86 |
| 12 | 20 | 1148 | 1425 | 80.56 |
| 24 | 10 | 1740 | 2592 | 67.13 |
| 48 | 5 | 2580 | 3845 | 67.10 |
| 120 | 2 | 3854 | 5008 | 76.96 |

由表 6-7 可见，以模拟 240s 扩散为前提，使用 CHDNFP-IDEFWA 和 PISOFOAM 对不同时间步长时的扩散进行模拟，时间步长越短，迭代次数越多，二者的耗时越长；以 30s 步长为例，采用 PISOFOAM 耗时 987s，采用 CHDNFP-IDEFWA 耗时 729s，CHDNFP-IDEFWA 的计算效率相对更高；从耗时比的角度分析，CHDNFP-IDEFWA 与 PISOFOAM 的平均耗时比为 0.74，计算效率提升了约 26.05%。综上所述，CHDNFP-IDEFWA 不仅在预测结果方面具有更好的稳定性和收敛性，而且在化学危害模拟方面具有更好的计算效率。

### （三） IDEFWA 优劣性分析

人工蜂群算法（artificial bee colony algorithm，ABCA）、遗传算法（genetic algorithm，GA）、粒子群优化算法（particle swarm optimization，PSO）是目前最常用的生物启发式多变量函数寻优算法，常用于解决多变量函数全局寻优问题。为验证 IDEFWA 的优劣性，本小节将 IDEFWA 优化结果与 FWA、ABCA、GA、DEA 和 PSO 算法进行了比较分析。其中，种群规模 $N=200$，最大迭代次数 $T=500$，其余参数根据各算法特点进行协同性设计。参数设置和优化结果如表 6-8 所示。

**表 6-8　6 种不同算法的优化结果比较**

| 算法 | 参数设置 | rRMSE | | |
|---|---|---|---|---|
| | | 最优值 | 平均值 | 标准差 |
| FWA | $GN=300$，$SN=150$，$R_0=30$ | 30.5% | 32.2% | $3.253\times10^{-2}$ |
| ABCA | nPop=100，nOnlooker=100，$a=1$ | 35.6% | 39.7% | 0.7542 |
| GA | $\xi=0.95$，$C_r=0.5$ | 32.8% | 35.4% | $6.252\times10^{-2}$ |
| DEA | $\xi=0.95$，$C_r=0.5$，$K_0=300$ | 45.0% | 49.8% | 0.5365 |
| PSO | $\omega=0.95$，$C_1=0.5$，$C_2=0.5$，$v_m=1$ | 39.3% | 42.6% | 0.2547 |
| IDEFWA | 详见本节实验参数设置 | 23.2% | 24.7% | $5.142\times10^{-6}$ |

注：$GN$——高斯火花数，$SN$——爆炸火花数，$R_0$——基本半径；nPop——雇佣蜂数量，nOnlooker——观察蜂数量，$a$——加速系数的最大值；$\xi$——变异因子，$C_r$——交叉概率，$K_0$——进化代数；$\omega$——惯性因子，$C_1$、$C_2$——学习因子，$v_m$——最大速度。

从表 6-8 中可以看出，相对于 FWA、ABCA、GA、DEA 和 PSO 等算法，IDEFWA 不仅在全局搜索和搜索成功率方面具有明显优势，而且在相同的代数和种群条件下可以得到更精确的解，其计算精度达到 $10^{-19}$，标准差精度达到 $10^{-9}$，相对竞争力更强。实验说明，IDEFWA 不仅拥有 DEA 收敛速度快、稳健性强的特点，同时具备 FWA 全局寻优能力强、不受可行域不连通限制的优点，双种群寻优策略优势明显，适用于化学危害扩散预测的计算。

# 第七章

# 核生化危害源项反演技术及应用

源项反演作为核生化危害预测的反问题，要对各种不同来源、不同误差信息、不同时空分辨率的观测资料进行逆向反推，以求快捷高效、精准可靠地确定危害源项（释放物质的种类、数量和位置等信息），是核生化信息融合领域的关键技术之一，对有效缓解和遏制危害源、精准预测危害物时空传输和扩散情况、精确化提供辅助决策意义重大。

# 第一节　核生化危害源项反演研究现状

## 一、基于欧拉方法的源项估计

大多数源项反演算法（source term inversion，STI）都采用欧拉方法，一般通过将观测值与预测值相匹配来获得源项信息，匹配的方式主要是通过实验统计或伴随回溯等进行迭代优化，求得差异函数或泛函的最小化，如最优插值法、遗传算法、卡尔曼滤波、集合卡尔曼滤波、四维变分（4DVAR）等（图 7-1）。除最小化方法外，基于欧拉方法的算法还有很多，而且一些算法虽然本身是欧拉模型，但用于生成浓度预测的数值模型也可能是拉格朗日模型。

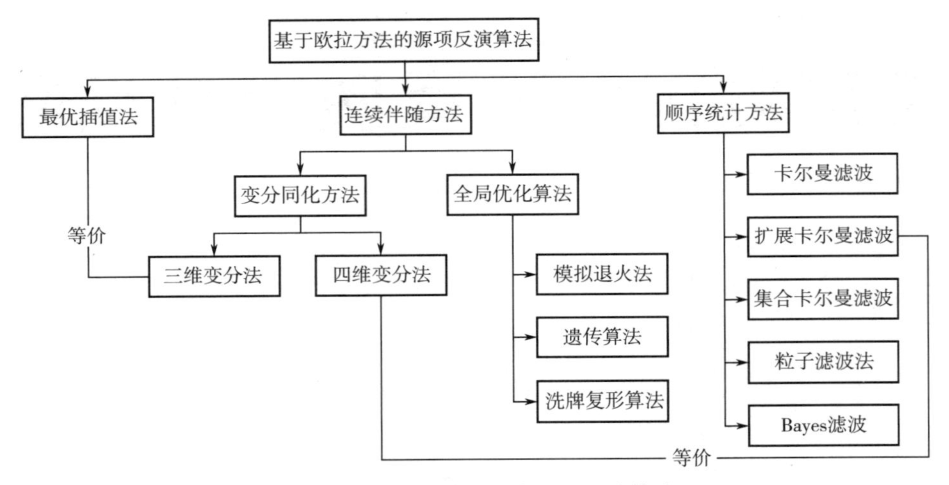


**图 7-1　基于欧拉方法的源项反演算法**

由图 7-1 可知，在算法原理上，通常欧拉方法要么依赖于选择试验解的统计方法（顺序统计方法），要么应用伴随模型从观察时间向后计算到释放时间（最优插值法、变分同化方法），两种方法都可能包括迭代优化求解（全局优化算法）。由于最优插值法难以插值复杂观测资料的局限性，已经逐步被变分同化方法取代，本书不再赘述。

### （一）基于顺序统计的源项估计算法研究

贝叶斯和卡尔曼滤波是当前最常用的顺序统计方法。在贝叶斯公式和卡尔曼滤波中，随机抽样用于生成源项信息，然后将其用作扩散模型的输入。随后的浓度输出和浓度观测之间的差异可用于确定这些初始估计的可能性，所有估计似然计算产生源信息的概率密度函数都可用于优化程序，以获得源位置的迭代改进估计。美国犹他大学机械工程系自动机器控制实验室的 Bourne Joseph R 等提出了一种基于非参数贝叶斯的羽流源项估计和源搜索运动规划算法，在传统算法的基础上，他们将生物启发算法、多机器人算法、状态概率算法以及基于地图的算法等综合集成，利用多个机器人之间的协调和羽流估计模型来实现更快、更稳健的污染源位置确定和源强估计，已在装有气体浓度传感器的移动机器人设计中使用。

西北核技术研究所的唐秀欢等将集合卡尔曼滤波和高斯多烟囱扩散结合，构建了非线性源项释放量的计算流程，并通过模拟仿真对集合成员数、初始值和扰动值进行优化，分析这些参数对反演结果的影响，验证了方法的可行性。但他们并没有将优化后的模型应用到实验或实际数据反演中，准确性和稳定性有待验证。

哈尔滨工业大学的姜继平等构建了基于 Bayes 的源项反演算法，该算法采用时间序列法和 MCMC 后验法对各点位的污染物浓度进行采集，通过经验知识和监测数据实现了反演参数、污染物浓度分布的概率表征，结合实验数据，他们得到了 Bayes 推理溯源中关键参数的推荐值。该方法对先验知识和历史数据要求较高，外场环境或应急环境下很难获取足够的经验数据，因此不适于核化环境下的污染源反演。

### （二）基于变分同化的源项估计算法研究

许多欧拉 STI 都包含伴随模型。伴随模型是由作用于浓度场的线性算子和成本函数之间的内积导出的，后者本身由伴随积分决定。由于扩散算子的自伴性，这种伴随的积分会产生“回溯羽”，一方面可作为一个强迫函数，直接逆时间积分到伴随方程中的观测值，另一方面可通过迭代细化伴随解来获得源信息。这两个方面在结构上都是相似的，但是优化和最小化过程有所不同。源项信息是通过最小化包含伴随解和观测污染物浓度观测值的函数或泛函来获得的，如用于源项估计的四维变分（four-dimensional variation，4DVAR），将伴随观测和时间序列组合在一个函数中，通过求解梯度最小化以确定源项信息。这个最小化过程也可以通过最大熵方法来实现，该方法可确保反计算中不包含任何无关或非物理信息。

相对于正则化方法和其他同化算法，4DVAR 具备同化多个连续时间窗口、普适性更强的优点，被应用于大气污染、潮汐模拟、粉尘排放、黑潮预测等多个领域，受到越来越多的关注。在危害扩散反演方面，变分同化方法也逐渐应用到源项反演中，并且在研究过程中开展了大量实验和应用。其中具有代表性的是以 Marc Bocquet 为首的 CEREA 研究团队，其陆续用数值模拟实验、风洞实验数据与欧洲大气扩散实验数据，证实了变分数据同化在核事故源项反演问题上的有效性，之后又对切尔诺贝利与福岛核事故的释放源项进行了估计与研究。另外，挪威空气研究所（Norwegian Institute for Air Research，NILU）曾将 4DVAR 技术应用于常规污染物源解析研究中，更是在福岛核事故后首先发表了基于变分数据同化的源项反演结果。他们利用堆芯积存量、有限压力与温度数据、观测到的爆炸与排烟时刻以及剂量率监测数据，对释放源项进行了详细的时序预估，并将其作为变分源项反演的背景场。然而可惜的是，这一背景场对放射性物质的释放有所高估，成为该研究最终释放总量估计结果偏高的重要原因之一。

在 4DVAR 模型改进方面，国外学者也开展了大量的研究。Hendrik Elbern 和 Hauke Schmidt 将欧拉方程与 4DVAR 算法相结合，在扩散过程中增加对化学反应和气相沉积的考虑，通过构建基于水平平流、垂直平流、隐式垂直三个维度的伴随模式，生成了适用于对流层痕量气体反演的同化模型。之后，他们通过改进气相沉积模型（RADM2），生成了新的中尺度空气污染扩散模型和4DVAR算法，可有效提升监测物质的短期数值预报精度。Strunk A. 等在4DVAR算法的基础上，通过网格嵌套设计获得了更好的同化性能，并研制出一套化学输运模型系统（EURAD-IM），可有效开展空气观测数据的同化处理和成分分析。Hassan等提出了一种改进变分迭代与拉普拉斯（Laplace）变换相结合的定量溯源算法，并将其首次应用于分数阶非线性对流扩散方程的反向求解。

近年来，国内一些学者陆续开展了关于变分同化的源项反演研究，但更多的是数理推导和风洞试验验证。大气物理研究所的曾庆存等分别研究了离线模式非完整伴随算子和正负区分判定迭代法在大气污染源反演中的应用，通过对自然源、人为源和化学反应进行独立研究，反演人为源的位置和强度，用于政府减排调控策略的制定。山东理工大学的李功胜、姚德在《扩散模型的源项反演及其应用》一书中对不同边界条件下扩散模型的连续源项及源项系数反问题进行了系统研究，从反演的存在性、唯一性、稳定性等角度，提出了基于不动点法、变分伴随、改进Tikhonov正则化的最佳摄动量算法，并结合具体案例对数据获取、模型构建、参数反演、问题解决等进行了实例分析。

国内关于4DVAR模型改进方面的研究：Zhang L. 等在4DVAR算法的基础上，构建了适用于细颗粒物（$PM_{2.5}$）污染扩散的GEOS-Chem伴随模式，并通过2014年北京APEC监测数据进行了验证。Wang C. 等在GRAPES-CUACE扩散模式和伴随模式的基础上，融入limited-memory Broyden-Fletcher-Goldfarb-Shanno algorithm（L-BFGS），研制了用于黑炭排放反演的4DVAR数据同化系统，分析发现该系统可降低预测偏差值1%～36%。清华大学的刘蕴等引入四维变分代价函数梯度，从时间序列角度对地面和烟囱两种释放源项进行定量估计，并通过风洞实验和RIMPUFF数值模拟进行对比，对水平扩散参数和垂直扩散参数变化曲线进行偏差分析，验证方法的准确性和收敛性，具有一定的借鉴意义。但他们对伴随模式和切线性算子的计算缺少依据，在风场构建、扩散模型适用性及通过风洞实验改进算法精度上有待进一步加强。基于此，2019年，他们采用截断总体最小二乘变分法对扩散预测算子与观测值的误差进行正则化修正（TTLS-VAR），降低了反演算法的误差，较基本的四维变分算法准确性有所提高。

### （三）基于全局优化的源项估计算法研究

还有一些欧拉方法不需要伴随模型或贝叶斯推理，如模拟退火法、洗牌复形算法等。这些方法是通过迭代调整源项信息驱动的扩散预测，从分散模型直接获得源项信息，以匹配观察到的污染危害浓度值。北京工业大学的沈泽亚等以高斯扩散模型和误差平方作为反算模型函数，以美国1956年在内布拉斯加州中北部奥尼尔镇（北纬40°29.6′，西经98°34.3′）开展的$SO_2$外场实验为例，分别采用PSO-NM、GA-NM、GA-PSO三种算法对稳定、中性和不稳定气象条件下的扩散模拟、源强位置反算进行验证，评判三种算法在反算结果、反算时间、优化机理等方面的准确性、稳定性和时效性，得出了不同算法在不同场景、不同需求下的适用性。但他们在扩散系数和$R$、$P$值的确定上描述模糊，有待进一步验证。另外，徐向军、宁莎莎、章颖等分别采用遗传算法、混合遗传算法、遗传模拟退火算法对核辐射源项参数进行了反演寻优。

## 二、基于拉格朗日方法的源项估计

STI 算法的第二大类是拉格朗日方法，但并没有像欧拉方法那样被广泛研究应用。拉格朗日方法属于实体回溯的范畴，即它们将实体的状态回溯到其原始状态，这种方法类似于 Hall 和 McMullen 提出的多传感器数据融合跟踪。

### （一）国外基于拉格朗日的源项估计算法研究

传统的拉格朗日回溯法是通过单个流体包裹时间分析实现来源的回溯，该方法对风场和污染物浓度数据的要求往往太高，无法用于源项估计问题。此外，反向流必须收敛，以便准确地将流体追踪回其来源，或者流体必须能在时间上演化，以便多个轨迹在源位置交叉。

在传统拉格朗日包裹回溯法的基础上，一些学者从多源反演、多尺度反演角度进行了扩展改进，提出了拉格朗日实体回溯、拉格朗日粒子模型等方法。美国宾夕法尼亚州立大学的 Andrew J. Annunzio、Sue Ellen Haupt 等在污染传输和扩散领域开展了一系列研究。他们针对不确定污染源数量及释放重叠复杂问题，融入湍流和实体扩散对多源浓度场的影响作用，提出了一种拉格朗日状态估计的多实体场近似确定方法（multi-entity field approximation，MEFA），实现了多种瞬时释放或持续释放污染源的位置定位。该方法充分考虑了湍流和实体扩散对多源浓度场的影响作用，构建了多污染源浓度叠加模型、多污染源位置估计模型和最小误差度量评价模型，采用遗传算法寻求污染源反演位置与实际位置的最小欧几里得距离，最后通过美国陆军达格威试验场 Fusion Field Trial 2007（FFT07）试验数据集进行验证分析，误差范围稳定在一个量级以内，反演精度相对较高。不足之处是他们并没有考虑建筑物、地形等复杂下垫面对污染物扩散的影响。同期，美国 Aerodyne 研究公司（ARI）、博伊西州立大学、英国国防科技实验室、NCAR 公司等也受美国国防部裁减局支持，开发出了用于 FFT07 试验数据验证的源项反演算法（AIMS、SERT、MCBDF、SDF 等），但是国防分析研究所的最终评估报告显示宾夕法尼亚州立大学的 MEFA 算法计算和反演效果最好。

希腊的 Stohl 等采用 RODOS 中的拉格朗日粒子模型（dispersion over complex terrain，DIPCOT），基于数值模拟实验与 Mol Belgium 场地示踪实验数据进行 STI 研究，初步实现了利用剂量率数据对核事故释放源项的反演。之后，为了强化 RODOS 对核事故后果的预测与评价能力，他们又基于卡尔曼滤波开展了“场外核事故应急的数据同化”项目。可惜的是，由于实际核事故情况过于复杂，实验结果与实际相差较大，没有一直进行下去。

美国空军理工学院的 Casey L. Zoellick 采用混合单粒子拉格朗日积分轨道（HYSPLIT）模型，结合 1983 年横越阿巴拉契亚示踪实验（CAPTEX）的数据，对示踪剂释放位置的分辨率和观测灵敏度进行了研究。该模型首先通过将第一猜测位置的网格作为源项进行正向扩散模拟；其次，将模拟得出的浓度值存储在源-受体矩阵（SRM）中；最后，使用地面测量值计算每个模拟的模型秩，产生最高模型秩的位置即为源项信息。此外，Casey L. Zoellick 还将 SRM 方法应用于 20 世纪 50 年代的内华达试验场（NTS）核爆试验，确定了两次核试验的爆炸点。

### （二）国内基于拉格朗日的源项估计算法研究

源项反演算法方面，国内相对国外起步较晚，但随着交叉学科和环境工程的快速发展，在扩散模式、数据同化、正则化等方面开展了大量研究，形成了一系列研究成果。

清华大学的赵全来等针对“预测-应对”模式难以高时效提供准确预判、不适于非常规突发事件的现状，考虑当前参数估计法存在的不足和困难，提出了“情景-应对”式重大核突发事故源项反演方法，通过构建简单风场下的源项情景库、复杂风场下的源项情景库，以情景比对的方式实现事故源项的快速反演，具有重要的现实意义。

西北核技术研究院的田自宁等针对γ谱仪无法给出辐射源大概位置，无法给出源边界信息的问题，提出了一种基于虚拟源的体源模拟方法。该方法是将放射体源分解成衰减层-放射层-衰减层-干扰层四层理论模型，采用虚拟点源来模拟放射层，并通过蒙特卡罗法和最小二乘法求取误差最小值。目前该方法已应用到均匀分布的核素识别中，对分析污染区域的深度和分布、反解核弹头惰层厚度等具有重要意义。

## 三、基于深度学习的源项估计

深度学习的提出给源项反演提供了新的思路，其不需要对源项和观测值之间的数学关系进行探究，只需要对足够多的训练数据进行学习，即可高速快捷地进行预测和反演。深度学习组织映射关系如图 7-2 所示（图中，$X_1$、$X_2$、$X_d$ 表示输入的观测数据，$m_1$ 表示数据的处理过程，$m_2$ 表示反演得到的源项信息）。

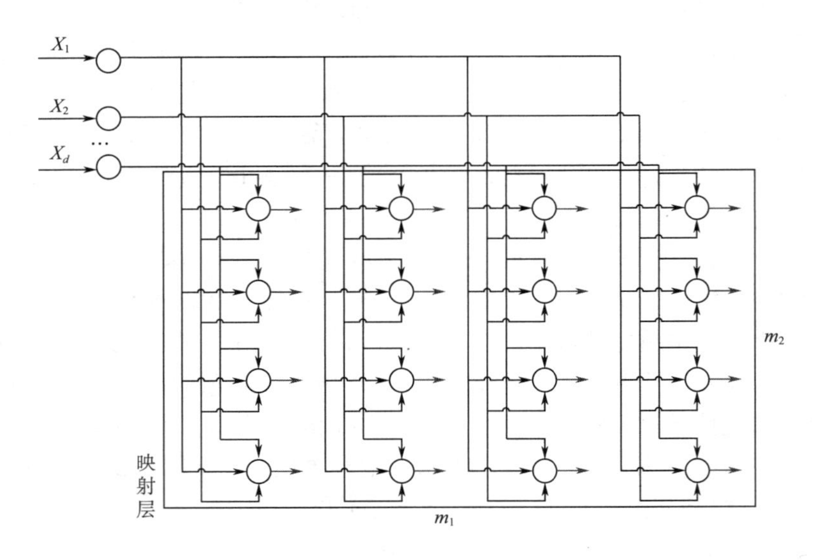


图 7-2 深度学习组织映射关系示例

### （一）国外基于深度学习的源项估计算法研究

Ilias Bougoudis 等提出了一种基于混合机器学习的三重智能集成系统（HISYCOL），该系统通过集群数据集和无监督机器学习，实现了数据向量的聚类跟踪和隐藏知识挖掘，在处理高污染物浓度下的相关性分析、源项反演中效果显著。

荷兰特文特大学的 Jan Kleine Deters 等针对城市颗粒物污染扩散问题，提出了一种基于 6 年气象和 $PM_{2.5}$ 污染数据的机器学习反演方法。通过测试分析表明，强风或高降水下，该方法的反演精度要好于稳定气象下的反演精度，原因在于稳定气象下，$PM_{2.5}$ 污染扩散受下垫面的影响远大于极端环境。

土耳其科尼亚大学的 Yasin Akin Ayturan 等详细研究了基于深度学习体系结构的大气污染数据建模理论，提出了生成性对抗网络（GANs）方法，通过构建两个相互竞争的网络，使其中一个用于创建更真实的源项，另一个用来预测污染的扩散状态。

法国索邦大学的 Julien Brajard 等针对观测数据中噪声影响较大、污染预测模型精度不高的问题，提出了一种基于卡尔曼滤波和神经网络相结合的混合数据同化方法，并通过 Lorenz 96 模型进行了数值实验分析。实验对比发现，相较于卡尔曼滤波，混合方法不仅在计算时间上缩短了，同时随着观测噪声的增加，能够保证反演和预测精度的平稳下降。

### （二）国内基于深度学习的源项估计算法研究

国内关于深度学习在源项估计中的应用研究仍处于基础研究阶段。南京航空航天大学的侯闻宇、凌永生等将反演过程作为黑盒子考虑，以 InterRAS 系统对福岛核事故部分数据预测生成的 8352 组实验数据为训练数据和测试数据，采用 Matlab 神经网络工具箱的 newff 函数、sim 函数、Traingdm 函数和 Trainlm 函数进行学习训练，通过对训练时间、均方误差、训练误差等指标进行权衡分析，得到了适用于简单非线性核事故源项反演的最优隐含节点数、训练函数及 BP 隐含层。2016 年，该团队进一步深化 BP 神经网络，将其应用到多核素源项反演中，构建了基于动量 BP 的 I-131、Cs-137、Xe-133、Kr-85 四核素反演模型；用 201600 组数据进行学习训练和反演测试，分析得出机器学习对数据比较分散的核素反演结果误差较小，对数据相对集中的核素反演误差较大，训练数据的选取对反演结果影响较大。该项研究的不足是仅对单、双、三层隐含层结构进行了对比实验分析，对多隐含层、多核素复杂非线性问题和深度神经网络学习缺少研究。

西安交通大学数理统计学院的张江社和北方民族大学数学与信息学院的丁伟福针对 BP 人工神经网络在大气污染物浓度预测中收敛速度慢、易陷入局部极小等缺点，提出了采用极限学习机对单隐层 BP 神经网络进行改进；通过对香港 6 年的数据进行学习和测试，表明该算法在提高预测和降低误差方面都有较好的效果，大大提高了传统 BP 神经网络的学习速度和预测能力。

华云探测气象科技有限公司的吕宝蕾、胡永涛等针对传统 CTMs 模式易产生偏见和错误的问题，采用集合方法构建了融合一般线性模型、神经网络、随机森林、梯度助力器 4 种算法的机器学习模型，并将其应用于 $PM_{2.5}$ 浓度实验、模拟与仿真，反演精度明显提升，预测误差显著下降。

东南大学交通学院的王宇轩、潘柳等针对传统算法难以精确预测复杂交通条件和交通方式下 CO 排放量和浓度的问题，提出基于长短期记忆（LSTM）神经网络的混合机器学习框架，建立了 CO 多变量长短期组合预测模型和基于影响因子的记忆神经网络，并应用于十字路口 CO 浓度预测。实验证明，相较于传统的 SVM、RBFN、VAR 和 GRU 神经网络方法，该方法在均方根误差（RMSE）、平均绝对误差（MAE）和 $R^2$ 值上均具有较高的精度和准度。台北大学的 Yue-Shan Chang 等也提出了基于集合 LSTM 神经网络的大气污染预测方法，通过 2012～2017 年间台湾环保局收集的 17 个属性资料进行 $PM_{2.5}$ 的实验分析，进一步验证了该方法的可行性。

此外，北京大学的屈坤、朱晏民等分别将人工神经网络（ANNs）和 RBP 神经网络应用到大气污染预测，构建了基于深度学习的统计预测方法体系和反演模型，但缺少具体的训练和测试实验。

# 第二节　基于四维变分的核生化初生危害源项反演技术

由第六章可知，化学危害扩散预测呈现高度复杂性和非线性特点，无法直接通过反向推导求得危害源的数量、位置坐标和强度等源项表达式。因此，在化学危害扩散预测研究的基础上，本章以初生化学危害多源反演为研究对象，通过初生化学危害形成机制分析、多源反演问题表征、反演问题求解设计，构建基于四维变分数据同化的多源反演算法。

## 一、初生化学危害多源反演问题建模

初生化学危害是化学危害领域最常遇到的情形之一，是指化学武器使用后直接形成的毒剂蒸气或气溶胶云团，或者化工设施爆炸、泄漏瞬间产生的有毒有害云团，具有毒物浓度高、输运速度快、输运纵深大等特点，扩散过程呈现显著的复杂性和非线性特征。因此，本节通过分析初生化学危害形成机制，对其源项情形进行确定，进而构建适用于初生化学危害多源反演问题的模型和求解流程。

### （一）初生化学危害多源反演问题描述与表征

由形成机制可知，不论是空气阻力分散，还是爆炸分散和热分散，初生化学危害的生成时间均非常快，可采用多点源瞬时释放模拟其源项状态，源强即为危害分散强度。因此，开展初生化学危害多源反演研究的基础在于多点源瞬时释放对流扩散方程在反问题溯源中的模型表征。根据多点源瞬时释放情形下的化学危害扩散浓度场控制方程，结合经典高斯烟团模式和傅里叶变化法，易求得式（7.1）的解析解表达式。

$$C(x,y,z,t)=\frac{\sum_{i=1}^{n}Q_i\exp\left\{-\frac{1}{2}\left(\frac{(x-x_i-v_xt)^2}{\sigma_{x,t}^2}+\frac{(y-y_i-v_yt)^2}{\sigma_{y,t}^2}+\frac{(z-z_i-v_zt)^2}{\sigma_{z,t}^2}\right)-(v_{\mathrm{d}}+Il)t\right\}}{(2\pi)^{3/2}\sigma_{x,t}\sigma_{y,t}\sigma_{z,t}} \tag{7.1}$$

式中，$\sigma_{x,t}$、$\sigma_{y,t}$、$\sigma_{z,t}$ 分别为 $t$ 时刻 $x$、$y$、$z$ 三个维度的扩散参数，可根据大气稳定度和 P-G 扩散曲线法获取。

因此，需根据不同时刻危害物的浓度分布数据，结合式（7.1）形成危害源数量、位置坐标和强度识别的反问题。假设任一监测点 $j$（$x_j,y_j,z_j$）处各观测时刻的危害物监测浓

度矩阵为

$$c(x_j,y_j,z_j,T)=[c_1,c_2,\cdots,c_M],\ T=[t_1,t_2,\cdots,t_m] \tag{7.2}$$

式中，$T$ 为观测时刻数组。这样由式（7.1）和式（7.2）即可构成初生化学危害多源反演问题，待求解参数为$(n,Q,X_0,Y_0,Z_0)$。

### （二）初生化学危害多源反演问题求解流程

环境下，造成化学危害逆向溯源误差的原因主要有以下三个方面：一是背景误差，由复杂多变的环境因素导致；二是观测误差，由不同类型的观测设备仪器误差、观测算子误差和代表性误差导致；三是扩散模型误差，无论是高斯扩散模型还是 CFD 计算模型，都带有许多的假设条件，与实际扩散规律存在一定的偏差。数据同化就是对背景误差和观测误差进行量化统计、最小化处理，以实现修正扩散模型反演结果的目的。

变分法在数学上的表达是指带有约束条件的泛函极值问题，其以最大似然估计为理论基础，将观测数据插值到预先设置好的模式格点上，通过度量模型场和观测场之间的距离，从而构造出一个目标泛函。相较于其他同化方法，四维变分（4DVAR）实现了整个同化时间窗口观测数据的同化，预测精度更高、适用范围更广，在解决化学危害扩散预测和反演中具有明显的优势。同时，随着计算机技术的快速发展，有效解决了数值预报模式带来的巨大计算量需求，为 4DVAR 的推广应用提供了关键基础。本小节基于 4DVAR 数据同化方法，构建了适用于初生化学危害多源反演问题的求解流程，为下一步求解模型构建提供基础。

基于 4DVAR 数据同化方法，主要通过下面 4 个步骤实现化学危害多源反演问题的求解：一是根据等值线（面）梯度快速估算生成危害源位置的初始猜测，如图 7-3 所示；二是将初始猜测作为初始源项信息进行 CHDNFP-IDEFWA 求解器计算和仿真，得到不同时刻各观测节点的浓度预测值；三是综合场景中不同位置布设的观测节点观测值，通过 4DVAR 对浓度预测值进行数据同化和目标泛函数值求解；四是通过共轭梯度法迭代实现 4DVAR 梯度下降，最终获得 4DVAR 目标泛函极小下的危害源位置和强度。基于 4DVAR 的初生化学危害多源反演问题求解流程如图 7-4 所示。

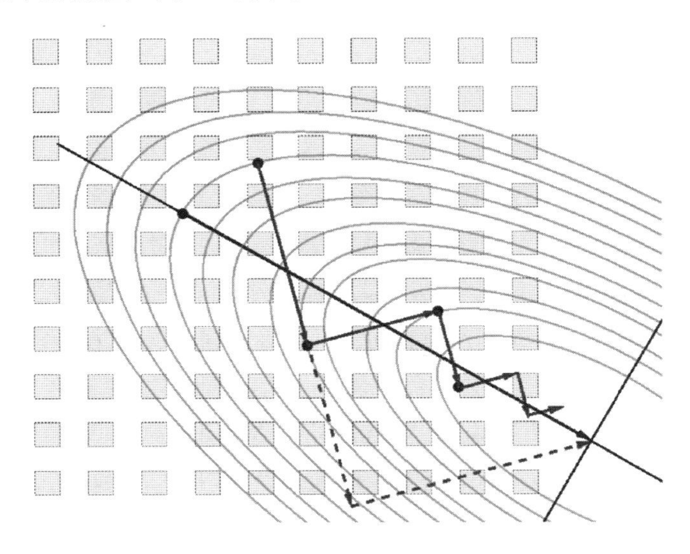

**图 7-3　追踪格网数据估算等值线的梯度方向**（见彩插）

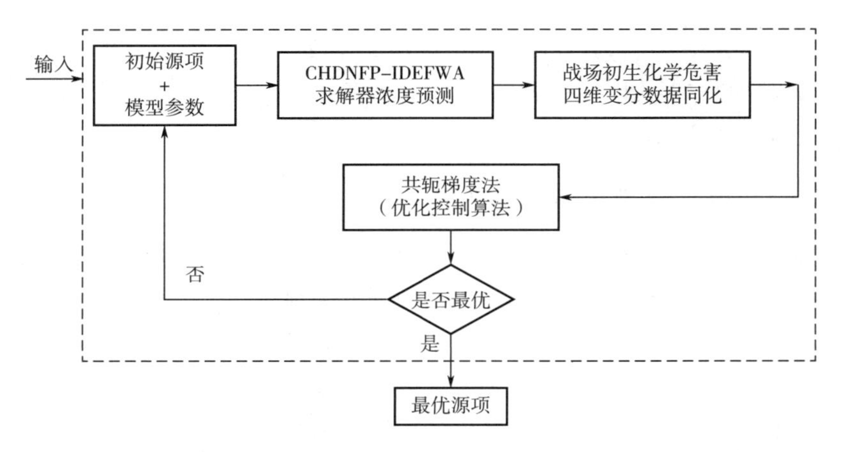


**图 7-4　基于 4DVAR 的初生化学危害多源反演问题求解流程**

虽然 4DVAR 的研究应用相对比较成熟，但是其在多点源和不同释放情形下的研究很少。同时，在不同领域和不同情形下，4DVAR 算法中各模块的构建方法和适定性也差异较大，如何构建适用的 4DVAR 算法，成为求解初生化学危害多源反演问题的关键。为此，本节在构建初生化学危害四维变分目标泛函和梯度函数的基础上，基于泰勒级数迎风差分法，构建多点源瞬时释放对流扩散方程的数值预报模式，进而得到用于梯度函数求解的数值预报切线性算子；基于 SSI 和相关系数修正，构建适用于化学危害反演的背景误差协方差矩阵；采用 4DVAR 算法中常用的观测误差协方差矩阵和共轭梯度法进行梯度函数下降求解。

## 二、初生化学危害多源反演梯度模型

根据初生化学危害的迁移模式基本方程［式（7.1）］和四维变分同化原理，构建初生化学危害多源反演目标泛函模型：

$$J_{4D}(\boldsymbol{C})=J_{4D}^{b}(\boldsymbol{c}_0)+J_{4D}^{r}(\boldsymbol{C})=$$

$$\frac{1}{2}\left(\sum_{i=1}^{n}\boldsymbol{c}_{i,0}-\boldsymbol{c}_{\mathrm{b}}\right)^{\mathrm{T}}\boldsymbol{B}^{-1}\left(\sum_{i=1}^{n}\boldsymbol{c}_{i,0}-\boldsymbol{c}_{\mathrm{b}}\right)+\frac{1}{2}\sum_{t\in\boldsymbol{T}}\left(\sum_{i=1}^{n}\boldsymbol{H}_t\boldsymbol{c}_{i,t}-\boldsymbol{y}_t\right)^{\mathrm{T}}\boldsymbol{R}^{-1}\left(\sum_{i=1}^{n}\boldsymbol{H}_t\boldsymbol{c}_{i,t}-\boldsymbol{y}_t\right) \tag{7.3}$$

式中，$\boldsymbol{c}_0$ 为危害源初始状态向量；$\boldsymbol{c}_{i,0}$ 为第 $i$ 个危害源初始时刻危害物浓度状态向量；$\boldsymbol{c}_{\mathrm{b}}$ 为背景场向量；$\boldsymbol{H}_t$ 为 $t$ 时刻观测算子矩阵；$\boldsymbol{y}_t$ 为 $t$ 时刻危害物浓度观测向量；$\boldsymbol{c}_{i,t}$ 为第 $i$ 个危害源 $t$ 时刻扩散浓度状态向量；$\boldsymbol{B}$ 为背景误差协方差矩阵；$\boldsymbol{R}$ 为观测误差协方差矩阵；$\boldsymbol{T}$ 为同化时间窗口；其他参数同上。

对于式（7.3）而言，它由背景和观测两部分组成，求取极小化的过程也是这两部分叠加而成，即

$$\nabla J_{4D}(\boldsymbol{c}_0)=\nabla J_{4D}^{b}(\boldsymbol{c}_0)+\nabla J_{4D}^{r}(\boldsymbol{c}_0) \tag{7.4}$$

对式（7.4）中的 $J_{4D}^{b}(\boldsymbol{c}_0)$ 直接求偏导，得到其梯度模型

$$\nabla J_{4D}^{b}(\boldsymbol{c}_0)=\boldsymbol{B}^{-1}\left(\sum_{i=1}^{n}\boldsymbol{c}_{i,0}-\boldsymbol{c}_{\mathrm{b}}\right) \tag{7.5}$$

对于多点源瞬时释放扩散模式，$J_{4D}^{r}(\boldsymbol{C})$ 涉及的参数和向量较多，很难通过直接推导对 $\boldsymbol{c}_0$ 求偏导。假设 $J_{4D}^{r}(\boldsymbol{C})$ 在 Hilbert 空间内有界可微，根据一阶变分性质，可得

$$\delta J_{4D}^{r}(\boldsymbol{C})=\frac{\mathrm{d}}{\mathrm{d}\delta}J_{4D}^{r}(\boldsymbol{c}_0+\delta\boldsymbol{c}_0)\mid_{\delta=0}=\langle\nabla J_{4D}^{r}(\boldsymbol{c}_0),\delta\boldsymbol{c}_0\rangle \tag{7.6}$$

式中，$\delta\boldsymbol{c}_0$ 是 $\boldsymbol{c}_0$ 的扰动。同理，将 $\delta J_{4D}^{r}(\boldsymbol{C})$ 由 $\nabla J_{4D}^{r}(\boldsymbol{c}_t)$ 和 $\delta\boldsymbol{c}_t$ 表示，得

$$\delta J_{4D}^{r}(\boldsymbol{C})=\langle\nabla J_{4D}^{r}(\boldsymbol{c}_t),\delta\boldsymbol{c}_t\rangle=\left\langle\sum_{t\in\boldsymbol{T}}\boldsymbol{H}_t^{\mathrm{T}}\boldsymbol{R}^{-1}\left(\sum_{i=1}^{n}\boldsymbol{H}_t\boldsymbol{c}_{i,t}-\boldsymbol{y}_t\right),\delta\boldsymbol{c}_t\right\rangle \tag{7.7}$$

式中，$\boldsymbol{c}_t$ 为各个危害源 $t$ 时刻的扩散浓度状态向量；$\delta\boldsymbol{c}_t$ 是 $\boldsymbol{c}_t$ 的扰动；其他参数同上。下面只需构建 $\delta\boldsymbol{c}_t$ 与 $\delta\boldsymbol{c}_0$ 之间的关系式，即可得到 $\nabla J_{4D}^{r}(\boldsymbol{c}_0)$ 的表达式。假定由 $t$ 时刻到 $t+1$ 时刻的数值预报伴随模式为 $\boldsymbol{M}_{t+1}=(M_{1,t+1},M_{2,t+1},\cdots,M_{m,t+1})$，$m$ 为观测点数量，$\boldsymbol{a}$ 为模式中气象参数和背景场参数的集合，则可得到 $\boldsymbol{c}_{t+1}$ 与 $\boldsymbol{c}_t$ 之间的关系式：

$$\boldsymbol{c}_{t+1}=\boldsymbol{M}_{t+1}(\boldsymbol{c}_t,\boldsymbol{a}) \tag{7.8}$$

假定 $\boldsymbol{c}_t^{*}=\boldsymbol{c}_t-\delta\boldsymbol{c}_t$，为无扰动下的状态向量，则式（7.8）可以转换为

$$\begin{cases}\boldsymbol{c}_{t+1}=\boldsymbol{M}_{t+1}(\boldsymbol{c}_t^{*}+\delta\boldsymbol{c}_t,\boldsymbol{a})\approx\boldsymbol{M}_{t+1}(\boldsymbol{c}_t^{*},\boldsymbol{a})+\boldsymbol{D}_{t+1}\times\delta\boldsymbol{c}_t=\boldsymbol{c}_{t+1}^{*}+\delta\boldsymbol{c}_{t+1}\\ \boldsymbol{D}_{t+1}=[D_{1,t+1},D_{2,t+1},\cdots,D_{(x,y,z),t+1},\cdots,D_{m,t+1}]^{\mathrm{T}}\end{cases} \tag{7.9}$$

式中，$\boldsymbol{D}_{t+1}$ 为 $\boldsymbol{M}_{t+1}(\boldsymbol{c}_t,\boldsymbol{a})$ 的切线性算子。由式(7.9)可得 $\delta\boldsymbol{c}_{t+1}$ 与 $\delta\boldsymbol{c}_0$ 的关系式：

$$\delta\boldsymbol{c}_{t+1}=\boldsymbol{D}_{t+1}\times\delta\boldsymbol{c}_t=\boldsymbol{D}_{t+1}\boldsymbol{D}_t\cdots\boldsymbol{D}_1\times\delta\boldsymbol{c}_0 \tag{7.10}$$

将式(7.10)代入式(7.7)，利用共轭转置理论，可得

$$\begin{aligned}\delta J_{4D}^{r}(\boldsymbol{C})&=\langle\sum_{t\in\boldsymbol{T}}\boldsymbol{H}_t^{\mathrm{T}}\boldsymbol{R}^{-1}\left(\sum_{i=1}^{n}\boldsymbol{H}_t\boldsymbol{c}_{i,t}-\boldsymbol{y}_t\right),\boldsymbol{D}_{t+1}\boldsymbol{D}_t\cdots\boldsymbol{D}_1\times\delta\boldsymbol{c}_0\rangle\\&=\langle\sum_{t\in\boldsymbol{T}}(\boldsymbol{D}_t\boldsymbol{D}_{t-1}\cdots\boldsymbol{D}_1)^{\mathrm{T}}\boldsymbol{H}_t^{\mathrm{T}}\boldsymbol{R}^{-1}\left(\sum_{i=1}^{n}\boldsymbol{H}_t\boldsymbol{c}_{i,t}-\boldsymbol{y}_t\right),\delta\boldsymbol{c}_0\rangle\end{aligned} \tag{7.11}$$

结合式(7.6)和式(7.11)，可得 $J_{4D}^{r}(\boldsymbol{C})$ 对 $\boldsymbol{c}_0$ 的偏导 $\nabla J_{4D}^{r}(\boldsymbol{c}_0)$：

$$\nabla J_{4D}^{r}(\boldsymbol{c}_0)=\sum_{t\in\boldsymbol{T}}(\boldsymbol{D}_t\boldsymbol{D}_{t-1}\cdots\boldsymbol{D}_1)^{\mathrm{T}}\boldsymbol{H}_t^{\mathrm{T}}\boldsymbol{R}^{-1}\left(\sum_{i=1}^{n}\boldsymbol{H}_t\boldsymbol{c}_{i,t}-\boldsymbol{y}_t\right) \tag{7.12}$$

结合式(7.5)和式(7.12)，可得 $J_{4D}(\boldsymbol{C})$ 对 $\boldsymbol{c}_0$ 的偏导 $\nabla J_{4D}(\boldsymbol{c}_0)$：

$$\nabla J_{4D}(\boldsymbol{c}_0)=\boldsymbol{B}^{-1}\left(\sum_{i=1}^{n}\boldsymbol{c}_{i,0}-\boldsymbol{c}_{\mathrm{b}}\right)+\sum_{t\in\boldsymbol{T}}(\boldsymbol{D}_t\boldsymbol{D}_{t-1}\cdots\boldsymbol{D}_1)^{\mathrm{T}}\boldsymbol{H}_t^{\mathrm{T}}\boldsymbol{R}^{-1}\left(\sum_{i=1}^{n}\boldsymbol{H}_t\boldsymbol{c}_{i,t}-\boldsymbol{y}_t\right) \tag{7.13}$$

上式即为初生化学危害反演梯度模型。

## 三、瞬时释放条件下的数值预报切线性算子 $\boldsymbol{D}_{t+1}$

求取切线性算子的基础是确定扩散的数值预报模式。本节在分析国内外主要数值预报模式的基础上，针对化学危害扩散提出构建基于泰勒级数迎风差分的数值预报模式，进而得到瞬时释放条件下的数值预报切线性算子 $\boldsymbol{D}_{t+1}$。

### （一）基于泰勒级数迎风差分的数值预报模式

在数值预报模式构建方面，Viktor 等提出一种基于有限差分法和 Tikhonov 的径向基函数无网格方法，该方法具有可避免奇异积分的优点；之后 Reza Pourgholi 等对该方法的稳定性做了进一步改进，并将其用于求解具有未知源函数的非线性对流 - 反应 - 扩散方程。

Hamba 等针对滤波法溯源存在的不稳定性问题，以正向模拟为初始条件，从浓度场和浓度通量两个方面研究对流扩散方程的滤波效应，得到了适用于点源反向识别的滤波宽度取值区间。Sun C. L. 等提出一种基于误差泛函极小值和 homotopy 正则化的多源反演方法，用于求解多项时间分数阶扩散方程中的空间相关扩散系数和源系数。Liu Chein-Shan 等提出一种均匀化函数超位置法(SHFM)，用于未知边界条件下非线性对流扩散方程的源项识别，不足之处是该算法仅对一维扩散方程进行了应用，其在二维、三维空间下的适定性有待进一步验证。Ruan 等提出一种基于拉普拉斯变换和 Tikhonov 正则化的源项反演算法，通过正问题的唯一性、反问题的收敛性和数值模拟分析，验证了该算法在时间分数阶扩散方程源项识别的可行性。Liu Hailiang 针对对流扩散方程求解中的强对流特性，提出了一种直接间断伽辽金方法(DDG)，用于表征对流过程中的非物理振荡现象。该方法对提高反演算法的稳定性适用性较强。

本书拟采用差分方法构建化学危害扩散数值预报模式。对于对流扩散方程，在边界条件和参数均固定的情况下，迎风格式的效果最好。考虑化学危害扩散主要影响因素为对流项，为降低扩散预测误差，本书采用泰勒级数迎风差分对对流扩散方程进行差分化。假定 $\Delta x$ 、$\Delta y$ 、$\Delta z$ 为空间离散步长，$\Delta t$ 为时间离散步长，则其差分方程为

$$\begin{aligned}\frac{C_{x,y,z}^{t+1}-C_{x,y,z}^{t}}{\Delta t}=&\left(D_x+\frac{v_x\Delta x}{2}\right)\frac{C_{x-1,y,z}^{t}+C_{x+1,y,z}^{t}-2C_{x,y,z}^{t}}{\Delta x^2}\\&+\left(D_y+\frac{v_y\Delta y}{2}\right)\frac{C_{x,y-1,z}^{t}+C_{x,y+1,z}^{t}-2C_{x,y,z}^{t}}{\Delta y^2}\\&+\left(D_z+\frac{v_z\Delta z}{2}\right)\frac{C_{x,y,z-1}^{t}+C_{x,y,z+1}^{t}-2C_{x,y,z}^{t}}{\Delta z^2}\\&-v_x\frac{C_{x+1,y,z}^{t}-C_{x-1,y,z}^{t}}{2\Delta x}-v_y\frac{C_{x,y+1,z}^{t}-C_{x,y-1,z}^{t}}{2\Delta y}\\&-v_z\frac{C_{x,y,z+1}^{t}-C_{x,y,z-1}^{t}}{2\Delta z}-(v_{\mathrm{d}}+Il)C_{x,y,z}^{t}\end{aligned}$$

$C_{x,y,z}^{t+1}$ 的差分表达式为

$$C_{x,y,z}^{t+1}=\begin{bmatrix}\left(D_x+\frac{v_x\Delta x}{2}\right)\frac{C_{x-1,y,z}^{t}+C_{x+1,y,z}^{t}-2C_{x,y,z}^{t}}{\Delta x^2}+\left(D_y+\frac{v_y\Delta y}{2}\right)\\\frac{C_{x,y-1,z}^{t}+C_{x,y+1,z}^{t}-2C_{x,y,z}^{t}}{\Delta y^2}+\left(D_z+\frac{v_z\Delta z}{2}\right)\\\frac{C_{x,y,z-1}^{t}+C_{x,y,z+1}^{t}-2C_{x,y,z}^{t}}{\Delta z^2}-v_x\frac{C_{x+1,y,z}^{t}-C_{x-1,y,z}^{t}}{2\Delta x}-v_y\\\frac{C_{x,y+1,z}^{t}-C_{x,y-1,z}^{t}}{2\Delta y}-v_z\frac{C_{x,y,z+1}^{t}-C_{x,y,z-1}^{t}}{2\Delta z}+(v_{\mathrm{d}}+Il)C_{x,y,z}^{t}\end{bmatrix}\Delta t+C_{x,y,z}^{t} \tag{7.14}$$

令 $p_x=\frac{D_x\Delta t}{\Delta x^2}$，$p_y=\frac{D_y\Delta t}{\Delta y^2}$，$p_z=\frac{D_z\Delta t}{\Delta z^2}$，$q_x=\frac{v_x\Delta t}{2\Delta x}$，$q_y=\frac{v_y\Delta t}{2\Delta y}$，$q_z=\frac{v_z\Delta t}{2\Delta z}$，则 $C_{x,y,z}^{t+1}$ 的差分表达式简化为

$C_{x,y,z}^{t+1}=(p_x+2q_x)C_{x-1,y,z}^{t}+(p_y+2q_y)C_{x,y-1,z}^{t}+(p_z+2q_z)C_{x,y,z-1}^{t}+[-2(p_x+q_x+p_y+$

$$q_y+p_z+q_z)-(v_d+Il)\Delta t+1]C^t_{x,y,z}+p_xC^t_{x+1,y,z}+p_yC^t_{x,y+1,z}+p_zC^t_{x,y,z+1} \tag{7.15}$$

初边值条件可以离散为如下形式：

$$\begin{cases} C^0_{x,y,z}=f(x,y,z) \\ C^t_{s,k,h}=0 \end{cases} \tag{7.16}$$

式中，$f(x,y,z)=\sum_{i=1}^{n}Q_i\delta(|x-x_i|+|y-y_i|+|z-z_i|)$。

结合式(7.15)、式(7.16)，推广可得瞬时释放条件下，关于 $t+1$ 时刻各网格点位浓度值的迭代矩阵 $\boldsymbol{C}^{t+1}_{\mathrm{S}}$：

$$\begin{cases} \boldsymbol{C}^{t+1}_{\mathrm{S}}=\boldsymbol{A}\boldsymbol{C}^t_{\mathrm{S}} \\ \boldsymbol{C}^0_{\mathrm{S}}=\boldsymbol{f} \end{cases} \tag{7.17}$$

式中，$\boldsymbol{C}^t_{\mathrm{S}}=(C^t_{x_1,y_1,z_1},C^t_{x_2,y_2,z_2},C^t_{x_3,y_3,z_3},\cdots,C^t_{x_M,y_M,z_M})^{\mathrm{T}}$，为 $t$ 时刻各网格点位浓度值矩阵，各点位依次按 $x$、$y$、$z$ 轴正方向进行编号，$M$ 为网格总个数；$\boldsymbol{A}=[a_{ij}]_{M\times M}$（$i,j=1,2,\cdots,M$）；$\boldsymbol{f}=(f(x_1,y_1,z_1),f(x_2,y_2,z_2),f(x_3,y_3,z_3),\cdots,f(x_M,y_M,z_M))^{\mathrm{T}}$。$a_{ij}$ 的取值规则如下：

$$a_{ij}=\begin{cases} 0 & j<i-3 \\ p_x+2q_x & j=i-3 \\ p_y+2q_y & j=i-2 \\ p_z+2q_z & j=i-1 \\ -2(p_x+q_x+p_y+q_y+p_z+q_z)-(v_d+Il)\Delta t+1 & j=i \\ p_x & j=i+1 \\ p_y & j=i+2 \\ p_z & j=i+3 \\ 0 & j>i+3 \end{cases}$$

式（7.17）的截断误差为 $O(\Delta t+\Delta x+\Delta y+\Delta z)$，根据差分格式稳定性判定准则，得到该差分表达式的稳定性和收敛条件为

$$\begin{cases} p_x+q_x\leqslant\dfrac{1}{2} \\ p_y+q_y\leqslant\dfrac{1}{2} \\ p_z+q_z\leqslant\dfrac{1}{2} \end{cases} \tag{7.18}$$

式（7.18）是对网格划分的规范化约束，应根据观测点位置、空间离散步长、时间离散步长、计算时刻等综合得到。

### （二）数值模拟验证

结合式（7.18）稳定性和收敛性约束，以一维数值模拟为例对解析求解［式（7.1）］和数值求解［式（7.17）］进行对比分析。解析解参数设置如下：空间步长 $\mathrm{d}x=1$，空间步数 $N=70$，时间步长 $\mathrm{d}t=1$，时间步数 $M=10$；差分格式参数设置如下：空间步长 $\mathrm{d}x=$

2.5，空间步数 $N=28$，时间步长 $dt=0.5$，时间步数 $M=20$；共用参数设置如下：$v_x=4.5$，$\sigma_x=0.16x(1+0.0001x)^{1/2}$，危害源数量为 2，坐标为 [10,20]，危害源强度分别为 $Q_1=10$、$Q_2=20$。计算结果如图 7-5 所示。

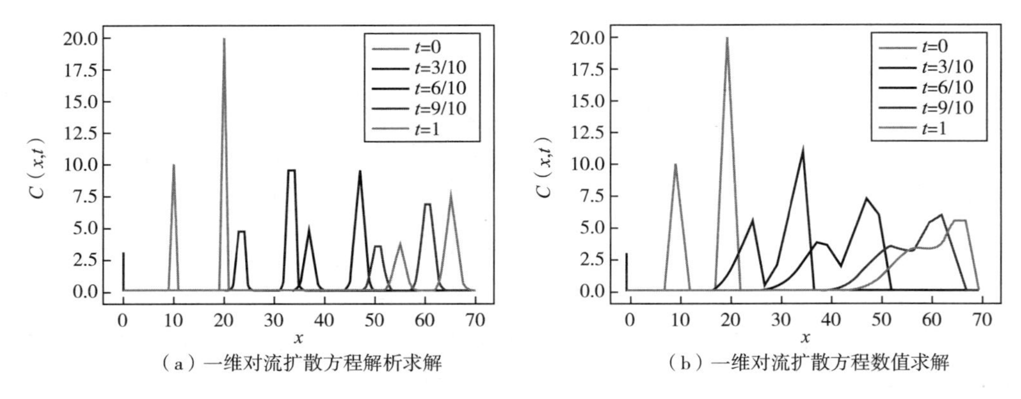


（a）一维对流扩散方程解析求解 （b）一维对流扩散方程数值求解

**图 7-5 瞬时释放情形下一维对流扩散方程求解仿真分析**（见彩插）

由图 7-5 可知，网格点上，除个别点位存在明显的差异，瞬时释放情形下的数值解和解析解整体吻合情况较好，可用于构建数值预报切线性算子。

### （三）数值预报切线性算子

考虑危害物扩散主要影响因素为对流项，为降低扩散预测误差，将基于泰勒级数迎风差分的对流扩散方程数值求解作为 $t+1$ 时刻观测点 $(x,y,z)$ 处的数值预报算子，如式 (7.17) 所示。根据 $t+1$ 时刻各个观测点的数值预报算子，即可得到 $t+1$ 时刻整个状态向量的数值预报模式 $\boldsymbol{M}_{t+1}=(M_{1,t+1},M_{2,t+1},\cdots,M_{m,t+1})$。

假设 $t$ 时刻各个观测点的危害物预测浓度依次为 $\boldsymbol{c}_t=(c_{1,t},c_{2,t},\cdots,c_{m,t})$，根据切线性算子定义，可得到 $t+1$ 时刻的数值预报切线性算子 $\boldsymbol{D}_{t+1}$：

$$\boldsymbol{D}_{t+1}=\begin{bmatrix}\dfrac{\partial M_{1,t+1}}{\partial c_{1,t}} & \dfrac{\partial M_{1,t+1}}{\partial c_{2,t}} & \cdots & \dfrac{\partial M_{1,t+1}}{\partial c_{m,t}}\\ \dfrac{\partial M_{2,t+1}}{\partial c_{1,t}} & \dfrac{\partial M_{2,t+1}}{\partial c_{2,t}} & \cdots & \dfrac{\partial M_{2,t+1}}{\partial c_{m,t}}\\ \vdots & \vdots & \ddots & \vdots\\ \dfrac{\partial M_{m,t+1}}{\partial c_{1,t}} & \dfrac{\partial M_{m,t+1}}{\partial c_{2,t}} & \cdots & \dfrac{\partial M_{m,t+1}}{\partial c_{m,t}}\end{bmatrix}_{m\times m} \tag{7.19}$$

式中，$\dfrac{\partial \boldsymbol{M}_{(x,y,z),t+1}}{\partial \boldsymbol{c}_t}=\begin{pmatrix}\cdots,p_x+2q_x,p_y+2q_y,p_z+2q_z,\\ 1-2(p_x+q_x+p_y+q_y+p_z+q_z)-(v_\mathrm{d}+Il)\Delta t,\\ p_x,p_y,p_z,\cdots\end{pmatrix}$。

## 四、背景误差协方差矩阵 B

### （一）背景误差协方差矩阵的基本表达式

背景误差协方差矩阵用于表征背景场与真值之间的误差协方差关系。假设扩散空间内各点位化学危害浓度的背景场误差是无偏、无相关和各向均匀的，且背景误差与观测误差相互独立，则背景场在第 $i$ 个网格格点上的背景误差方差数学表达式为

$$\sigma_{bi}^2=\overline{(c_{bi}-c_i^t)(c_{bi}-c_i^t)} \tag{7.20}$$

式中，$c_i^t$ 为第 $i$ 个网格格点的浓度真值；$c_{bi}$ 为第 $i$ 个网格格点的背景场浓度值；$\overline{\ }$ 为求取平均值。背景场在 $m$ 个观测点之间的背景误差协方差矩阵 $\boldsymbol{B}$ 为

$$\boldsymbol{B}=\begin{bmatrix} \overline{(c_{b1}-c_1^t)(c_{b1}-c_1^t)} & \overline{(c_{b1}-c_1^t)(c_{b2}-c_2^t)} & \cdots & \overline{(c_{b1}-c_1^t)(c_{bm}-c_m^t)} \\ \overline{(c_{b2}-c_2^t)(c_{b1}-c_1^t)} & \overline{(c_{b2}-c_2^t)(c_{b2}-c_2^t)} & \cdots & \overline{(c_{b2}-c_2^t)(c_{bm}-c_m^t)} \\ \vdots & \vdots & \ddots & \vdots \\ \overline{(c_{bm}-c_m^t)(c_{b1}-c_1^t)} & \overline{(c_{bm}-c_m^t)(c_{b2}-c_2^t)} & \cdots & \overline{(c_{bm}-c_m^t)(c_{bm}-c_m^t)} \end{bmatrix}_{m\times m} \tag{7.21}$$

然而，无论是气象预报领域，还是污染物扩散领域，背景误差协方差矩阵都是一个具有很大挑战性的问题，核心在于真实环境下难以获取各网格格点的浓度真值，网格划分可能导致状态变量维数很大，同时缺少足够多的资料样本，因此很难通过式（7.21）对背景误差协方差矩阵 **B** 进行精确描述。通常情况下，采用物理推断和概略统计的方法对背景误差协方差矩阵进行构建，典型构建方法有创新载体（innovation vector，IV）分析法、光谱统计插值法（SSI）、位涡度表征法等。近年来，随着计算机的发展出现了球面小波分析、集合估计法、协变李雅普诺夫向量（CLVs）等。相对于其他方法，SSI 因具有较好的操作简便性、场景普适性和结果稳定性，受到越来越多的关注和应用。因此，本小节选定经典 SSI 作为基础方法，通过调整预报时段和增加背景误差相关系数，构建适用于多源反演的背景误差协方差矩阵。

### （二） SSI 基础模型

SSI 方法是 Parrish 和 Derber 在 1992 年提出的一种背景误差协方差矩阵构建方法。相对于其他方法，该方法是用同一时刻、不同预报时效的预测值积分差值代替背景误差，能够有效避免真值难以获取的不足，解决因状态变量维数过大导致的计算困难问题。假定 $\boldsymbol{c}_t^T$ 为观测点在 $t$ 时刻，分析时效为 $T$ 的预测浓度状态向量，$\boldsymbol{c}_t^T=(c_{1t}^T,c_{2t}^T,\cdots,c_{mt}^T)$， 可将 **B** 矩阵的计算转换为

$$\boldsymbol{B}=\frac{1}{2}\left[\overline{(c_{it}^{48}-c_{it}^{24})(c_{jt}^{48}-c_{jt}^{24})}\right]_{m\times m} \tag{7.22}$$

式中，$c_{it}^{48}$ 、$c_{it}^{24}$ 分别为第 $i$ 个观测点在 $t$ 时刻，分析时效为 48h 和 24h 的预测浓度值；$1\leqslant i\leqslant m,1\leqslant j\leqslant m$。 以 48h 时刻为例，则

$$\begin{cases}\boldsymbol{c}_{48}^{48}=\boldsymbol{M}_{48\leftarrow 0}\times \boldsymbol{y}_0 & t=0\\ \boldsymbol{c}_{48}^{24}=\boldsymbol{M}_{48\leftarrow 24}\times \boldsymbol{y}_{24} & t=24\text{h}\end{cases} \tag{7.23}$$

式中，$\boldsymbol{M}_{48\leftarrow0}$ 为化学危害扩散由 0 时刻向 48h 时刻预报的模式；$\boldsymbol{y}_0$ 和 $\boldsymbol{y}_{24}$ 分别为观测点在 $t=0$ 和 $t=24\text{h}$ 时刻的观测浓度状态向量。

## （三）基于 SSI 和相关系数修正的背景误差协方差矩阵

### 1. 调整预报时段

除大雨、强降雪等极端天气外，一旦遭遇重大化学品爆炸或泄漏事件，危害物就会在几分钟至几十分钟的时间内迅速沿下风方向扩散并造成大规模污染，所以采用 48h、24h 作为分析时效和预报时刻是不适用的。因此，选取合适的预报时段（分析时效和预报时刻），成为构建背景误差协方差矩阵的关键。预报时刻过长会影响救援和处置，过短则难以取得相对稳定的分析时效；分析时效过大或过小都会导致两个分析场误差与真实背景误差相差过大。

影响预报时段的主要因素包括危害物作用持续时间、应急救援或危害处置对扩散预测的时效要求、危害物一般处置方式、数据获取方式和监测设备使用特点。综合分析各影响因素，将式（7.22）和式（7.23）中的预报时刻调整为 30min，分析时效调整为 10min、20min，则预报时刻 $t=30\text{min}$，分析时效分别为 10min、20min 时的预测浓度状态向量为

$$\begin{cases}\boldsymbol{c}_{30}^{20}=\boldsymbol{M}_{30\leftarrow10}\times\boldsymbol{y}_{10} & t=10\text{min}\\ \boldsymbol{c}_{30}^{10}=\boldsymbol{M}_{30\leftarrow20}\times\boldsymbol{y}_{20} & t=20\text{min}\end{cases}\tag{7.24}$$

式中，各参数定义同上。针对无法获取 10min、20min 观测数据的情形，可结合具体情形对分析时效进行调整。

### 2. 基于背景误差相关系数的修正

为保证背景误差协方差矩阵的正定性和平滑性，采用接近化学危害扩散实际情况的高斯公式构建背景误差相关系数，由背景误差和相关系数相乘构成背景误差协方差。假设空间内任意两个格点 $x_1$、$x_2$，则两点间的背景误差相关系数 $b(x_1,x_2)$ 可表示为关于两点间距离 $\text{dist}(x_1-x_2)$ 的函数：

$$b(x_1,x_2)=\mathrm{e}^{-\frac{\text{dist}(x_1-x_2)^2}{2}}\tag{7.25}$$

综上，可得背景误差协方差矩阵 $\boldsymbol{B}$ 的表达式：

$$\boldsymbol{B}=\frac{1}{2}\left[b(i,j)\times\overline{(c_{i30}^{20}-c_{i30}^{10})(c_{j30}^{20}-c_{j30}^{10})}\right]_{m\times m}\tag{7.26}$$

式中，各参数定义同上。背景误差协方差矩阵构建流程如图 7-6 所示。

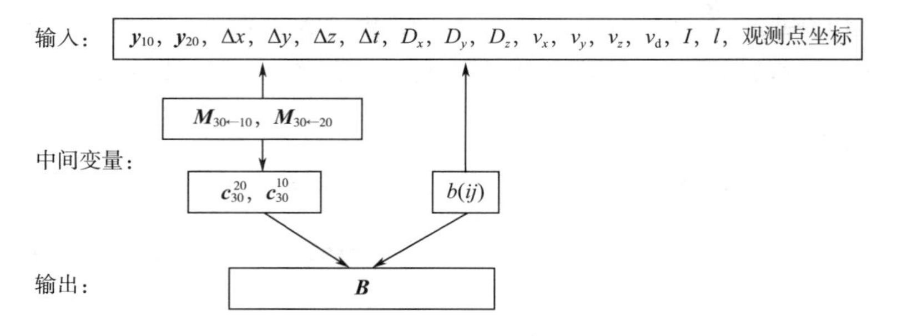


图 7-6　背景误差协方差矩阵构建流程

## 五、观测误差协方差矩阵 $\boldsymbol{R}$

4DVAR 中，观测误差协方差矩阵用于表征分析场与真值之间的误差协方差关系。分析场在第 $i$ 个网格格点上的观测误差方差 $\sigma_{ri}^2$ 的数学表达式为

$$\sigma_{ri}^2=\overline{(y_i-c_i^t)(y_i-c_i^t)} \tag{7.27}$$

式中，$c_i^t$ 为第 $i$ 个网格格点的浓度真值；$y_i$ 为第 $i$ 个网格格点的浓度观测值。由此可得分析场在 $m$ 个观测点之间的观测误差协方差矩阵 $\boldsymbol{R}$ 为

$$\boldsymbol{R}=\begin{bmatrix} \overline{(y_1-c_1^t)(y_1-c_1^t)} & \overline{(y_1-c_1^t)(y_2-c_2^t)} & \cdots & \overline{(y_1-c_1^t)(y_m-c_m^t)} \\ \overline{(y_2-c_2^t)(y_1-c_1^t)} & \overline{(y_2-c_2^t)(y_2-c_2^t)} & \cdots & \overline{(y_2-c_2^t)(y_m-c_m^t)} \\ \vdots & \vdots & \ddots & \vdots \\ \overline{(y_m-c_m^t)(y_1-c_1^t)} & \overline{(y_m-c_m^t)(y_2-c_2^t)} & \cdots & \overline{(y_m-c_m^t)(y_m-c_m^t)} \end{bmatrix}_{m\times m} \tag{7.28}$$

由此可以看出，$\boldsymbol{R}$ 包含了关于观测误差的统计信息。对于化学危害报警和监测设备而言，各观测点的观测误差呈相互独立分布。假定观测误差是无偏的，不考虑观测算子和代表性误差对观测结果的影响，则观测误差协方差矩阵可简化为关于仪器误差方差的对角矩阵，如式（7.29）所示。

$$\boldsymbol{R}=\begin{bmatrix} \sigma_{r1}^2 & & & \\ & \sigma_{r2}^2 & & \\ & & \ddots & \\ & & & \sigma_{rm}^2 \end{bmatrix}_{m\times m} \tag{7.29}$$

## 六、基于共轭梯度法的梯度模型迭代求解

共轭梯度法是由 Fletcher 和 Reeves 在 1964 年融合最速下降法与牛顿法提出的一种非线性目标函数寻优方法。该方法具有所需储存量小、迭代稳定性强的优点，是解决 4DVAR 梯度模型下降求解的常用方法之一。由于该方法属于经典寻优方法，原理过程和模型推导不再阐述。采用共轭梯度法求解初生化学危害多源反演梯度模型的基本步骤为：

步骤 1：定义初始梯度和初始优化方向，设置初始优化步长、最大优化方向数 $K$ 等参数。

步骤 2：令 $k=0$，求取初始优化方向下 $\nabla J_{4D}(\boldsymbol{c}_0)$ 模的极小值。

步骤 3：通过 Gram-Schmidt 方法进行向量正交化，生成新的优化方向，新的优化方向与之前的优化方向正交。

步骤 4：根据新的优化方向，生成优化步长，通过误差约束得到该优化方向下 $\nabla J_{4D}(\boldsymbol{c}_0)$ 模的极小值。

步骤 5：$k=k+1$，若 $k<K$，则转步骤 3；否则转步骤 6。

步骤 6：迭代计算结束，输出最优 $\nabla J_{4D}(\boldsymbol{c}_0)$ 模的值和最优源项信息。

# 第三节 基于花朵授粉算法改进的核生化再生危害源项反演技术

上述章节中，本书以初生化学危害为研究对象，构建了一种基于4DVAR的化学危害多源反演算法。在此基础上，本节以再生化学危害为研究对象，通过多源连续释放模拟其源项情形和扩散规律，提出一种基于改进花朵授粉算法的智能寻优算法，进一步提高4DVAR多源反演算法的计算精度。

## 一、再生化学危害源项反演问题建模

### （一）再生化学危害源项反演问题描述与表征

由形成机制可知，不论是降落过程中的汽化，还是在物体表面的蒸发，再生化学危害均为连续、匀速或非匀速释放危害气体或气溶胶，可采用多点源连续释放模拟其线性或非线性源项状态，源强即为危害源危害的蒸发速度。因此，在多点源连续释放情形化学危害浓度场控制方程的基础上，针对再生化学危害源项特点，构建再生化学危害迁移模式的基本方程：

$$\begin{cases}\dfrac{\partial C}{\partial t}=\nabla(\boldsymbol{D}\nabla C)-\boldsymbol{v}\nabla C-(v_{\mathrm{d}}+Il)C+\sum\limits_{i=1}^{n}E_{it}\delta(|x-x_i|+|y-y_i|+|z-z_i|)\\ C(x,y,z,0)=\sum\limits_{i=1}^{n}E_{i0}\delta(|x-x_i|+|y-y_i|+|z-z_i|)\end{cases} \tag{7.30}$$

式中，$E_{it}$ 为 $t$ 时刻第 $i$ 个危害源危害的蒸发速度；$E_{i0}$ 为第 $i$ 个危害源的起始强度。

再生化学危害源项反演即是结合式（7.30）形成危害源数量、位置坐标和强度识别的反问题。假设任一监测点 $j$（$x_j,y_j,z_j$）处各观测时刻的危害物监测浓度矩阵为

$$\boldsymbol{c}(x_j,y_j,z_j,T)=[c_1,c_2,\cdots,c_M],\ T=[t_1,t_2,\cdots,t_m] \tag{7.31}$$

式中，$T$ 为观测时刻数组。这样由式（7.30）和式（7.31）即可构成再生化学危害源项反演问题，待求解参数为（$n,E_0,E_t,X_0,Y_0,Z_0$）。下面，首先构建基于花朵授粉算法（flower pollination algorithm，FPA）的改进4DVAR源项反演求解流程，然后再通过改进4DVAR算法对上述源项反演问题进行求解模型构建。

### （二）基于花朵授粉算法的改进4DVAR源项反演算法流程

虽然共轭梯度法每一步都在沿指定方向进行优化，能够得到每个优化方向下的最优解和共轭正交下的整体最优解。但是，由于化学危害源项反演涉及源的数量、源的位置、源的强度、源的高度等多个优化目标，伴随模式和背景误差协方差矩阵求逆计算量较大，往往存在高维、多极值、不连续、不可微、难以求解等强不确定性，呈现出高度非线性的约束函数、

不规则的可行域形状、决策空间中存在多个相互独立的可行域、最优解位于可行域边界等特点。共轭正交和梯度下降难以满足其复杂的计算要求，易陷入局部收敛或不收敛。

群体智能的概念最早是在 1989 年由 Gerardo Beniand 在研究细胞机器人系统框架下的仿真、自组织主体特性时提出的。群体智能是解决组合优化问题中基于种群的随机方法，最具代表性的有蚁群算法、粒子群优化算法和遗传算法。近年来，随着计算机科学的快速发展，一些新兴群体智能优化算法如烟花算法、雨林算法、狼群算法、随机森林算法等也相继被提出，大量应用于复杂问题优化求解中。FPA 作为一种新的元启发式智能算法，具有结构简单、收敛速度快、参数设置少、不受可行区域连通性限制等优点，具备较强的竞争力。同时，它具有较好的全局搜索和优化能力，近年来引入了变异算子、异花授粉等更新方法进一步改进，为求解复杂问题约束优化提供了新的思路和手段。Agathiesan 等将 FPA 应用于互联电力系统的资源调度管理，实现了多区域、非线性条件下维护人员和物资的优化配置。鉴于电力能源制造中经济负荷和综合排放之间的权衡，Abdelaziz 等引入 FPA 来优化制造过程，不仅节约了成本，而且减少了污染排放。在此基础上，他们还提出了解决电容器结构和尺寸优化配置的 FPA 算法，为节省系统空间和优化结构布局提供了参考。此外，FPA 还被应用于视网膜血管定位、多级图像阈值分割、大数据挖掘、功能求解等研究领域，但目前还没有相关的 FPA 解决 4DVAR 梯度函数迭代求解问题的研究。

因此，本节提出一种改进花朵授粉算法（improved flower pollination algorithm，IFPA），将其作为 4DVAR 梯度模型迭代求解和源项反演的最优化算法。基于 IFPA 的再生化学危害源项反演算法流程如图 7-7 所示。

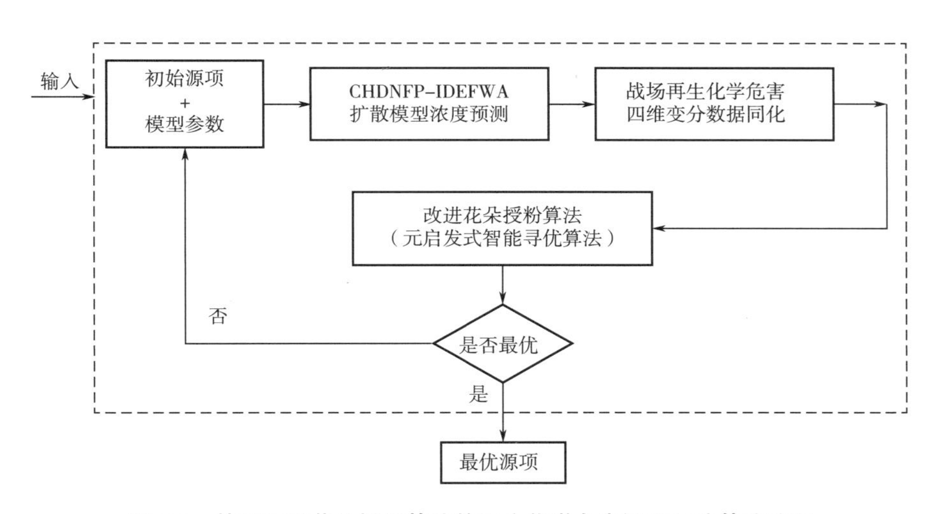


**图 7-7 基于改进花朵授粉算法的再生化学危害源项反演算法流程**

## 二、再生化学危害 4DVAR 多源反演模型构建

在第二节初生化学危害 4DVAR 多源反演模型的基础上，构建了适用于连续释放条件的数值预报模式和切线性算子，进而得到再生化学危害 4DVAR 目标泛函和梯度模型。

### （一）连续释放条件下的数值预报模式

与初生化学危害源项反演问题不同，再生化学危害源项反演的关键不仅在于反问题溯源中的模型表征，包含多个广义狄克拉函数的数值预报模式构建也是其主要难点之一。Wei T. 等利用 Laplace 变换将对流扩散方程转化为积分方程，并通过正交化和求解 Chebyshev 多项式推导出了典型扩散方程的近似解。Pan Dartzi 基于泰勒级数展开与体积平均流量之间的关系，对局部流场进行了高阶分段多项式重构，进而提出一种求解对流扩散方程的空间高阶有限体积法。Francois 等在中心有限差分格式的基础上，提出一种新的超共轭配置格式，用于对流扩散方程正向求解。Wang Lei 等通过对总分布函数的非平衡部分进行 Chapman-Enskog 分析，构建了一种改进的正则化格子 Boltzmann 模型，用于求解带有源项信息的对流扩散方程。验证发现，该模型相对于其他传统模型稳定性和精度更高。Kazakov 等则采用特征级数和系数递归的方法得到对流扩散方程的精确解模型，采用边界元法和对偶互易法构建了近似解算法。为此，本节在泰勒级数迎风差分格式的基础上，分析增加多个广义狄克拉函数后，对数值预报模式的影响。参照本章第二节相关部分，对式（7.30）进行泰勒级数迎风差分，则得到连续释放条件下，$t$ 时刻观测点（$x$，$y$，$z$）处的数值预报算子表达式 $M_{(x,y,z),t}$ 和各网格点位浓度值的迭代矩阵 $\boldsymbol{C}_L^t$：

$$M_{(x,y,z),t}=\left[\begin{array}{c}\left(D_x+\dfrac{v_x\Delta x}{2}\right)\dfrac{C_{x-1,y,z}^{t-1}+C_{x+1,y,z}^{t-1}-2C_{x,y,z}^{t-1}}{\Delta x^2}\\+\left(D_y+\dfrac{v_y\Delta y}{2}\right)\dfrac{C_{x,y-1,z}^{t-1}+C_{x,y+1,z}^{t-1}-2C_{x,y,z}^{t-1}}{\Delta y^2}\\+\left(D_z+\dfrac{v_z\Delta z}{2}\right)\dfrac{C_{x,y,z-1}^{t-1}+C_{x,y,z+1}^{t-1}-2C_{x,y,z}^{t-1}}{\Delta z^2}\\-v_x\dfrac{C_{x+1,y,z}^{t-1}-C_{x-1,y,z}^{t-1}}{2\Delta x}-v_y\dfrac{C_{x,y+1,z}^{t-1}-C_{x,y-1,z}^{t-1}}{2\Delta y}\\-v_z\dfrac{C_{x,y,z+1}^{t-1}-C_{x,y,z-1}^{t-1}}{2\Delta z}+(v_\mathrm{d}+Il)C_{x,y,z}^{t-1}+f(x,y,z)\end{array}\right]\Delta t+C_{x,y,z}^{t-1} \tag{7.32}$$

$$\begin{cases}\boldsymbol{C}_L^t=\boldsymbol{A}\boldsymbol{C}_L^{t-1}+\boldsymbol{f}\Delta t\\\boldsymbol{C}_L^0=\boldsymbol{f}\end{cases} \tag{7.33}$$

式中，各参数定义同上。为验证增加多个广义狄克拉函数后，数值预报模式的精确性，以一维数值模拟为例，对各时刻解析解和数值解计算结果进行了对比分析。其参数设置如表 7-1 所示。各时刻解析解和数值解计算结果如图 7-8 所示。

**表 7-1　连续释放情形下数值预报模式验证参数设置**

| 参数名称 | 符号 | 参数值 |
|---|---|---|
| 空间步长 | $\mathrm{d}x$ | 1 |
| 空间步数 | $N$ | 14 |
| 时间步长 | $\mathrm{d}t$ | 1 |

续表

| 参数名称 | 符号 | 参数值 |
|---|---|---|
| 时间步数 | $M$ | 10 |
| 扩散系数 | $D_x$ | 0.35 |
| 风速 | $v_x$ | 0.25 |
| 危害源数量 | $n$ | 2 |
| 危害源坐标 | $[X,Y]$ | [2，5] |
| 危害源危害蒸发速度 | $[E_1,E_2]$ | [1，2] |

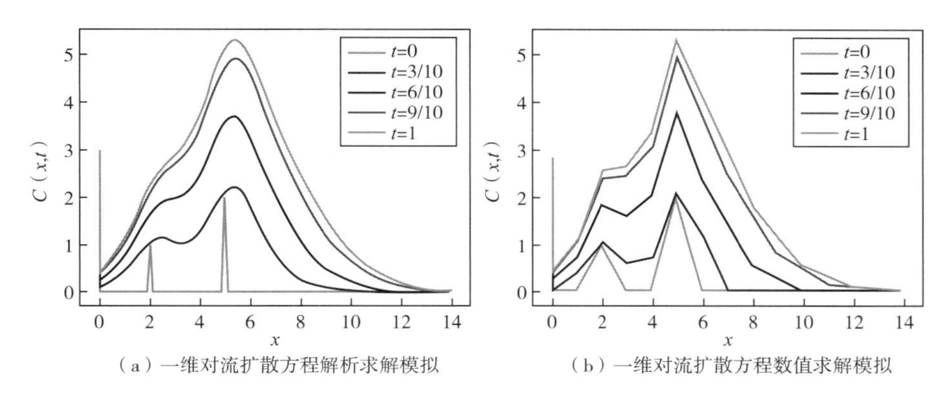


（a）一维对流扩散方程解析求解模拟　（b）一维对流扩散方程数值求解模拟

**图 7-8　连续释放情形下一维对流扩散方程求解仿真分析**（见彩插）

由图 7-8 可知，除个别点位存在明显的差异外，连续释放条件下的数值解和解析解整体吻合情况较好。差异的主要原因在于差分方程截断误差 $O(\Delta t+\Delta x)$。下面在数值预报模式的基础上构建其切线性算子。

## （二）连续释放条件下的数值预报切线性算子

根据 $t$ 时刻各个观测点的数值预报算子，即可得到 $t$ 时刻整个状态向量的数值预报模式 $\boldsymbol{M}_t=(M_{1,t},M_{2,t},\cdots,M_{m,t})$，$m$ 为观测点数量。同理，可得不同时刻的数值预报模式。假设 $t-1$ 时刻各个观测点的危害物预测浓度依次为 $\boldsymbol{c}_{t-1}=(c_{1,t-1},c_{2,t-1},\cdots,c_{m,t-1})$，根据切线性算子定义，可得到连续释放条件下 $t$ 时刻的数值预报切线性算子 $\boldsymbol{D}_t$：

$$\boldsymbol{D}_t=\begin{bmatrix}\dfrac{\partial M_{1,t}}{\partial c_{1,t-1}} & \dfrac{\partial M_{1,t}}{\partial c_{2,t-1}} & \cdots & \dfrac{\partial M_{1,t}}{\partial c_{m,t-1}}\\ \dfrac{\partial M_{2,t}}{\partial c_{1,t-1}} & \dfrac{\partial M_{2,t}}{\partial c_{2,t-1}} & \cdots & \dfrac{\partial M_{2,t}}{\partial c_{m,t-1}}\\ \vdots & \vdots & \ddots & \vdots\\ \dfrac{\partial M_{m,t}}{\partial c_{1,t-1}} & \dfrac{\partial M_{m,t}}{\partial c_{2,t-1}} & \cdots & \dfrac{\partial M_{m,t}}{\partial c_{m,t-1}}\end{bmatrix} \tag{7.34}$$

### （三）再生化学危害多源反演梯度模型

在构建连续释放条件下数值预报模式和切线性算子的基础上，参照背景误差协方差矩阵、观测误差协方差矩阵构建方式，即可得到适用于再生化学危害多源反演的 4DVAR 目标泛函和梯度模型，具体如下：

$$\begin{cases} J_{4D}(\boldsymbol{C}) = \dfrac{1}{2}\sum_{i=1}^{n}(\boldsymbol{c}_{i,0}-\boldsymbol{c}_{b})^{T}\boldsymbol{B}^{-1}(\boldsymbol{c}_{i,0}-\boldsymbol{c}_{b}) + \dfrac{1}{2}\sum_{t\in \boldsymbol{T}}\left(\sum_{i=1}^{n}H_{t}\boldsymbol{c}_{i,t}-\boldsymbol{y}_{t}\right)^{T}\boldsymbol{R}^{-1}\left(\sum_{i=1}^{n}\boldsymbol{H}_{t}\boldsymbol{c}_{i,t}-\boldsymbol{y}_{t}\right) \\ \nabla J_{4D}(\boldsymbol{c}_{0}) = \sum_{i=1}^{n}\boldsymbol{B}^{-1}(\boldsymbol{c}_{i,0}-\boldsymbol{c}_{b}) + \sum_{t\in \boldsymbol{T}}(\boldsymbol{D}_{t}\boldsymbol{D}_{t-1}\cdots\boldsymbol{D}_{1})^{T}\boldsymbol{H}_{t}^{T}\boldsymbol{R}^{-1}\left(\sum_{i=1}^{n}\boldsymbol{H}_{t}\boldsymbol{c}_{i,t}-\boldsymbol{y}_{t}\right) \end{cases} \tag{7.35}$$

## 三、面向 4DVAR 多源反演模型求解的改进花朵授粉算法（IFPA-4DVAR）

### （一）花朵授粉算法（FPA）

FPA 是英国剑桥大学学者 Yang 在 2012 年针对自然界中花朵种群的授粉方式和花粉传递行为进行数学抽象而提出的，具备较好的搜索能力和寻优能力，同时具有结构简明、收敛速度快、参数设置少等优点。

对于求解约束优化问题，花朵授粉算法仍停留在使用静态罚函数法的阶段，普适性较低，必须给予一定的约束处理和适应性改进。

### （二）适应性改进策略

本节主要研究如何利用花朵授粉算法更好地求解约束优化问题。首先，在花朵授粉算法中引入基于佳点集理论的种群初始化方法，以增强算法本身的寻优能力。之后，结合 ε 约束法处理含等式约束的问题时效果优于结合 Deb 可行性比较法，而在处理含不等式约束的问题时效果要劣于结合 Deb 可行性比较法，甚至会陷入不可行域中的局部最优，所以构建混合花朵授粉算法若问题中含有等式约束，则采用 ε 约束法，否则采用 Deb 可行性比较法，大大增强算法处理不同约束问题时的灵活性。

#### 1. 基于佳点集的种群初始化策略

在利用元启发式算法求解优化问题时，往往对决策空间内解的各种信息（如可行域的位置、形状等）一无所知。在这种情况下，初始种群应尽可能均匀地分布在整个决策空间内（即具有较好的多样性），以引导算法在整个搜索空间内均衡地搜索，降低算法陷入局部最优的概率。但基本花朵授粉算法所采用的随机生成初始种群的方法并不能获得很均匀地分布在搜索空间内的初始种群。因此，本书利用基于佳点集的种群初始化方法，替代原来的随机生成法，来获得分布更加均匀和稳定的初始种群。种群初始化对比如图 7-9 所示。

#### 2. Deb 可行性比较法

Deb 可行性比较法属于一种锦标赛选择机制，主要通过下列规则来实现两个候选解的优劣评比（假设问题为最大化问题）。

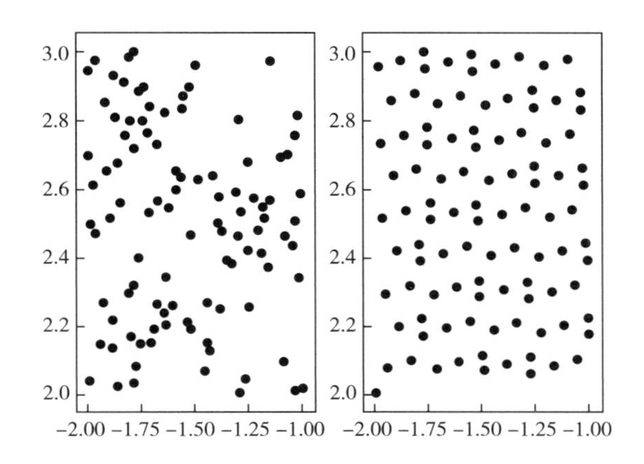


**图 7-9　种群初始化对比图（右侧为融入佳点集理论后）**

① 可行解总优于不可行解。

② 两可行解中具有更大目标函数值的解更优。

③ 两个不可行解中，具有更小约束违反度的解更优。4DVAR 多源反演模型求解优化的约束违反度模型如下：

$$\psi(X)=\sum_{i=1}^{m_e}\max(0,\ |h_i(x)|-\delta)+\sum_{i=m_e+1}^{m}\max(0,g_i(x)-b_i) \tag{7.36}$$

$$\text{s.t.}\begin{cases}h_i(x)=0 \quad i=1,2,\cdots,m_e\text{，为等式约束条件}\\ g_i\ (x)\leqslant b_i \quad i=m_e+1,m_e+2,\cdots,m\text{，为不等式约束条件}\end{cases}$$

式中，$\delta$ 为约束误差容忍度，一般取 $10^{-4}$；$m_e$ 为等式约束数；$m$ 为总约束数。Deb 可行性比较法不包含任何参数，因此不需要进行调参工作。

### 3. ε 约束法

ε 约束法是 Deb 可行性比较法的扩展，其引入了松弛区域的概念，将一部分轻微违反约束(约束违反度小于 ε ) 的不可行解视为可行解处理，使不可行解可能包含的有效信息得以保留。ε 的取值如式(7.37) 所示。

$$\varepsilon(t)\ =\begin{cases}\varepsilon(0)(1-t/T_c)^{cp} & 0<t<T_c\\ 0 & t\geqslant T_c\end{cases} \tag{7.37}$$

式中，$\varepsilon(0)$ 为 ε 的初始值，根据初始种群各候选解的约束违反度适当取值；$\varepsilon(t)$ 为算法迭代到第 $t$ 次时 ε 的值；$T_c$ 和 $cp$ 是人为选取的两个值，用于控制 ε 的值。

## （三）花朵定义及授粉方式

对于 4DVAR 多源反演这类离散性问题，通常初始种群中的每一个花朵即为一组可行方案。根据适应性改进策略，花朵个体的定义和授粉方式的离散方法如下所述。

### 1. 花朵定义

为便于比较每次假定源项的优劣，将种群中的每个花朵都定义为一组假定源项，即

$$\boldsymbol{X}=\{[x_{11},x_{12},x_{13},x_{14}],[x_{21},x_{22},x_{23},x_{24}],\cdots,[x_{i1},x_{i2},x_{i3},x_{i4}],[x_{n1},x_{n2},x_{n3},x_{n4}]\} \tag{7.38}$$

式中，花朵 $\boldsymbol{X}$ 为一组假定源项，属于 $n$ 行 4 列矩阵，$n$ 为源的数量；$x_{i1}$ 为假定源项的经度数据；$x_{i2}$ 为假定源项的纬度数据；$x_{i3}$ 为假定源项的高度；$x_{i4}$ 为假定源项的源强。

### 2. 个体更新方式

在求解 4DVAR 多源反演模型时，花朵个体的更新方式也就是授粉方式对提高最优解的质量具有十分重要的影响。目前主要有两类个体更新方式：一类是采用交叉和变异的方式实现个体更新，即通过单位置顺序交叉方式或优先关系保留交叉方式等进行比较，进而实现个体更新，该类方法更新效率高，但遇到交叉不明显或求解多维度多目标时显得犹豫不决；另一类是 PSOA 和萤火虫算法，通过将不同个体中相同坐标的元素逐层迭代以实现更新，这类方式实现过程较为烦琐，但在解决多目标决策问题上效果明显，同时适用系统单元间横向限制问题。因此，本书选择第二类更新方式，操作方式为

$$\boldsymbol{X}'=\boldsymbol{X}+\boldsymbol{G}(x_{ij}\Rightarrow x'_{ij}) \tag{7.39}$$

式中，$x'_{ij}$ 为第 $i$ 个假定源项数据更新后产生的新的源项方案；$X'$ 为第 $i$ 个假定源项数据更新后 $x_{ij}$ 变为 $x'_{ij}$ 产生的新的源项花朵；$\boldsymbol{G}(x_{ij}\Rightarrow x'_{ij})$ 为第 $i$ 个假定源项方案由 $x_{ij}$ 更新为 $x'_{ij}$ 导致的花朵更新步长。

### 3. 生物授粉方式

设花朵种群规模为 $N$，最大迭代次数为 $T$，$k\in[1,N]$，$t\in[1,T]$，则生物授粉方式为

$$\boldsymbol{X}_k^{t+1}=\boldsymbol{X}_k^t+\boldsymbol{G}(x_{ij}\Rightarrow x_{ig}) \tag{7.40}$$

$$\boldsymbol{G}(x_{ij}\Rightarrow x_{ig})=\begin{cases}\beta_0\mathrm{e}^{-\gamma r_{jg}^2}(x_{ig}-x_{ij})+a_i(\mathrm{rand}-\sigma L) & \mathrm{rand}\geqslant\sigma L\\ \beta_0\mathrm{e}^{-\gamma r_{jg}^2}(x_{ig}-x_{ij}) & \mathrm{rand}<\sigma L\end{cases}$$

式中，$\boldsymbol{X}_k^t$ 为种群为 $k$ 时第 $t$ 次迭代生成的花朵；$\boldsymbol{X}_k^{t+1}$ 为种群为 $k$ 时第 $t+1$ 次迭代生成的花朵；$\boldsymbol{G}(x_{ij}\Rightarrow x_{ig})$ 为第 $i$ 个假定源项方案由 $x_{ij}$ 更新为 $x_{ig}$ 导致的花朵更新步长；$\gamma$ 为第 $i$ 个假定源项方案 $x_{ij}$ 对方案 $x_{ig}$ 吸引度的衰减系数；$a_i$ 为花朵在方案 $i$ 位置的更新步长因子，$a_i\in[0,1]$；rand 为随机数，$\mathrm{rand}\in[0,1]$；$L$ 为花粉的生物移动步长因子，表示寻优的传播强度；$\sigma$ 为正态分布的根方差，一般取 0.835。

### 4. 非生物授粉方式

非生物授粉方式为

$$\boldsymbol{X}_k^{t+1}=\boldsymbol{X}_k^t+\boldsymbol{G}(x_{ij}\Rightarrow x_{ig}) \tag{7.41}$$

$$\boldsymbol{G}(x_{ij}\Rightarrow x_{ig})=\begin{cases}\boldsymbol{X}_{k1}^t & \mathrm{rand}\geqslant a\\ \boldsymbol{X}_{k2}^t & \mathrm{rand}<a\end{cases}$$

式中，$a$ 为花粉的非生物授粉移动步长因子。

### 5. 花朵迭代方式

为确保推进迭代产生最优方案，最新花朵赋值选择方式为

$$\boldsymbol{X}_k^{t+1}=\begin{cases}\boldsymbol{X}_k^t & \nabla J_{4\mathrm{D}}(\boldsymbol{X}_k^{t+1})\geqslant\nabla J_{4\mathrm{D}}(\boldsymbol{X}_k^t)\\ \boldsymbol{X}_k^{t+1} & \nabla J_{4\mathrm{D}}(\boldsymbol{X}_k^{t+1})<\nabla J_{4\mathrm{D}}(\boldsymbol{X}_k^t)\end{cases} \tag{7.42}$$

式中，$\nabla J_{4\mathrm{D}}(\boldsymbol{X}_k^{t+1})$ 为种群为 $k$ 时第 $t+1$ 次迭代生成的花朵 $\nabla J_{4\mathrm{D}}(\boldsymbol{c}_0)$ 模的值；$\nabla J_{4\mathrm{D}}(\boldsymbol{X}_k^t)$ 为种群为 $k$ 时第 $t$ 次迭代生成的花朵 $\nabla J_{4\mathrm{D}}(\boldsymbol{c}_0)$ 模的值。

### （四） IFPA-4DVAR 求解基本步骤

根据花朵定义和授粉方式，利用花朵授粉算法求解 4DVAR 多源反演模型的基本步骤为：

步骤 1：定义花朵个体（数量、位置、源强），设置花朵种群规模 $N$、授粉方式转换概率 $P$、最大迭代次数 $T$ 等参数，形成初始种群。

步骤 2：令 $t=1$，$k=1$，遍历各个族群，求取每个种群中每个花朵的 $\nabla J_{4D}(\boldsymbol{c}_0)$ 模的值，分析每个花朵的稳定性和收敛性，剔除不稳定花朵，生成新的花朵种群。

步骤 3：针对新的花朵种群，求取每个花朵 $\nabla J_{4D}(\boldsymbol{c}_0)$ 模的值，搜索出最优花朵 $\boldsymbol{X}_b^t$。

步骤 4：进行代内计算。

步骤 5：根据转换概率 $P$ 转换授粉方式，更新花朵种群和个体，搜索最优花朵。

步骤 6：花朵个体更新，若 $\nabla J_{4D}(\boldsymbol{X}_k^{t+1}) \geqslant \nabla J_{4D}(\boldsymbol{X}_k^t)$，则 $\boldsymbol{X}_k^{t+1}=\boldsymbol{X}_k^t$，$\nabla J_{4D}(\boldsymbol{X}_k^{t+1})=\nabla J_{4D}(\boldsymbol{X}_k^t)$；否则，$\boldsymbol{X}_k^{t+1}=\boldsymbol{X}_k^{t+1}$，$\nabla J_{4D}(\boldsymbol{X}_k^{t+1})=\nabla J_{4D}(\boldsymbol{X}_k^{t+1})$。

步骤 7：最优花朵更新，若 $\nabla J_{4D}(\boldsymbol{X}_k^{t+1}) < \nabla J_{4D}(\boldsymbol{X}_b^t)$，则 $\boldsymbol{X}_b^t=\boldsymbol{X}_k^{t+1}$，$\nabla J_{4D}(\boldsymbol{X}_b^t)=\nabla J_{4D}(\boldsymbol{X}_k^{t+1})$；否则，$\boldsymbol{X}_b^t=X_b^t$，$\nabla J_{4D}(\boldsymbol{X}_b^t)=\nabla J_{4D}(\boldsymbol{X}_b^t)$。

步骤 8：$k=k+1$，若 $k<N$，则转步骤 4，否则转步骤 9。

步骤 9：$t=t+1$，若 $t<T$，则转步骤 2，否则转步骤 10。

步骤 10：种群遍历与迭代计算结束，输出最优花朵 $\nabla J_{4D}(\boldsymbol{c}_0)$ 模的值、$J_{4D}(\boldsymbol{C})$ 极小值和源项估计信息。

基于 IFPA-4DVAR 的寻优基本流程如图 7-10 所示。

## 第四节 基于扩散模型误差改进的核生化危害反演技术

上述章节中，对于化学危害源项反演问题，通过构建基于 OpenFOAM 的化学危害预测求解器 CHDNFP-IDEFWA、基于泰勒级数迎风差分的数值预报模式、基于 SSI 修正的背景误差协方差矩阵、观测误差协方差矩阵和基于改进花朵授粉算法的优化算法，开发了一种基于改进 4DVAR 的化学危害多源反演算法（IFPA-4DVAR 多源反演算法）。在此基础上，本节引入扩散模型误差因子，从扩散模型预测精度角度作进一步改进研究，形成一种含扩散模型误差的改进四维变分多源反演算法（DME-4DVAR 多源反演算法），进一步提高化学危害源项反演结果的精度。首先，在前期 IFPA-4DVAR 多源反演模型的基础上，对 DME-4DVAR 多源反演流程和反演基础模型进行构建；其次，针对化学危害扩散模型误差统计问题，采用贝叶斯优化的方法构建扩散模型误差因子估计模型；最后，通过数值模拟和示踪试验数据对模型的科学性和可行性进行验证。

### 一、 DME-4DVAR 多源反演模型构建

### （一） DME-4DVAR 多源反演流程

虽然采用 IFPA-4DVAR 多源反演算法可有效提升反演精度，但是由于小尺度下 CHD-

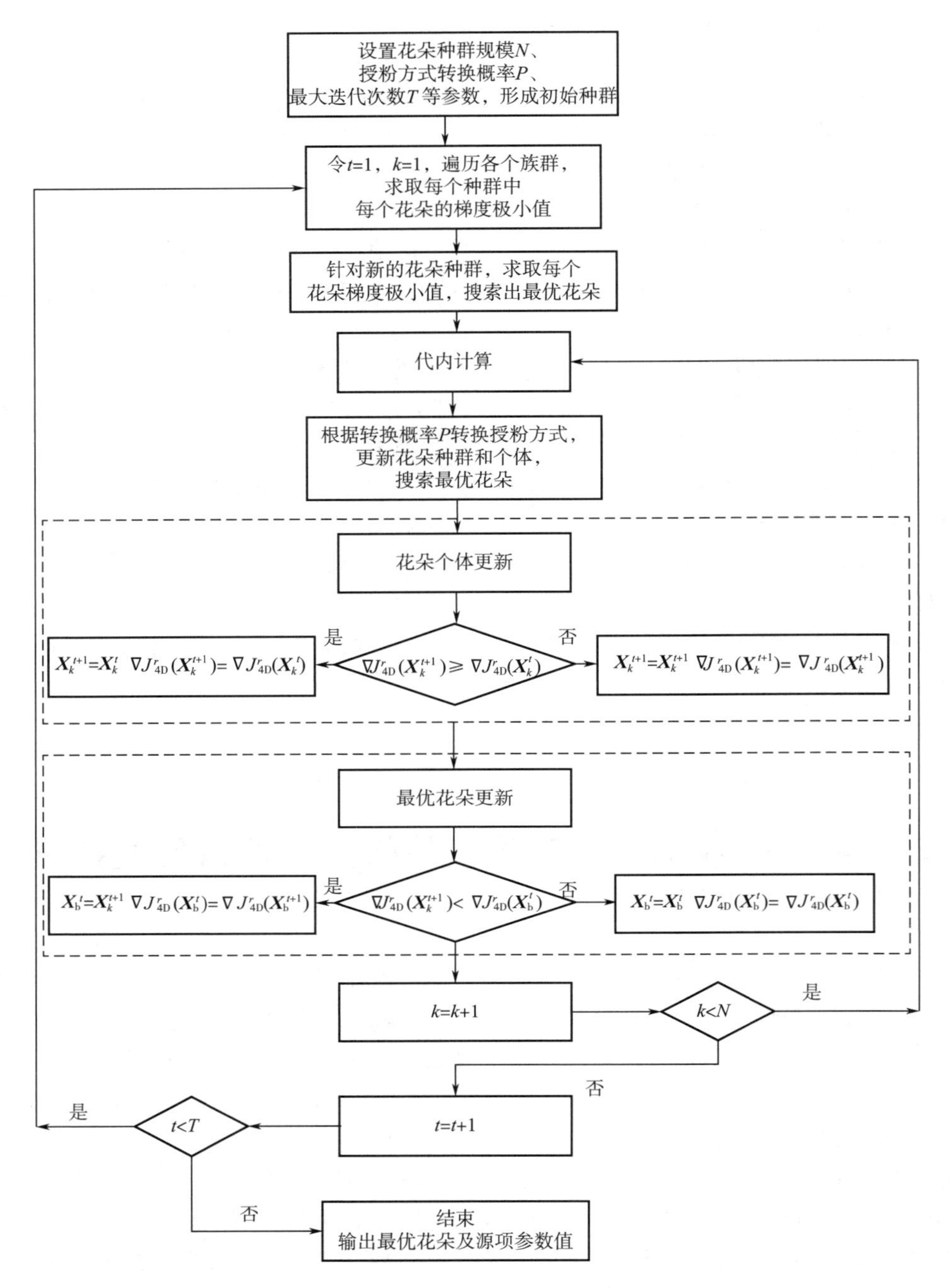


**图 7-10　基于 IFPA-4DVAR 的寻优基本流程**

NFP-IDEFWA 求解器的预测值与真实观测值偏离度很大，导致源项信息的估计结果误差仍然相对较大。DME-4DVAR 多源反演模型是对 IFPA-4DVAR 多源反演模型的进一步改进，其主要思路是：数据终端接收到侦察或监测设备上报数据（经纬度坐标、海拔高度、时刻、危害种类、危害浓度值）后，将各个监测点实际危害浓度的扩散模型预测误差剥离出来，并通过一阶分布统计求得各个监测点处的扩散模型误差因子（无量纲）；在此基础上，面对新的突发事件，将各个监测点处的扩散模型误差因子与 CHDNFP-IDEFWA 求解器预测值相乘，即可得到预测浓度修正误差，进而得到含扩散模型误差的预测浓度修正值；通过将修正后的预测浓度值代入 4DVAR 多源反演模型，对 4DVAR 代价函数和梯度函数中的浓度预测向量进行修正，最终实现对源项信息的估计。DME-4DVAR 多源反演流程如图 7-11 所示。

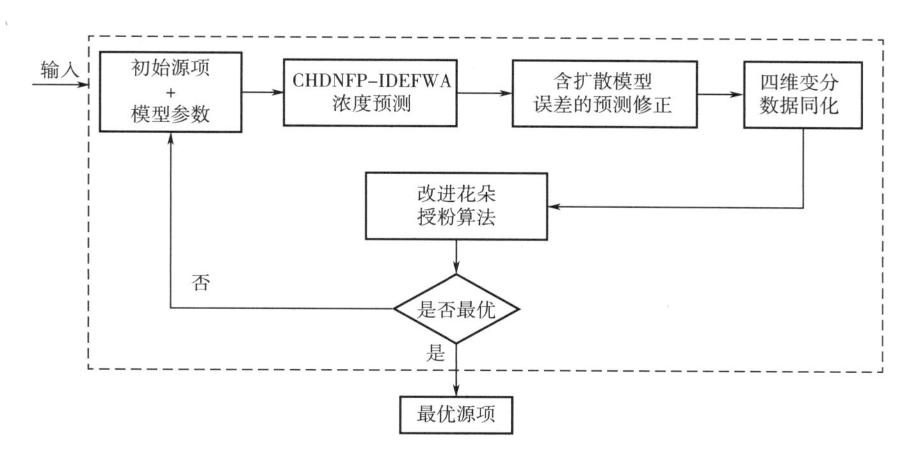


**图 7-11　DME-4DVAR 多源反演流程**

由图 7-11 可知，DME-4DVAR 多源反演模型对 IFPA-4DVAR 多源反演模型的改进关键在于通过扩散模型误差的统计分析，得到各监测点的扩散模型误差因子。相对于 IFPA-4DVAR 多源反演模型，DME-4DVAR 多源反演模型不仅能得到融入扩散模型误差后的源强和源的位置估计结果，反演精度更高，同时还可对各个监测点的空间异质性和时变特点进行分析。

### （二） DME-4DVAR 多源反演基础模型

在前期 IFPA-4DVAR 多源反演模型研究的基础上，根据 DME 修正的原理，对算法中的目标泛函和梯度函数进行修正。采用 DME 修正后的目标泛函 $J_{4D}'(\boldsymbol{C})$ 和梯度函数 $\nabla J_{4D}^{r}{}'(\boldsymbol{c}_0)$ 模型如下：

$$\begin{cases} J_{4D}'(\boldsymbol{C})=\dfrac{1}{2}\sum_{i=1}^{n}(\boldsymbol{c}_{i,0}-\boldsymbol{c}_{b})^{\mathrm{T}}\boldsymbol{B}^{-1}(\boldsymbol{c}_{i,0}-\boldsymbol{c}_{b})+\dfrac{1}{2}\sum_{t\in\boldsymbol{T}}\left(\sum_{i=1}^{n}\boldsymbol{c}'_{i,t}-\boldsymbol{y}_t\right)^{\mathrm{T}}\boldsymbol{R}^{-1}\left(\sum_{i=1}^{n}\boldsymbol{c}'_{i,t}-\boldsymbol{y}_t\right) \\ \nabla J_{4D}'(\boldsymbol{c}_0)=\boldsymbol{B}^{-1}\left(\sum_{i=1}^{n}\boldsymbol{c}_{i,0}-\boldsymbol{c}_{b}\right)+\sum_{t\in\boldsymbol{T}}(\boldsymbol{D}_t\boldsymbol{D}_{t-1}\cdots\boldsymbol{D}_1)^{\mathrm{T}}\boldsymbol{H}_t^{\mathrm{T}}\boldsymbol{R}^{-1}\left(\sum_{i=1}^{n}\boldsymbol{c}'_{i,t}-\boldsymbol{y}_t\right) \end{cases} \tag{7.43}$$

式中，$n$ 为危害源的数量；$\boldsymbol{c}_0$ 为危害源初始状态向量；$\boldsymbol{c}_{i,0}$ 为第 $i$ 个危害源初始时刻危害物浓度状态向量；$\boldsymbol{c}_b$ 为背景场向量；$\boldsymbol{y}_t$ 为 $t$ 时刻危害物浓度观测向量；$\boldsymbol{c}'_{i,t}$ 为 DME 修正后，第 $i$ 个危害源 $t$ 时刻的扩散浓度状态向量；$\boldsymbol{B}$ 为背景误差协方差矩阵；$\boldsymbol{R}$ 为观测误差协方差矩阵；$\boldsymbol{T}$ 为同化时间窗口；$\boldsymbol{D}_t$、$\boldsymbol{D}_{t-1}$、…、$\boldsymbol{D}_1$ 分别为同化时间窗口内各时刻的数值预报切线性算子；$\boldsymbol{H}_t$ 为 $t$ 时刻观测算子矩阵。$\boldsymbol{c}'_{i,t}$ 计算表达式如下：

$$\boldsymbol{c}'_{i,t}=[\boldsymbol{H}_t\boldsymbol{H}^a]\begin{bmatrix}\boldsymbol{c}_{i,t}\\ \boldsymbol{A}_t\end{bmatrix} \tag{7.44}$$

式中，$\boldsymbol{H}^a$ 为 $K\times K$ 阶对角矩阵，$K$ 为监测点数量，对角元素值为 $H_{k,t}c_{i,k,t}$（$H_{k,t}$ 为 $t$ 时刻监测点 $k$ 的观测算子；$c_{i,k,t}$ 为 $t$ 时刻第 $i$ 个危害源对监测点 $k$ 的扩散模型浓度预测值）；$\boldsymbol{c}_{i,t}$ 为 $t$ 时刻第 $i$ 个危害源的扩散模型浓度预测向量；$\boldsymbol{A}_t$ 为扩散模型误差因子向量，$\boldsymbol{A}_t=(a_{1,t},a_{2,t},\cdots,a_{k,t})^{\mathrm{T}}$，$a_{k,t}$ 为监测点 $k$ 处 $t$ 时刻的扩散模型误差因子。

## 二、基于贝叶斯优化的扩散模型误差因子估计

### （一）扩散模型误差的分离过程

扩散模型误差是指在背景场、气象场、下垫面均确定的前提下，扩散模型计算值与实际观测真值之间的误差。扩散模型误差因子是扩散模型误差相对于扩散模型计算值的无量纲误差因子，由于扩散模型计算值往往大于实际观测真值，因此将扩散模型误差因子计算表达式定义为

$$a_{k,t}=\frac{c_{k,t}-y_{k,t}}{c_{k,t}} \tag{7.45}$$

式中，$a_{k,t}$ 为 $t$ 时刻监测点 $k$ 的扩散模型误差因子；$y_{k,t}$ 为 $t$ 时刻监测点 $k$ 的实际观测真值；$c_{k,t}$ 为 $t$ 时刻监测点 $k$ 的扩散模型计算值。由扩散模型误差因子表达式可知，其反映的是扩散模型本身和所有模型参数造成的整体误差，与危害源项、观测数据相互独立分布。因此，为便于计算，在风场稳定度较高的条件下，引入动态参数误差统计时间 $T_{\mathrm{K}}$，假定 $T_{\mathrm{K}}$ 内，扩散模型误差因子只与监测点位置相关，与时间无关。$T_{\mathrm{K}}$ 内，扩散模型误差因子计算表达式为

$$a_k=\frac{\sum\limits_{t\in T_{\mathrm{K}}} a_{k,t}}{N_{T_{\mathrm{K}}}} \tag{7.46}$$

式中，$a_k$ 为监测点 $k$ 的扩散模型误差因子；$N_{T_{\mathrm{K}}}$ 为 $T_{\mathrm{K}}$ 内的观测时刻数量。由 $a_k$ 的表达式可知，$T_{\mathrm{K}}$ 的选择对计算结果影响较大，应根据节点的观测间隔时间和现场实际情况进行实时动态调整。如果节点观测间隔时间较短，现场数据获取相对简单，可根据采集的数据实时生成和调整各节点处扩散模型误差因子；如果节点观测间隔时间较长，现场实际情况比较复杂，可通过预先外场试验，提前获得各节点处扩散模型误差因子统计数据。

### （二）扩散模型误差因子估计方法

有效精准分析扩散模型误差需要大量现场监测数据。但是在战时和应急环境下，受危害突发性强、监测点数量少、可采集时间短、自动化水平低等限制，现场收集的数据往往较少，数据质量也“参差不齐”，进而导致扩散模型误差因子计算结果偏差较大。贝叶斯优化作为一种统计建模和数据分析方法，具有量化相关不确定性的特殊优势，可较为容易地拟合传统方法难以解决的复杂随机效应模型，已广泛应用于太阳能发电量预测、金刚石表面粗糙度计算、监测网络布设、复杂系统量化等领域。为此，本节采用贝叶斯优化法，通过偏离度参数对数据进行筛选，剔除偏离度较大的数据，进而构建扩散模型误差因子估计方法。扩散模型误差因子的偏离度计算模型如下：

$$\xi_{k,t}=\left|\frac{a_{k,t}-a_k}{a_k}\right| \tag{7.47}$$

式中，$\xi_{k,t}$ 为 $t$ 时刻监测点 $k$ 扩散模型误差因子的偏离度；其他参数定义同上。对于偏离度大于设定阈值的 $a_{k,t}$，剔除后重新计算式（7.46）得到新的扩散模型误差因子 $a_k$。同时，为便于统计计算，根据偏离度将扩散模型误差因子数据分为“好数据”“一般数据”“坏数据”三类，评判标准如表 7-2 所示。

表 7-2　扩散模型误差因子数据评判标准

| 数据种类 | 偏离度阈值 | 描述 |
|---|---|---|
| 好数据 | $0 \leqslant \xi_{k,t} \leqslant 0.25$ | 偏离度较小，数据质量较好，计算结果可信 |
| 一般数据 | $0.25 < \xi_{k,t} \leqslant 0.5$ | 偏离度适中，数据质量一般，计算结果相对可信 |
| 坏数据 | $\xi_{k,t} > 0.5$ | 偏离度较大，数据质量不好，计算结果不可信 |

由表 7-2 可知，“好数据”更接近实际观测，计算结果更为可靠。但是，现场环境下，“好数据”往往是少量的，更多的是“一般数据”，如何利用好“好数据”和“一般数据”对求得可信的计算结果至关重要。为此，在贝叶斯估计的基础上，将“好数据”作为扩散模型误差因子的先验分布信息，通过“一般数据”计算得到似然函数。假设扩散模型误差因子服从正态分布，则其后验分布的均值 $\mu_a$ 和标准方差 $\sigma_a$ 计算表达式为

$$\begin{cases} \mu_a = \dfrac{\mu_p \sigma_l^2 + \mu_l \sigma_p^2}{\sigma_l^2 + \sigma_p^2} \\ \sigma_a = \sqrt{\dfrac{\sigma_l^2 \sigma_p^2}{\sigma_l^2 + \sigma_p^2}} \end{cases} \tag{7.48}$$

式中，$\mu_p$ 为先验分布的均值；$\mu_l$ 为似然函数的均值；$\sigma_p$ 为先验分布的标准方差；$\sigma_l$ 为似然函数的标准方差。为进一步提高计算结果的稳定性和精确度，借鉴 Anders Kristoffersen 和 Trichtinger L. A. 等的研究，设定扩散模型误差因子服从对数正态分布，则其后验分布的均值 $\mu_{au}$ 和标准方差 $\sigma_{au}$ 计算表达式为

$$\begin{cases} \mu_{au} = \exp(\mu_a + 0.5\mu_a^2) \\ \sigma_{au} = \sqrt{\mu_{au}^2 [\exp(\sigma_a^2) - 1]} \end{cases} \tag{7.49}$$

式中，各参数定义同上。由此，通过式（7.45）～式（7.49），即可得到每个监测点的扩散模型误差因子估计值。

### （三） DME-4DVAR 反演模型参数定义

为便于模型计算和算法编译，对 DME-4DVAR 反演模型中涉及的目标函数、源项参数、中间变量及基础参数进行了定义，如表 7-3 所示。

表 7-3　DME-4DVAR 反演模型参数表

| 序号 | 参数名称 | 符号 |
|---|---|---|
| 一 | 目标函数 | |
| 1 | DME-4DVAR 目标泛函 | $J_{4D}'(\boldsymbol{C})$ |
| 2 | DME-4DVAR 梯度函数 | $\nabla J_{4D}^{r}{}'(\boldsymbol{c}_0)$ |

续表

| 序号 | 参数名称 | 符号 |
| --- | --- | --- |
| 二 | 源项参数 | |
| 1 | 危害源的数量 | $n$ |
| 2 | 危害源源强向量 | $\boldsymbol{Q}$ |
| 3 | 危害源位置坐标向量 | $\boldsymbol{X},\boldsymbol{Y},\boldsymbol{Z}$ |
| 三 | 中间变量 | |
| 1 | 同化时间窗口内各时刻的数值预报切线性算子 | $\boldsymbol{D}_t$、$\boldsymbol{D}_{t-1}$、…、$\boldsymbol{D}_1$ |
| 2 | 第 $i$ 个危害源 $t$ 时刻的扩散模型浓度预测向量 | $\boldsymbol{c}_{i,t}$ |
| 3 | 第 $i$ 个危害源初始时刻的危害物浓度状态向量 | $\boldsymbol{c}_{i,0}$ |
| 4 | 危害源初始状态向量 | $\boldsymbol{c}_0$ |
| 5 | 扩散模型误差因子向量 | $\boldsymbol{A}_t$ |
| 6 | 监测点 $k$ 的扩散模型误差因子 | $a_k$ |
| 7 | $t$ 时刻监测点 $k$ 的扩散模型误差因子 | $a_{k,t}$ |
| 8 | $t$ 时刻监测点 $k$ 扩散模型误差因子的偏离度 | $\xi_{k,t}$ |
| 9 | 先验分布的均值和标准方差 | $\mu_{\mathrm{p}}$、$\sigma_{\mathrm{p}}$ |
| 10 | 似然函数的均值和标准方差 | $\mu_1$、$\sigma_1$ |
| 11 | 后验分布的均值和标准方差 | $\mu_{\mathrm{au}}$、$\sigma_{\mathrm{au}}$ |
| 12 | 背景误差协方差矩阵 | $\boldsymbol{B}$ |
| 13 | 观测误差协方差矩阵 | $\boldsymbol{R}$ |
| 四 | 基础参数 | |
| 1 | 背景场向量 | $\boldsymbol{c}_{\mathrm{b}}$ |
| 2 | $t$ 时刻危害物浓度观测向量 | $\boldsymbol{y}_t$ |
| 3 | 监测点数量和坐标 | $K$，[ ] |
| 4 | 同化时间窗口 | $\boldsymbol{T}$ |
| 5 | $t$ 时刻观测算子矩阵 | $\boldsymbol{H}_t$ |
| 6 | 扩散空间对流速度向量 | $(v_x, v_y, v_z)$ |
| 7 | 扩散空间大气扩散系数张量 | $(D_x, D_y, D_z)$ |
| 8 | 气溶胶干沉积速率 | $v_{\mathrm{d}}$ |
| 9 | 雨（雪）强 | $I$ |
| 10 | 危害物在空气中的清除率 | $l$ |
| 11 | 空间离散步长 | $\Delta x$、$\Delta y$、$\Delta z$ |
| 12 | 时间离散步长 | $\Delta t$ |
| 13 | 误差统计时间 | $T_{\mathrm{K}}$ |
| 14 | $T_{\mathrm{K}}$ 内的观测时刻数量 | $N_{T_{\mathrm{K}}}$ |

## 三、数值模拟分析

为验证 DME-4DVAR 反演模型的科学性和可行性，通过两个点源、四个点源 2 种情形对本节算法进行了数值模拟验证。

### （一）初始条件设定

初始条件主要包括反演模型参数和监测点布设方案。根据模型基础参数定义，对各参数进行设置，如表 7-4 所示。

表 7-4　DME-4DVAR 反演模型参数设置表

| 参数符号 | 参数值 | 单位 | 参数符号 | 参数值 | 单位 |
| --- | --- | --- | --- | --- | --- |
| $(v_x, v_y, v_z)$ | (2,3,1) | m/s | $\Delta x, \Delta y, \Delta z$ | 0.1,0.1,0.1 | m |
| $(D_x, D_y, D_z)$ | (0.30,0.35,0.10) | $m^2/s$ | $\Delta t$ | 0.1 | s |
| $v_d$ | 0.002 | g/s | $T_K$ | 1～5 | s |
| $I$ | 3.6 | mm/s | $T$ | 6,8,10 | s |
| $l$ | 0.001 | g/mm | $N_{T_K}$ | 50 | — |

按照前密后疏、均匀排列的布设要求，选取高度 2m、规则分布的 30 个点位作为监测点。监测点布设方案如图 7-12 所示。为更加直观地分析本书算法的可行性，数值模拟中假定各监测点的背景误差和观测误差呈标准正态分布，背景误差协方差矩阵 $\boldsymbol{B}$、观测误差协方差矩阵 $\boldsymbol{R}$ 均简化为对角矩阵处理。

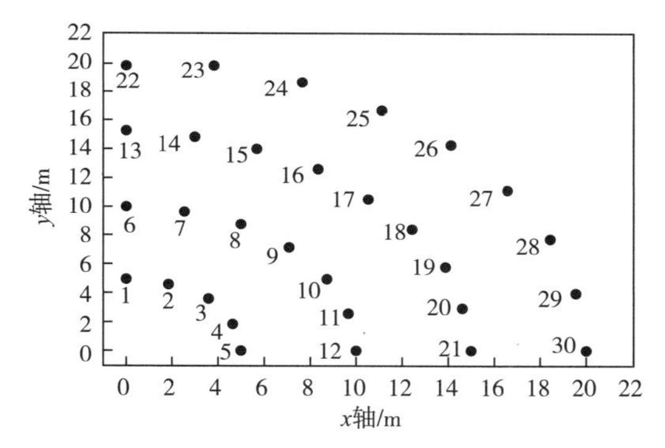


图 7-12　监测点布设方案图

下面，采用各时刻解析解数据加随机干扰（−50%,50%）作为危害物浓度观测数据，通过 DME-4DVAR 反演模型分别对两个点源和四个点源的情形进行源强与位置估计。源强估计误差 $\delta_{\text{intension}}$、源强估计相对误差 $\dot{o}_{\text{intension}}$、位置估计误差 $\delta_{\text{location}}$、位置估计相对误差 $\dot{o}_{\text{location}}$ 计算表达式如下：

$$
\begin{cases}
\delta_{\text{intension}} = \sqrt{\sum_{i=1}^{n} (Q_{i1} - Q_{i0})^2} / n \\
\dot{o}_{\text{intension}} = \sqrt{\sum_{i=1}^{n} \left(\dfrac{Q_{i1} - Q_{i0}}{Q_{i0}}\right)^2} / n \\
\delta_{\text{location}} = \sum_{i=1}^{n} \sqrt{(x_{i1} - x_{i0})^2 + (y_{i1} - y_{i0})^2 + (z_{i1} - z_{i0})^2} / n \\
\dot{o}_{\text{location}} = \sum_{i=1}^{n} \sqrt{\left(\dfrac{x_{i1} - x_{i0}}{x_{i0}}\right)^2 + \left(\dfrac{y_{i1} - y_{i0}}{y_{i0}}\right)^2 + \left(\dfrac{z_{i1} - z_{i0}}{z_{i0}}\right)^2} / n
\end{cases}
\tag{7.50}
$$

式中，$n$ 为危害源的数量；$Q_{i1}$ 为第 $i$ 个危害源源强估计值；$Q_{i0}$ 为第 $i$ 个危害源真实源强；$(x_{i1}, y_{i1}, z_{i1})$ 为第 $i$ 个危害源的位置估计坐标；$(x_{i0}, y_{i0}, z_{i0})$ 为第 $i$ 个危害源的真实位置坐标。

### （二）两个点源情形

源项信息设置如下：危害源的数量为 2，源强向量 $\boldsymbol{Q}=[5,8]$，位置坐标向量 $\{\boldsymbol{X},\boldsymbol{Y},\boldsymbol{Z}\}=\{[3,5],[3,1],[3,3]\}$。对 50 组误差统计数据进行分类和分布估计，得到 30 个监测点的扩散模型误差因子估计值，如表 7-5 所示。

表 7-5　监测点扩散模型误差因子估计结果（两个点源情形）

| 序号 | $a_k$ | 序号 | $a_k$ | 序号 | $a_k$ |
|---|---|---|---|---|---|
| 1 | $N$（−0.364,0.0025） | 11 | $N$（0.306,0.0012） | 21 | $N$（−0.379,0.0011） |
| 2 | $N$（0.516,0.0032） | 12 | $N$（0.299,0.0037） | 22 | $N$（0.326,0.0035） |
| 3 | $N$（0.268,0.0013） | 13 | $N$（0.400,0.0016） | 23 | $N$（0.423,0.0036） |
| 4 | $N$（0.387,0.0021） | 14 | $N$（0.362,0.0015） | 24 | $N$（−0.241,0.0041） |
| 5 | $N$（−0.491,0.0022） | 15 | $N$（0.416,0.0021） | 25 | $N$（0.225,0.0033） |
| 6 | $N$（0.350,0.0031） | 16 | $N$（−0.294,0.0044） | 26 | $N$（−0.334,0.0018） |
| 7 | $N$（0.456,0.0017） | 17 | $N$（0.383,0.0030） | 27 | $N$（0.202,0.0028） |
| 8 | $N$（−0.372,0.0033） | 18 | $N$（−0.426,0.0026） | 28 | $N$（0.508,0.0052） |
| 9 | $N$（0.425,0.0035） | 19 | $N$（−0.492,0.0019） | 29 | $N$（−0.411,0.0009） |
| 10 | $N$（−0.412,0.0027） | 20 | $N$（0.294,0.0029） | 30 | $N$（0.323,0.0016） |

在扩散模型误差因子估计的基础上，通过 DME-4DVAR 反演模型对源项信息进行估计和误差计算，反演同化曲线如图 7-13 所示。

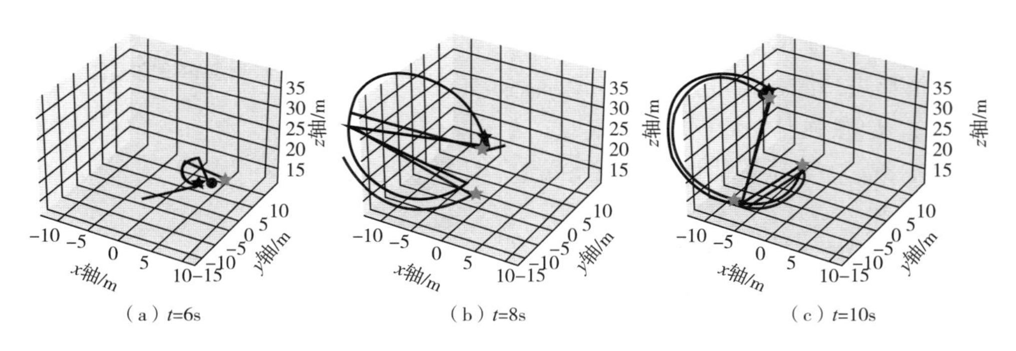

（a）$t$=6s　（b）$t$=8s　（c）$t$=10s

**图 7-13　两个点源反演同化曲线**（见彩插）

图 7-13 中，绿色五角星代表一个同化节点，蓝色曲线代表观测数据的相变轨迹，黑色曲线代表 DME-4DVAR 同化后预测数据的相变轨迹，蓝色实心圆点代表同化窗口内观测数据的相变最终位置，黑色五角星代表同化窗口内预测数据的相变最终位置。由图 7-13 可知，两个点源情形下，3 次同化后预测数据的相变轨迹与观测数据的相变轨迹基本一致；从第 2 个同化窗口开始，预测数据与观测数据的相变最终位置基本重合，说明 DME-4DVAR 在同化和反演上均呈现较好的效果。为更好地分析反演效果，将 DME-4DVAR 与 4DVAR、IF-

PA-4DVAR 的反演结果进行了对比分析，如表 7-6 所示。

表 7-6 两个点源源项信息估计结果

| 反演模型 | 估计源强/（g/s） | 估计位置/m | $\delta_{intension}$ /（g/s） | $\dot{o}_{intension}$ | $\delta_{location}$ /m | $\dot{o}_{location}$ |
|---|---|---|---|---|---|---|
| 4DVAR | 4.0<br>6.9 | (2.6,4.8,3.0)<br>(4.2,1.8,3.0) | 0.7433 | 12.14% | 1.4876 | 71.52% |
| IFPA-4DVAR | 5.8<br>7.4 | (3.4,4.2,3.0)<br>(4.6,1.5,3.0) | 0.5000 | 8.84% | 1.3496 | 53.28% |
| DME-4DVAR | 4.7<br>8.3 | (2.8,3.4,3.0)<br>(5.2,1.6,3.0) | 0.2121 | 3.54% | 0.5398 | 37.52% |

由表 7-6 可知，对于两个点源情形，DME-4DVAR 的源强和位置估计结果均更加接近真实值；相对于 IFPA-4DVAR，扩散模型误差修正后，源强估计相对误差由 8.84%降低至 3.54%，位置估计相对误差由 53.28%降低至 37.52%，反演效果提升十分明显。

### （三）四个点源情形

源项信息设置如下：危害源的数量为 4，源强向量 $\boldsymbol{Q}=[3,5,8,10]$，位置坐标向量 $\{\boldsymbol{X},\boldsymbol{Y},\boldsymbol{Z}\}=\{[1,3,5,7],[7,5,3,1],[3,3,3,3]\}$。按照上述步骤，对 50 组误差统计数据进行分类和分布估计，得到 30 个监测点的扩散模型误差因子估计值，如表 7-7 所示。

表 7-7 监测点扩散模型误差因子估计结果（四个点源情形）

| 序号 | $a_k$ | 序号 | $a_k$ | 序号 | $a_k$ |
|---|---|---|---|---|---|
| 1 | $N$（−0.336,0.0018） | 11 | $N$（0.426,0.0015） | 21 | $N$（0.290,0.0020） |
| 2 | $N$（−0.542,0.0038） | 12 | $N$（−0.361,0.0024） | 22 | $N$（−0.381,0.0024） |
| 3 | $N$（0.225,0.0015） | 13 | $N$（0.334,0.0012） | 23 | $N$（0.452,0.0035） |
| 4 | $N$（0.421,0.0025） | 14 | $N$（0.389,0.0022） | 24 | $N$（0.281,0.0032） |
| 5 | $N$（0.457,0.0028） | 15 | $N$（−0.402,0.0017） | 25 | $N$（−0.303,0.0027） |
| 6 | $N$（0.295,0.0026） | 16 | $N$（0.265,0.0029） | 26 | $N$（0.351,0.0051） |
| 7 | $N$（−0.467,0.0020） | 17 | $N$（−0.427,0.0033） | 27 | $N$（0.269,0.0023） |
| 8 | $N$（0.326,0.0026） | 18 | $N$（0.481,0.0029） | 28 | $N$（0.483,0.0049） |
| 9 | $N$（0.533,0.0041） | 19 | $N$（−0.503,0.0011） | 29 | $N$（0.442,0.0016） |
| 10 | $N$（−0.386,0.0016） | 20 | $N$（−0.384,0.0018） | 30 | $N$（−0.366,0.0028） |

在扩散模型误差因子估计的基础上，通过 DME-4DVAR 反演模型对源项信息进行估计和误差计算，反演同化曲线如图 7-14 所示。

由图 7-14 可知，四个点源情形下，前 2 次同化后预测数据的相变轨迹与观测数据的相

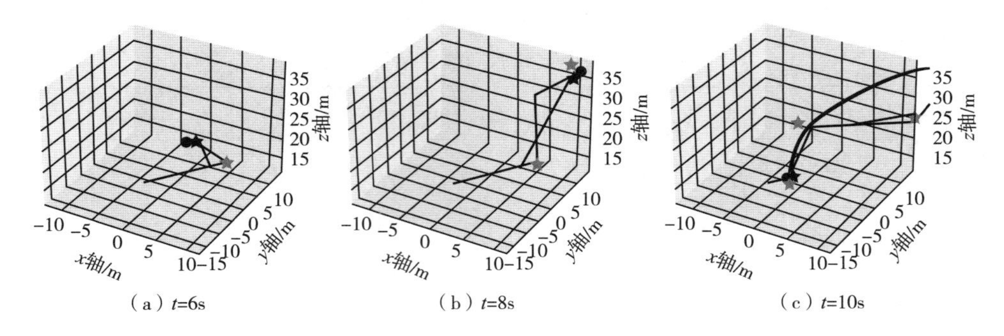


（a）$t$=6s （b）$t$=8s （c）$t$=10s

**图 7-14 四个点源反演同化曲线**（见彩插）

变轨迹相差均较大，直到第 3 个同化窗口才变得基本一致，相较于两个点源情形同化效果有所下降；经过 3 次 DME-4DVAR 同化，预测数据的相变最终位置与观测数据的相变最终位置变得基本重合，说明 DME-4DVAR 在该情形下依然具备良好的反演性能。为更好地分析反演效果，将 DME-4DVAR 与 4DVAR、IFPA-4DVAR 的反演结果进行了对比分析，如表 7-8 所示。

**表 7-8 四个点源源项信息估计结果**

| 反演模型 | 估计源强/（g/s） | 估计位置/m | $\delta_{intension}$ /（g/s） | $\dot{o}_{intension}$ | $\delta_{location}$ /m | $\dot{o}_{location}$ |
|---|---|---|---|---|---|---|
| 4DVAR | 3.8 | (1.7,8.1,3.0) | 1.0350 | 13.12% | 1.5895 | 72.34% |
| | 4.2 | (3.9,4.2,3.0) | | | | |
| | 6.1 | (6.7,4.2,3.0) | | | | |
| | 13.5 | (8.2,2.3,3.0) | | | | |
| IFPA-4DVAR | 3.8 | (1.5,8.0,3.0) | 0.8031 | 10.99% | 1.2819 | 52.44% |
| | 4.4 | (3.6,4.2,3.0) | | | | |
| | 6.4 | (6.4,2.1,3.0) | | | | |
| | 12.6 | (8.0,1.9,3.0) | | | | |
| DME-4DVAR | 3.4 | (1.4,7.5,3.0) | 0.4008 | 5.66% | 0.9579 | 40.54% |
| | 4.6 | (3.6,5.3,3.0) | | | | |
| | 7.1 | (6.2,3.5,3.0) | | | | |
| | 11.2 | (8.0,1.7,3.0) | | | | |

由表 7-8 可知，对于四个点源情形，DME-4DVAR 算法的源强和位置估计结果依然更加接近真实值；相对于 IFPA-4DVAR 算法，采用扩散模型误差修正后，源强估计相对误差由 10.99%降低至 5.66%，位置估计相对误差由 52.44%降低至 40.54%，反演效果具有一定程度的提升。

综合两种源项情形下的源项估计可知，无论是两个点源还是四个点源，DME-4DVAR 反演结果相较于 4DVAR 和 IFPA-4DVAR 都有一定幅度的提升；同时随着源项情形的复杂程度增加，DME-4DVAR 反演误差有所增大但并未因此而发散。另外，同一监测点、不同危害源情形下的扩散模型误差因子估计值有所不同，但基本接近，这是由于不同源项情形下各个监测点的响应程度会发生变化，进而导致扩散模型误差因子估计值出现波动。不同统计样本的随机误差也是该情况出现的重要原因，因此，在实际应用中，可将不同情形的统计结果融合处理，以进一步提高估计结果的可信度。

# 第五节　应用案例

为进一步分析 DME-4DVAR 反演模型的可行性和先进性，以 2016 年 5 月 21 日至 24 日在河北沧州某区域进行的 10 次 $SF_6$ 示踪扩散试验为例进行验证。选取大气稳定度较高的第 1、3、5、7、9 次试验数据作为扩散模型误差因子估计样本，选取第 2、4、6、8 次试验数据作为测试样本，分别对 4DVAR、IFPA-4DVAR、DME-4DVAR 反演模型进行数据验证和对比分析。

## 一、示踪试验基本情况

示踪试验场地空间约为 10km×7km，释放点坐标为（8406m，6322m），共设立 4 个固定气象站、20 个便携式气象监测点和 50 个扇形浓度取样点。实际释放过程中，第 1～3、6、7、10 次试验释放高度为 100m，第 4、5 次和第 8、9 次试验释放高度为 30m，$SF_6$ 释放和模拟条件如表 7-9 所示。$SF_6$ 样品通过 EM-1500 型便携式气体采样仪、LB-201-4L 型铝箔采样袋进行采集，通过岛津 GC-2010 气相色谱仪进行分析，采样时间间隔为 10min。

表 7-9　$SF_6$ 示踪实验与模拟条件

| 序号 | 释放日期 | 释放时间 | 释放高度/m | 释放量/kg | 释放时段平均气象 | | 稳定度分类 | 排放速率/（g/s） |
|---|---|---|---|---|---|---|---|---|
| | | | | | 风向/（°） | 风速/（m/s） | | |
| 1 | 2016-05-21 | 17：30—18：30 | 100 | 73.4 | 68 | 4.7 | CDD | 20.38 |
| 2 | 2016-05-21 | 18：30—19：30 | 100 | 43.4 | 68 | 5.2 | DD | 12.06 |
| 3 | 2016-05-22 | 09：35—10：25 | 100 | 27.0 | 66 | 5.5 | DDC | 8.98 |
| 4 | 2016-05-22 | 10：45—11：17 | 30 | 20.5 | 67 | 7.1 | DD | 10.65 |
| 5 | 2016-05-22 | 11：17—12：05 | 30 | 30.0 | 72 | 6.8 | DDC | 10.42 |
| 6 | 2016-05-22 | 12：20—12：50 | 100 | 29.5 | 80 | 5.2 | CC | 16.36 |
| 7 | 2016-05-23 | 05：48—06：24 | 100 | 46.4 | 73 | 2.5 | DDD | 11.53 |
| 8 | 2016-05-23 | 14：01—15：04 | 30 | 21.8 | 223 | 2.2 | CC | 5.77 |
| 9 | 2016-05-23 | 15：41—16：45 | 30 | 43.0 | 280 | 0.5 | CCC | 11.20 |
| 10 | 2016-05-24 | 09：28—10：00 | 100 | 23.8 | 260 | 7.9 | CC | 12.40 |

下面，以第1、3、5、7、9次试验数据为训练样本，对各监测点的扩散模型误差因子进行估计；以第2、4、6、8、10次试验数据为测试样本，对DME-4DVAR反演模型进行验证。

## 二、扩散模型误差因子估计

按照第四节扩散模型误差因子估计方法，分别计算5次试验中各时刻下各监测点的扩散模型误差因子，通过数据分离、先验分布、似然函数分布和后验分布，得到各监测点的扩散模型误差因子均值和方差，如表7-10所示。

表7-10　监测点扩散模型误差因子估计结果

| 序号 | $a_k$ | 序号 | $a_k$ | 序号 | $a_k$ |
|---|---|---|---|---|---|
| 1 | $N$（0.502,0.0024） | 18 | $N$（0.861,0.0019） | 35 | $N$（0.411,0.0018） |
| 2 | $N$（0.438,0.0020） | 19 | $N$（0.460,0.0023） | 36 | $N$（0.456,0.0027） |
| 3 | $N$（−0.447,0.0018） | 20 | $N$（0.637,0.0028） | 37 | $N$（0.542,0.0013） |
| 4 | $N$（0.540,0.0026） | 21 | $N$（0.630,0.0012） | 38 | $N$（0.457,0.0015） |
| 5 | $N$（0.567,0.0023） | 22 | $N$（0.644,0.0014） | 39 | $N$（−0.615,0.0017） |
| 6 | $N$（0.514,0.0025） | 23 | $N$（0.673,0.0015） | 40 | $N$（0.839,0.0026） |
| 7 | $N$（0.448,0.0021） | 24 | $N$（−0.472,0.0012） | 41 | $N$（0.522,0.0028） |
| 8 | $N$（−0.319,0.0016） | 25 | $N$（0.537,0.0017） | 42 | $N$（0.534,0.0014） |
| 9 | $N$（0.499,0.0014） | 26 | $N$（0.619,0.0021） | 43 | $N$（0.832,0.0014） |
| 10 | $N$（0.439,0.0020） | 27 | $N$（0.557,0.0043） | 44 | $N$（0.592,0.0013） |
| 11 | $N$（0.432,0.0022） | 28 | $N$（0.864,0.0032） | 45 | $N$（0.640,0.0021） |
| 12 | $N$（0.528,0.0014） | 29 | $N$（0.574,0.0019） | 46 | $N$（0.537,0.0021） |
| 13 | $N$（0.812,0.0011） | 30 | $N$（0.482,0.0021） | 47 | $N$（0.691,0.0013） |
| 14 | $N$（0.621,0.0025） | 31 | $N$（0.474,0.0022） | 48 | $N$（0.748,0.0039） |
| 15 | $N$（0.635,0.0026） | 32 | $N$（0.481,0.0019） | 49 | $N$（0.813,0.0026） |
| 16 | $N$（−0.462,0.0018） | 33 | $N$（−0.442,0.0015） | 50 | $N$（0.628,0.0024） |
| 17 | $N$（0.460,0.0030） | 34 | $N$（0.476,0.0021） | | |

由表7-10可知，外场示踪试验中，各监测点的扩散预测结果与实际观测结果误差因子均值维持在0.4～0.8之间［图7-15（a）］；各监测点的扩散模型误差因子方差维持在0.0011～0.0043之间［图7-15（b）］。从空间分布角度分析，随着编号的增大（距释放源越远），扩散模型误差因子均值呈逐渐上升趋势，说明随着距离的增大，气象信息和背景信息给浓度预测带来的影响逐渐增加；从时变特点角度分析，除27号节点和48号节点外，扩

散模型误差因子方差并未随着距离的增大而发散，变化区间相对稳定，说明5次训练样本统计结果差异性不大，可用于DME-4DVAR反演模型的测试。

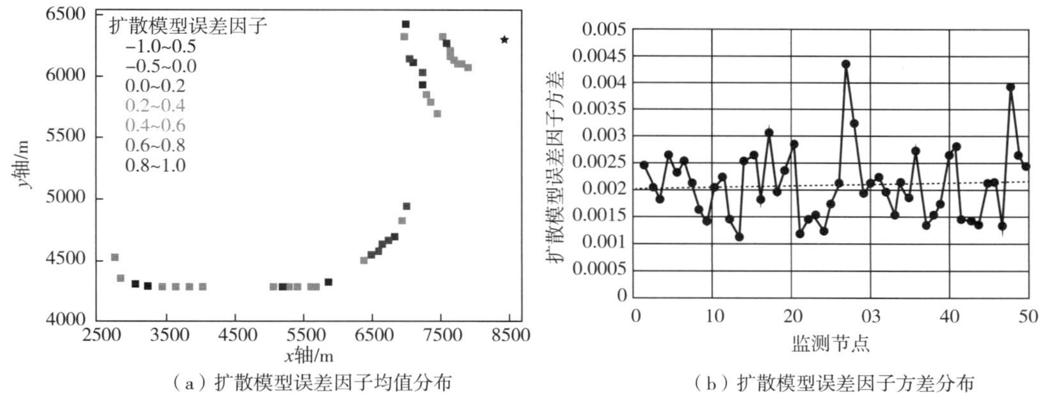


(a) 扩散模型误差因子均值分布　　(b) 扩散模型误差因子方差分布

**图 7-15　各监测点扩散模型误差因子估计分布图**（见彩插）

## 三、源强和源的位置估计

DME-4DVAR算法参数设定如下：①源位置、强度均未知；②空间步长、空间步数、时间步长、时间步数由具体试验情况确定；③空气设为主相，$SF_6$作为第二相，$\sigma_x$、$\sigma_y$、$\sigma_z$根据P-G扩散曲线计算得到，$SF_6$的密度为$6.52kg/m^3$，动力黏度为$0.0000142Pa\cdot s$；④花朵种群规模$N=100$，授粉方式转换概率$P=0.8$，最大迭代次数$T=500$。下面以第2次试验为例，通过各时刻监测数据和DME-4DVAR算法，对释放源强、源的位置进行反向估计。参数设置如表7-11所示。

**表 7-11　第2次试验反演模型参数设置表**

| 参数符号 | 参数值 | 单位 | 参数符号 | 参数值 | 单位 |
|---|---|---|---|---|---|
| $\boldsymbol{v}$ | 5.2，68 | m/s，(°) | $\Delta x$，$\Delta y$，$\Delta z$ | 100,100,10 | m |
| $\sigma_x$，$\sigma_y$ | $\frac{0.08x}{\sqrt{1+0.0001x}}$ | m | 空间步数 | 100,70,20 | 次 |
| $\sigma_z$ | $\frac{0.06x}{\sqrt{1+0.0001x}}$ | m | $\Delta t$ | 10 | s |
| $v_d$ | 0 | g/s | 时间步数 | 360 | 次 |
| $I$，$l$ | 0,0 | mm/s，g/mm | $T$ | 10,20,30,40,50,60 | min |

在扩散模型误差因子估计和实验参数设置的基础上，通过DME-4DVAR反演模型对第2次试验进行源项估计，反演同化曲线如图7-16所示。

由图7-16可知，经过6个时间窗口的同化，无论是相变轨迹还是相变最终位置，预测数据与观测数据均由最初的混乱状态变得基本一致，呈现出较好的反演效果。源项信息估计结果如表7-12所示。

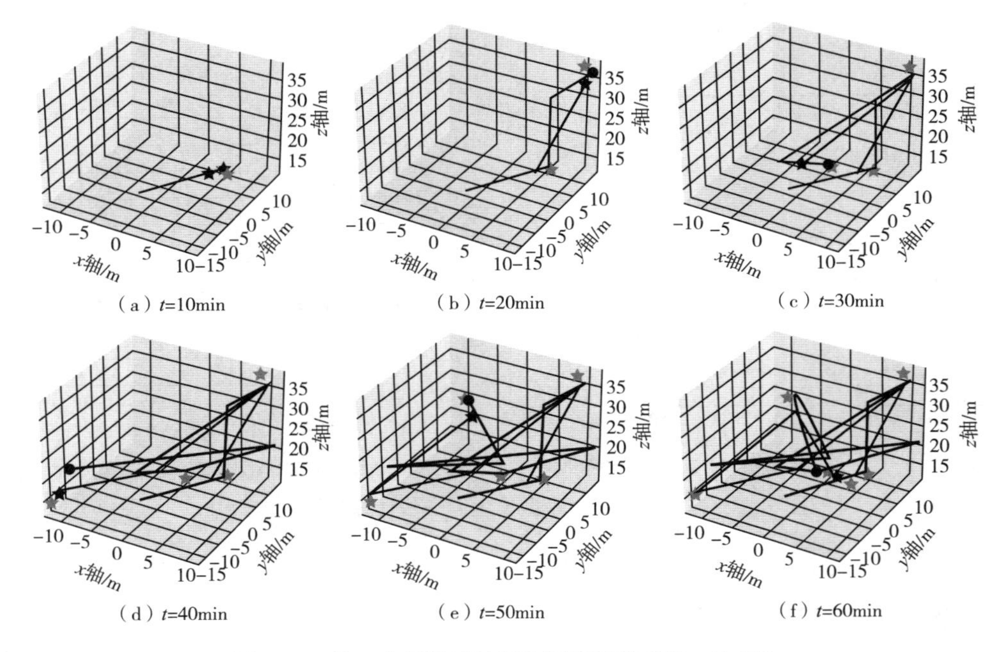

(a) $t$=10min　(b) $t$=20min　(c) $t$=30min
(d) $t$=40min　(e) $t$=50min　(f) $t$=60min

**图 7-16　第 2 次示踪试验源项反演同化曲线**（见彩插）

**表 7-12　DME-4DVAR 源项信息估计结果**

| 试验编号 | 源强/（g/s） | 源的位置/m | $\delta_{intension}$（g/s） | $\dot{o}_{intension}$ /% | $\delta_{location}$ /m | $\dot{o}_{location}$ /% |
|---|---|---|---|---|---|---|
| 2 | 16.45 | (8560，6390,70) | 4.39 | 36.40 | 171.00 | 30.08 |

由表 7-12 可知，通过 DME-4DVAR，源强的误差为 4.39g/s，相对误差为 36.40%，源的位置误差为 171.00m，相对误差为 30.08%，基本满足实际溯源需求。

## 四、实验结果分析

### （一） DME-4DVAR 优劣性分析

参照第 2 次试验分析，依次对第 2、4、6、8、10 次试验数据进行分析，求得各测试样本下的源强和位置信息。为更好地分析 DME-4DVAR 反演模型的改进效果，将其与 4DVAR、IFPA-4DVAR 进行对比，验证其先进性和精度提升程度，如表 7-13 所示。

**表 7-13　4DVAR、IFPA-4DVAR、DME-4DVAR 优劣性对比**

| 试验编号 | 反演模型 | 源强/（g/s） | 源的位置/m | $\dot{o}_{intension}$ | $\dot{o}_{location}$ |
|---|---|---|---|---|---|
| 2 | 4DVAR | 20.69 | (8750,6600,50) | 71.56% | 50.36% |
| | IFPA-4DVAR | 18.22 | (8640，6410,60) | 51.08% | 40.12% |
| | DME-4DVAR | 16.45 | (8560，6390,70) | 36.40% | 30.08% |

续表

| 试验编号 | 反演模型 | 源强/（g/s） | 源的位置/m | $\dot{o}_{\text{intension}}$ | $\dot{o}_{\text{location}}$ |
|---|---|---|---|---|---|
| 4 | 4DVAR | 19.38 | (8690,6100,60) | 81.97% | 100.12% |
| | IFPA-4DVAR | 15.47 | (8620，6450,50) | 45.26% | 66.75% |
| | DME-4DVAR | 14.26 | (8580，6360,40) | 33.90% | 33.40% |
| 6 | 4DVAR | 28.97 | (8700,6530,60) | 77.08% | 40.29% |
| | IFPA-4DVAR | 25.71 | (8590，6500,60) | 57.15% | 40.16% |
| | DME-4DVAR | 21.54 | (8540，6440,70) | 31.66% | 30.10% |
| 8 | 4DVAR | 23.17 | (8760,6540,50) | 301.56% | 66.89% |
| | IFPA-4DVAR | 18.59 | (8630，6470,20) | 222.18% | 33.52% |
| | DME-4DVAR | 13.67 | (8560，6420,20) | 136.92% | 33.42% |
| 10 | 4DVAR | 23.24 | (8680,6600,80) | 87.42% | 20.74% |
| | IFPA-4DVAR | 20.99 | (8550，6490,70) | 69.27% | 30.17% |
| | DME-4DVAR | 17.04 | (8500，6450,80) | 37.42% | 20.13% |

图 7-17 分别是源强、源高、水平位置和位置误差的计算结果与真值的对比图。

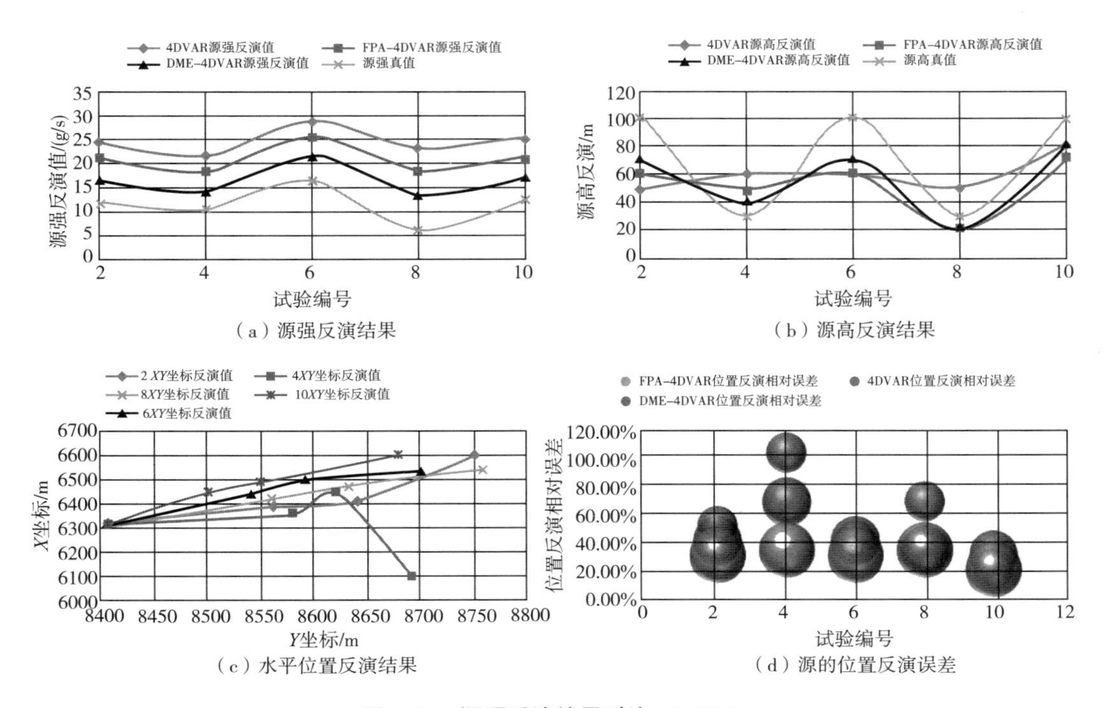

（a）源强反演结果

（b）源高反演结果

（c）水平位置反演结果

（d）源的位置反演误差

**图 7-17　源项反演结果对比**（见彩插）

由表 7-13 和图 7-17 可知，通过引入扩散模型误差因子，反演算法的溯源精度提升十分明显。5 次试验结果中，DME-4DVAR 反演算法的源强估计相对误差平均值为 55.26%，源的位置估计相对误差平均值为 29.43%；相对于普通 4DVAR 反演算法，源强反演精度提升约 68.66%，源的位置反演精度提升约 26.25%；相对于 IFPA-4DVAR 反演算法，源强反演精度提升约 33.73%，源的位置反演精度提升约 12.72%。同时，第 8 次试验的源强估计误差明显高于其他试验，这是由于该次试验示踪剂释放量偏少，加之空气中对流效应显著，导致很多监测点未能采集到有效数据。

### （二）误差原因分析

由示踪试验数据验证可知，通过 DME-4DVAR 反演模型能够对危害源的强度、位置进行有效求解，精确度较之普通 4DVAR 和 IFPA-4DVAR 有明显的提升，但仍有部分反演误差较大的情况。本小节从背景误差、观测误差和模型误差 3 个方面对造成误差的主要原因进行了分析，具体如下：

#### 1. 背景误差分析

示踪试验期间，大气稳定度多为 C 和 D，风速大多为 5～7m/s 左右，扩散空间位于弱低压场中，等压线稀疏，气压梯度弱，扩散场地地形平坦，地形环流影响很小。因此，背景误差对反演结果的影响相对较小。

#### 2. 观测误差分析

观测误差主要由不同类型的观测设备仪器误差、观测算子误差和代表性误差导致。本次试验所用的设备和仪器均经过标器校正，但是受采样高度和采样区域限制，未能按照前密后疏、均匀排列的要求进行布设，一些点位附近存在明显的建筑物干扰，造成速度场和压力场发生畸变，出现附近区域的局部高浓度，成为导致计算误差的重要因素。

#### 3. 模型误差分析

虽然通过引入扩散模型误差因子能够有效降低扩散模型误差带来的影响，但是由于大气环境的多态性和外部扰动因素过多，无论是扩散模型还是反演模型，与实际扩散规律仍存在较大偏差，源项反演精度提升程度有限，需要进一步通过大量试验数据去修正和调整计算模型。

### （三）算法适用性分析

通过示踪试验分析，本书所建算法在大气稳定度较高、下垫面较为平整的条件下，能够较好地对危害源源项信息进行反向计算。实际工作中，可在此基础上结合地面移动侦察平台和无人侦察设备进一步开展现地侦察搜索，构建主动和被动相结合的精准溯源模式。

第八章

# 核生化数据同化技术及应用

数据同化是一种最初来源于数值天气预报，为数值天气预报提供初始场的数据处理技术，现在已经广泛应用于大气海洋领域。在积分描写动力系统演变过程的数学模式（预报模式）的同时，不断吸收观测资料，给出系统状况的一个整体估计，而且观测资料仅仅通过少量的观测站便可获取，大大降低了经济成本，且有效提高了数值天气预报的准确度与可靠性。所以，为了得到准确的核生化危害地域及浓度分布并作出预测，可以将数据同化算法引入到危害浓度场预测，利用实际测量的浓度值，在同化时间窗口内对模型进行不断更新，从而得到准确的核生化危害分布场及预测场。

# 第一节 数据同化基本理论

在为大气扩散模式、数值天气预报模式等大气海洋领域的物理模型提供精准度高、合理有效的初值问题上，数据同化方法被证明是行之有效的。它的发展源自于早期气象学中的分析技术，至今已形成了多种成熟的算法。数据同化的基本含义是：在考虑观测数据时空分布以及观测场和背景场误差的基础上，不断在数学模型的动态运行过程中插入并融合新的观测资料的方法。在同化系统的动态模型框架下，它将不同时刻、不同空间、不同来源以及不同分辨率的常规或非常规观测资料不断融入模型中，来调整模型的前进轨迹，提高模型状态的估计精度，以达到精准预测的目的。一个数据同化系统的组成通常包括三个部分：观测数据、物理动力方程及数据同化算法。

数据同化算法作为数据同化的重要组成部分，是连接观测数据与模型模拟预测的关键核心部分，是将新观测参量不断加入到驱动模型计算中，有效地校正了模型，使之更贴近实际。

基于数据同化算法对核生化危害地域进行预测与评估的研究主要包括以下几个方面：第一，选取适当的扩散模式，在考虑成本和效益的前提下，尽可能准确地反映真实的物理过程；第二，合理布置被观测地域的观测点位，在同化开始之前对观察位置先进行预处理，优化站点分布，以求获得与同化系统最协调的观测数据集；第三，学习同化算法的基本原理，选定最优化算法，利用编程软件进行编写，使之与扩散模式相协调。通过数值模拟试验以及结合实物的仿真实验，最小化误差，得到精准预测。

根据数据同化算法与模型之间的关联机制，数据同化算法大致可分为顺序数据同化算法和连续数据同化算法两大类。连续数据同化算法是定义一个同化的时间窗口 $T$，利用该同化窗口内的所有观测数据和模型状态值进行最优估计，通过迭代而不断调整模型初始场，最终将模型轨迹拟合到在同化窗口周期内获取的所有观测上，如三维变分和四维变分算法等。任意 $t$ 时刻的状态量是根据［$t-T$，$t+T$］时间内的所有观测值对模型预测值进行校正得到的。当观测值与模型预测值相差较小时，校正后的轨迹与初始模型预测轨迹相差不大；若观测值与模型预测值相差较大，则校正后的轨迹与初始模型预测轨迹也相差较大。

顺序数据同化算法又称滤波算法，包括预测和更新两个过程。预测过程是根据 $t$ 时刻状态值初始化模型，不断向前积分直到有新的观测值输入，预测 $t+1$ 时刻模型的状态值；更新过程则是对当前 $t+1$ 时刻的观测值和模型状态预测值进行加权，得到当前时刻状态最优估计值，其中权重根据二者的误差确定。根据当前 $t+1$ 时刻的状态值对模型重新初始化，重复上述预测和更新两个步骤，直到完成所有观测数据时刻的状态预测和更新。常见的算法有集合卡尔曼滤波和粒子滤波等。

## 第二节　核生化顺序数据同化技术

目前比较成熟的顺序数据同化算法以卡尔曼滤波系列算法为主。

### 一、线性卡尔曼滤波

1960 年，数学家 Kalman 提出了卡尔曼滤波法。1965 年，Jones 首次将此方法应用到气象学。在此后的二三十年里，不断有学者在气象领域研究卡尔曼滤波法，但是直到 1991 年 Ghil 等才在数据同化领域对 Kalman 滤波的应用取得了一定成果，并在气象学领域极大地推广了该方法。

Kalman 滤波的统计理论基础是最小方差估计，它提供了一个精确的算法来确定高斯噪声线性问题的滤波分布。由于在这种情况下滤波分布是高斯分布，因此该算法包含一个迭代，它将均值和协方差从目前时刻映射到下一时刻，进而通过最小化分析误差得出最优值。它是顺序同化算法的最早形式，后来的顺序同化算法都是以其为基础发展起来的。

使用该方法实现数据同化一般分为两步：更新与预测。首先是数据更新，将第 $i$ 个时刻的数据更新至预测模型；然后进行客观分析，根据算法的迭代方向，预测下一个时刻的值；再然后利用现有的一些条件对预测值进行更新，并将其初始化作为下一时刻预测模型的基础；最后不断进行循环，以达到精准预测的效果。

其公式如图 8-1 所示。

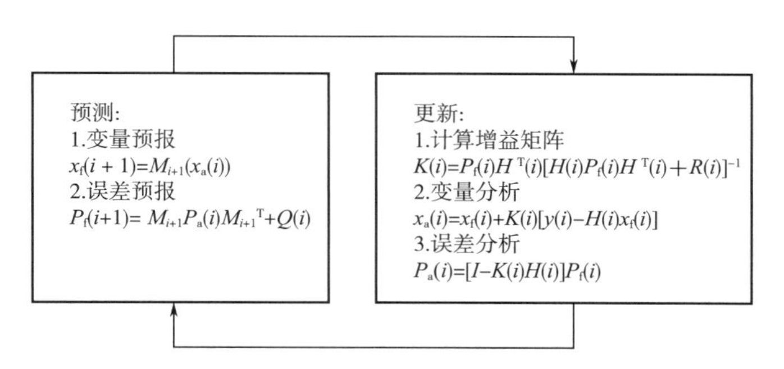


**图 8-1　Kalman 滤波同化过程及公式示意图**

图中，$\boldsymbol{P}_a$ 表示分析场误差协方差矩阵；$\boldsymbol{P}_f$ 表示背景场误差协方差矩阵；$\boldsymbol{Q}$ 表示模型的误差协方差矩阵；$M$ 表示模型预报算子；$H$ 为观测算子；$x_a$ 表示分析值；$x_f$ 表示预测值。

从公式不难看出，Kalman 滤波的背景误差协方差矩阵是跟着模式的前进显示发展的，这一点是相对于 4DVAR 的最大优点，并且无需伴随模式。该方法不需要存储之前的大量数据，每次有新的数据输入模型便可以做出一次“更新-预测-更新”的循环，给出最优估计以及误差分析。

其缺点是必须事先假定 $H$ 与 $M$ 都为线性算子，而且需要存储高维的背景误差协方差矩阵（这对于计算机内存和运算速度都是很大的负担，并且模型误差 $Q$ 是很难给出的）。

## 二、扩展卡尔曼滤波

为了解决 Kalman 滤波只针对线性系统才有效的问题，扩展 Kalman 滤波（extended kalman filter，ExKF）被提出。对于任一非线性系统

$$x(i+1)=f(x_{\mathrm{a}}(i)) \tag{8.1}$$

背景误差预报公式为

$$P_{\mathrm{f}}(i+1)=\boldsymbol{M}_{i+1}P_{\mathrm{a}}(i)\boldsymbol{M}_{i+1}{}^{\mathrm{T}}+Q(i) \tag{8.2}$$

式中，与线性 Kalman 滤波不同的是，式（8.2）中的观测算子 $\boldsymbol{M}$ 为切线性模式算子，是模型预测算子 $\boldsymbol{M}$ 经泰勒（Talor）展开后舍去高阶项（二阶及其以上）得到的一阶近似值。这时该算法便在线性 Kalman 滤波的基础上演变为扩展 Kalman 滤波，对于弱非线性系统有效。

同理，在计算过程中，对上一小节算法中的线性观测算子 $H$ 做了同样的处理，舍去二阶及其以上高阶项近似得到切线性算子 $\boldsymbol{H}$，从而得到了与线性 Kalman 滤波相同的数学形式。

这样的改进使得弱非线性系统的数据同化问题得到了解决，但是由于忽略了二阶及其以上高阶项，其缺点也很明显，无法适用于强非线性系统。因为高阶导函数项恰恰反映了强非线性系统间的相互作用，过度的简化将会影响其稳定性和收敛性，从而降低同化的准度和质量。

## 三、集合卡尔曼滤波

针对线性卡尔曼滤波背景误差协方差矩阵和分析误差协方差矩阵在预报模式中时有稳定性与收敛性不好的情况，集合卡尔曼滤波（ensemble kalman filter，EnKF）被提出。集合卡尔曼滤波（EnKF）和扩展卡尔曼滤波（ExKF）是线性卡尔曼滤波两种不同的近似，不同于扩展卡尔曼滤波的切线性近似，集合卡尔曼滤波是通过生成一个粒子集成，来得出集合预报。

集合卡尔曼滤波（EnKF）以一种极具意义的方式概括了近似高斯滤波的概念：它不是使用最小化过程来更新单个的平均值估计值，而是用来生成一个粒子集成，所有粒子都满足最小化过程中固有的模型以及数据处理方式。在最小化过程中对这个粒子集成使用的均值和协方差来进行估计，从而在数据引入的耦合之外，进一步增加了粒子的耦合。它的处理方式是直接舍去了协方差误差的预报模式，直接使用蒙特卡罗法来进行模式积分，得到背景误差协方差矩阵，所以此方法也被称为卡尔曼滤波的蒙特卡罗近似。这样一来，略去对协方差的显式预报，通过对粒子集合的统计得出其隐式发展，解决了卡尔曼滤波中协方差矩阵的巨大计算量以及存储量问题。

其公式与卡尔曼滤波的不同主要在于两个方面：一是舍弃了误差预报公式；二是通过集合预报来近似计算了增益矩阵中所用到的预报误差协方差。其具体公式如下：

$$\begin{aligned}\boldsymbol{H}_n P^{\mathrm{f}}_n \boldsymbol{H}^{\mathrm{T}}_n &= \boldsymbol{H}_n \boldsymbol{M}_{n-1,n} P_{\mathrm{a}}(i) \boldsymbol{M}^{\mathrm{T}}_{n-1,n} \boldsymbol{H}^{\mathrm{T}}_n \\ &\approx \boldsymbol{H}_n \frac{1}{M-1} \sum_{i=1}^{H} (x^{\mathrm{f}i}_n - \overline{x^{\mathrm{f}j}_n})(x^{\mathrm{f}i}_n - \overline{x^{\mathrm{f}j}_n})^{\mathrm{T}} \boldsymbol{H}^{\mathrm{T}}_n \\ &= \frac{1}{M-1} \sum_{i=1}^{H} (\boldsymbol{H}_n(x^{\mathrm{f}i}_n) - \boldsymbol{H}_n(\overline{x^{\mathrm{f}j}_n}))(\boldsymbol{H}_n(x^{\mathrm{f}i}_n) - \boldsymbol{H}_n(\overline{x^{\mathrm{f}j}_n}))^{\mathrm{T}}\end{aligned} \tag{8.3}$$

当通过公式（8.3）获得增益矩阵 $\boldsymbol{K}$ 后，便可根据改进的变量分析方程得到集合卡尔曼滤波的分析场：

$$x_{\mathrm{a}}(i) = x_{\mathrm{f}}(i) + K(i)[y(i) + \nu^i - H(i) x_{\mathrm{f}}(i)] \tag{8.4}$$

式中，$\nu^i$ 代表当前时刻的第 $i$ 个扰动。

集合卡尔曼滤波的优点除了上述的解决了协方差矩阵的巨大存储量和计算量问题外，引入的集合思想，也解决了传统卡尔曼滤波算法在非线性系统中必须做切线性处理，即扩展卡尔曼滤波只能解决弱非线性系统的问题。但集合思想通过对模式变量加上一组扰动，并将误差预报隐含地融入进去，误差统计便和模式变量相结合，一同随模式向前积分而不断发展，便不存在近似切线化的问题。所以，相较而言，集合卡尔曼滤波算法适用于复杂的非线性系统。同时，避免了使用伴随模式，大大减小了工作量（相对于变分方法，下节将讲到）。

虽然集合卡尔曼滤波算法解决了很多问题，突破了很多局限，并且也引进到了实际的业务预报中，但是集合卡尔曼滤波法也不可避免地存在一些相应的问题。它的本质是应用短期预报集合来考虑同化问题，所以为了得到精准值，算法中揭示了集合预报思想与数据同化思想的本质，在模式运行过程中将二者紧密结合在了一起，成为不可分割的一体，但是在实际运行过程中，需要大量相应的集合数，这是目前无法做到的。只能合理地取一些具有代表性的样本，同时还需要兼顾样本的独立性与随机性，这就不可避免地在模型中引入了误差，可能会造成滤波发散等问题，影响收敛性，降低同化的质量。此外，由于大气领域观测数据以及矩阵维数的庞大，必要的经验取值和近似化也是必不可少的。

## 第三节　核生化连续数据同化技术

目前比较成熟的连续数据同化算法以变分系列算法为主，主要分为三维变分和四维变分两种。

变分法在数学上的表达是带有约束条件的泛函极值问题，该泛函的定义域是给定模式积分的时空，函数的构成是观测值、预报值和分析值三者的两两方差之和，而模式方程就是约束条件。

变分法最早是在 1958 年由 Sasaki 引入到数据同化领域的，并用于客观分析。1970 年，Sasaki 又推导出了适用于强约束条件和弱约束条件的变分公式，并通过实践证明了其正确性。一般来说，我们将 Sasaki 的研究成果称为传统变分分析方法。该方法将研究的重点放在了数据集的时间连续性上，而不仅仅是初始条件上，这样一来，通过计算最小化预测模型的解析解与不同时刻的观测值之间的平方差，便可以很好地进行优化。由于预测模型需要在不同的分析时刻对数据进行拟合，因此不需要根据数据的取值时刻而赋予不同的权重。该方法的主要优点是内含了各个分析时刻分析值之前的相互关系，通过预测方程，利用其他分析时刻的信息，有效地增加了每次的数据库。这是传统变分分析方法的关键所在。

除此之外，相对于最优插值法，变分法对处理非线性系统的同化问题有了新的解释。首先，它将线性问题恰当而直接地推广到观测算子 $H$，不再是非线性问题。根据定义，这种扩展在最优插值法中是不可能不线性化观测算子的，而这种线性化是一种近似。其次，变分法是一种更通用的形式，在计算量方面它具有算法上的优势。在最优插值中，我们需要计算出现在增益矩阵 $\boldsymbol{K}$ 中矩阵 $\boldsymbol{HBH}^{\mathrm{T}}+\boldsymbol{R}$ 的逆矩阵（或者至少要解出它的线性系统）。在变分方法中，代价函数 $J$ 被最小化，这需要多次计算向量 $\boldsymbol{B}$ 和 $\boldsymbol{R}$ 的逆的乘积。当迭代次数有限时，这可能比全矩阵的反演计算量小。

尽管该方法在原理和效果上极具吸引力，但当实际使用时，即便是最简单的平流约束、多时间级变分问题也很麻烦。欧拉-拉格朗日（E-L）控制方程通常是一组耦合的高阶微分方程，理想情况下，即使时间上均匀间隔，仍旧很难求解。

1982 年 LeDimet 等提出了一种基于最优控制理论的变分分析的一般形式，函数不是通过 E-L 方程求解，而是通过求其相对于某一分析状态（如初始状态）的梯度，然后使用最速下降或共轭梯度等方法迭代到最优状态，从而最小化函数。1985 年，Lewis 等利用伴随方程求解了具有平流约束的变分平方差问题，并对一维准地转涡度做了变分同化试验，实际证明了该方法的可行性。1986 年，LeDimet 等发表的文章，被认为正式将伴随方法引入了进来，变分同化算法开始进入一个新阶段。1987 年，Derber 用伴随方程的变分法对原始方程进行了同化试验，并在 1989 年对该方法进行了改进。

在接下来的十几年里，变分法作为一种有着广泛前景和发展潜力的方法一直是研究的热点，得到了充分的理论研究和技术开发，与卡尔曼滤波并称为数据同化领域的两大主流方向，并且在世界上几个主要的业务天气预报中心得到了应用。

## 一、三维变分数据同化

### （一）算法原理

三维变分数据同化（three-dimensional variational algorithm，3DVAR）是指在三维空间内求取分析场最优解的同化算法，其原理如图 8-2 所示。

该算法的目标函数为

$$J(x)=\frac{1}{2}(x-x_{\mathrm{b}})^{\mathrm{T}}B^{-1}(x-x_{\mathrm{b}})+\frac{1}{2}(H(x)-y_{\mathrm{O}})^{\mathrm{T}}R^{-1}(H(x)-y_{\mathrm{O}}) \tag{8.5}$$

式中，$x$ 表示分析值（模式变量）；$x_{\mathrm{b}}$ 表示背景场；$B$ 表示背景误差协方差；$R$ 表示观测误差协方差；$y_{\mathrm{O}}$ 表示观测值；$H$ 表示观测算子。

通过求得目标函数的极小值，将分析值与“真值”不断拟合，循环往复，通过“距离”最小来实现差距最小，使得目标泛函取极小值的 $x$ 便是我们要求取的最优分析值，记为 $x_{\mathrm{a}}$。

通常，求取分析场 $x_{\mathrm{a}}$ 要用到目标函数的梯度（具体的梯度公式的推导范围见后面四维变分的梯度推导），对函数 $J$ 关于变量 $x$ 求导：

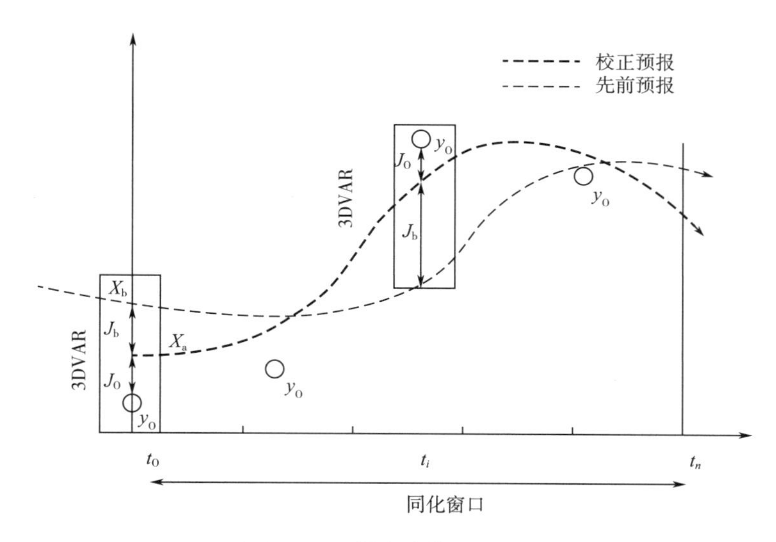


**图 8-2　三维变分算法原理图**

$$\nabla J(x)=B^{-1}(x-x_b)+H^{T}R^{-1}(H(x)-y_O) \tag{8.6}$$

式中，

$$H=\frac{\partial H(x)}{\partial x} \tag{8.7}$$

是观测算子的切线性算子；$H^T$ 是切线性算子的伴随算子。

令

$$\nabla J(x)=0 \tag{8.8}$$

所求出的 $x$ 值就是我们所要求的最优分析值。

算法迭代求解过程如图 8-3 所示。上半部分的曲线代表目标函数取值，下半部分的虚线对应的为状态量，当逐步迭代到目标函数最小值时，对应的状态量就为最优分析值。

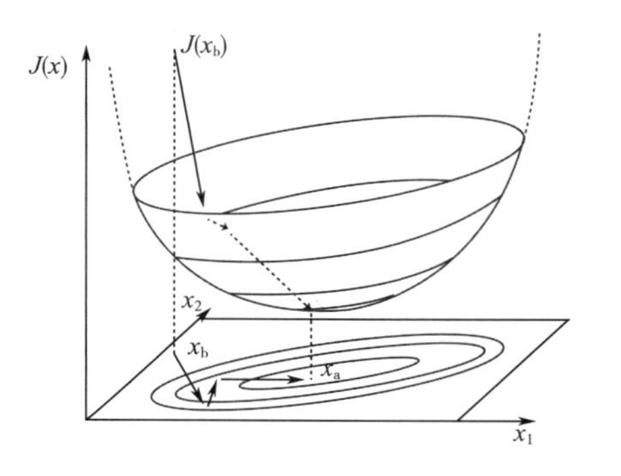


**图 8-3　三维变分算法迭代求解过程图**

## （二）算法流程

三维变分的算法流程：在经过对数据的预处理之后，输入设定好的观测参量和模型参量；然后对误差协方差矩阵进行建模，并计算权重矩阵；接着计算目标函数及其梯度；最后通过最优化算法，迭代求解目标函数的最小值。

图 8-4 是该方法的主要流程。

3DVAR 利用了同化时间窗口内的所有观测资料，不断调整模型的运行轨迹来求出分析值，利用该方法得到的解是基于全局拟合的最优解或近似最优解，并且复杂的观测算子也可以表示复杂的物理过程。20 世纪 90 年代，最优插值法便开始被 3DVAR 取代。

## 二、四维变分数据同化

### （一）算法原理

四维变分方法（four-dimensional variational algorithm，4DVAR）是以三维变分法方法（3DVAR）为基础发展起来的，是 3DVAR 在时间维上的扩展。该思想最早由 Thompson 等于 1969 年提出，即在整个时间窗口序列的运行过程中保持对控制变量的动力协调，但是其算法的成熟是从 20 世纪 90 年代开始的。相较于 3DVAR，4DVAR 未对动力模型和观测算子进行改良或优化，但是实现了整个同化时间窗口内的观测数据同化，预测精度更高，适用范围更广。

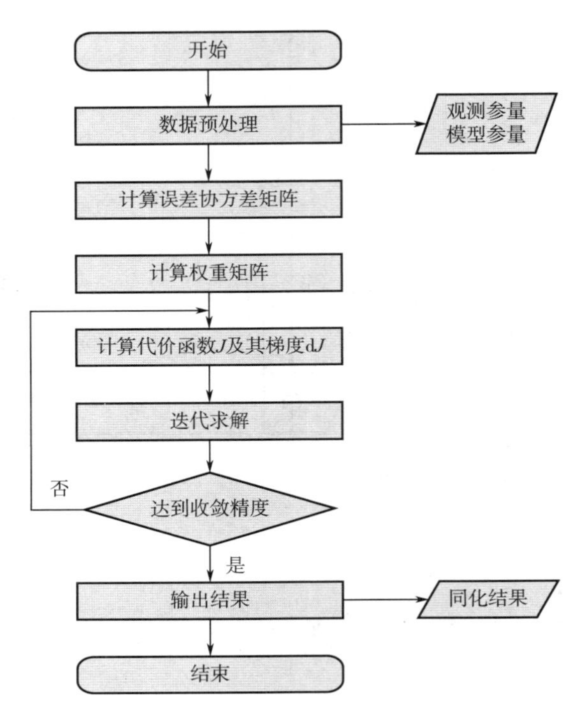

图 8-4　三维变分数据同化流程图

四维变分同化算法的原理图与三维类似。

在 3DVAR 中观测算子 $H$ 融合模式预报算子 $\boldsymbol{M}$ 即可得到四维变分的公式：

$$J(x_0)=\frac{1}{2}(x-x_b)^T B^{-1}(x-x_b)+\frac{1}{2}\sum_{i=0}^{I}[H_i(M_{t_0,t_i}(x_0)-y_i^o)-y_i^o]^T R^{-1}[H_i(M_{t_0,t_i}(x_0)-y_i^o)-y_i^o] \tag{8.9}$$

式中，$H_i$ 表示第 $i$ 时刻的观测算子；$y_i^o$ 表示第 $i$ 时刻的观测值；$M_{t_0,t_i}$ 表示将预报模式从 $t_0$ 时刻积分到 $t_i$ 时刻的模式预报算子；其余变量的含义与三维变分相同。

故

$$x_i=M_{t_0,t_i}(x_0) \tag{8.10}$$

是由模式算子积分得到的第 $i$ 时刻的模式变量。

那么，同样的道理

$$y_i=H_i(M_{t_0,t_i}(x_0)) \tag{8.11}$$

意为将第 $i$ 时刻的模式变量经第 $i$ 时刻的观测算子 $H_i$ 映射到观测场。

### （二）增量形式的四维变分公式

1994 年，Courtier 等提出了适用于业务预报的增量形式的四维变分。

首先定义分析增量：

$$\delta x=x-x_b \tag{8.12}$$

同时，对预报模式算子进行泰勒展开：

$$
\begin{aligned}
M_{t_0,\,t_i}(x_0) &= M_{t_0,\,t_i}(x_b + \delta x) \\
&= M_{t_0,\,t_i}(x_b) + M_{t_0,\,t_i}(\delta x) + O(|\delta x|^2)
\end{aligned} \tag{8.13}
$$

式中，$M_{t_0,t_i}$ 代表观测算子 $M_{t_0,t_i}$ 的切线模式或其他线性近似模式。舍去式中的高阶无穷小项，并令向量

$$
\overline{y_i} = M_{t_0,\,t_i}(x_b) + M_{t_0,\,t_i}(\delta x) \tag{8.14}
$$

由此得到基于增量形式的四维变分公式：

$$
J(x_0) = \frac{1}{2}(\delta x)^{\mathrm{T}} B^{-1}(\delta x) + \frac{1}{2}\sum_{i=0}^{I}(\overline{y_i} - y_i^{\mathrm{O}})^{\mathrm{T}} R^{-1}(\overline{y_i} - y_i^{\mathrm{O}}) \tag{8.15}
$$

### （三）求取目标函数梯度的公式推导

为了求取目标函数 $J$ 的最小值，我们要计算它的梯度。因为在数学意义上，梯度的负方向为函数收敛最快的方向。函数极小化示意图如图 8-5 所示。

对于标量变分公式来说，它其实由两部分组成，也就是背景部分和观测部分，所以求取极小化的过程也是由两部分叠加而成。

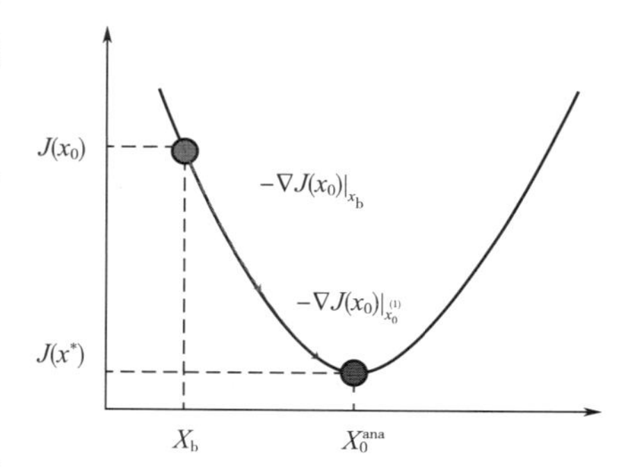


图 8-5　函数极小化示意图

下面针对公式（8.15），进行梯度公式的推导。此处先引入两个新的向量：

$$
d_i = y_i^{\mathrm{O}} - H_i(M_{t_{i-1},\,t_i} \ldots M_{t_1,\,t_2} M_{t_0,\,t_1}(x_0)) \tag{8.16}
$$

$$
\Delta_i = R^{-1} d_i \tag{8.17}
$$

为了简单起见，本书将 $J(x_0)$ 中的背景项放在一边，只看后半部分（因为背景项相比于后半部分，比较简单）。对后半部分求偏导，得

$$
\begin{aligned}
\delta J(x_0) &= \delta\left\{\frac{1}{2}\sum_{i=0}^{I} d_i{}^{\mathrm{T}} R^{-1} d_i\right\} \\
&= \frac{1}{2}\sum_{i=0}^{I}\delta d_i{}^{\mathrm{T}} R^{-1} d_i + \frac{1}{2}\sum_{i=0}^{I} d_i{}^{\mathrm{T}} R^{-1}\delta d_i \\
&= \sum_{i=0}^{I}\delta d_i{}^{\mathrm{T}} R^{-1} d_i \\
&= -\sum_{i=0}^{I}[H_i(M_{t_{i-1},\,t_i} \ldots M_{t_1,\,t_2} M_{t_0,\,t_1}(\delta x_0))]^{\mathrm{T}}\Delta_i \\
&= -\sum_{i=0}^{I}\delta x_0{}^{\mathrm{T}}[M_{t_0,\,t_1}{}^{\mathrm{T}} M_{t_1,\,t_2}{}^{\mathrm{T}} \ldots M_{t_{i-1},\,t_i}{}^{\mathrm{T}}] H_i{}^{\mathrm{T}}\Delta_i
\end{aligned} \tag{8.18}
$$

根据梯度的定义，可得

$$
\delta J(x) = \delta x^{\mathrm{T}}\,\nabla_x J \tag{8.19}
$$

因此，得出

$$
\nabla_x J = -\sum_{i=0}^{I}[M_{t_0,\,t_1}{}^{\mathrm{T}} M_{t_1,\,t_2}{}^{\mathrm{T}} \ldots M_{t_{i-1},\,t_i}{}^{\mathrm{T}}] H_i{}^{\mathrm{T}}\Delta_i \tag{8.20}
$$

将背景场梯度加到公式（8.20）中，得到

$$\nabla_x J = B^{-1}(x_0 - x_b) - \sum_{i=0}^{I} [M_{t_0, t_1}{}^{T} M_{t_1, t_2}{}^{T} \ldots M_{t_{i-1}, t_i}{}^{T}] H_i{}^{T} \Delta_i$$

$$= B^{-1}(x_0 - x_b) - \sum_{i=0}^{I} M_{t_0, t_1}{}^{T} H_i{}^{T} R^{-1} [H_i(M_{t_0, t_1}(x_0)) - y_i^{O}] \quad (8.21)$$

由上述推导过程可见，为了计算随时间倒转的伴随状态变量，有必要计算解析矩阵 $\boldsymbol{M}$ 的伴随算子 $M$。在实际操作中，直接求取往往比较困难。

4DVAR 同化实现的关键部分就是建立对应于动力约束的伴随模型，一般选择“差分的伴随”来进行解决，从预报模式离散的正向模型入手，写出其伴随模式及相应的目标泛函。

# 第四节　应用案例

为验证上述算法的正确性，本书采用了德国卡尔斯鲁厄原子能研究中心在 1984 年做的示踪扩散实验数据。其实验的目的是找出污染物的扩散规律，验证构建的扩散模型是否符合实际情况。由于实验的条件和所在的地形与本书研究的算法背景类似，因此可以作为本书的验证数据使用。

## 一、实验背景和初始参数

实验在德国卡尔斯鲁厄原子能研究中心附近的开阔地进行，地形较为平坦。气象状况由一个气象观察站提供，高度为 200m，可提供 0～200m 高度的风向、风速、温度、湿度、光照和热辐射强度、沉降率等数据。

示踪剂为 $CF_2Br_2$ 和 $CFCl_3$ 两种，释放高度为 60～100m，释放类型为连续释放，释放时间为 1 小时。实验共做了 51 组，根据不同时间的风向不同，其采样器的数量和分布情况各不相同。本节选取了其中风向变化不大的第 28 次实验数据作为研究对象，其释放速率为 $Q_0 = 8.61\text{g/s}$，原始的浓度数据如表 8-1 所示。

表 8-1　示踪实验原始的浓度数据

| 位置编号 | | 半径/m | 角度/(°) | 浓度/(ng/m³) |
|---|---|---|---|---|
| I | A | 190 | 5 | — |
| | B | 190 | 17 | 38810±1941 |
| | C | 190 | 30 | 99520±3981 |
| | D | 190 | 42 | 122400±6120 |
| | E | 180 | 55 | 51190±2048 |
| | F | 170 | 68 | 19900±796 |
| | G | 160 | 78 | 2715±190 |
| | H | 145 | 92 | ≤136 |

续表

| 位置编号 | | 半径/m | 角度/(°) | 浓度/($ng/m^3$) |
|---|---|---|---|---|
| Ⅱ | A | 220 | 3 | 18300±915 |
| | B | 215 | 15 | 47260±1890 |
| | C | 220 | 32 | 78090±3124 |
| | D | 250 | 38 | 118500±4740 |
| | E | 255 | 52 | 113200±4528 |
| | F | 255 | 60 | 39570±1583 |
| | G | 245 | 76 | 360±47 |
| | H | 250 | 86 | ≤71 |
| | I | 255 | 94 | — |
| Ⅲ | A | 410 | 2 | ≤118 |
| | B | 400 | 12 | 610±61 |
| | C | 400 | 23 | — |
| | D | 400 | 32 | 70010±3501 |
| | E | 400 | 40 | 80660±3226 |
| | F | 400 | 49 | 56370±2255 |
| | G | 400 | 58 | 30640±1532 |
| | H | 400 | 66 | 7970±319 |
| | I | 400 | 74 | ≤79 |
| | K | 400 | 85 | ≤91 |
| Ⅳ | A | 890 | 8 | ≤92 |
| | B | 875 | 17 | 295±38 |
| | C | 840 | 26 | 13630±545 |
| | D | 795 | 33 | 22390±896 |
| | E | 790 | 40 | 37380±1495 |
| | F | 820 | 48 | 43850±2193 |
| | G | 790 | 40 | 4619±231 |
| | H | 820 | 61 | 2183±131 |
| | I | 840 | 80 | — |
| Ⅴ | A | 1405 | 2 | 243±36 |
| | B | 1425 | 16 | ≤104 |
| | C | 1395 | 30 | 2702±135 |
| | D | 1430 | 45 | 8903±445 |
| | E | 1405 | 61 | — |
| | F | 1400 | 75 | ≤113 |
| | G | 1340 | 88 | ≤129 |

表 8-1 中，“—”表示采样失败，未能获取浓度；≤129$ng/m^3$ 表示由于检测设备的检测下限影响，而未能获取准确值的部分；角度是指采样点与正北方向的夹角。

实验中给出了每组实验的大气状况，该组实验的日期为1974-7-11，时间为14：00～15：00，大气稳定度等级为C，采样器分布的角度为2°～94°，距离为145～1430m。

## 二、数据处理及实验结果

由于该实验给的为极坐标的数据，因此需要转化为本书需要的平面坐标系。转化公式为

$$\begin{aligned} x_u &= r_0 \sin\alpha \\ y_u &= r_0 \cos\alpha \end{aligned} \tag{8.22}$$

式中，$r_0$ 表示极坐标中的半径；$\alpha$ 表示与正北方向的夹角。把所有的采样点转化为平面坐标后，在坐标系中绘制，如图8-6所示。

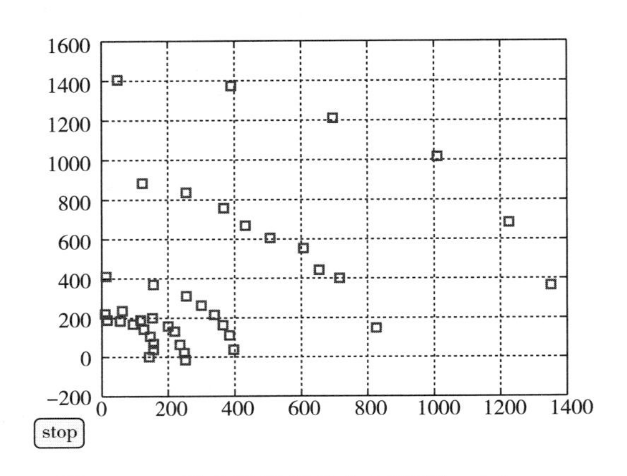


**图8-6　示踪实验信源分布示意图**（单位：m）

根据气象观测站的数据可知，在60m高度，14：10～15：00的风速为3m/s、3.8m/s、2.9m/s、2.9m/s、2.7m/s、2.8m/s，所以在60m高度的平均风速 $u$=3.01m/s。

## 三、粒子示踪实验条件

该实验为连续均匀释放，释放持续时间为30min，采集的数据在下风方向约1500m内。实验条件如表8-2所示。

**表8-2　示踪实验条件设定**

| 参数 | 取值 | 参数 | 取值 |
| --- | --- | --- | --- |
| 外场区域 | 2km×2km | 分辨率 | 50m |
| 粒子释放量 | 100kg | 释放时长 | 30min |
| 风速 | 3m/s | 风向 | 220° |
| 释放高度 | 100m | 大气稳定度 | C类 |
| 观测站点数目 | 37个 | 数据同化算法 | 集合卡尔曼滤波 |

## 四、数据同化实验方法

本书将实验数据分为两类，第一类为实验组，参与到同化实验中，第二类为观察组，作为实验验证，如表 8-3 所示。

表 8-3　示踪实验数据

| 位置编号 | | 半径/m | 角度/（°） | X 坐标/m | Y 坐标/m | 浓度/（ng/m$^3$） |
|---|---|---|---|---|---|---|
| Ⅰ | A | 190 | 5 | 16.56 | 189.28 | 5788 |
| | B | 190 | 17 | 55.55 | 181.70 | 38180 |
| | C | 190 | 30 | 95.00 | 164.54 | 202700 |
| | D | 190 | 42 | 127.13 | 141.20 | 202900 |
| | E | 180 | 55 | 147.45 | 103.24 | 116000 |
| | F | 170 | 68 | 157.62 | 63.68 | 12340 |
| | G | 160 | 78 | 156.50 | 33.27 | 495 |
| | H | 145 | 92 | 144.91 | −5.06 | 135 |
| Ⅱ | A | 220 | 3 | 11.51 | 219.70 | 24940 |
| | B | 215 | 15 | 55.65 | 207.67 | 39370 |
| | C | 220 | 32 | 116.58 | 186.57 | 103400 |
| | D | 250 | 38 | 153.92 | 197.00 | 183600 |
| | E | 255 | 52 | 200.94 | 156.99 | 102500 |
| | F | 255 | 60 | 220.84 | 127.50 | 37230 |
| | G | 245 | 76 | 237.72 | 59.27 | 944 |
| | H | 250 | 86 | 249.39 | 17.44 | 634 |
| | I | 255 | 94 | 254.38 | −17.79 | 75 |
| Ⅲ | A | 410 | 2 | 14.31 | 409.75 | 366 |
| | C | 400 | 23 | 156.29 | 368.20 | 23750 |
| | E | 400 | 40 | 257.12 | 306.42 | 61720 |
| | F | 400 | 49 | 301.88 | 262.42 | 54390 |
| | G | 400 | 58 | 339.22 | 211.97 | 23020 |
| | H | 400 | 66 | 365.42 | 162.69 | 3135 |
| | I | 400 | 74 | 384.50 | 110.25 | 66 |
| | K | 400 | 85 | 398.48 | 34.86 | 68 |
| Ⅳ | A | 890 | 8 | 123.86 | 881.34 | 675 |
| | B | 875 | 17 | 255.83 | 836.77 | 2130 |
| | C | 840 | 26 | 368.23 | 754.99 | 12140 |
| | D | 795 | 33 | 432.99 | 666.74 | 49260 |
| | E | 790 | 40 | 507.80 | 605.18 | 64840 |
| | F | 820 | 48 | 609.38 | 548.69 | 13980 |
| | G | 790 | 40 | 507.80 | 605.18 | 2906 |
| | H | 820 | 61 | 717.19 | 397.54 | 2947 |
| | I | 840 | 80 | 827.24 | 145.86 | 100 |

续表

| 位置编号 | | 半径/m | 角度/（°） | X 坐标/m | Y 坐标/m | 浓度/（ng/m³） |
|---|---|---|---|---|---|---|
| Ⅴ | A | 1405 | 2 | 49.03 | 1404.14 | 144 |
| | B | 1425 | 16 | 392.78 | 1369.80 | 487 |
| | C | 1395 | 30 | 697.50 | 1208.11 | 11650 |
| | D | 1430 | 45 | 1011.16 | 1011.16 | 12050 |
| | E | 1405 | 61 | 1228.84 | 681.16 | 124 |
| | F | 1400 | 75 | 1352.30 | 362.35 | 105 |

随机选取Ⅰ(F)、Ⅱ(F)、Ⅳ(B)、Ⅴ(D) 四个数据点为第二类数据，作为观察点，不参与同化过程；其他为第一类数据，进入同化系统的观测模块，组成观测矩阵，参与同化过程。利用第一类 36 组观测数据，直接进行二维线性拟合得到真实的浓度场，如图 8-7 所示。

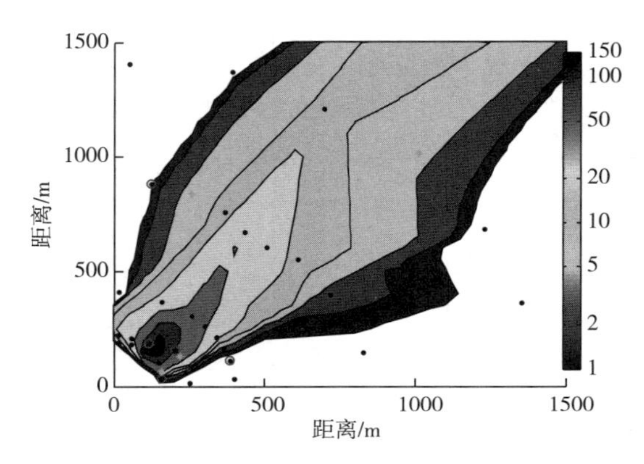


**图 8-7　利用观测数据直接拟合得到的浓度场**（单位：ng/m³，见彩插）

在图 8-7 中，黑色小点表示第一类观测点（36 个），绿色星点表示第二类观测点（4 个）。通过图 8-7 可以看出，当观测点达到一定数目时，直接利用观测也可以大致拟合出示踪粒子浓度场，但缺点是没有观测点的地方误差会比较大，如 0～200m 这段距离内；另外二维拟合一般属于对观测点范围内的区域进行内插值，误差可控，但是对于观测点范围外的区域采用外插值，会导致误差急剧增大，且等值线比较粗糙，不平滑。

## 五、实验结果

### （一）整体浓度场对比

将实验数据代入毒剂浓度评估预测同化系统中，得到同化后的粒子浓度数据场。最终的粒子浓度场如图 8-8 所示。

从图 8-8 中可以看到，同化前采用预测模型直接输入参数拟合得到的浓度场，在危害范围和浓度水平上，都要比真实值高出很多，而且同化前的浓度场分布属于近高斯的理想分布状态，等值线过于平滑。同化后的粒子浓度场在范围和浓度水平上更接近于利用观测数据拟合的浓度场，同时同化后的浓度场显示更加平滑，而且在无观测的区域 0～200m 范围内也

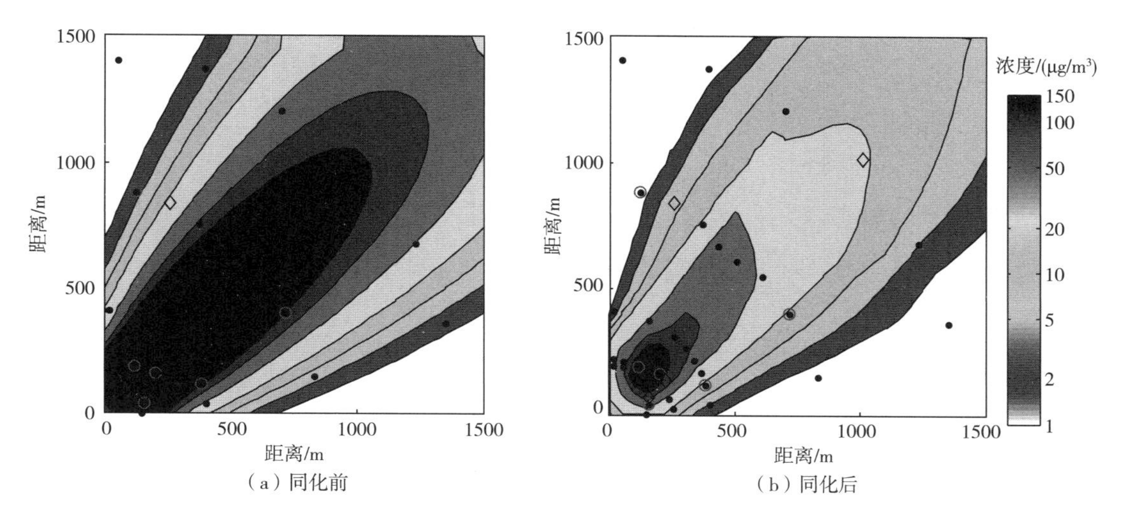


**图 8-8　示踪实验的同化预测结果**（见彩插）

能进行预测。

## （二）局部浓度监测点对比

根据实验验证原理，将观测数据分为两类，第一类作为真实环境下的“观测值”参与同化过程，第二类不参与同化过程，作为对比数据。为了进一步分析同化系统的准确性和可靠度，还需对同化系统进行量化分析。数据选取如下：从第一类 36 组观测值中，随机抽取了 6 组作为第一类验证点，用来验证有监测站附近地域的同化效果；将第二类的全部 4 组数据作为第二类验证点，用于验证同化系统对“无观测资料”地域的同化效果。第一类监测点的具体信息和同化后的结果如表 8-4 所示。

**表 8-4　示踪实验第一类监测点浓度对比**

| 序号 | $X$ 坐标/m | $Y$ 坐标/m | 观测值/($\mu g/m^3$) | 同化前预测值/($\mu g/m^3$) | 同化前相对误差 | 同化后预测值/($\mu g/m^3$) | 同化后相对误差 |
|---|---|---|---|---|---|---|---|
| 1 | 156.50 | 33.27 | 0.50 | 521.69 | 105292% | 75.86 | 15226% |
| 2 | 116.58 | 186.57 | 103.40 | 890.81 | 762% | 214.89 | 108% |
| 3 | 200.94 | 156.99 | 102.50 | 917.34 | 795% | 182.09 | 78% |
| 4 | 384.50 | 110.25 | 0.07 | 165.86 | 251196% | 17.04 | 25721% |
| 5 | 123.86 | 881.34 | 0.68 | 3.99 | 492% | 1.33 | 97% |
| 6 | 717.19 | 397.54 | 2.95 | 149.65 | 4978% | 18.22 | 518% |

从表 8-4 中的数据可以看到，同化前监测点的模型预测值明显偏大；同化后，整体误差明显变小，降低了 1 个数量级。根据表中数据作出各点误差的趋势，如图 8-9 所示。

从图 8-9 中可以看到，同化值介于观测值和模型预测值之间，表明同化的结果是收敛可控的。从误差上分析，6 个坐标点处的误差均得到了降低，为原来的 1/4～1/10。为了说明局部监测点对第二类监测点的同化作用，对其同化前后的浓度进行了分析，结果如表 8-5 所示。

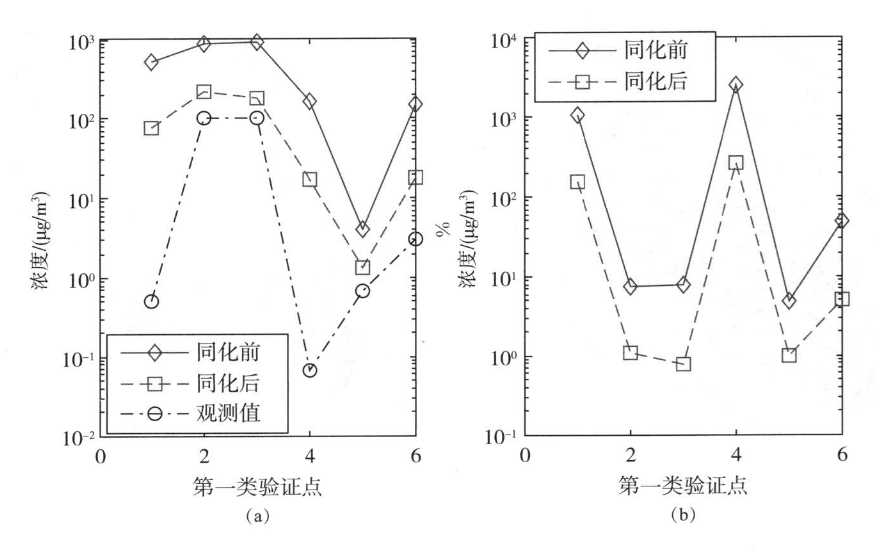


**图 8-9　示踪实验第一类监测点误差走势图**

**表 8-5　示踪实验第二类监测点浓度对比**

| 序号 | X 坐标/m | Y 坐标/m | 观测值/($\mu$g/m$^3$) | 同化前预测值/($\mu$g/m$^3$) | 同化前相对误差 | 同化后预测值/($\mu$g/m$^3$) | 同化后相对误差 |
|---|---|---|---|---|---|---|---|
| 1 | 157.62 | 63.68 | 12.34 | 724.0206 | 5767% | 122.9052 | 896% |
| 2 | 220.84 | 127.5 | 37.23 | 753.2524 | 1923% | 136.9276 | 268% |
| 3 | 255.83 | 836.77 | 2.13 | 24.94509 | 1071% | 8.201304 | 285% |
| 4 | 1011.16 | 1011.16 | 12.05 | 154.3727 | 1181% | 20.74704 | 72% |

第二类监测点没有参与同化过程，从表 8-5 中可以看出同化后的浓度值明显更靠近实际观测值。根据表 8-5 中的数据作出各点误差趋势，如图 8-10 所示。

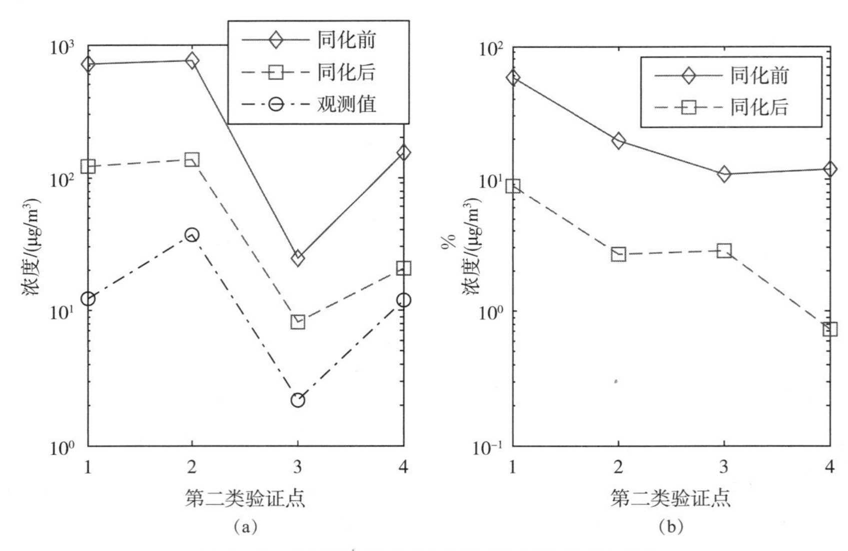


**图 8-10　示踪实验第二类监测点误差走势图**

从图 8-10 中可以看出，经过同化后对“无观测地域”的模型预测浓度数据也产生了影响，说明了同化的全局性优化行为。同化后相对误差降至原来的 1/8～1/50，可以显著提高化学危害预测的准确性。

# 第九章

# 核生化遥测信息融合技术及应用

核生化武器属于大规模杀伤性武器，未来作战仍将在核生化威胁条件下进行，更应关注核生化问题。随着距离探测、遥测技术的进步，为核生化监测提供了更先进的手段，也是未来发展的重要方向。研究核生化遥测信息的融合问题，理论指导和应用价值大。本章以化学云团的红外遥测为例，进行了信息融合研究。

## 第一节　相关领域研究现状

未来信息化条件下联合作战，通常在核、化学、生物威胁以及次生核、化学、生物危害条件下进行。从世界战争史来看，核武器仅使用了两次，化学武器的使用不计其数。尽管印巴两国多次进行核试验，以及朝鲜也进行了多次地下核试验，但核武器作为一种战略威慑手段，使用的可能性较小，但有限使用化学武器的可能性不容忽视。特别是现代化学工业发展迅速，未来不仅面临化学武器直接使用的威胁，而且次生化学危害不可避免，近些年发生的局部战争就是明显例证。因此，必须要具备为指挥员提供准确、快速、直观化学信息的能力。

国外对化学云团的遥测研究始于20世纪80年代，目前美、俄等国家均已建立了比较完善的化学监测预警装备体系，具有远程探测、智能监测、广谱侦测、国家和军队共享的监测预警能力，形成了现场检测与远距离遥测相结合、定点与机动相结合、地面和空中相结合、固定与便携相结合，并具有较高网络化感知能力的监测预警装备系列。当前，利用红外方法遥测大气物理参数的理论比较成熟，如美军配备的斯特瑞克核生化侦察车能对5km范围内的气体实时化学遥测与现场监测。美国FLIR系统公司采用了时间积分模式和自适应混合中值滤波算法，能在有效保留不动背景信息的同时，检测并提取运动的气体云团目标。法国Bertin技术公司采用了宽带滤光片、辐射差分技术，能够有效提高系统探测灵敏度和整个场景成像效果。

我国在此领域研究起步较晚，主要集中在利用傅里叶变换红外光谱技术进行远程遥测、分析计算与反演。在化学云团红外遥测技术与算法方面，文献资料比较系统，集中在生化战剂激光遥测主要技术的原理和特点，远程毒气红外探测与报警技术的进展和产品概况，以及国外利用差分激光雷达技术、拉曼光谱技术和激光诱导荧光技术对生化战剂遥测的发展现状分析等。近些年来，国内用普通红外热成像系统采集气体红外图像，开始了研究气体红外成像探测技术，研制了气体成像系统；利用傅里叶变换红外光谱仪实测背景数据，建立了化学云团红外光谱的计算机仿真模型和污染气体云团光谱实时仿真方法等。

从相关文献来看，气体红外遥测研究主要集中在：一是准确识别气体种类和精确测量气体浓度研究。对比分析光谱数据立方体与气体光谱数据库数据，识别化学云团毒剂类型，并通过标定浓度来测定化学气体浓度。二是红外、激光气体遥测光谱分析。以热像仪为基础，设计窄带波段窗口，利用特征吸收峰的波段成像，进行图像滤波和增强处理，形成化学云团反演。

# 第二节 化学云团的遥测定位建模与融合处理

环境中，化学战剂通常以分散或蒸发的方式形成化学云团，并随大气向下风方向扩散，以达成毒害效应。化学监测的主要任务之一就是及时发现空间中的化学危害，查明化学危害扩散情况，为指挥员防护决策提供直观、实时的关键信息。由于化学危害具有毒剂浓度高、传播速度快、纵深大和危害范围广等特点，环境中对化学云团的防护要求较高，必须在化学云团到达之前做好个人防护。环境中利用化学遥测设备对化学云团进行监测，关键是要确定化学云团的具体方位，首先应解决化学云团的遥测定位问题。

## 一、化学云团的类型

化学云团在稳定的气象条件下，传播扩散的形状与化学施放源紧密相关。化学施放源，是施放化学战剂的弹药、装置、地点的统称，根据形状分为点源、线源、面源和体源四种类型。

### （一）点源

顾名思义，点源就是点状的化学施放源，可分为瞬时点源和连续点源。瞬时点源，是瞬间完成毒剂施放的点源（图 9-1），如单发化学弹等；连续点源，是毒剂连续施放的点源，可看作许多瞬时点源按时间顺序的排列（图 9-2），如毒烟罐等。

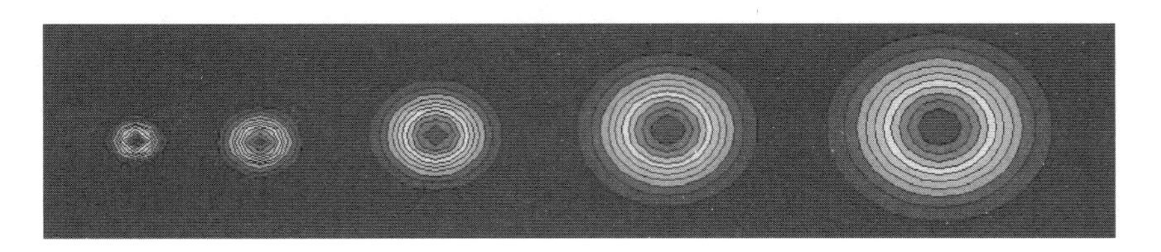

**图 9-1 瞬时点源示意图**（见彩插）

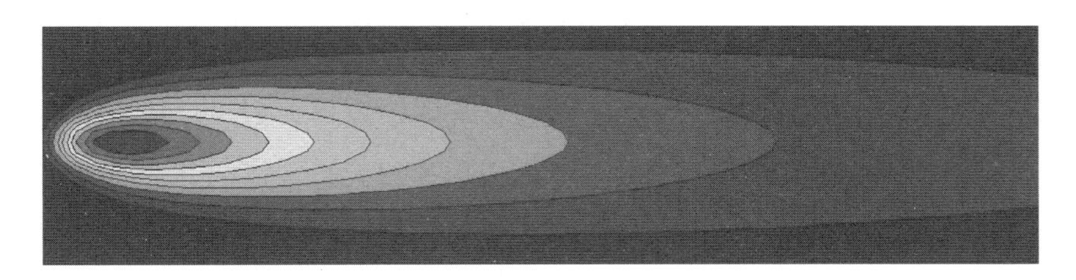

**图 9-2 连续点源示意图**（见彩插）

点源施放形成的化学云团，传播方向取决于风向，速度取决于风速和大气湍流，其浓度随源强增大而增大，随风速、大气湍流作用及距离增加而下降。化学云团的传播轴线随风向而变，沿轴线的浓度比其边缘的浓度高许多倍。

瞬时点源化学云团通常由化学爆炸产生，形成速度快，随风向飘移，存在时间短，监测困难；连续点源化学云团通常由热分散产生，形成速度慢，位置相对固定，存在时间较长，监测相对容易。

### （二）线源

线源，是线状的化学施放源，可分为瞬时线源和连续线源。瞬时线源，是瞬间完成毒剂施放的线源（图 9-3），如飞机布洒器在空中布洒形成的毒云带；连续线源，是连续施放毒剂的线源（图 9-4），如毒气施放线。线源下风方向的毒剂浓度随源强增大而增大，随风速、大气湍流作用及与线源的距离增加而下降，其产生的化学云团特性与点源产生的化学云团特性一样。

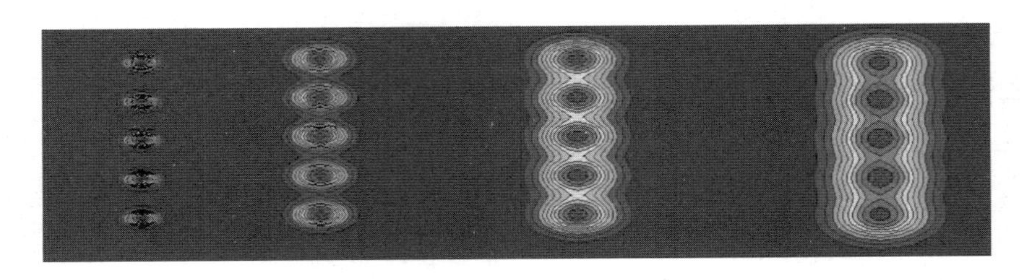

**图 9-3　瞬时线源示意图**（见彩插）

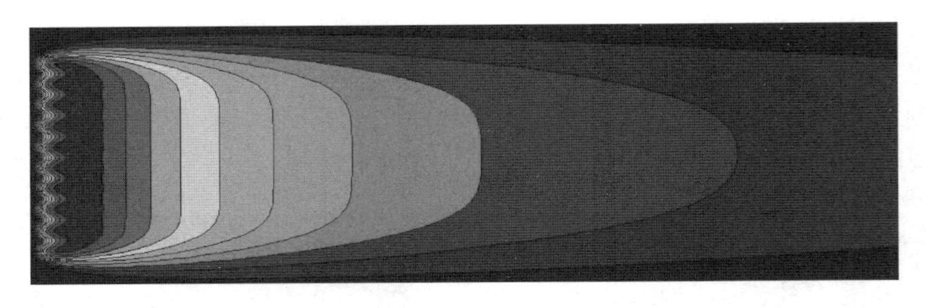

**图 9-4　连续线源示意图**（见彩插）

### （三）面源

面源，即平面的化学施放源，可分为瞬时面源和连续面源。瞬时面源，是指毒剂瞬间形成的面源，如火炮齐射化学弹形成的化学云团。连续面源，是指毒剂连续均匀施放的面源，如染有持久性毒剂的地域。由于面源上的毒剂自然蒸发较慢，致使其作用时间较长；面源的源强随气象条件和时间变化而变化，当地温升高或风速增大时，毒剂蒸发加快，导致面源源强增大，作用时间减少；随着毒剂不断蒸发，染毒浓度低、持续时间长、危害纵深短。

### （四）体源

体源，是放大的点源，即点源在三维方向上的放大，也可理解为许多点源在立体空间的排列，分为瞬时体源和连续体源。瞬时体源，是指许多相互连接的瞬时面源群，如用毒剂弹

（或毒烟弹）齐射或急袭后在一个区域内形成的化学云团；连续体源，是许多相互连接的连续面源群，如一战期间德军用大量钢瓶吹放氯气形成的化学云团。

综上所述，这四种类型是按物理模型划分的，最基础的是瞬时点源。瞬时点源一个个地连接起来就形成了连续点源；点源沿同一方向延伸就形成了线源，沿二维方向延伸就形成了面源，沿三维方向延伸就形成了体源。从数学推导上看，连续点源是对瞬时点源进行时间积分形成的，线源是对点源进行 $x$ 积分形成的，面源是对线源进行 $y$ 积分（二重积分）形成的，体源是对面源进行 $z$ 积分（三重积分）形成的。本章重点研究瞬时点源、连续点源这两种类型的化学云团。

## 二、基于瞬时点源的化学云团遥测定位

瞬时点源作为化学云团最基本的一种类型，瞬时线源、瞬时面源、瞬时体源的化学云团边界测定都可以转化为瞬时点源的化学云团边界定位问题。

目前，大量设备是基于现场接触式侦检原理研发的，其侦检信息获取慢、精度低，不适应化学云团监测需要。

红外和激光遥测装置（以下简称为化学遥测设备）的诞生，为非接触式远距离、大范围迅速发现和连续监测化学云团扩散与传播情况提供了手段。

执行任务时，化学遥测设备以定点遥测、扇区和360°警戒扫描方式进行监测，通过空间扫描望远镜收集背景和化学云团发出的红外辐射，经报警器进行光谱特征智能鉴别后快速探测化学云团；通过定向仪（C100 电子罗盘），确定车头方向和报警方向，自动发出声光报警，与指控系统互联，实时传输化学遥测信息。

### （一）化学遥测问题分析与描述

当化学遥测设备探测化学云团时，其探测过程如图 9-5 所示。探测器接收到的辐射亮度 $L$ 为

$$L=(1-\tau_1)B_1+\tau_1[(1-\tau_2)B_2+\tau_2 L_3] \tag{9.1}$$

式中，$\tau_1$、$\tau_2$ 为第 1、2 层的透射率；$B_1$、$B_2$ 为第 1、2 层温度下的黑体辐射亮度；$L_3$ 为在化学云团前面的光谱辐射亮度。

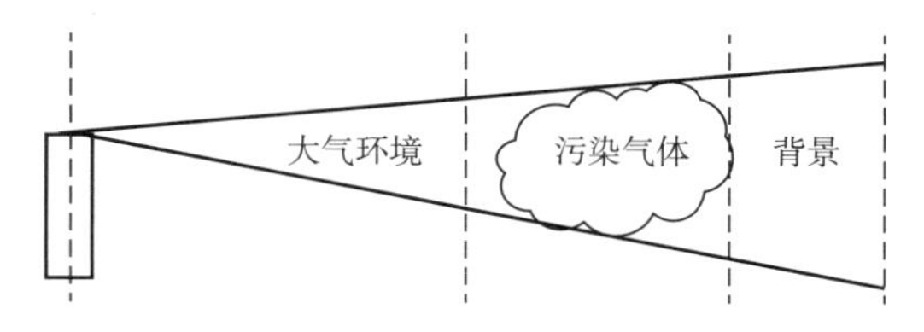


**图 9-5　化学遥测设备探测原理**

假设忽略第一层大气的影响，第一、二层温度相同，则 $\tau_1=1$，根据普朗克辐射定律，可将普朗克公式变换成辐射亮度谱的等效亮温 $T(v)$。

$$T(v)=\frac{hcv}{kIn\left[\frac{L(v)+2hc^2v^3}{L(v)}\right]} \tag{9.2}$$

式中，$h$ 为普朗克常数；$c$ 为光速；$k$ 为玻尔兹曼常数。

根据式（9.2）把式（9.1）的辐射亮度转换成亮温，得

$$\tau_2 = \frac{T - T_2}{T_3 - T_2} = \mathrm{e}^{-ac} \tag{9.3}$$

式中，$a$ 是化学云团的吸收系数；$c$ 是化学云团的浓度程长积。

令 $\Delta T = T_3 - T_2$，$\Delta^2 T = T_2 - T$，得

$$\Delta^2 T = \Delta T (1 - \mathrm{e}^{-ac}) \tag{9.4}$$

式中，$\Delta^2 T$ 是目标云团的亮温光谱特征；$\Delta T$ 是背景层和遥测层的亮温差，通过远程红外光谱收集、红外傅立叶干涉分析得到；化学气体的吸收系数 $a$ 已知。从上述公式推导来看，化学遥测设备可直接探测到化学云团的浓度程长积值，将浓度程长积值作为化学遥测设备化学云团报警的阈值。

红外光谱遥测存在一个视场角问题，即红外光谱遥测对象（化学云团）的辐射必须充满探测器的视场，如图 9-6 所示。

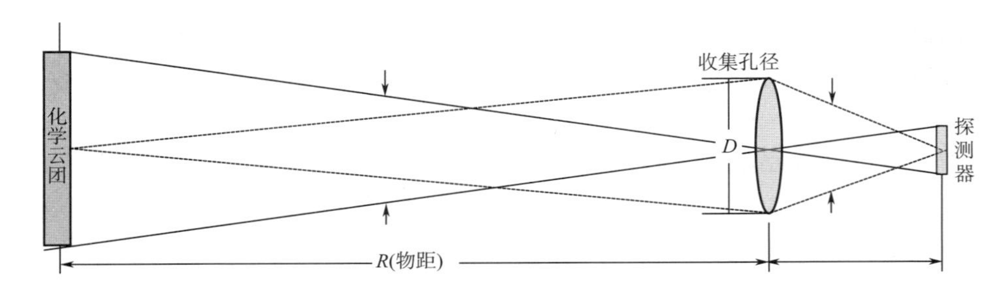


**图 9-6　扩展源红外辐射能量传递原理**

红外光谱遥测化学云团，水平顺时针方向扫描，当化学云团边界充满探测器的视场时，开始报警；当化学云团边界离开探测器时，停止报警，如图 9-7 所示。因此，作战时运用红外光谱遥测设备监测化学云团时，为修正视场角引起的误差，需要在两次观测方位角之间加上探测器视场角。基于激光遥测原理的化学遥测设备，不需要进行方位角修正。美国、德国的红外光谱遥测设备的视场角为 1.5°～1.7°。

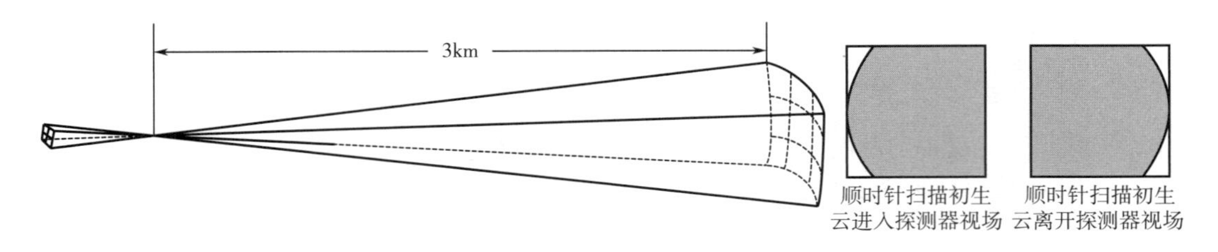


**图 9-7　红外遥测视场角**

从工作原理来看，化学遥测设备只能探测到化学云团的方位角，而难以通过遥测方式准确定位化学云团的边界，即存在遥测定位问题。瞬时点源化学云团的遥测定位存在三个难题：

① 不知在何位置瞬时形成；

② 大小随时间变化（即浓度时空分布），且存在时间较短；

③ 化学云团随风向飘移。

根据化学遥测设备的工作原理，研究如何实现对瞬时点源化学云团的遥测定位。

作战人员遂行各种战斗动作，通常在距离地面1m左右处。遭遇化学危害后，指挥员关心的是距地面1m处的化学云团浓度情况。对化学云团定位和浓度测算，主要考虑距地面1m的水平面。因此，研究瞬时点源化学云团的遥测定位，可将坐标设置成距离地面1m处的二维水平坐标系，暂不考虑空间扫描的俯仰角问题。

若在 $t_0$ 时刻，化学遥测设备快速探测到化学云团后，记录 $t_0$ 时刻扫描的方向角为 $\alpha$，假设沿方向角的射线与化学云团边界线（将化学遥测设备毒剂报警浓度阈值形成的等浓度线设置为化学云团边界线，以下均简称为化学云团边界线）的切点为 $A$，通常采取定点和机动两种方式对化学云团进行监测。

定点遥测：化学遥测设备在坐标原点继续进行扇区扫描监测，在 $t_1$ 时刻发现化学云团并报警，设方向角为 $\beta$，假设沿该方向角的射线与化学云团边界线的切点为 $B$。因为化学云团是在动态向外扩散，并随着风向飘移，所以 $A$ 点和 $B$ 点不重合，如图9-8所示。

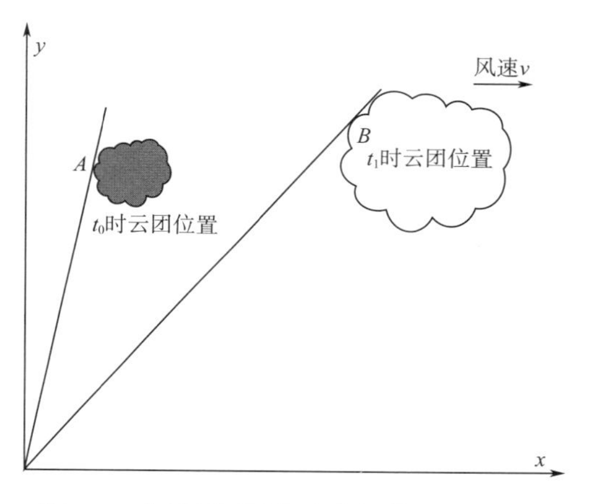


**图9-8 化学遥测设备定点扫描监测示意图**

机动遥测：化学遥测设备进行扇区扫描监测，探测到化学云团后，假设沿该方向角的射线与化学云团边界线的切点为 $A$；将此时刻化学遥测设备的位置设为坐标原点，然后沿某一方向（假设与风向一致，设为 $x$ 轴）匀速机动，记录 $t_0$ 时刻扫描的方向角为 $\alpha$；机动到 $t_1$ 时刻后，设扫描的方向角射线与化学云团边界线的切点为 $B$，方向角为 $\beta$，如图9-9所示。图（a）为沿任一方向机动（假设与 $x$ 轴方向的夹角为 $\alpha$），图（b）为沿风向（设为 $x$ 轴方向）机动。

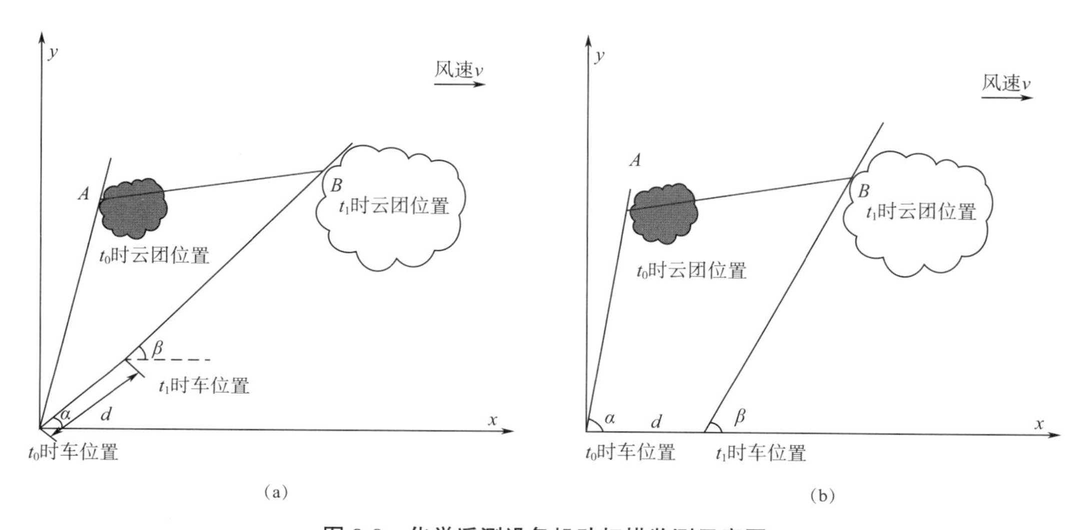


**图9-9 化学遥测设备机动扫描监测示意图**

模型目标：求解坐标原点到切点之间的距离。

从化学遥测设备定点遥测和机动遥测模型来看，要想探测出化学云团与坐标原点之间的距离，必须计算出线段 $AB$ 的长度（然后利用三角关系计算出线段 $OA$ 的长度，这样可以确定出 $A$ 点和 $B$ 点的坐标）。若环境中有 $n$ 个化学遥测设备，则可以概略确定化学云团边界点的位置。因此，基于单装的化学云团边界遥测定位模型，可转化为数学模型中线段 $AB$ 的求解。

### （二）无风定点遥测模型

#### 1. 模型假设

（1）将外场空间简化为二维平面空间，化学遥测设备视为平面上的一个监测点。

（2）化学遥测设备（位置 $E$ 点）对化学云团的报警浓度阈值为 $C_0$。$t_0$ 时刻化学遥测设备扫描化学云团，发出报警的扫描角度与 $x$ 轴分别成 $\theta_A$、$\theta_B$，假设扫描射线与化学云团边界线的切点分别为 $A$、$B$ 点（扫描速度快，扫描期间化学云团的扩散可以忽略）；$t_1$ 时刻化学遥测设备扫描化学云团，发出报警的扫描角度与 $x$ 轴分别成 $\theta_C$、$\theta_D$，假设扫描射线与化学云团边界线的切点分别为 $C$、$D$ 点，如图 9-10 所示。由化学遥测设备的工作原理可知，$t_0$ 时刻 $A$、$B$ 点的化学云团浓度和 $t_1$ 时刻 $C$、$D$ 点的化学云团浓度相等且均为 $C_0$。

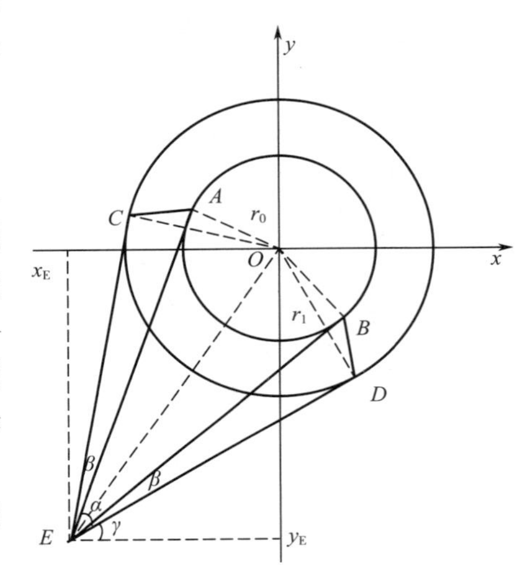

**图 9-10　无风化学遥测设备单车定点遥测化学云团示意图**

（3）根据化学云团湍流扩散理论可知，空间内任意一点的浓度随时间变化。记化学云团边界 $A$、$B$ 点的浓度由 0 变到 $C_0$ 的时间为 $t_A$，化学云团边界 $C$、$D$ 点的浓度由 0 变到 $C_0$ 的时间为 $t_C$，则有 $t_C - t_A = t_1 - t_0$。

（4）气象条件恒定，下垫面平坦开阔，化学云团 $x$、$y$ 轴方向的扩散系数（$K_0$）相等，假设化学云团在 $t_0$ 时刻的半径为 $r_0$，在 $t_1$ 时刻的半径为 $r_1$。

#### 2. 模型推导条件

根据湍流扩散梯度理论，导出拉赫特曼的化学云团传播微分方程：

$$\frac{\partial C}{\partial t} + u\frac{\partial C}{\partial x} = K_0\left(\frac{\partial^2 C}{\partial x^2} + \frac{\partial^2 C}{\partial y^2}\right) + \frac{\partial}{\partial z}\left[K_1\left(\frac{z}{z_1}\right)^{2-n}\frac{\partial C}{\partial z}\right] \tag{9.5}$$

模型设置条件如下：

① 与下垫面不发生毒剂质量交换与损失；

② 遭遇化学危害前，空间内任何一点的化学云团浓度都为 0；

③ 遭遇化学危害后，无穷远处的化学云团浓度为 0；

④ 进入空间中的毒剂质量 $Q$ 守恒。

以瞬时点源为研究对象进行方程求解，得到浓度方程

$$C(x,y,z)=\frac{Q}{4\pi K_0 t(K_1 n^2 z_1^{n-2} t)^{\frac{1}{n}}\Gamma(1+\frac{1}{n})}e^{-\frac{x^2+y^2}{4K_0 t_A}-\frac{z^n}{K_1 n^2 z_1^{n-2} t}} \tag{9.6}$$

式中　$C(x,y,z)$——空间某点（$x,y,z$）在 $t$ 时的毒剂浓度，g/m³；

$Q$——从瞬时点源进入空气中的毒剂量，g；

$K_0$——湍流水平扩散系数，m²/s；

$z_1$——固定参考高度，m；

$K_1$——$z_1$ 处的湍流垂直扩散系数，m²/s；

$n$——大气垂直稳定度的特性系数，$n=1-\frac{\Delta t}{u_1^2}$（$u_1$ 为距离地面 1m 处的风速）；

$\Gamma\left(1+\frac{1}{n}\right)$——随 $n$ 而变的伽马函数。

基于二维平面空间，可令 $z=0$m，$z_1=1$m，则上式简化为

$$C(x,y)=\frac{Q}{4\pi K_0 t(K_1 n^2 t)^{\frac{1}{n}}\Gamma\left(1+\frac{1}{n}\right)}e^{-\frac{x^2+y^2}{4K_0 t_A}} \tag{9.7}$$

### 3. 模型推导过程

（1）浓度关系　化学云团边界 $A$、$B$ 点在 $t_0$ 时刻的浓度为

$$C_0=\frac{Q}{4\pi K_0 t_A(K_1 n^2 t_A)^{\frac{1}{n}}\Gamma\left(1+\frac{1}{n}\right)}e^{-\frac{r_0^2}{4K_0 t_A}} \tag{9.8}$$

$$r_0^2=4K_0 t_A\left[\ln\frac{Q}{4\pi K_0 t_A(K_1 n^2 t_A)^{\frac{1}{n}}\Gamma\left(1+\frac{1}{n}\right)}-\ln C_0\right] \tag{9.9}$$

化学云团边界 $C$、$D$ 点在 $t_1$ 时刻的浓度为

$$C_0=\frac{Q}{4\pi K_0 t_C(K_1 n^2 t_C)^{\frac{1}{n}}\Gamma\left(1+\frac{1}{n}\right)}e^{-\frac{r_0^2}{4K_0 t_C}} \tag{9.10}$$

$$r_1^2=4K_0 t_C\left[\ln\frac{Q}{4\pi K_0 t_A(K_1 n^2 t_C)^{\frac{1}{n}}\Gamma\left(1+\frac{1}{n}\right)}-\ln C_0\right] \tag{9.11}$$

$A$ 点 $t_0$ 时刻的浓度与 $B$ 点 $t_1$ 时刻的浓度相等，则

$$\frac{Q}{4\pi K_0 t_A(K_1 n^2 t_A)^{\frac{1}{n}}\Gamma\left(1+\frac{1}{n}\right)}e^{-\frac{r_0^2}{4K_0 t_A}}=\frac{Q}{4\pi K_0 t_C(K_1 n^2 t_C)^{\frac{1}{n}}\Gamma\left(1+\frac{1}{n}\right)}e^{-\frac{r_1^2}{4K_0 t_C}} \tag{9.12}$$

$$t_C^{\frac{1+n}{n}}e^{-\frac{r_0^2}{4K_0 t_A}}=t_A^{\frac{1+n}{n}}e^{-\frac{r_1^2}{4K_0 t_C}}$$

$$\frac{1+n}{n}\times 4K_0 t_A t_C \ln t_C - t_C r_0^2=\frac{1+n}{n}\times 4K_0 t_A t_C \ln t_A - t_A r_1^2 \tag{9.13}$$

（2）角度关系　由图 9-10 可知，$A$、$B$、$C$、$D$ 点为切点，$O$ 点为圆心，则 $\angle OAE$、$\angle OBE$、$\angle OCE$ 和 $\angle ODE$ 为直角；$\triangle OAE$ 和 $\triangle OBE$ 相等，则 $\angle OEA=\angle OEB$，$\triangle OAE$ 和 $\triangle OBE$ 相等，则 $\angle OEC=\angle OED$，且线段 $OE$ 经过坐标原点，是角平分线。

$\theta_A$、$\theta_B$、$\theta_C$、$\theta_D$ 等值可直接由化学遥测设备获得。

角度与遥测值有如下关系：

$$\begin{cases}\angle OEA=\angle OEB=\dfrac{\theta_A-\theta_B}{2}\\[2ex]\angle OEC=\angle OED=\dfrac{\theta_C-\theta_D}{2}\end{cases}\tag{9.14}$$

（3）时间关系

$$t_C-t_A=t_1-t_0=t\tag{9.15}$$

（4）云团半径关系

$$OE=\frac{r_0}{\sin\dfrac{\theta_A-\theta_B}{2}}=\frac{r_1}{\sin\dfrac{\theta_C-\theta_D}{2}}\tag{9.16}$$

目标函数：以 $O$ 为坐标原点，求 $E$ 点坐标和化学危害源强 $Q$ 。

方程组：

$$\begin{cases}r_0^2=4K_0t_A\left[\ln\dfrac{Q}{4\pi K_0t_A(K_1n^2t_A)^{\frac{1}{n}}\Gamma\left(1+\dfrac{1}{n}\right)}-\ln C_0\right]\\[2ex]r_1^2=4K_0t_C\left[\ln\dfrac{Q}{4\pi K_0t_A(K_1n^2t_C)^{\frac{1}{n}}\Gamma\left(1+\dfrac{1}{n}\right)}-\ln C_0\right]\\[2ex]\dfrac{r_0}{\sin\dfrac{\theta_A-\theta_B}{2}}=\dfrac{r_1}{\sin\dfrac{\theta_C-\theta_D}{2}}\\[2ex]t_C-t_A=t_1-t_0=t\end{cases}\tag{9.17}$$

上述方程组有 $Q$、$r_0$、$r_1$、$t_A$、$t_C$ 五个变量，能求解出变量之间的关系图，但难以求得唯一解析解。

由图 9-10 可知，若要求解出化学云团中心点的位置，可利用前方交会原理。在外场空间增加一个化学遥测设备（位置 $E$ 点）来求解。假设将某化学遥测设备的位置设置为坐标原点，$OE$ 为 $x$ 轴方向，在 $t_0$ 时刻两个遥测设备扫描化学云团，发出报警的扫描角度与 $x$ 轴的夹角分别记为 $\theta_A$、$\theta_B$、$\theta_C$、$\theta_D$，扫描射线与化学云团边界线的切点分别记为 $A$、$B$、$C$、$D$ 点，如图 9-11 所示。$OE$ 线段的长度可以通过两化学遥测设备的位置坐标计算获得，而 $F$ 点的坐标值可直接通过前方交会法计算得出。

化学云团遥测定位模型可转化图 9-11 中 $F$ 点坐标的前方交会法求解。从前面推导过程中的角度关系来看，$\angle EOF$ 和 $\angle OEF$ 的角度可直接由化学遥测设备扫描获得。

$$\begin{cases}\angle EOF=\dfrac{\theta_A+\theta_B}{2}\\[2ex]\angle OEF=\dfrac{\theta_C+\theta_D}{2}\end{cases}\tag{9.18}$$

利用前方交会法可求解出瞬时点源化学云团的中心坐标，但无法求解出瞬时点源的源强。因此，必须结合方程式(9.18)，增加两车另外一个时刻的遥测值。

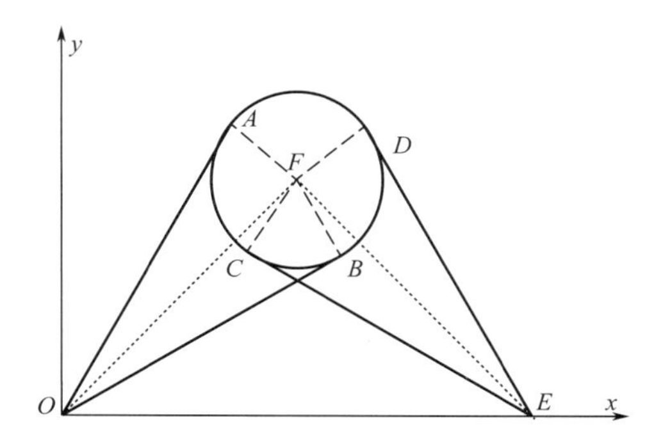


图 9-11 无风两车单时刻定点遥测化学云团示意图

#### 4. 模型求解示例

有两相邻化学遥测设备，一个位于坐标原点，另一个位于 $x$ 轴上的 $E$ 点，同时对某化学云团进行监测，设对某化学云团的报警浓度阈值为 $C_0$。在 $t_0$ 时刻两化学遥测设备扫描化学云团，发出报警的扫描角度与 $x$ 轴分别成 $\theta_{A0}$、$\theta_{B0}$、$\theta_{C0}$、$\theta_{D0}$，假设扫描射线与化学云团边界线的切点分别为 $A_0$、$B_0$、$C_0$、$D_0$ 点；在 $t_1$ 时刻两化学遥测设备扫描化学云团，发出报警的扫描角度与 $x$ 轴分别成 $\theta_{A1}$、$\theta_{B1}$、$\theta_{C1}$、$\theta_{D1}$，假设扫描射线与化学云团边界线的切点分别为 $A_1$、$B_1$、$C_1$、$D_1$ 点（扫描速度快，扫描期间初生团扩散可以忽略，不予考虑），如图 9-12 所示。

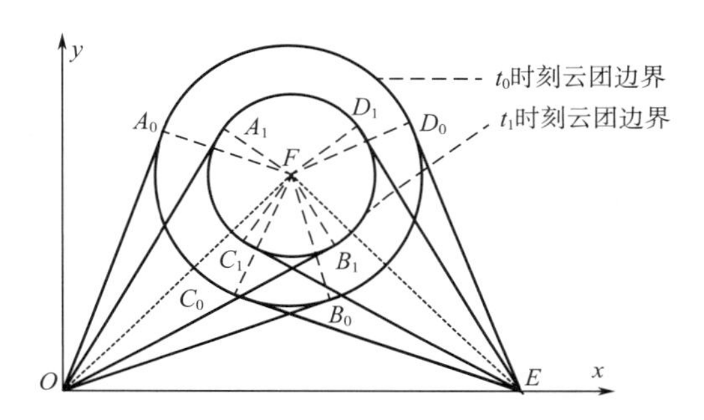


图 9-12 无风两车双时刻定点遥测化学云团示意图

方程组参数取值如下：$K_0=0.785\text{m}^2/\text{s}$；$K_1=0.645\text{m}^2/\text{s}$；$C_0=300\text{mg}/\text{m}^3$；$OE=156.066\text{m}$；$\theta_{A0}=63.2369°$、$\theta_{B0}=56.7631°$、$\theta_{C0}=47.6410°$、$\theta_{D0}=42.5368°$；$\theta_{A1}=60.9615°$，$\theta_{B1}=59.0385°$，$\theta_{C1}=45.7850°$、$\theta_{D1}=44.2150°$，$t_1-t_0=40\text{s}$；$\Gamma\left(1+\frac{1}{n}\right)=1$；$n=1$。设 $OF=x$，$EF=y$，则无风两车双时刻定点遥测模型如下：

$$
\begin{cases}
C_0=\dfrac{Q}{4\pi K_0K_1t_0^2}\text{e}^{-\frac{r_0^2}{4K_0t_0}}\\
C_0=\dfrac{Q}{4\pi K_0K_1t_1^2}\text{e}^{-\frac{r_1^2}{4K_0t_1}}\\
x\left|\cos\dfrac{\theta_{A0}+\theta_{B0}}{2}\right|=y\left|\cos\dfrac{\theta_{C0}+\theta_{D0}}{2}\right|\\
r_0=x\left|\sin\dfrac{\theta_{A0}-\theta_{B0}}{2}\right|=y\left|\sin\dfrac{\theta_{C0}-\theta_{D0}}{2}\right|\\
r_1=x\left|\sin\dfrac{\theta_{A1}-\theta_{B1}}{2}\right|=y\left|\sin\dfrac{\theta_{C1}-\theta_{D1}}{2}\right|\\
t_1-t_0=40
\end{cases}
\tag{9.19}
$$

方程式(9.19)为非线性方程组，难以求出数学解析解。采用迭代法进行 Matlab

(2010A 版）编程，对式（9.19）的 $Q$、$r_0$、$r_1$、$t_0$、$t_1$、$x$、$y$ 等变量进行数值求解，程序计算耗时 0.0498s，计算结果见表 9-1。

表 9-1　无风两车双时刻定点遥测模型数值解与真实值对比

| 参数 | 数值解 | 真实值 | 误差 |
|---|---|---|---|
| $Q$/（$g/m^2$） | 9999.9 | 10000 | 0.0010% |
| $t_0$/s | 29.9997 | 30 | 0.0010% |
| $t_1$/s | 69.9997 | 70 | 0.0004% |
| $x$/m | 114.2482 | 114.2483 | 0.0001% |
| $y$/m | 139.9249 | 139.9249 | 0.0000% |
| $r_0$/m | 12.8814 | 12.8814 | 0.0000% |
| $r_1$/m | 3.8338 | 3.8339 | 0.0026% |

从表 9-1 中的数据看，式（9.19）相关变量的数值解与假设的真实值基本相等，误差≤0.0026%，说明无风两车双时定点遥测定位模型误差较小，输入参数便于外场空间自动快速获取，输出值准确可信。

综上建模及求解所述可知，无风两车双时定点遥测定位模型重点解决了以下问题：

（1）解决了瞬时点源化学云团的定位问题。环境中，通过两车定点快速扫描相关信息，能迅速计算出瞬时点源化学云团的中心位置，为指挥员防护决策提供实时信息。

（2）解决了瞬时点源源强的快速估算问题。环境中，通过两车定点快速扫描相关信息，能迅速计算出不同时刻化学云团的半径值，从而计算出瞬时点源源强，为化学云团的危害范围估算提供关键信息。

（3）结合外场空间实际，找到了快速遥测定位化学云团的方法。结合化学遥测设备的性能，从扫描监测角度、时间和两车间距等参数入手，通过模型计算出瞬时点源化学云团的相关数据，便于化学云团监测时自动查找计算。

无风两车双时定点遥测定位模型能有效得出瞬时点源化学云团的形成时间以及浓度时空分布变化情况，但没有解决化学云团随风向飘移的定位问题。

### 5. 分析讨论

无风化学遥测设备两车双时刻定点遥测化学云团，主要遥测数据有两车间距、遥测角度差、遥测时间间隔。

（1）两车间距的影响　以两车间距为变量，遥测角度、遥测时间间隔、扩散系数等为常数，计算出无风瞬时点源化学云团的相关参数，见表 9-2。

表 9-2　无风遥测时间差和角度差不变条件下两车间距与其他参数的关系

| 两车距离 $OE$/m | 时刻 $t_0$/s | 源强 $Q$/（$g/m^2$） | 半径 $r_0$/m | 半径 $r_1$/m | $x$/m | $y$/m |
|---|---|---|---|---|---|---|
| 80 | — | 572.0127 | 6.6030 | 1.9652 | 58.5641 | 71.7260 |
| 90 | 3.4410 | $3.7336\times10^3$ | 7.4284 | 2.2108 | 65.8846 | 80.6918 |

续表

| 两车距离 $OE$/m | 时刻 $t_0$/s | 源强 $Q$/ (g/m$^2$) | 半径 $r_0$/m | 半径 $r_1$/m | $x$/m | $y$/m |
| --- | --- | --- | --- | --- | --- | --- |
| 100 | 4.8175 | $4.0020\times10^3$ | 8.2538 | 2.4565 | 73.2051 | 89.6575 |
| 110 | 6.6551 | $4.3672\times10^3$ | 9.0792 | 2.7021 | 80.5256 | 98.6233 |
| 120 | 9.1289 | $4.8741\times10^3$ | 9.9045 | 2.9478 | 87.8461 | 107.5891 |
| 130 | 12.5112 | $5.5992\times10^3$ | 10.7299 | 3.1934 | 95.1666 | 116.5548 |
| 140 | 17.2521 | $6.6822\times10^3$ | 11.5553 | 3.4391 | 102.4871 | 125.5206 |
| 150 | 24.1523 | $8.4034\times10^3$ | 12.3807 | 3.6847 | 109.8076 | 134.4863 |
| 160 | 34.7891 | $1.1403\times10^3$ | 13.2061 | 3.9304 | 117.1281 | 143.4521 |
| 170 | 52.7640 | $1.7439\times10^4$ | 14.0314 | 4.1760 | 124.4486 | 152.4178 |
| 180 | $8.0294\times10^{-16}$ | — | 14.8568 | 4.4217 | 131.7691 | 161.3836 |

由表 9-2 中的数据可知，在扩散系数等参数为常数的条件下，两车间距与遥测角度、遥测时间间隔有关系，两车间距在 90～170m 区间方程组才有解，遥测时刻、瞬时点源源强、化学云团半径、云团中心位置与车之间的距离随两车距离增加而变大。

（2）遥测时间间隔的影响　以遥测时间间隔为变量，遥测角度、两车间距、扩散系数等为常数，计算出无风瞬时点源化学云团的相关参数，见表 9-3。

**表 9-3　无风两车间距和角度差不变条件下遥测时间间隔与其他参数的关系**

| $t_1-t_0$/s | 时刻 $t_0$/s | 源强 $Q$/ (g/m$^2$) | 半径 $r_0$/m | 半径 $r_1$/m | $x$/m | $y$/m |
| --- | --- | --- | --- | --- | --- | --- |
| 30 | 67.2071 | $1.8926\times10^4$ | 12.8814 | 3.8338 | 114.2482 | 139.9249 |
| 60 | 17.3003 | $1.2118\times10^4$ | 12.8814 | 3.8338 | 114.2482 | 139.9249 |
| 90 | 12.3679 | $2.0939\times10^4$ | 12.8814 | 3.8338 | 114.2482 | 139.9249 |
| 120 | 10.3605 | $3.3624\times10^4$ | 12.8814 | 3.8338 | 114.2482 | 139.9249 |
| 150 | 9.2301 | $4.9840\times10^4$ | 12.8814 | 3.8338 | 114.2482 | 139.9249 |
| 180 | 8.4882 | $6.9521\times10^4$ | 12.8814 | 3.8338 | 114.2482 | 139.9249 |
| 210 | 7.9556 | $9.2645\times10^4$ | 12.8814 | 3.8338 | 114.2482 | 139.9249 |
| 240 | 7.5502 | $1.1921\times10^5$ | 12.8814 | 3.8338 | 114.2482 | 139.9249 |
| 270 | 7.2285 | $1.4920\times10^5$ | 12.8814 | 3.8338 | 114.2482 | 139.9249 |
| 300 | 6.9652 | $1.8263\times10^5$ | 12.8814 | 3.8338 | 114.2482 | 139.9249 |

由表 9-3 可知，在遥测角度、两车间距、扩散系数等参数为常数的条件下，遥测时间间隔仅与遥测时刻、瞬时点源源强有关，与化学云团半径、云团中心位置无关。遥测时间间隔增加，遥测时刻值逐步变小，瞬时点源源强逐步变大。

（3）遥测角度差的影响　以遥测角度差为变量，遥测时间间隔、两车间距、扩散系数等为常数，计算出无风瞬时点源化学云团的相关参数，见表 9-4。角度变化为（$\theta_{A1}-\theta_{B1}$）－（$\theta_{A0}-\theta_{B0}$）。

**表 9-4　无风两车间距和遥测时间差不变条件下遥测角度差与其他参数关系**

| $\theta_{A0}-\theta_{B0}$ | 角度变化 | 时刻 $t_0$/s | 源强 $Q$/（g/m$^2$） | 半径 $r_0$/m | 半径 $r_1$/m | $x$/m | $y$/m |
|---|---|---|---|---|---|---|---|
| 5° | 1° | 6.3853 | $1.0934\times10^4$ | 9.9574 | 11.9422 | 114.2482 | 139.9249 |
| | 2° | 5.7405 | $1.5401\times10^4$ | 9.9574 | 13.9234 | 114.2482 | 139.9249 |
| | 3° | 5.1575 | $2.3151\times10^4$ | 9.9574 | 15.9003 | 114.2482 | 139.9249 |
| | 4° | 4.6386 | $3.7144\times10^4$ | 9.9574 | 17.8724 | 114.2482 | 139.9249 |
| | 5° | 4.1808 | $6.3587\times10^4$ | 9.9574 | 19.8390 | 114.2482 | 139.9249 |
| 10° | 1° | 35.9040 | $8.0766\times10^4$ | 19.8390 | 21.7996 | 114.2482 | 139.9249 |
| | 2° | 28.7840 | $1.2311\times10^5$ | 19.8390 | 23.7535 | 114.2482 | 139.9249 |
| | 3° | 23.7782 | $2.1013\times10^5$ | 19.8390 | 25.7003 | 114.2482 | 139.9249 |
| | 4° | 20.0858 | $3.9515\times10^5$ | 19.8390 | 27.6392 | 114.2482 | 139.9249 |
| | 5° | 17.2628 | $8.0985\times10^5$ | 19.8390 | 29.5696 | 114.2482 | 139.9249 |

由表 9-4 可知，在同等条件下，遥测角度差（$\theta_{A0}-\theta_{B0}$）、角度变化与遥测时刻、瞬时点源源强、化学云团半径有关，与云团中心位置无关。遥测角度差增加，遥测时刻值、瞬时点源源强、化学云团半径逐步变大；随着 $t_0$ 时刻与 $t_1$ 时刻遥测角度差值的增加，遥测时刻值、瞬时点源源强、化学云团半径也逐步变大。

在上述给定的 $K_0$、$K_1$、$C_0$ 参数条件下，根据 $C_0=\dfrac{Q}{4\pi K_0K_1t^2}\mathrm{e}^{-\frac{r^2}{4K_0t}}$ 可得到 $Q$、$t$、$C_0$ 的关系，如图 9-13 所示。

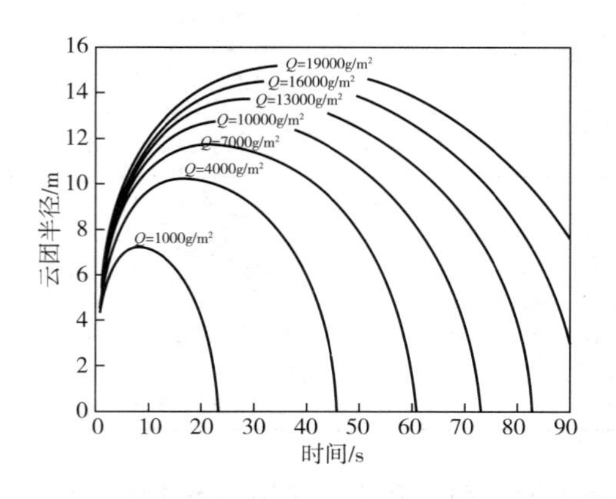


**图 9-13　无风瞬时点源化学云团的源强、时间、半径关系图**

源强 $Q=10000\text{g/m}^2$ 时，经过 30s 后，化学云团半径最大，约 12.5m；之后随着时间的增加，半径逐步减小直至为 0。所以，方程式（9.19）只在一定区域内有解。

图 9-14～图 9-17 是 $\theta_{A1}-\theta_{B1}$ 为常数时随着遥测角度变化，瞬时点源源强与化学遥测设备车距之间的关系图。随着 $\theta_{A1}-\theta_{B1}$ 取值增大，瞬时点源源强逐渐增大，整体曲线由左下角向右上角移动，有效数值解的区域也整体向左上平移。

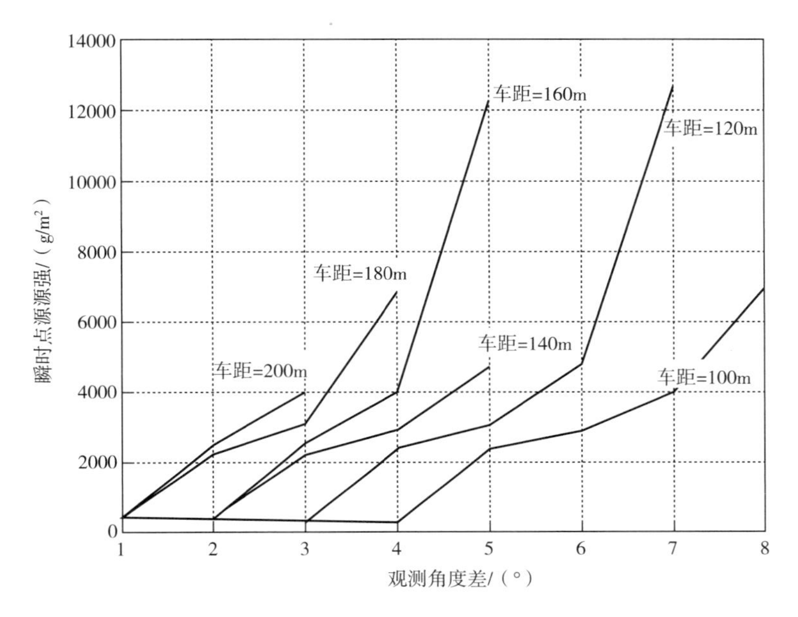


**图 9-14　$\theta_{A1}-\theta_{B1}=2°$时$\theta_{A0}-\theta_{A1}$ 角度变化与源强、车间距的关系**

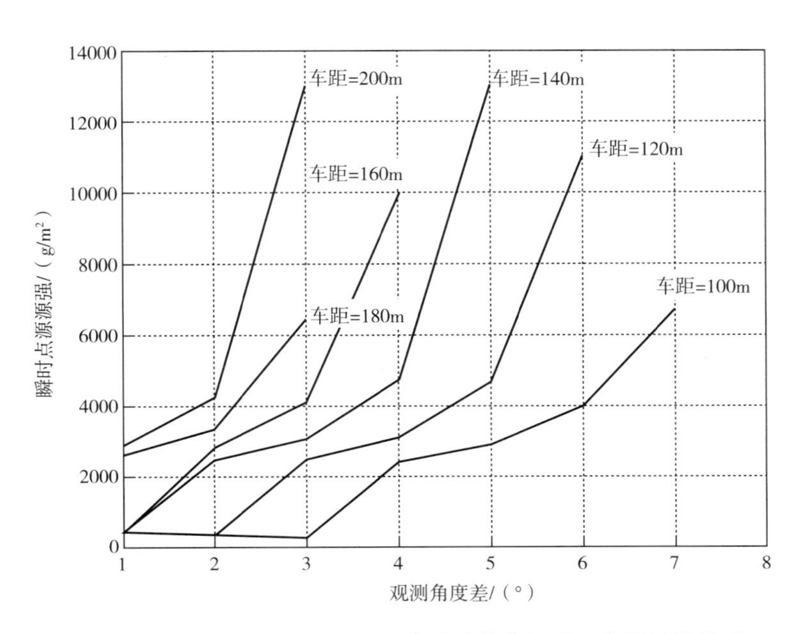


**图 9-15　$\theta_{A1}-\theta_{B1}=4°$时$\theta_{A0}-\theta_{A1}$ 角度变化与源强、车间距的关系**

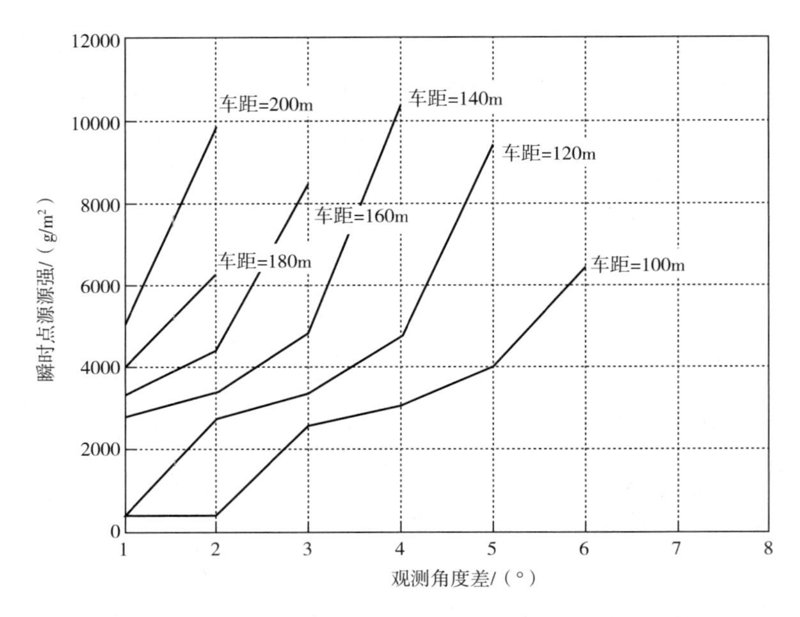


图 9-16　$\theta_{A1}-\theta_{B1}=6°$时$\theta_{A0}-\theta_{A1}$ 角度变化与源强、车间距的关系

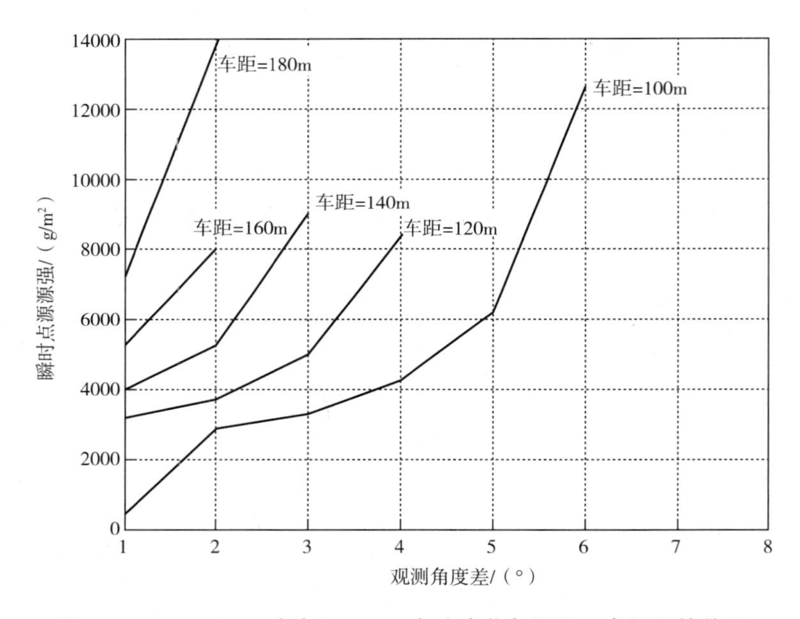


图 9-17　$\theta_{A1}-\theta_{B1}=8°$时 $\theta_{A0}-\theta_{A1}$ 角度变化与源强、车间距的关系

结合图 9-14～图 9-17 和表 9-2～表 9-4 的数据来看，化学遥测设备获得的遥测角度、两车间距、遥测时间间隔数据能有效计算出瞬时点源化学云团的基本参数，为指挥员决策提供参考。从计算所需的数据来看，环境中化学遥测设备应双车同时进行化学监测。

### （三）无风机动遥测模型

由于化学危害的不确定性，为获取更准确的化学遥测信息，化学遥测设备往往需要在环境中进行战术机动。因此，在无风两车双时刻定点遥测瞬时点源化学云团模型的基础上，需要进一步研究无风瞬时点源化学云团机动遥测模型。

### 1. 模型假设

模型假设条件与无风两车双时该定点遥测定位模型基本相同。

某化学遥测设备的位置为坐标原点，$t_0$ 时刻化学遥测设备扫描化学云团，发出报警的扫描角度与 $x$ 轴分别成 $\theta_{A0}$、$\theta_{B0}$，假设扫描射线与化学云团边界线的切点分别为 $A_0$、$B_0$ 点；然后该化学遥测设备沿着（$\theta_{A0}+\theta_{B0}$）/2 方位向化学云团机动，在 $t_1$ 时刻到达 $D$ 点扫描化学云团，发出报警的扫描角度与 $x$ 轴分别成 $\theta_{A1}$、$\theta_{B1}$，假设扫描射线与化学云团边界线的切点分别为 $A_1$、$B_1$ 点，如图 9-18 所示。

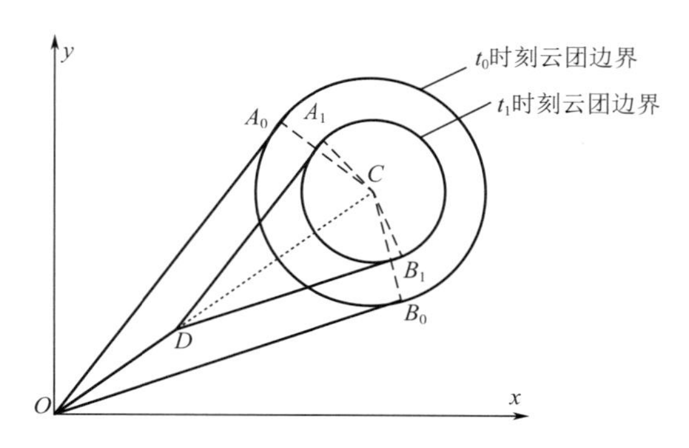


**图 9-18　无风单车机动遥测化学云团示意图**

### 2. 模型推导过程

（1）浓度关系　化学云团边界 $A_0$、$B_0$、$A_1$、$B_1$ 点处的浓度均相等：

$$C_0=\frac{Q}{4\pi K_0 t_0(K_1 n^2 t_0)^{\frac{1}{n}}\Gamma\left(1+\frac{1}{n}\right)}\mathrm{e}^{-\frac{r_0^2}{4K_0 t_0}} \tag{9.20}$$

$$C_0=\frac{Q}{4\pi K_0 t_1(K_1 n^2 t_1)^{\frac{1}{n}}\Gamma\left(1+\frac{1}{n}\right)}\mathrm{e}^{-\frac{r_1^2}{4K_0 t_1}} \tag{9.21}$$

（2）时间关系

$$t_1-t_0=t \tag{9.22}$$

（3）距离关系

$$\frac{r_0}{\left|\sin\frac{\theta_{A0}-\theta_{B0}}{2}\right|}-OD=\frac{r_1}{\left|\sin\frac{\theta_{A1}-\theta_{B1}}{2}\right|} \tag{9.23}$$

距离关系的前提条件是 $D$ 点必须在线段 $OC$ 上，即化学遥测设备必须沿着首次扫描监测角度的平分线向瞬时点源化学云团方向机动；若按其他任意方向机动，将产生复杂的三角关系，增加模型的计算难度。

目标函数：以 $O$ 为坐标原点，求 $C$ 点坐标和化学危害源强 $Q$ 。

方程组：

$$
\begin{cases}
C_C = \dfrac{Q}{4\pi K_0 t_0 (K_1 n^2 t_0)^{\frac{1}{n}} \Gamma\left(1+\dfrac{1}{n}\right)} e^{-\frac{r_0^2}{4K_0 t_0}} \\
C_C = \dfrac{Q}{4\pi K_0 t_1 (K_1 n^2 t_1)^{\frac{1}{n}} \Gamma\left(1+\dfrac{1}{n}\right)} e^{-\frac{r_1^2}{4K_0 t_1}} \\
\dfrac{r_0}{\left|\sin\dfrac{\theta_{A0}-\theta_{B0}}{2}\right|} - OD = \dfrac{r_1}{\left|\sin\dfrac{\theta_{A1}-\theta_{B1}}{2}\right|} \\
t_1 - t_0 = 40
\end{cases}
\tag{9.24}
$$

上述方程式（9.24）有 $Q$、$r_0$、$r_1$、$t_0$、$t_1$ 五个变量和四个方程，能求解出变量之间的关系图，但难以求得唯一解析解。

根据无风化学遥测设备定点遥测模型推导过程和前方交会法定位原理，还必须在外场空间增加一个化学遥测设备，进行两车双时刻机动遥测，才能确定瞬时点源化学云团的边界。无风条件下化学遥测设备两车双时刻机动遥测化学云团模型见图 9-19。$OO_1$ 线段和 $FF_1$ 线段的长度可通过化学遥测设备的定位坐标计算获得。

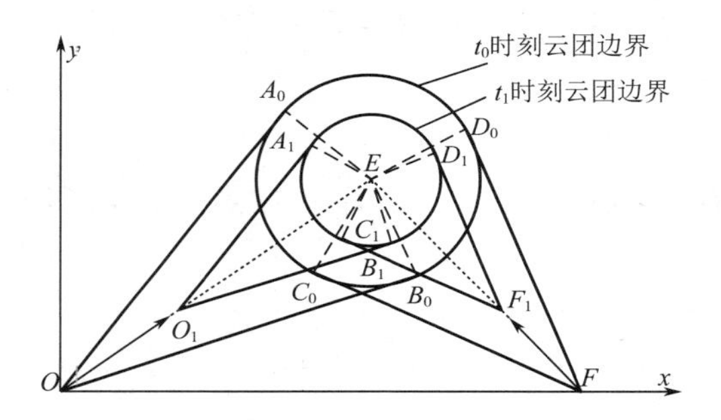


**图 9-19　无风两车双时机动遥测化学云团示意图**

### 3. 模型求解示例

有两个相邻的化学遥测设备，一个位于坐标原点，另一个位于 $x$ 轴上的 $F$ 点，同时对外场空间进行化学云团监测，设对某化学云团的报警浓度阈值为 $C_0$。在 $t_0$ 时刻两化学遥测设备扫描化学云团，发出报警的扫描角度与 $x$ 轴分别成 $\theta_{A0}$、$\theta_{B0}$、$\theta_{C0}$、$\theta_{D0}$，假设扫描射线与化学云团边界线的切点分别为 $A_0$、$B_0$、$C_0$、$D_0$ 点；在 $t_1$ 时刻两化学遥测设备分别沿 $OE$ 和 $FE$ 方向机动至 $O_1$、$F_1$ 点，扫描化学云团发出报警的扫描角度与 $x$ 轴分别成 $\theta_{A1}$、$\theta_{B1}$、$\theta_{C1}$、$\theta_{D1}$，假设扫描射线与化学云团边界线的切点分别为 $A_1$、$B_1$、$C_1$、$D_1$ 点（扫描期间化学云团的半径变化可以忽略）。

方程组参数取值如下：$K_0=0.785\text{m}^2/\text{s}$；$K_1=0.645\text{m}^2/\text{s}$；$C_0=300\text{mg/m}^3$；$OF=156.066\text{m}$；$\theta_{A0}=63.2369°$，$\theta_{B0}=56.7631°$，$\theta_{C0}=47.6410°$，$\theta_{D0}=42.5368°$；$\theta_{A1}=61.7105°$，$\theta_{B1}=58.2895°$，$\theta_{C1}=46.2218°$，$\theta_{D1}=43.7782°$，$t_1-t_0=40\text{s}$；$\Gamma\left(1+\dfrac{1}{n}\right)=1$；$n=1$。

设 $OF=x$，$EF=y$，则无风条件下两车双时刻监测模型如下：

$$
\begin{cases}
C_0=\dfrac{Q}{4\pi K_0K_1t_0^2}e^{-\frac{r_0^2}{4K_0t_0}} \\
C_0=\dfrac{Q}{4\pi K_0K_1t_1^2}e^{-\frac{r_1^2}{4K_0t_1}} \\
\dfrac{r_0}{\left|\sin\dfrac{\theta_{A0}-\theta_{B0}}{2}\right|}-OO_1=\dfrac{r_1}{\left|\sin\dfrac{\theta_{A1}-\theta_{B1}}{2}\right|} \\
\dfrac{r_0}{\left|\sin\dfrac{\theta_{C0}-\theta_{D0}}{2}\right|}-FF_1=\dfrac{r_1}{\left|\sin\dfrac{\theta_{C1}-\theta_{D1}}{2}\right|} \\
x\left|\cos\dfrac{\theta_{A0}+\theta_{B0}}{2}\right|+y\left|\cos\dfrac{\theta_{C0}+\theta_{D0}}{2}\right|=OF \\
r_0=x\left|\sin\dfrac{\theta_{A0}-\theta_{B0}}{2}\right|=y\left|\sin\dfrac{\theta_{C0}-\theta_{D0}}{2}\right| \\
t_1-t_0=40
\end{cases}
\tag{9.25}
$$

方程式（9.25）为非线性方程组，难以求出数学解析解。采用迭代法进行 Matlab（2010A 版）编程，对方程式（9.25）的 $Q$、$r_0$、$r_1$、$t_0$、$t_1$、$x$、$y$ 等变量进行求解，程序计算耗时 0.0471s，计算结果见表 9-5。

**表 9-5　无风两车双时刻机动遥测模型数值解与模拟值的对比**

| 参数 | 数值解 | 模拟值 | 误差 |
|---|---|---|---|
| $Q$ /（$g/m^2$） | 9994.2 | 10000 | 0.0580% |
| $t_0$ /s | 29.9799 | 30 | 0.0670% |
| $t_1$ /s | 69.9799 | 70 | 0.0287% |
| $x$ /m | 114.2482 | 114.2483 | 0.0001% |
| $y$ /m | 139.9249 | 139.9249 | 0.0000% |
| $r_0$ /m | 12.8799 | 12.8814 | 0.0116% |
| $r_1$ /m | 3.8332 | 3.8339 | 0.0183% |

由表 9-5 可知，方程式（9.25）相关变量的数值解与假设的真实值基本相等，误差≤0.0670%，说明无风两车双时刻机动遥测瞬时点源化学云团模型计算结果误差较小，输入参数便于外场空间自动快速获取，输出值准确可信。

综合上述分析可知，无风两车双时机动遥测定位模型重点解决了以下问题：

（1）解决了瞬时点源化学云团的监测方式问题。环境中，在无风条件下，化学遥测设备可以以定点遥测或者机动遥测两种方式对瞬时点源化学云团进行实时监测，能迅速计算出瞬时点源化学云团的中心位置，为指挥员防护决策提供信息。

（2）提出了化学遥测设备机动遥测方向。在无风条件下，化学遥测设备沿着遥测角度的平分线向瞬时点源化学云团方向机动。根据无风两车双时刻机动遥测瞬时点源化学云团模型的求解结果来看，从 $t_0$ 时刻到 $t_1$ 时刻，化学遥测设备沿该方向实施机动遥测最为合理。

#### 4. 无风机动遥测注意事项

根据机动遥测原理、模型，结合无风化学遥测设备两车双时刻定点遥测相关数据分析可知，无风化学遥测设备两车双时刻机动遥测时应把握以下几点：

（1）环境中应有两个或以上化学遥测设备在同一时刻进行监测；

（2）主要遥测数据：两车间距、遥测角度、遥测时间间隔；

（3）从 $t_0$ 时刻到 $t_1$ 时刻，化学遥测设备沿着遥测角度的平分线向瞬时点源化学云团方向机动；

（4）机动时需要根据两车间距、遥测角度、遥测时间间隔合理控制机动速度；

（5）从模型上看，同等条件下尽量采用双车定点方式进行遥测，双车机动方式根据需要进行补充。

### （四）有风定点遥测定位模型

考虑实际环境，特别是气象环境，作战对手为了达到最佳的化学危害效果，通常在有利的风向、风速和大气垂直稳定度条件下施放。因此，在无风两车双时刻定点和机动遥测定位模型的基础上，需要结合外场空间实际，研究有风条件下瞬时点源化学云团的定点遥测定位模型，解决化学云团随风向飘移的定位难题。

有风定点遥测定位模型在一定条件下可以转化为有风机动遥测定位模型。

#### 1. 模型假设

假设条件与无风（理想条件下）化学遥测设备定点遥测定位模型基本相同。

为达到最佳杀伤效应，化学袭击通常在稳定的气象条件，有利风向和风速条件下实施，化学遥测设备也将在这种气象条件下遂行任务。

若风向与 $x$ 轴平行，平均风速为 $u$（m/s），将图 9-10 所示的无风条件下化学遥测设备单车定点遥测化学云团变换成有风化学遥测设备单车定点遥测化学云团，如图 9-20 所示。

#### 2. 模型推导

（1）时间关系　从图 9-20 上看，$t_0$ 时刻 $A$ 点化学云团的浓度和 $t_1$ 时刻 $C$ 点化学云团的浓度相等，均为报警浓度阈值 $C_0$；根据化学云团湍流扩散理论可知，空间内任意一点的浓度是随时间变化的，记 $A$ 点化学云团的浓度由 0 变到 $C_0$ 的时间为 $t_A$、$C$ 点化学云团的浓度由 0 变到 $C_0$ 的时间为 $t_C$，两者时间差相等，则有

$$t_C - t_A = t_1 - t_0 = OF/u \tag{9.26}$$

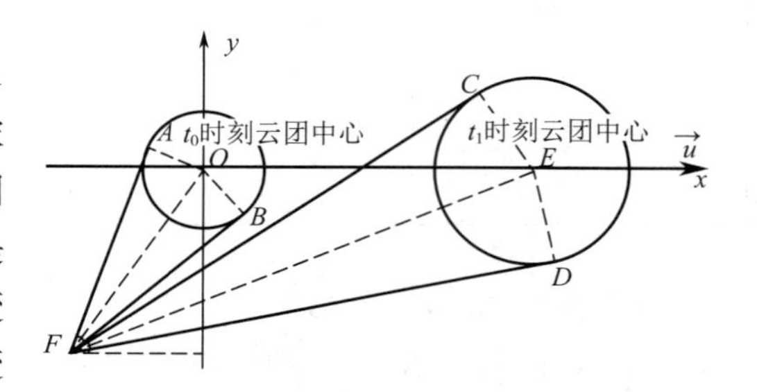


图 9-20　有风化学遥测设备单车定点遥测化学云团示意图

（2）浓度关系　根据拉赫特曼的化学云团传播微分方程，以瞬时点源为对象进行方程求解，考虑风速作用，得到浓度方程

$$C(x,y,z)=\frac{Q}{4\pi K_0 t(K_1 n^2 z_1^{n-2} t)^{\frac{1}{n}}\Gamma\left(1+\frac{1}{n}\right)}e^{-\frac{(x-ut)^2+y^2}{4K_0 t}-\frac{z^n}{K_1 n^2 z_1^{n-2} t}} \tag{9.27}$$

从化学防护决策的角度来看，指挥员关注化学云团平面上的浓度分布情况和危害面积，可令 $z=0\text{m}$，$n=1$ 进行二维简化，并进行固定坐标与动态坐标变换。上式可简化为

$$C(x,y)=\frac{Q}{4\pi K_0 K_1 t^2\Gamma\left(1+\frac{1}{n}\right)}e^{-\frac{x^2+y^2}{4K_0 t}} \tag{9.28}$$

$A$ 点 $t_0$ 时刻的浓度为

$$C_0=\frac{Q}{4\pi K_0 K_1 t_0^2\Gamma\left(1+\frac{1}{n}\right)}e^{-\frac{r_0^2}{4K_0 t_0}} \tag{9.29}$$

$C$ 点 $t_1$ 时刻的浓度为

$$C_0=\frac{Q}{4\pi K_0 K_1 t_1^2\Gamma\left(1+\frac{1}{n}\right)}e^{-\frac{r_1^2}{4K_0 t_1}} \tag{9.30}$$

（3）距离关系

$$\frac{r_0}{\left|\sin\frac{\theta_A-\theta_B}{2}\right|}\left|\sin\frac{\theta_A+\theta_B}{2}\right|=\frac{r_1}{\left|\sin\frac{\theta_C-\theta_D}{2}\right|}\left|\sin\frac{\theta_C+\theta_D}{2}\right| \tag{9.31}$$

目标函数：以 $O$ 为坐标原点，求 $F$ 点坐标和化学危害源强 $Q$ 。

方程组：

$$\begin{cases} C_0=\dfrac{Q}{4\pi K_0 K_1 t_0^2\Gamma\left(1+\frac{1}{n}\right)}e^{-\frac{r_0^2}{4K_0 t_0}} \\ C_0=\dfrac{Q}{4\pi K_0 K_1 t_1^2\Gamma\left(1+\frac{1}{n}\right)}e^{-\frac{r_1^2}{4K_0 t_1}} \\ \dfrac{r_0}{\left|\sin\frac{\theta_A-\theta_B}{2}\right|}\left|\sin\frac{\theta_A+\theta_B}{2}\right|=\dfrac{r_1}{\left|\sin\frac{\theta_C-\theta_D}{2}\right|}\left|\sin\frac{\theta_C+\theta_D}{2}\right| \\ t_1-t_0=OE/u \end{cases} \tag{9.32}$$

上述方程组有 $Q$、$r_0$、$r_1$、$t_0$、$t_1$ 五个变量和四个方程，难以求解。

根据无风化学遥测设备定点遥测模型推导过程和前方交会法定位原理，还必须在外场空间增加一个化学遥测设备，进行两车双时刻定点遥测，才能确定瞬时点源化学云团的边界。构建的有风两车双时刻定点遥测化学云团模型见图 9-21。

### 3. 模型求解示例

有两个相邻的化学遥测设备，一个位于 $F$ 点，另一个位于 $G$ 点，同时进行化学云团监

测。在 $t_0$ 时刻两化学遥测设备扫描化学云团，发出报警的扫描角度与 $x$ 轴分别成 $\theta_{A0}$、$\theta_{B0}$、$\theta_{C0}$、$\theta_{D0}$，假设扫描射线与化学云团边界线的切点分别为 $A_0$、$B_0$、$C_0$、$D_0$ 点；在 $t_1$ 时刻两化学遥测设备扫描化学云团，发出报警的扫描角度与 $x$ 轴分别成 $\theta_{A1}$、$\theta_{B1}$、$\theta_{C1}$、$\theta_{D1}$，假设扫描射线与化学云团边界线的切点分别为 $A_1$、$B_1$、$C_1$、$D_1$ 点。

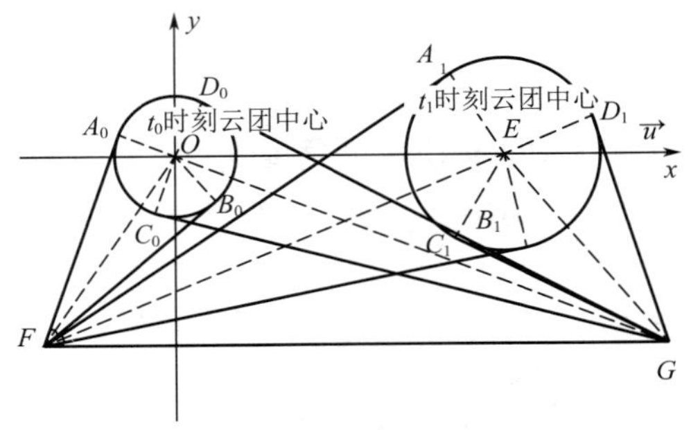

图 9-21 有风两车双时定点遥测化学云团示意图

方程组参数取值如下：$K_0=0.785\text{m}^2/\text{s}$；$K_1=0.645\text{m}^2/\text{s}$；$C_0=300\text{mg}/\text{m}^3$；$FG=156.066\text{m}$；$u=2\text{m/s}$；$\theta_{A0}=66.4738°$，$\theta_{B0}=53.5262°$，$\theta_{C0}=41.0944°$，$\theta_{D0}=30.5302°$；$\theta_{A1}=46.2992°$，$\theta_{B1}=43.7008°$，$\theta_{C1}=81.3433°$，$\theta_{D1}=76.9811°$，$t_1-t_0=40\text{s}$；$\Gamma\left(1+\dfrac{1}{n}\right)=1$；$n=1$。

设 $OF=x_0$，$OG=x_1$，$EF=y_0$，$EG=y_1$，$EF$ 与风向成$\theta_{FG}$，为了方便计算，假设 $\theta_{FG}=0°$，则有风条件下两车双时刻定点遥测模型如下：

$$\begin{cases} C_0=\dfrac{Q}{4\pi K_0K_1t_0^2}\mathrm{e}^{-\frac{r_0^2}{4K_0t_0}} \\ C_0=\dfrac{Q}{4\pi K_0K_1t_1^2}\mathrm{e}^{-\frac{r_1^2}{4K_0t_1}} \\ r_0=x_0\left|\sin\dfrac{\theta_{A0}-\theta_{B0}}{2}\right|=x_1\left|\sin\dfrac{\theta_{C0}-\theta_{D0}}{2}\right| \\ r_1=y_0\left|\sin\dfrac{\theta_{A1}-\theta_{B1}}{2}\right|=y_1\left|\sin\dfrac{\theta_{C1}-\theta_{D1}}{2}\right| \\ FG=\left|x_0\left|\cos\dfrac{\theta_{A0}+\theta_{B0}}{2}\right|+x_1\left|\cos\dfrac{\theta_{C0}+\theta_{D0}}{2}\right|\right| \\ FG=\left|y_0\left|\cos\dfrac{\theta_{A0}+\theta_{B0}}{2}\right|+y_1\left|\cos\dfrac{\theta_{C0}+\theta_{D0}}{2}\right|\right| \\ x_0\left|\sin\dfrac{\theta_{A0}+\theta_{B0}}{2}\right|=x_1\left|\sin\dfrac{\theta_{C0}+\theta_{D0}}{2}\right| \\ y_0\left|\sin\dfrac{\theta_{A1}+\theta_{B1}}{2}\right|=y_1\left|\sin\dfrac{\theta_{C1}+\theta_{D1}}{2}\right| \\ t_1-t_0=40 \end{cases} \tag{9.33}$$

方程式（9.33）为非线性方程组，难以求出数学解析解。采用迭代法进行 Matlab（2010A 版）编程，对方程式（9.33）的 $Q$、$r_0$、$r_1$、$t_0$、$t_1$、$x_0$、$x_1$、$y_0$、$y_1$ 等变量进行数值求解，程序计算耗时 0.0472s，计算结果见表 9-6。

表 9-6 有风两车双时刻定点遥测模型数值解与真实值的对比

| 参数 | 数值解 | 真实值 | 误差 |
| --- | --- | --- | --- |
| $Q$ / $(\mathrm{g/m^2})$ | 9999.8 | 10000 | 0.0020% |
| $t_0$ /s | 29.9799 | 30 | 0.0670% |
| $t_1$ /s | 69.9799 | 70 | 0.0287% |
| $x_0$ /m | 114.2482 | 114.2483 | 0.0001% |
| $y_0$ /m | 139.9249 | 139.9249 | 0.0000% |
| $x_1$ /m | 169.0932 | 169.0932 | 0.0000% |
| $y_1$ /m | 100.7387 | 100.7387 | 0.0000% |
| $r_0$ /m | 12.8799 | 12.8814 | 0.0116% |
| $r_1$ /m | 3.8332 | 3.8339 | 0.0183% |

由表 9-6 中的数据可知，方程式（9.33）相关变量的数值解与假设的真实值基本相等，误差≤0.0670%，说明有风两车双时刻定点遥测瞬时点源化学云团模型计算结果误差较小，输入参数便于外场空间自动快速获取，输出值准确可信。

**4. 分析讨论**

有风两车双时刻定点遥测化学云团，主要遥测数据有两车间距、遥测角度、遥测时间间隔。根据有风定点遥测瞬时点源化学云团的原理与模型可知，有风定点遥测模型与无风定点遥测模型的主要区别在于 $t_0$、$t_1$ 两个时刻化学云团中心位置的变化，结合前面的分析及相关模拟数据计算结论，有风两车双时定点遥测定位时应把握以下几点：

① 环境中应有两个或以上化学遥测设备在同一时刻进行定点遥测；

② 主要遥测数据有两车间距、遥测角度、遥测时间间隔；

③ 两个化学遥测设备的连线应与风向平行，若存在角度差，可以通过模型修正或化学遥测设备机动来解决；

④ 在定点遥测时双车应根据风速、风向等，结合两车间距、遥测角度，通过机动和变动遥测时间间隔等方式进行调整；

⑤ 结合前方交会法原理可知，两车的遥测角度在 30°～150° 范围内最佳。

## 三、基于连续点源的化学云团遥测定位

### （一）连续点源浓度方程推导

连续点源可看作许多瞬时点源按时间顺序的排列，形成的化学云团传播方向取决于风向，速度取决于风速和大气湍流作用；其浓度随源强增大而增加，随风速、大气湍流作用及与距离增加而下降。

设某连续点源的施放量为 $Q_p$，则瞬时施放量 $Q_p\mathrm{d}t=Q_p\mathrm{d}\left(\frac{x}{u}\right)$，代入公式（9.5）中，

对 $x$ 积分，有

$$C(x,y,z,t)=\frac{Q_{\mathrm{p}}}{4\pi K_0 t(K_1 n^2 z_1^{n-2} t)^{\frac{1}{n}}\Gamma\left(1+\frac{1}{n}\right)} \mathrm{e}^{-\frac{y^2}{4K_0 t}-\frac{z^n}{K_1 n^2 z_1^{n-2} t}} \int_{-\infty}^{+\infty} \mathrm{e}^{-\frac{x^2}{4K_0 t}} \mathrm{d}x \tag{9.34}$$

设 $\frac{x^2}{4K_0 t}=\omega^2$，则 $\mathrm{d}x=\sqrt{4k_0 t}\,\mathrm{d}\omega$

$$C(x,y,z,t)=\frac{Q_{\mathrm{p}}}{4\pi K_0 t(K_1 n^2 z_1^{n-2} t)^{\frac{1}{n}}\Gamma\left(1+\frac{1}{n}\right)} \mathrm{e}^{-\frac{y^2}{4K_0 t}-\frac{z^n}{K_1 n^2 z_1^{n-2} t}} \int_{-\infty}^{+\infty} \mathrm{e}^{-\omega^2} \mathrm{d}\omega \tag{9.35}$$

因为

$$\int_{-\infty}^{+\infty} \mathrm{e}^{-\omega^2} \mathrm{d}\omega = 2\int_{0}^{+\infty} \mathrm{e}^{-\omega^2} \mathrm{d}\omega = \sqrt{\pi} \tag{9.36}$$

$$C(x,y,z,t)=\frac{Q_{\mathrm{p}}\sqrt{4k_0 t\pi}}{4\pi K_0 t(K_1 n^2 z_1^{n-2} t)^{\frac{1}{n}}\Gamma\left(1+\frac{1}{n}\right)} \mathrm{e}^{-\frac{y^2}{4K_0 t}-\frac{z^n}{K_1 n^2 z_1^{n-2} t}} \tag{9.37}$$

又因为 $t=\frac{x}{u}$

$$C(x,y,z)=\frac{Q_{\mathrm{p}}}{2\sqrt{k_0 \pi \frac{x}{u}}\left(K_1 n^2 z_1^{n-2} \frac{x}{u}\right)^{\frac{1}{n}}\Gamma\left(1+\frac{1}{n}\right)} \mathrm{e}^{-\frac{u}{4x}\left(\frac{y^2}{K_0}+\frac{4z^n}{K_1 n^2 z_1^{n-2}}\right)} \tag{9.38}$$

从公式（9.38）来看，稳定状态条件下连续点源产生的化学云团浓度与时间无关。

为了便于作战使用，对公式（9.38）进行简化。简化为二维平面，可令 $z=0$，$z_1=1$，这里假设 $n=1$，$\Gamma\left(1+\frac{1}{n}\right)=1$，则有

$$C_0=\frac{Q_{\mathrm{p}}}{2K_1\sqrt{K_0 \pi \left(\frac{x}{u}\right)^{\frac{3}{2}}}} \mathrm{e}^{-\frac{uy^2}{4K_0 x}} \tag{9.39}$$

若仅观察 $x$ 轴上的浓度值，则公式（9.39）可简化为

$$C_0=\frac{Q_{\mathrm{p}}}{2K_1\sqrt{K_0 \pi \left(\frac{x}{u}\right)^{\frac{3}{2}}}} \tag{9.40}$$

从公式（9.40）中可以看出，连续点源产生的化学云团云迹区纵深长度 $x$（即危害纵深）与风速、施放量有关系，据此我们可以研究化学遥测设备如何对连续点源进行外场空间监测。

### （二）连续点源化学云团遥测定位模型

从公式（9.40）中可以看出，若化学遥测设备能遥测出化学云团的危害纵深，即化学云团沿风向的长度，则可以求解出连续点源的源强大小 $Q_{\mathrm{p}}$ 值；将 $Q_{\mathrm{p}}$、$x$ 值代入方程式（9.40）中，可求解出浓度为报警浓度阈值 $C_0$ 的坐标 $(x,y)$，即可确定连续点源化学云团

的边界。

模型假设：$x$ 轴与风向平行。有两个相邻的化学遥测设备，一个位于 $A_0(x_{A0}, y_{A0})$ 点（假设为上风方向），另一个位于 $B_0(x_{B0}, y_{B0})$ 点（假设为下风方向），同时对外场空间进行化学云团监测，设对某化学云团的报警浓度阈值为 $C_0$。在 $t_0$ 时刻，$A_0$ 点的化学遥测设备发出报警的扫描角度与 $x$ 轴成 $\theta_{A0}$，$B_0$ 点的化学遥测设备发出报警的扫描角度与 $x$ 轴成 $\theta_{B0}$。$\theta_{A0}$ 为 90° 时，$A_0$ 点的化学遥测设备不机动，否则沿着风向向报警的扫描角度与 $x$ 轴成 90° 方向机动，$A_0(x_{A0}, y_{A0})$ 机动至 $A_1(x_{A1}, y_{A1})$；$\theta_{B0}$ 为 90° 时，$B_0$ 点的化学遥测设备不机动，否则沿着风向向报警的扫描角度与 $x$ 轴成 90° 方向机动，$B_0(x_{B0}, y_{B0})$ 机动至 $B_1(x_{B1}, y_{B1})$。假设在 $t_1$ 时刻两化学遥测设备扫描化学云团，发出报警的扫描角度与 $x$ 轴分别成 90°。建立的连续点源化学云团边界确定模型见图 9-22。

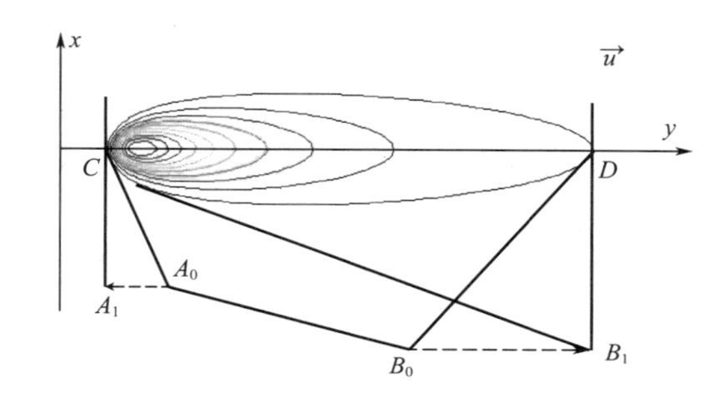


**图 9-22　连续点源化学云团双车机动遥测模型示意图**

建立的模型如下：

$$\begin{cases} C_0 = \dfrac{Q_p}{2K_1\sqrt{K_0\pi\left(\dfrac{x}{u}\right)^{\frac{3}{2}}}} e^{-\frac{uy^2}{4K_0x}} \\ C_0 = \dfrac{Q_p}{2K_1\sqrt{K_0\pi\left(\dfrac{x}{u}\right)^{\frac{3}{2}}}} \\ x = |y_{B1} - y_{A1}| \end{cases} \tag{9.41}$$

## （三）模型求解示例

两化学遥测设备可通过集群北斗和 GPS 定位模块确定自身位置坐标，$A_0(x_{A0}, y_{A0}) = (-600\text{m}, 600\text{m})$，$B_0(x_{B0}, y_{B0}) = (-700\text{m}, 800\text{m})$。

记录气温等气象参数，根据气象数据计算水平扩散系数 $K_0$、垂直扩散系数 $K_1$。假设计算结果为 $K_0 = 0.785\text{m}^2/\text{s}$、$K_1 = 0.645\text{m}^2/\text{s}$，$u = 2\text{m/s}$。

将风向标记为与 $x$ 轴同向，两化学遥测设备同时 360°全域扫描监测化学云团，发生报警时通过定向仪自动记录方向角，经角度换算为 $\theta_A = 60°$，$\theta_B = 45°$。根据化学遥测设备报警显示的化学物质类型，查找该化学云团的报警浓度阈值，记录为 $C_0 = 0.3\text{g/m}^3$。

沿着风向，移动化学遥测设备，使 $\theta_A$、$\theta_B$ 向 90° 方向变化，当 $\theta_A = 90°$、$\theta_B = 90°$ 时记录

化学遥测设备的位置坐标 $A_1(x_{A1},y_{A1})=(-600\text{m},311\text{m})$、$B_1(x_{B1},y_{B1})=(-700\text{m},1400\text{m})$，计算出 $A_0A_1$、$B_0B_1$ 线段的长度。

$$A_0A_1=|y_{A1}-y_{A0}|=|311-600|=289\ (\text{m})$$

$$B_0B_1=|y_{B1}-y_{B0}|=|1400-800|=600\ (\text{m})$$

如图 9-22 所示的$\triangle CA_0A_1$、$\triangle DB_0B_1$，根据三角关系计算出 $CA_1$、$DB_1$ 线段的长度。

$$CA_1=289\tan60°=500\ (\text{m})$$

$$DB_1=600\tan45°=600\ (\text{m})$$

然后根据坐标平移，计算出化学云团端点的坐标 $C(-100\text{m},311\text{m})$、$D(-100\text{m},800\text{m})$，$S=800-311=489(\text{m})$。

根据连续点源浓度方程可知，化学云团端点 $D$ 的浓度值为

$$C_0=\frac{Q_p}{2K_1\sqrt{K_0\pi\left(\frac{S}{u}\right)^{\frac{3}{2}}}} \tag{9.42}$$

将化学云团的危害纵深（即 $S=CD$）和平均风速 $u$ 代入上式，程序计算耗时 0.0215s，求解出连续点源施放量 $Q_p$ 值（$Q_p=2323.5\text{g/s}$）。将 $Q_p$、$u$ 值代入方程式（9.42）中，可求解出浓度为报警浓度阈值 $C_0$ 的坐标 $(x,y)$，即可确定连续点源化学云团的边界，如图 9-23 所示。

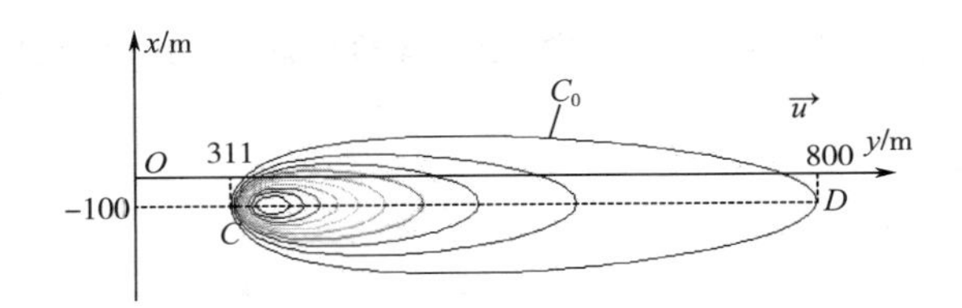


**图 9-23　估算出的连续点源化学云团位置和危害范围**

## （四）分析讨论

在约定的方程式（9.41）参数值下，根据公式（9.40）作出了不同风速条件下连续点源达到施放平衡状态时危害纵深与施放量之间的关系，见图 9-24。

从图 9-24 中可以看出，连续点源达到施放平衡状态时施放量、危害纵深、风速三个变量之间关系紧密。在相同的连续点源施放量条件下，化学云团的危害纵深随风速增大而增大；在相同的风速条件下，化学云团的危害纵深随点源施放量增加而增大；在相同的化学云团危害纵深条件下，风速越大则连续点源的施放量越大。

化学遥测设备双车机动遥测连续点源化学云团，主要遥测数据有两车坐标、遥测角度、机动时间。根据上述建模原理可知，双车机动遥测模型的关键是通过监测一定风速条件下化学云团扩散达到平衡状态时的长度。双车机动遥测时应注意：

① 同一环境中应有两个或以上化学遥测设备在同一时刻进行机动遥测。

② 主要遥测数据有两车坐标、遥测角度、遥测时间。

③ 两个化学遥测设备的机动方向应与风向平行。

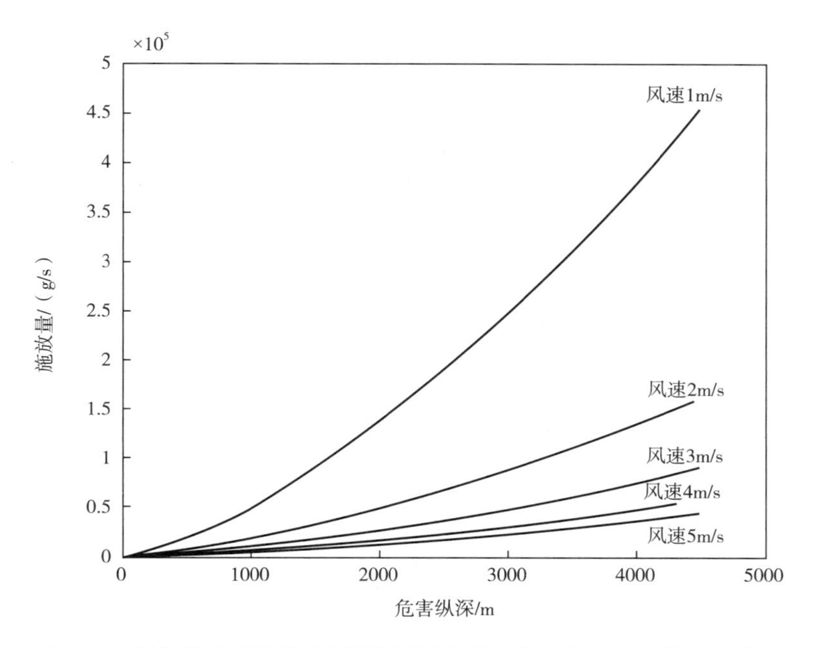


**图 9-24　平衡状态下连续点源不同风速条件下施放量与危害纵深的关系**

④ 在机动遥测定位时，存在一定误差，见图 9-25。为减少定位误差值，遥测角度应取单车同一方向的值，角度差值应大于 30°。

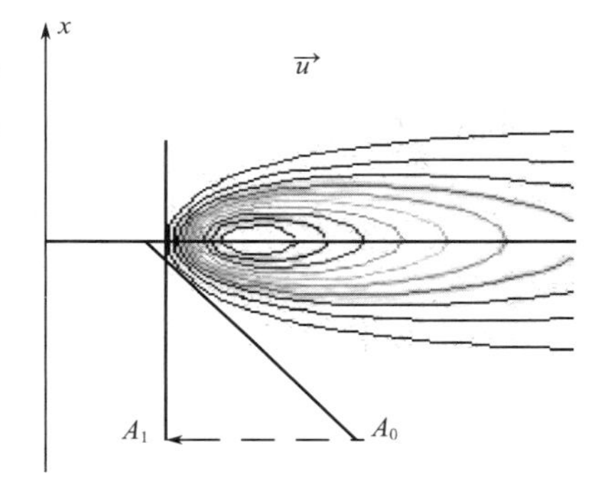


**图 9-25　连续点源遥测定位误差产生示意图**

## 四、误差分析

### （一）误差来源

由瞬时点源化学云团遥测定位建模与计算过程可知，模型通过输入观测角度、观测时间及车距来计算得到化学云团的源强，见方程式（9.43）。

$$\begin{cases} C_0 = \dfrac{Q}{4\pi K_0 K_1 t^2} e^{-\frac{r^2}{4K_0 t}} \\ r = S\sin\theta \end{cases} \tag{9.43}$$

方程式（9.43）中的 $S$ 可根据两车坐标及角度差计算得到，源强 $Q$ 可根据观测时间 $t$ 和云团半径 $r$ 计算得到。遥测定位模型的求解值是源强 $Q$，可将源强 $Q$ 作为模型误差进行分析。模型误差主要来源于输入性误差，即角度观测误差、化学遥测设备坐标定位误差、观测计时误差。

### （二）误差推导

由方程式（9.43）可得

$$Q=4\pi C_0K_0K_1t^2e^{\frac{r^2}{4K_0t}} \tag{9.44}$$

公式（9.43）主要有 $r$、$t$ 两个变量，计算相对误差：

$$\frac{\partial Q}{\partial r}=C_04\pi K_0K_1t^2e^{\frac{r^2}{4K_0t}}\ \frac{2r}{4K_0t} \tag{9.45}$$

$$\frac{\partial Q}{\partial r}=2\pi C_0K_1rte^{\frac{r^2}{4K_0t}} \tag{9.46}$$

$$\frac{\partial Q}{\partial t}=C_08\pi K_0K_1te^{\frac{r^2}{4K_0t}}\ \frac{2r}{4K_0t} \tag{9.47}$$

$$\frac{\partial Q}{\partial t}=8\pi C_0K_0te^{\frac{r^2}{4K_0t}}-4\pi C_0K_0K_1t^2e^{\frac{r^2}{4K_0t}}\ \frac{r^2}{4K_0}t^{-2} \tag{9.48}$$

$$\frac{\partial Q}{\partial t}=8\pi C_0K_0te^{\frac{r^2}{4K_0t}}-\pi C_0K_1r^2e^{\frac{r^2}{4K_0t}} \tag{9.49}$$

$$|\Delta Q|=|\mathrm{d}Q|=\left|\frac{\partial Q}{\partial r}\Delta r+\frac{\partial Q}{\partial t}\Delta t\right| \tag{9.50}$$

因为 $|\Delta t|\leqslant\delta t, |\Delta r|\leqslant\delta r$，所以

$$|\Delta Q|=|\mathrm{d}Q|=\left|\frac{\partial Q}{\partial r}\Delta r+\frac{\partial Q}{\partial t}\Delta t\right|\leqslant\left|\frac{\partial Q}{\partial r}\right|\delta r+\left|\frac{\partial Q}{\partial t}\right|\delta t=\delta Q \tag{9.51}$$

因此 $Q$ 的相对误差为

$$\frac{\delta Q}{|Q|}=\left|\frac{\frac{\partial Q}{\partial r}}{Q}\right|\delta r+\left|\frac{\frac{\partial Q}{\partial t}}{Q}\right|\delta t \tag{9.52}$$

将公式（9.44）、式（9.46）、式（9.49）代入公式（9.52）有

$$\frac{\delta Q}{|Q|}=\left|\frac{2\pi C_CK_1rte^{\frac{r^2}{4K_0t}}}{C_04\pi K_0K_1t^2e^{\frac{r^2}{4K_0t}}}\right|\delta r+\left|\frac{8\pi C_0K_0te^{\frac{r^2}{4K_0t}}-\pi C_0K_1r^2e^{\frac{r^2}{4K_0t}}}{C_04\pi K_0K_1t^2e^{\frac{r^2}{4K_0t}}}\right|\delta t \tag{9.53}$$

$$\frac{\delta Q}{|Q|}=\left|\frac{r}{2K_0t}\right|\delta r+\left|\frac{8K_0t-K_1r^2}{4K_0K_1t^2}\right|\delta t \tag{9.54}$$

由于 $r=S\sin\theta$

$$|\Delta r|=|\mathrm{d}r|=\left|\frac{\partial r}{\partial S}\Delta S+\frac{\partial r}{\partial\theta}\Delta\theta\right|\leqslant\left|\frac{\partial r}{\partial S}\right|\delta S+\left|\frac{\partial r}{\partial\theta}\right|\delta\theta=\delta r \tag{9.55}$$

$$\delta r=\frac{\delta r}{|r|}=\left|\frac{\frac{\partial r}{\partial S}}{r}\right|\delta S+\left|\frac{\frac{\partial r}{\partial\theta}}{r}\right|\delta\theta=|S\cos\theta|\delta\theta+|\sin\theta|\delta S \tag{9.56}$$

## （三）误差计算

从化学遥测设备的技术性能来看，能通过集群北斗和 GPS 定位模块确定自身位置，显示车辆经纬度。北斗定位误差≤100m，GPS 定位误差≤50m；扫描精度：俯仰±0.1°，水平±0.25°。若时间记录误差为 0.1s，则有

$$\begin{cases}\Delta t=0.1\text{s}\\ \Delta\theta=0.25^\circ\\ \Delta S=50\text{m}\end{cases}\qquad \begin{cases}\delta t=0.1\\ \delta\theta=0.25\\ \delta S=50\end{cases}$$

以无风定点遥测模型计算数值为例，将 $K_0=0.785\text{m}^2/\text{s}$、$K_1=0.645\text{m}^2/\text{s}$、$S=139.925\text{m}$、$C_0=\dfrac{300\text{mg}}{\text{m}^3}$、$r=12.881\text{m}$、$t=30\text{s}$ 代入公式(9.54)，利用 Matlab 编程软件计算有

$$\frac{\delta Q}{|Q|}=9.07\%$$

下面分别考虑观测角度误差、定位误差、计时误差变化对模型误差的影响。定位误差 50m、计时误差 0.1s 时，观测角度误差变化引起模型误差变化，计算数据参见表 9-7。

**表 9-7 定位、计时误差固定时观测角度误差对模型误差的影响**

| 观测角度误差值 | 模型误差 | 观测角度误差值 | 模型误差 |
|---|---|---|---|
| 0.05° | 2.17% | 0.55° | 19.42% |
| 0.15° | 5.62% | 0.65° | 22.87% |
| 0.25° | 9.07% | 0.75° | 26.32% |
| 0.35° | 12.52% | 0.85° | 29.77% |
| 0.45° | 15.97% | 0.95° | 33.22% |

定位误差 50m、观测角度误差 0.25° 时，计时误差变化引起模型误差变化，具体计算数据参见表 9-8。

**表 9-8 定位、观测角度误差固定时计时误差对模型误差的影响**

| 计时误差值 | 模型误差 | 计时误差值 | 模型误差 |
|---|---|---|---|
| 0.1s | 9.07% | 0.6s | 11.30% |
| 0.2s | 9.52% | 0.7s | 11.75% |
| 0.3s | 9.96% | 0.8s | 12.20% |
| 0.4s | 10.41% | 0.9s | 12.64% |
| 0.5s | 10.86% | 1.0s | 13.09% |

观测角度误差 0.25°、计时误差 0.1s 时，定位误差变化引起模型误差变化，具体计算数据参见表 9-9。

**表 9-9 观测角度、计时误差固定时定位误差对模型误差的影响**

| 定位误差值 | 模型误差 | 定位误差值 | 模型误差 |
|---|---|---|---|
| 1m | 3.22% | 50m | 9.07% |
| 5m | 3.70% | 60m | 10.26% |
| 10m | 4.30% | 70m | 11.46% |
| 20m | 5.49% | 80m | 12.65% |
| 30m | 6.68% | 90m | 13.84% |
| 40m | 7.88% | 100m | 15.04% |

从表9-7～表9-9中的数据可以看出，观测角度误差对模型误差影响较大。在同等条件下，观测角度误差在0.95°～0.05°范围内变化时，模型误差从33.22%变化到2.17%。其他条件不变时，观测角度误差从0.25°减小到0.15°、0.05°，模型误差从9.07%减小到5.62%、2.17%。

定位误差对模型误差影响一般。在同等条件下，定位误差在100～1m范围内变化时，源强误差从15.04%变化到3.22%。其他条件不变时，定位误差从50m减小20m、5m时，模型误差从9.07%减小到5.49%、3.70%。

计时误差对模型误差影响较小。在同等条件下，计时误差在1～0.1s范围内变化时，模型误差从13.09%变化到9.07%。其他条件不变时，计时误差从1s减小到0.5s、0.1s时，模型误差从13.09%减小到10.86%、9.07%。

从上述分析来看，化学遥测设备减小观测角度误差对减小模型误差具有明显效果；从技术实现途径来看，观测角度误差、定位误差进一步减小较容易实现。若观测角度误差从0.25°减小到0.1°，定位误差从50m减小到20m，计时误差保持0.1s不变，通过计算，模型误差则从9.07%减少到2.46%。

## 第三节　化学云团的边界提取

由于两车双时遥测定位模型是在已知扩散模式、地形平坦的条件下建立的，通过两车在两个不同时刻对化学云团遥测，较好地解决了化学云团遥测定位问题，但无法满足复杂地形、未知扩散模式的遥测定位。因此，需要研究解决复杂地形化学云团的遥测定位问题，实现概略判明化学云团大小，即建立化学云团边界提取模型，不间断监测跟踪化学云团运动轨迹，可为复杂地形化学云团源项反演提供输入数据，也可为化学危害区域设置提供直观依据。

### 一、边界问题的提出

对化学云团的监测，从外场空间侦察手段来看，有陆基和空基两种。近些年来，随着外场空间立体侦察体系日趋完善，毒剂红外遥测技术、光谱成像技术得到较大突破，为化学云团边界提取奠定了基础。

化学云团边界提取后，就能快速计算出化学危害规模和化学危害区域，为指挥员科学决策和及时防护提供实时信息。由于化学云团的形状受多种不确定因素的影响，如源强、风速、风向、大气稳定度、地形等，如何快速、准确地确定化学云团的边界成为信息化条件下作战化学侦察需要解决的重难点问题。

从外场空间的实际情况来看，化学云团边界提取有两种情况：一种是基于陆上侦察获取的化学云团边界点信息，进行处理后获得；另一种是基于空中侦察获取的化学云团俯视图，进行边缘提取后获得。目前，化学云团边界点信息处理可以运用函数逼近的方法，如插值法，进行边界提取；化学云团俯视图的边缘提取算法比较多，以形态学和小波变换为主，但应用于具有典型高斯扩散模式的化学云团边缘提取的算法较少。

## 二、基于陆上遥测的化学云团边界提取模型

### （一）问题分析与描述

前面研究的陆基化学云团的遥测定位模型，是在已知扩散模式、地形平坦的条件下建立的，通过两车在两个不同时刻对化学云团遥测进行定位。化学袭击后，通常化学云团的类型和地形条件未知，采用两车双时遥测定位模型定位困难，且需要等待一定的时间间隔；化学云团运动轨迹监测跟踪更困难，需要解决化学云团边界的快速提取问题。

为了解决未知扩散模式的化学云团遥测定位问题，提高化学云团边界提取时效，着眼化学遥测设备的使用特点，研究了能否通过增加化学遥测设备的数量来实现化学云团遥测定位和边界提取。

为了快速提取化学云团边界，假设环境中有 $n(n>2)$ 辆化学遥测设备同时对某化学云团进行监测，根据单车遥测模型理论上可以确定的 $2n$ 个边界切点，将 $2n$ 个切点连接就形成化学云团的边界，如图 9-26 所示。

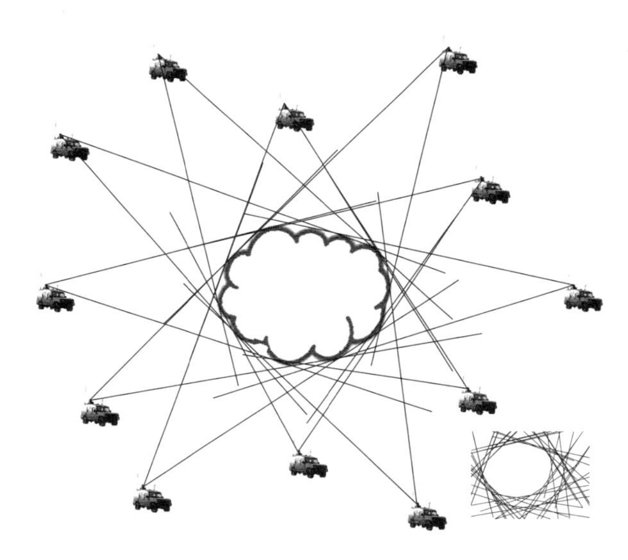

图 9-26　化学遥测设备外场空间监测化学云团示意图

从图 9-26 中可以看出，$n$ 辆化学遥测设备同时对某化学云团进行红外扫描，能形成如图 9-26 右下所示的边界区域，这个区域实际上就是由每个化学遥测设备扫描的射线与化学云团边界的切点围成的区域，即化学云团边界概略轮廓。由于环境中，我们仅能获得化学遥测设备的位置坐标以及红外扫描化学云团报警的方向角度值，利用所建模型难以求解出未知源强类型的化学云团位置，如瞬时线源和连续面源等。建立基于陆上遥测的化学云团边界提取模型，关键是确定化学云团边界上切点的坐标。

## （二）模型建立

建模思路：化学遥测设备对某化学云团监测，通常会在某时刻得到两个报警方位角数据，且两个方位角的角平分线经过该化学云团的中心点，可以通过多条角平分线的交点来确定化学云团的中心点，通过最小二乘法求解中心点，根据中心点求解出到各切线的切点坐标，然后对这些切点进行曲线拟合，可以得到化学云团边界概略曲线，见图 9-27。

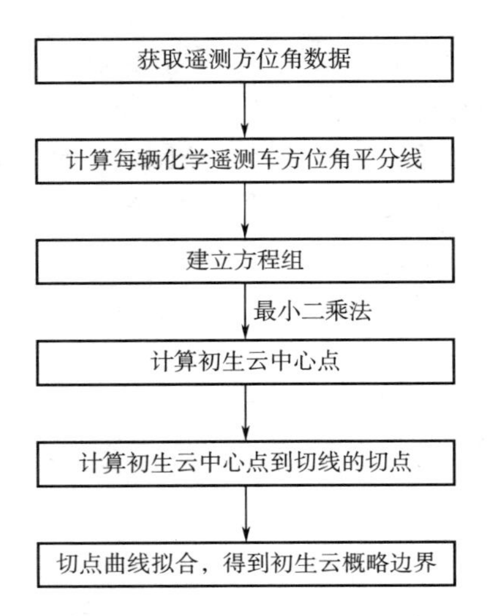


**图 9-27　基于陆上遥测的化学云团边界提取建模流程**

假设环境中有 $n(n>2)$ 辆化学遥测设备，第 $i$ 辆化学遥测设备的位置坐标为 $A_i(x_i, y_i)$，监测某化学云团的报警方向角为 $\theta_{i1}$、$\theta_{i2}$，角平分线为 $\theta_i=(\theta_{i1}+\theta_{i2})/2$，则

$$y_0-y_i=\tan\theta_i(x_0-x_i) \tag{9.57}$$

令 $k_i=\tan\theta_i$，化学云团的中心点 $Z(x_0,y_0)$ 满足方程

$$y_0-y_i=k_i(x_0-x_i) \tag{9.58}$$

$$\begin{cases} k_1x_0-y_0=k_1x_1-y_1 \\ k_2x_0-y_0=k_2x_2-y_2 \\ \qquad\vdots \\ k_nx_0-y_0=k_nx_n-y_n \end{cases}$$

转换为矩阵形式有

$$\begin{bmatrix} k_1 & -1 \\ k_2 & -1 \\ \vdots & \vdots \\ k_n & -1 \end{bmatrix}\begin{bmatrix} x_0 \\ y_0 \end{bmatrix}=\begin{bmatrix} k_1x_1-y_1 \\ k_2x_2-y_2 \\ \vdots \\ k_nx_n-y_n \end{bmatrix} \tag{9.59}$$

记 $\boldsymbol{A}=\begin{bmatrix} k_1 & -1 \\ k_2 & -1 \\ \vdots & \vdots \\ k_n & -1 \end{bmatrix}$、$\boldsymbol{B}=\begin{bmatrix} k_1x_1-y_1 \\ k_2x_2-y_2 \\ \vdots \\ k_nx_n-y_n \end{bmatrix}$、$\boldsymbol{X}=\begin{bmatrix} x_0 \\ y_0 \end{bmatrix}$，则 $\boldsymbol{AX}=\boldsymbol{B}$。

若 rank（$\boldsymbol{A},\boldsymbol{X}$）$=$rank（$\boldsymbol{B}$），则可直接求解出化学云团中心点 $Z(x_0,y_0)$ 的坐标；若 rank$(\boldsymbol{A},\boldsymbol{X})\neq$ rank$(\boldsymbol{B})$，则表明 $n$ 条角平分线有多个交点，方程组无解，可用最小二乘法求解线性矛盾方程组的解。

方程组 $\boldsymbol{A}^{\mathrm{T}}\boldsymbol{A}\boldsymbol{X}=\boldsymbol{A}^{\mathrm{T}}\boldsymbol{B}$ 就是线性矛盾方程组 $\boldsymbol{A}\boldsymbol{X}=\boldsymbol{B}$ 在最小二乘意义下的解，$\boldsymbol{X}=\boldsymbol{A}^{\mathrm{T}}\boldsymbol{B}/(\boldsymbol{A}^{\mathrm{T}}\boldsymbol{A})$。

$$\boldsymbol{A}^{\mathrm{T}}\boldsymbol{B}=\begin{bmatrix}k_1 & k_2 & \cdots & k_n\\ -1 & -1 & \cdots & -1\end{bmatrix}\begin{bmatrix}k_1x_1-y_1\\ k_2x_2-y_2\\ \vdots\\ k_nx_n-y_n\end{bmatrix}=\begin{bmatrix}\sum_{i=1}^{n}k_i^2x_i-\sum_{i=1}^{n}k_iy_i\\ \sum_{i=1}^{n}y_i-\sum_{i=1}^{n}k_ix_i\end{bmatrix} \tag{9.60}$$

$$\boldsymbol{A}^{\mathrm{T}}\boldsymbol{A}=\begin{bmatrix}k_1 & k_2 & \cdots & k_n\\ -1 & -1 & \cdots & -1\end{bmatrix}\begin{bmatrix}k_1 & -1\\ k_2 & -1\\ \vdots & \vdots\\ k_n & -1\end{bmatrix}=\begin{bmatrix}\sum_{i=1}^{n}k_i^2 & -\sum_{i=1}^{n}k_i\\ -\sum_{i=1}^{n}k_i & n\end{bmatrix} \tag{9.61}$$

这样可以求解出化学云团中心点 $Z(x_0,y_0)$ 的坐标。

设第 $i$ 辆化学遥测设备监测某化学云团的切点坐标为 $A_{i1}(x_{i1},y_{i1})$ 、$A_{i2}(x_{i2},y_{i2})$，化学云团的中心点到 $A_{i1}$、$A_{i2}$ 点的距离为 $S_{i1}$、$S_{i2}$，$S_i=S_{i1}+S_{i2}$，如图 9-28 所示。

$$\begin{cases}S_{i1}=\sqrt{(x_{i1}-x_0)^2+(y_{i1}-y_0)^2}\\ S_{i2}=\sqrt{(x_{i2}-x_0)^2+(y_{i2}-y_0)^2}\\ k_{i1}(x_{i1}-x_i)=(y_{i1}-y_i)\\ k_{i2}(x_{i2}-x_i)=(y_{i2}-y_i)\end{cases} \tag{9.62}$$

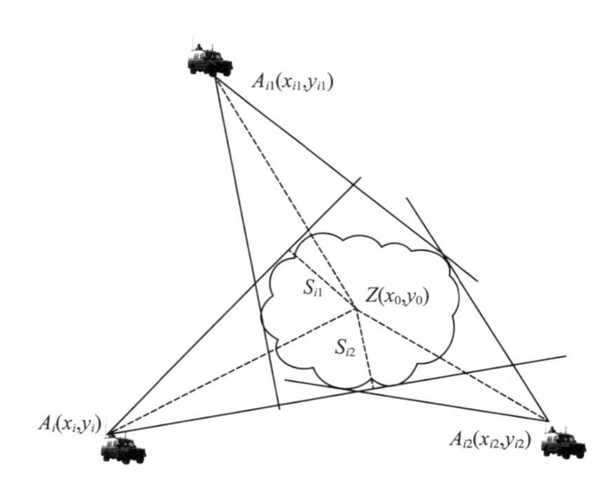


**图 9-28　化学云团中心点和边界切点示意图**

式（9.62）求解可变换为求满足 $S_i$ 最小的 $A_{i1}(x_{i1},y_{i1})$ 、$A_{i2}(x_{i2},y_{i2})$ 坐标值。

$$\begin{cases}S_{i1}^2=(x_{i1}-x_0)^2+(y_{i1}-y_0)^2\\ S_{i2}^2=(x_{i2}-x_0)^2+(y_{i2}-y_0)^2\end{cases} \tag{9.63}$$

式（9.63）求导后有 $\dfrac{\partial S_{i1}^2}{\partial x_{i1}}=0$、$\dfrac{\partial S_{i2}^2}{\partial x_{i2}}=0$，则有

$$\begin{cases}\dfrac{\partial S_{i1}^2}{\partial x_{i1}}=(x_{i1}-x_0)^2+[k_{i1}(x_{i1}-x_i)+y_i-y_0]^2=0\\ \dfrac{\partial S_{i2}^2}{\partial x_{i2}}=(x_{i2}-x_0)^2+[k_{i2}(x_{i2}-x_i)+y_i-y_0]^2=0\end{cases} \tag{9.64}$$

$$\begin{cases}x_{i1}-x_0+k_{i1}^2x_{i1}-k_{i1}^2x_i+k_{i1}(y_i-y_0)=0\\ x_{i2}-x_0+k_{i2}^2x_{i2}-k_{i2}^2x_i+k_{i2}(y_i-y_0)=0\end{cases} \tag{9.65}$$

$$\begin{cases}x_{i1}=[x_0+k_{i1}^2x_i-k_{i1}(y_0-y_i)]/(1+k_{i1}^2)\\ x_{i2}=[x_0+k_{i2}^2x_i-k_{i2}(y_0-y_i)]/(1+k_{i2}^2)\end{cases} \tag{9.66}$$

则方程组求解的 $A_{i1}(x_{i1},y_{i1})$ 、$A_{i2}(x_{i2},y_{i2})$ 坐标值为

$$\begin{cases}x_{i1}=[x_0+k_{i1}^2x_i-k_{i1}(y_0-y_i)]/(1+k_{i1}^2)\\ y_{i1}=k_{i1}\{[x_0+k_{i1}^2x_i-k_{i1}(y_0-y_i)]/(1+k_{i1}^2)-x_i\}+y_i\end{cases} \tag{9.67}$$

$$\begin{cases}x_{i2}=[x_0+k_{i2}^2x_i-k_{i2}(y_0-y_i)]/(1+k_{i2}^2)\\ y_{i2}=k_{i2}\{[x_0+k_{i2}^2x_i-k_{i2}(y_0-y_i)]/(1+k_{i2}^2)-x_i\}+y_i\end{cases} \tag{9.68}$$

按照此方法即可求解到 $2n$ 个切点的坐标，然后对这 $2n$ 个切点进行曲线拟合，可以得到化学云团的边界曲线图形。

这样，通过增加化学遥测设备的数量可以实现多车遥测定位，有效解决两车双时遥测定位模型需要已知扩散模式的限制，不需要双时刻遥测，提高化学云团边界提取的时效性，可以实现对化学云团的动态监测和运动轨迹的实时跟踪。

### （三）模型算例

假设某地域内部署 5 个化学遥测设备，分别编为 $A_1$、$A_2$、$A_3$、$A_4$、$A_5$，对某化学云团进行监测，如图 9-29 所示。

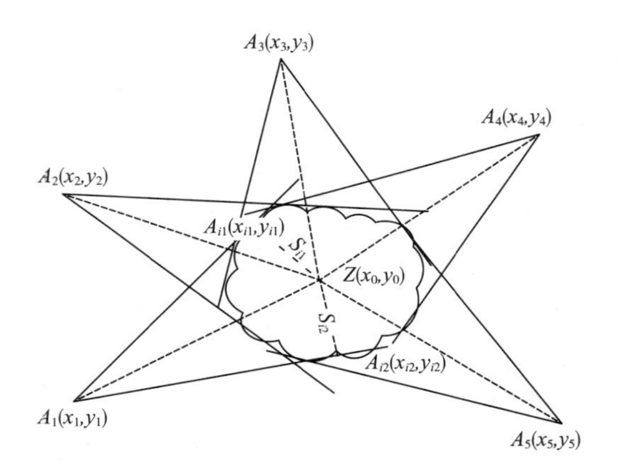


**图 9-29　五个化学遥测设备对化学云团监测示意图**

以 $A_1$ 点的化学遥测设备位置为坐标原点，化学遥测设备的位置坐标与观测角度数据见表 9-10。

表 9-10　五个化学遥测设备的位置坐标与角度模拟数据

| 编号 | 坐标 $x$/m | 坐标 $y$/m | 观测角度 1 | 观测角度 2 | 角平分线 |
|---|---|---|---|---|---|
| $A_1$ | 0.00 | 0.00 | 46.01° | 10.05° | 28.03° |
| $A_2$ | −56.58 | 1278.06 | 356.66° | 321.73° | 339.20° |
| $A_3$ | 1212.20 | 2096.94 | 304.10° | 256.30° | 280.20° |
| $A_4$ | 2708.05 | 1621.08 | 236.10° | 195.65° | 215.88° |
| $A_5$ | 2827.42 | −153.53 | 165.04° | 127.00° | 146.02° |

代入公式（9.59）有

$$\begin{bmatrix}\tan 28.03^\circ\\ \tan 339.20^\circ\\ \tan 280.20^\circ\\ \tan 215.88^\circ\\ \tan 146.02^\circ\end{bmatrix}\begin{bmatrix}x_0-0\\ x_0+56.58\\ x_0-1212.20\\ x_0-2708.05\\ x_0-2827.42\end{bmatrix}=\begin{bmatrix}y_0-0\\ y_0-1278.06\\ y_0-2096.94\\ y_0-1621.08\\ y_0+153.53\end{bmatrix}$$

转换为矩阵形式有

$$\begin{bmatrix}0.53 & -1\\ -0.38 & -1\\ -5.56 & -1\\ 0.72 & -1\\ -0.67 & -1\end{bmatrix}\begin{bmatrix}x_0\\ y_0\end{bmatrix}=\begin{bmatrix}-45.30\\ -138.24\\ -687.98\\ -22.14\\ -172.72\end{bmatrix}$$

将数值代入公式（9.60）、公式（9.61）有

$$\boldsymbol{A}^{\mathrm{T}}\boldsymbol{B}=\begin{bmatrix}0.53 & -0.38 & -5.56 & 0.72 & -0.67\\ -1 & -1 & -1 & -1 & -1\end{bmatrix}\begin{bmatrix}-45.30\\ -138.24\\ -687.98\\ -22.14\\ -172.72\end{bmatrix}=\begin{bmatrix}51000\\ 11505\end{bmatrix}$$

$$\boldsymbol{A}^{\mathrm{T}}\boldsymbol{A}=\begin{bmatrix}0.53 & -0.38 & -5.56 & 0.72 & -0.67\\ -1 & -1 & -1 & -1 & -1\end{bmatrix}\begin{bmatrix}0.53 & -1\\ -0.38 & -1\\ -5.56 & -1\\ 0.72 & -1\\ -0.67 & -1\end{bmatrix}=\begin{bmatrix}32.2940 & 5.3559\\ 5.3559 & 5.0000\end{bmatrix}$$

$$\begin{bmatrix}x_0\\ y_0\end{bmatrix}=\boldsymbol{A}^{\mathrm{T}}\boldsymbol{B}/\boldsymbol{A}^{\mathrm{T}}\boldsymbol{A}=\begin{bmatrix}51000\\ 11505\end{bmatrix}\Big/\begin{bmatrix}32.2940 & 5.3559\\ 5.3559 & 5.0000\end{bmatrix}=\begin{bmatrix}1456.4\\ 741\end{bmatrix}$$

这样可以求解出化学云团中心点的坐标为 $Z$（1456.4m，741m），然后求解各切点的坐标。

运用 Matlab 编程，计算耗时 0.2191s，求解得到 10 个切点的坐标，见表 9-11。

表 9-11　五个化学遥测设备观测化学云团切点坐标的计算值

| 编号 | 第一个切点 | | 第二个切点 | |
|---|---|---|---|---|
| | $x$ 坐标/m | $y$ 坐标/m | $x$ 坐标/m | $y$ 坐标/m |
| $A_1$ | 1072.8 | 1111.3 | 1539.3 | 272.8 |
| $A_2$ | 1482.4 | 1188.2 | 1137.1 | 336.4 |
| $A_3$ | 1918.4 | 1053.9 | 913.9 | 873.2 |
| $A_4$ | 1911.2 | 435.3 | 1318.8 | 1231.9 |
| $A_5$ | 1324.6 | 248.0 | 1900.9 | 1076.0 |

5 个化学遥测设备的位置与观测后测算出的化学云团边界点坐标见图 9-30。

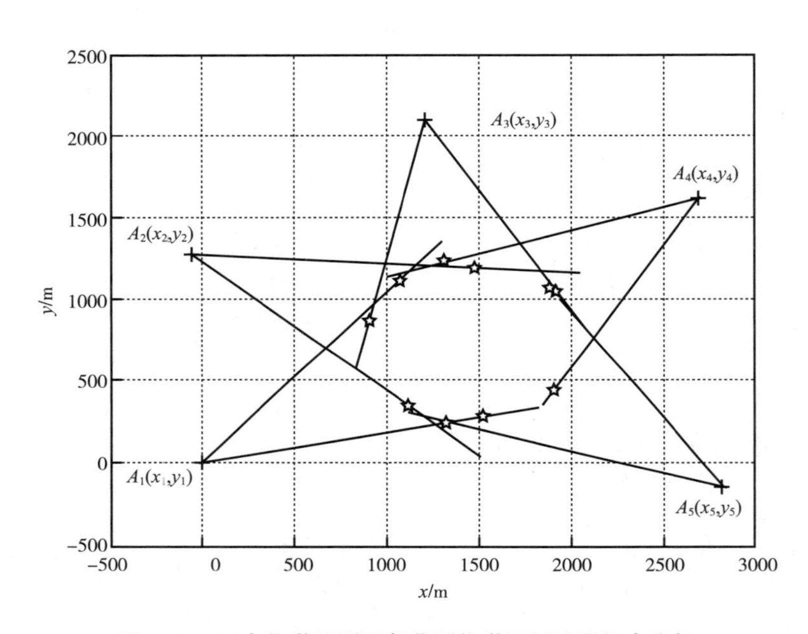


图 9-30　五个化学遥测设备监测化学云团边界切点坐标

考虑分散配置的实际情况，化学遥测设备有一定的遥测距离，难以保证有 5 个化学遥测设备同时对某化学云团进行监测。下面以 3 个化学遥测设备为例，研究能否提取化学云团边界。

以 5 个化学遥测设备为基础，删除 $A_2$、$A_4$ 两个化学遥测设备的数据，重新进行模型计算，如图 9-31 所示。

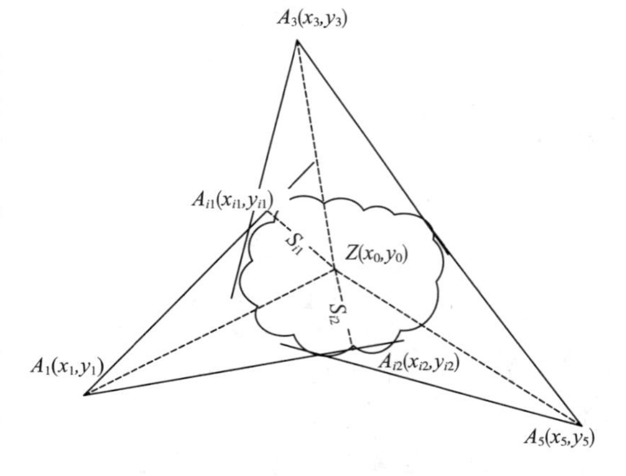


图 9-31　三个化学遥测设备对化学云团监测示意图

求解出化学云团中心点的坐标为 $Z$ (1520.6m,384m)。

运用 Matlab 编程，计算耗时 0.2954s，

求解得到 6 个切点的坐标，见表 9-12。

**表 9-12　三个化学遥测设备观测化学云团切点坐标的计算值**

| 编号 | 第一个切点 | | 第二个切点 | |
|---|---|---|---|---|
| | $x$ 坐标/m | $y$ 坐标/m | $x$ 坐标/m | $y$ 坐标/m |
| $A_1$ | 925.4 | 958.6 | 1540.2 | 273.0 |
| $A_3$ | 2104.4 | 835.3 | 835.3 | 515.0 |
| $A_5$ | 1473.6 | 208.2 | 2095.8 | 817.4 |

3 个化学遥测设备的位置与观测后测算出的化学云团边界点坐标见图 9-32。

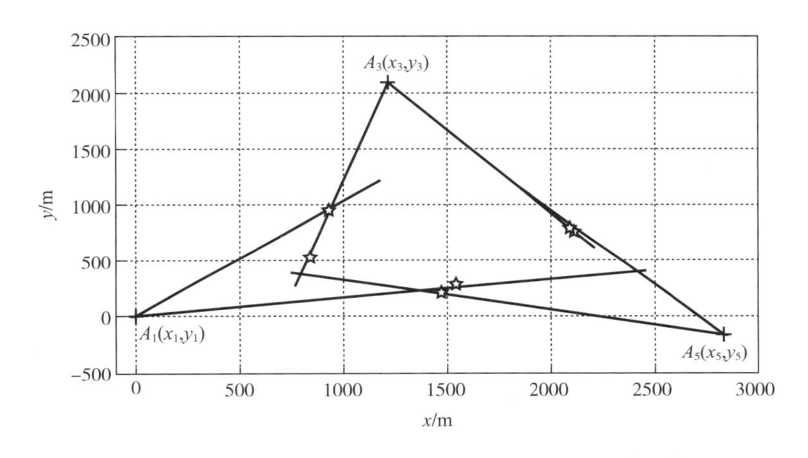


**图 9-32　三个化学遥测设备监测化学云团边界切点坐标**

对比表 9-11、表 9-12 中的数据，得到切点坐标相对误差，见表 9-13。

**表 9-13　三个与五个化学遥测设备监测化学云团的切点坐标对比**

| 编号 | 第一个切点 | | | | 第二个切点 | | | |
|---|---|---|---|---|---|---|---|---|
| | $x$ 坐标 | | $y$ 坐标 | | $x$ 坐标 | | $y$ 坐标 | |
| | 差值/m | 误差 | 差值/m | 误差 | 差值/m | 误差 | 差值/m | 误差 |
| $A_1$ | 147.4 | 13.74% | 152.7 | 13.74% | −0.9 | −0.06% | −0.2 | −0.07% |
| $A_3$ | −186 | −9.70% | 218.6 | 20.74% | 78.6 | 8.60% | 358.2 | 41.02% |
| $A_5$ | −149 | −11.25% | 39.8 | 16.05% | −194.9 | −10.25% | 258.6 | 24.03% |

从图 9-32 和表 9-13 中的数据来看，坐标 $x$ 值的相对误差为 9%，坐标 $y$ 值的相对误差为 19.3%；从化学云团中心点的坐标来看，$Z$（1456.4m，741m）变成 $Z$（1520.6m，384m），坐标 $y$ 值误差较大。

三个化学遥测设备尽管能在同一时刻提取化学云团的边界切点，但误差较大。在条件许可时应增加主要作战方向的化学遥测设备数量，实现对化学云团的动态监测和运动轨迹的实时跟踪。

模型程序计算用时不到0.3s，实现了化学云团边界的快速提取。

## 三、基于空中遥测的化学云团边缘提取模型

基于陆地化学遥测，容易受地形的影响。基于陆基的化学云团边界提取较好地解决了未知扩散模式的遥测定位问题，但不能解决复杂地形的遥测定位问题。克服地形影响的最佳方式是基于空中遥测。

### （一）边缘提取理论与经典算法

基于空中遥测化学云团边界提取，实际上是红外遥测设备从空中探测化学云团后，经过傅里叶变换就可以得到更清晰的光谱成像。基于光谱成像后的图像边缘提取问题，其实质是图像处理。

红外成像产生的化学云团图像一般具有背景复杂、噪声较重、判读困难等特点，同时又具有高斯扩散的典型特征。化学云团边缘作为划定化学危害区域的直接依据，在提取图像中的化学云团边缘时，必须重点关注：

① 化学云团边缘总体上符合一定的云团扩散模型，边缘应连续，不能有断点；

② 化学云团涉及人员、设备安全，因此化学云团边缘的位置可适当向外膨胀，但不能忽漏；

③ 化学云团扩散机理复杂，计算误差较大，因此，对边缘提取的精度不作要求，但提取速度应快，以便为人员防护提供充足的预警时间。

图像中包含了大量的信息，化学云团边缘存在于图像信号的突变点处，这些边缘点能够给出化学云团的基本轮廓，为化学危害区域设置提供重要特征信息。因此，边缘提取的首要任务是将化学云团从背景中区分出来。为了提取图像中的化学云团轮廓，必须先检测出化学云团的边缘。

根据特性，边缘通常分为阶跃边缘、斜坡边缘、屋顶边缘、线性边缘，可以通过一阶或者二阶导数来实现边缘检测。边缘提取实际上是找出这些特性（即化学云团图像中灰度或亮度剧烈变化的边缘点）的过程。

很多经典边缘检测算法，根据一阶导数算子和二阶导数算子提出，主要有Sobel、Roberts、Prewitt、GaussLaplace和Canny算子等。这类算子具有算法简单、运行速度快等优点，但易受噪声干扰，边缘位置精确度不够，相邻区域边缘易重叠。近几年产生的边缘提取方法有形态学、小波变换、模糊理论、神经网络等。

一般图像边缘检测步骤见图9-33。

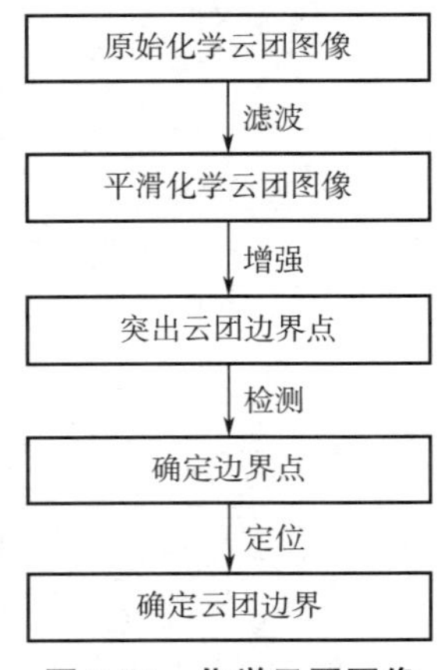

**图9-33 化学云团图像边界检测步骤**

数学形态学检测到的图像边缘光滑、连续，抗噪性能强、精度高，简单灵活，但适应性不太好，需针对不同的图像设计不同的算法。

小波变换是一种热门的图像处理方法。与傅里叶变换相

比，小波变换对于分析瞬时时变信号非常有用。图像通常用二维函数表示，对于线性关系的图像信号用傅里叶变换处理比较方便，但对于烟幕、爆炸、云彩等不稳定的图像信号，小波变换比较合适。

小波变换可根据需求分析来调整时间与频率窗面积，基函数可以根据需要来进行设计，传统边缘检测算子 Sobel、Prewitt 等都没有这种能力。所以，小波变换更适合化学云团边界提取。

### （二）基于小波变换的边缘提取

小波变换（wavelet transform）的思想来源于伸缩平移方法，具体计算方法就是将一个函数（信号）与小波基进行卷积运算，将函数分解成位于不同频域和时域的各个成分进行分析和处理。

对于任意 $\psi(t) \in L^2(R)$，即 $\psi(t)$ 是平方可积函数，如果 $\psi(t)$ 的傅里叶变换满足可容许条件

$$\int_{-\infty}^{+\infty} \frac{|\psi(\omega)|^2}{\omega} \mathrm{d}\omega < \infty \tag{9.69}$$

则称 $\psi(t)$ 是一个基本小波或母小波函数。

母小波函数 $\psi(t)$ 必须满足下列条件：

① $\int_{-\infty}^{+\infty} |\psi(t)|^2 \mathrm{d}t = 1$，即 $\psi(t) \in L^2(R)$；

② $\int_{-\infty}^{+\infty} |\psi(t)| \mathrm{d}t < \infty$，即 $\psi(t) \in L(R)$ 且有界。

③ $\int_{-\infty}^{+\infty} \psi(t) \mathrm{d}t = 0$，即 $\psi(t)$ 均值为零。

在多数情况下，要求 $\psi(t)$ 连续且有一个矩为 0 的大整数 $M$，也即对所有整数 $m < M$，有

$$\int_{-\infty}^{+\infty} t^m \psi(t) \mathrm{d}t = 0 \tag{9.70}$$

母小波 $\psi(t)$ 缩放（或称膨胀）$a$ 倍并平移 $b$ 得到

$$\psi_{a,b}(t) = \frac{1}{\sqrt{a}} \int_{-\infty}^{+\infty} \psi\left(\frac{t-b}{a}\right) \mathrm{d}t \tag{9.71}$$

$\psi_{a,b}(t)$ 为小波基函数（或称小波），是由一个母小波函数经过伸缩与平移产生的二维空间的基底。其中，$a$ 为尺度因子，$b$ 为时移因子。

由母小波函数可以看出，“小波”就是小的波形，具有衰减性，在某个区域之外会迅速衰减为零；具有波动性，在某小区域波形正负交替振荡。因此小波变换时，应结合具体需要尽可能选取出“好的”小波基，使得一组被平移和伸缩形式的小波基构成一组正交基。

一个函数 $f(t) \in L^2(R)$ 与小波 $\psi(t)$ 的连续小波变换为

$$WT_f(a,b) = \int_{-\infty}^{+\infty} f(t) \psi_{a,b}(t) \mathrm{d}t \tag{9.72}$$

小波变换可写成信号与小波的卷积形式，所以 $f(t)$ 在尺度因子 $a$ 和时移因子 $b$ 的小波变换可以记为

$$\begin{aligned} & WT_f(a,b) = \sqrt{a} f \psi_a(b) \\ & \bar{\psi}_a(t) = a^{-1} \psi(-t/a) \end{aligned} \tag{9.73}$$

在二维情况下，小波边缘检测算法通过计算图像信号 $f(x,y)$ 的梯度矢量 $\nabla f = \left[\frac{\partial f}{\partial x}, \frac{\partial f}{\partial y}\right]$ 的模的局部极大值来定位图像的边缘点。

根据母小波函数性质，在 $x$-$y$ 平面的 $\theta(x,y)$ 积分为 1，且迅速收敛到 0。计算化学云团图像的 $x$、$y$ 方向小波变换，需要两个二维小波，通过二维平滑函数 $\theta(x,y)$ 的偏导数获得

$$\begin{cases} \psi^x(x,y) = -\dfrac{\partial}{\partial x}\theta(x,y) \\ \psi^y(x,y) = -\dfrac{\partial}{\partial y}\theta(x,y) \end{cases} \tag{9.74}$$

若将连续小波只在尺度上进行二进制离散，$a \in \{2^j\}_{j\in Z}$，对小波 $\psi^x(x,y)$ 和 $\psi^y(x,y)$ 作二进伸缩，可得到二进制小波：

$$\begin{cases} \psi_j^x(x,y) = 2^{-j}\psi^x(2^{-j}x, 2^{-j}y) \\ \psi_j^y(x,y) = 2^{-j}\psi^y(2^{-j}x, 2^{-j}y) \end{cases} \tag{9.75}$$

二进制小波变换的两个分量为

$$\begin{cases} W^x f(2^j,x,y) = (f,u,v), \psi_j^x(u-x, v-y) = f\overline{\psi_j^x}(x,y) \\ W^y f(2^j,x,y) = (f,u,v), \psi_j^y(u-x, v-y) = f\overline{\psi_j^y}(x,y) \end{cases} \tag{9.76}$$

式中

$$\begin{cases} \overline{\psi_j^x}(x,y) = \psi_j^x(-x,-y) \\ \overline{\psi_j^y}(x,y) = \psi_j^y(-x,-y) \end{cases} \tag{9.77}$$

因为 $\{\psi^x, \psi^y\}$ 是光滑函数 $\theta(x,y)$ 的一阶偏导数，如果用矢量形式表示，结果如下：

$$\begin{aligned} \left[\frac{\partial(f\overline{\theta_j})(x,y)}{\partial x}\vec{i} + \frac{\partial(f\overline{\theta_j})(x,y)}{\partial y}\vec{j}\right] &= \left[2^j\left(f\frac{\partial\overline{\theta_j}}{\partial x}\right)(x,y)\vec{i} + 2^j\left(f\frac{\partial\overline{\theta_j}}{\partial y}\right)(x,y)\vec{j}\right] \\ &= 2^j f(x,y)\left[\psi^x(x,y)\vec{i} + \psi^y(x,y)\vec{j}\right] \\ &= 2^j\left[(f\psi^x)(x,y)\vec{i} + (f\psi^y)(x,y)\vec{j}\right] \\ &= 2^j\left[W^x f(x,y)\vec{i} + W^y f(x,y)\vec{j}\right] \\ &= 2^j\nabla(f\theta_a)(x,y) \end{aligned} \tag{9.78}$$

假设某化学云团的图像信号可用二维函数 $f(x,y)$ 表示，二维二进制小波变换的两个分量实际上就是 $f(x,y)$ 被小波平滑后的两个梯度向量的分量，即

$$\begin{bmatrix} W^x f(2^j,x,y) \\ W^y f(2^j,x,y) \end{bmatrix} = \begin{bmatrix} \dfrac{\partial}{\partial x}(f\overline{\theta_j})(x,y) \\ \dfrac{\partial}{\partial y}(f\overline{\theta_j})(x,y) \end{bmatrix} = 2^j\nabla(f\overline{\theta_j})(x,y) \tag{9.79}$$

梯度矢量 $2^j\nabla(f\overline{\theta_j})(x,y)$ 的模

$$\text{Mod}[f(2^j,x,y)] = \sqrt{|W^x f(2^j,x,y)|^2 + |W^y f(2^j,x,y)|^2} \tag{9.80}$$

$x$ 方向与梯度矢量的夹角为

$$a(x,y)=\arctan\left(\frac{W^y f(2^j,x,y)}{W^x f(2^j,x,y)}\right)$$

$$Af(2^j,x,y)=\begin{cases}a(x,y) & W^x f(2^j,x,y)\geqslant 0\\ \pi-a(x,y) & W^y f(2^j,x,y)\geqslant 0\end{cases} \tag{9.81}$$

用二维二进小波变换实现边缘提取，就是寻找 $\mathrm{Mod}[f(2^j,x,y)]$ 的局部极大值，$Af(2^j,x,y)$ 表明了边缘的方向。

任意方向小波变换可以定义如下：

$$\begin{aligned}W_\alpha^\theta f(x,y)&=f(x,y)\psi(x,y,\beta) \\ &=f(x,y)\left[\psi^x(x,y)\cos\beta+\psi^y(x,y)\sin\beta\right] \\ &=W_\alpha^x f(x,y)\cos\beta+W_\alpha^y f(x,y)\sin\beta \\ &=\|W_\alpha f(x,y)\|\left(\frac{W_\alpha^x f(x,y)}{\|W_\alpha f(x,y)\|}\cos\beta+\frac{W_\alpha^y f(x,y)}{\|W_\alpha f(x,y)\|}\sin\beta\right) \\ &=\|W_\alpha f(x,y)\|\{\cos[\mathrm{Arg}(a(x,y))]\cos\beta+\sin[\mathrm{Arg}(a(x,y))]\sin\beta\} \\ &=\|W_\alpha f(x,y)\|(\cos\alpha\cos\beta+\sin\alpha\sin\beta) \\ &=\|W_\alpha f(x,y)\|\cos(\alpha-\beta)\end{aligned} \tag{9.82}$$

所以

$$\mathrm{Mod}[W_\alpha f(x,y)]=\max[W_\alpha^\theta f(x,y)] \tag{9.83}$$

化学云团的图像信号用二维函数 $f(x,y)$ 表示，选二维高斯函数作为平滑函数，则

$$\theta_\alpha(x,y)=\frac{1}{2\pi\sigma^2}\exp\left(-\frac{x^2+y^2}{2\sigma^2}\right) \tag{9.84}$$

高斯函数的两个方向导数为

$$\begin{cases}\theta_\alpha^x(x,y)=-\dfrac{x}{2\pi\sigma^4}\exp\left(-\dfrac{x^2+y^2}{2\sigma^2}\right)\\ \theta_\alpha^y(x,y)=-\dfrac{y}{2\pi\sigma^4}\exp\left(-\dfrac{x^2+y^2}{2\sigma^2}\right)\end{cases} \tag{9.85}$$

代入公式（9.72）有

$$\begin{aligned}W_{2^j}^x f(x,y)&=f(x,y)\times\frac{1}{4^j}\theta^x\left(\frac{x}{2^j},\frac{y}{2^j}\right) \\ &=\frac{1}{4^j}\left(-\frac{1}{2\pi\sigma^4}\right)f(x,y)x\exp\left(-\frac{x^2+y^2}{4^j 2\sigma^2}\right)\end{aligned} \tag{9.86}$$

令 $K=-4^j 2\sigma^2$，则公式（9.86）变换为

$$\begin{aligned}W_{2^j}^x f(x,y)&=\frac{1}{k\pi\sigma^2}f(x,y)x\exp\left(\frac{x^2+y^2}{K}\right) \\ &=\sum_{m=-\infty}^{\infty}\sum_{n=-\infty}^{\infty}f(x-m,y-n)m\exp\left(\frac{m^2+n^2}{K}\right)/K\pi\sigma^2\end{aligned} \tag{9.87}$$

由于噪声影响和邻域相关性低，方向滤波器难以准确定位边界状态，需要计算多个方向小波变换响应以搜索所有可能方向的边界。从数字图像的结构可知，每个像素点的周围只有8个邻接点，它们将一个平面分成了8个扇区，形成8个离散的梯度方向，可将小波变换的时频窗口设为5×5，如图9-34所示，将图像按八个方向进行滤波，边缘是其均值。

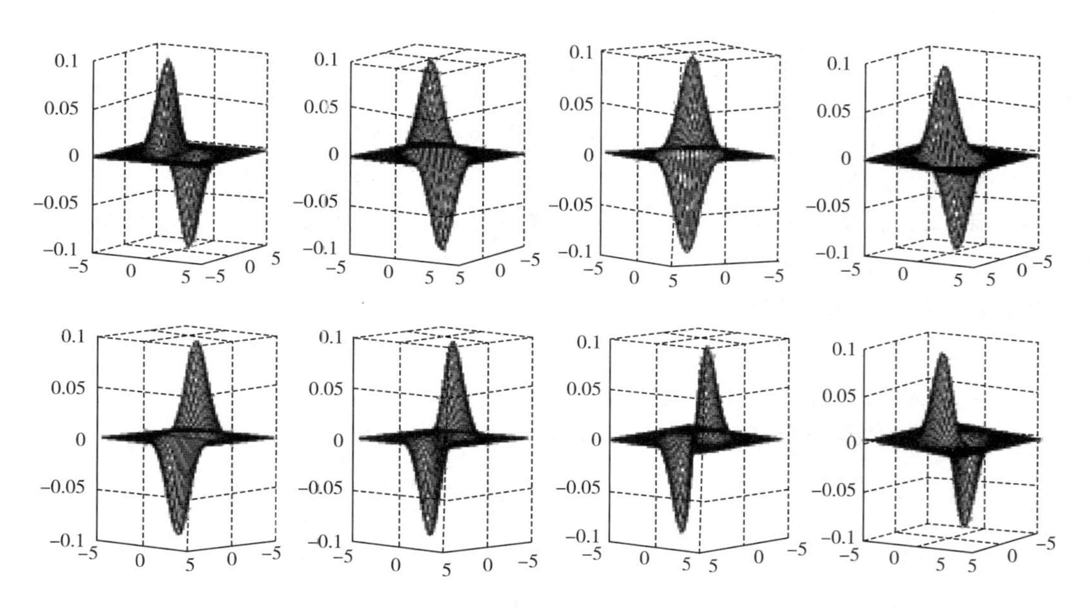


图 9-34　变换窗口为 5×5 的 8 个方向可调小波

### （三）模拟试验与结果分析

由于化学云团试验危险系数高、限制多、费用巨大，本书以发烟罐施放烟幕来模拟化学云团扩散。在某坦克驾驶训练场用某型发烟罐施放烟幕，采用大疆 DJI Inspire1 四轴飞行器从空中拍摄模拟化学云团图像。

烟幕与化学云团相比，在理化性质上存有一些差异，但都属于可见光谱图像，因此，用烟幕替代化学云团进行基于二维二进制小波变换的化学云团边界提取算法验证比较适合。由于红外光谱图像与可见光谱图像有较大区别，利用小波变换提取算法时，需要通过红外光谱成像技术将红外光谱转换为可见光谱图像，然后再进行边界提取。

红外光谱成像技术已经比较成熟，通过外场乙醚蒸气试验，经过差谱处理后可以得到清楚的乙醚蒸气分布图像。

发烟罐施放烟幕模拟化学云团扩散，拍摄效果如图 9-35 所示。

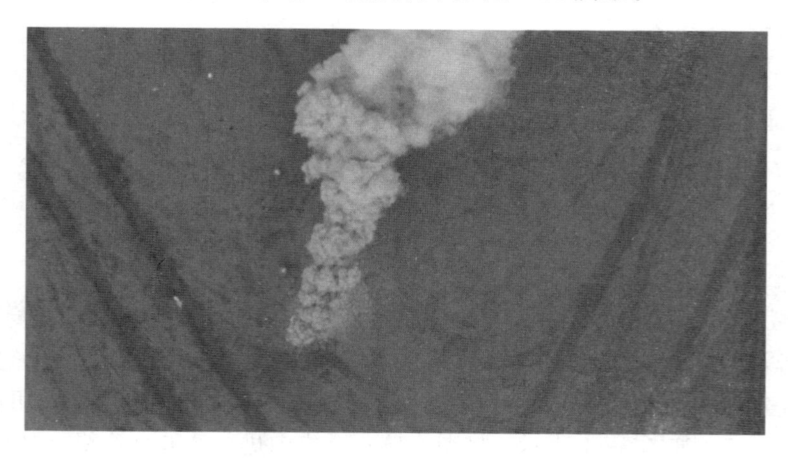

图 9-35　模拟化学云团效果（见彩插）

将原始的模拟化学云团图像转换为灰度图像，如图 9-36 所示。

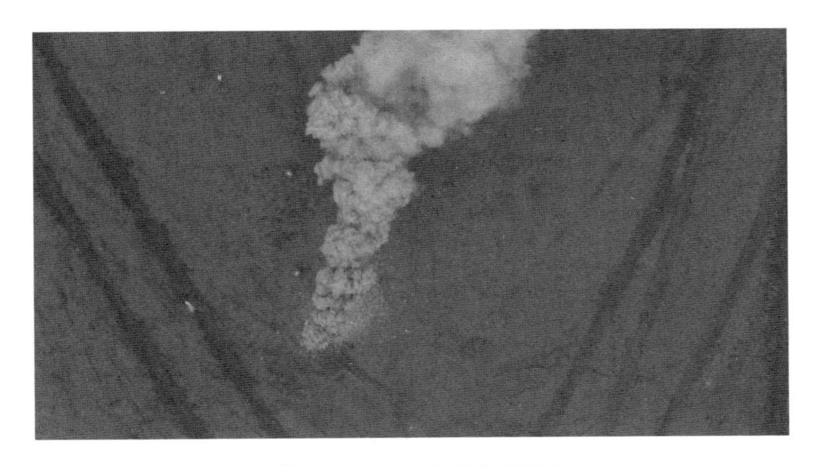

**图 9-36　转换为灰度图的模拟化学云团**（见彩插）

图 9-36 的灰度直方图如图 9-37 所示，模拟了化学云团灰度图像中每个灰度等级与出现频率的对应关系。从图 9-37 中可以看出，化学云团灰度图像具有两个明显的灰度波峰，可将两峰之间的波谷作为阈值，对化学云团灰度图像进行滤波。如果化学云团灰度图像的灰度直方图具有多个波峰波谷值，就需要进行多阈值图像滤波，结合实际情况选取阈值。

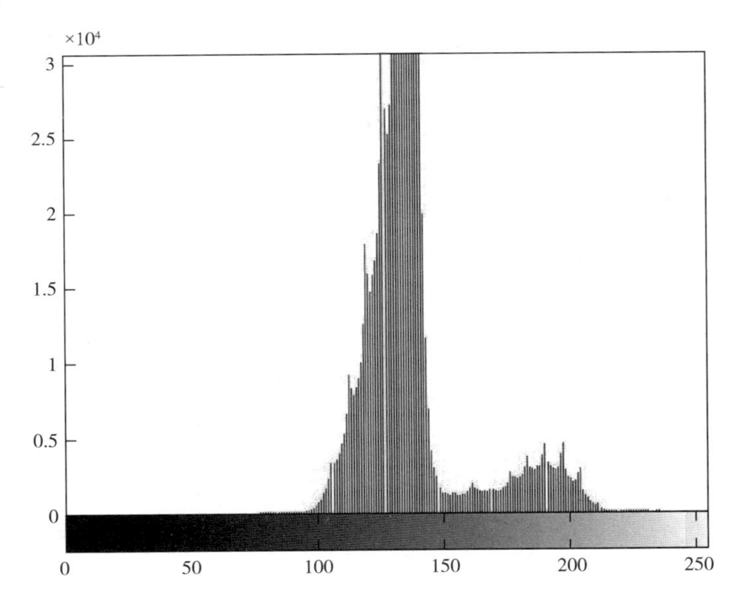


**图 9-37　模拟化学云团图像的灰度直方图**

根据选定的阈值滤波（将灰度阈值设为 170），滤波后的图像如图 9-38 所示。

利用小波变换对原始的化学云团灰度图像（没有进行滤波处理，如图 9-35 所示）进行边缘提取，效果如图 9-39 所示。

利用小波变换对滤波处理后的化学云团灰度图像（图 9-38）进行边缘提取，效果如图

9-40 所示。

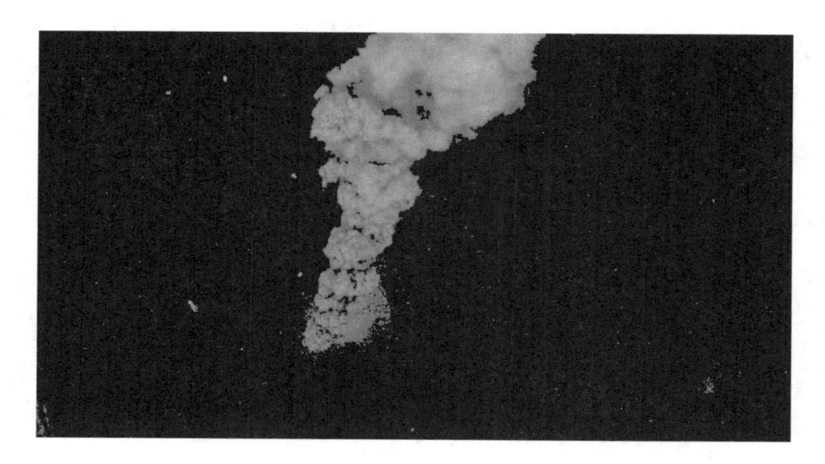

图 9-38　滤波后的模拟化学云团图像

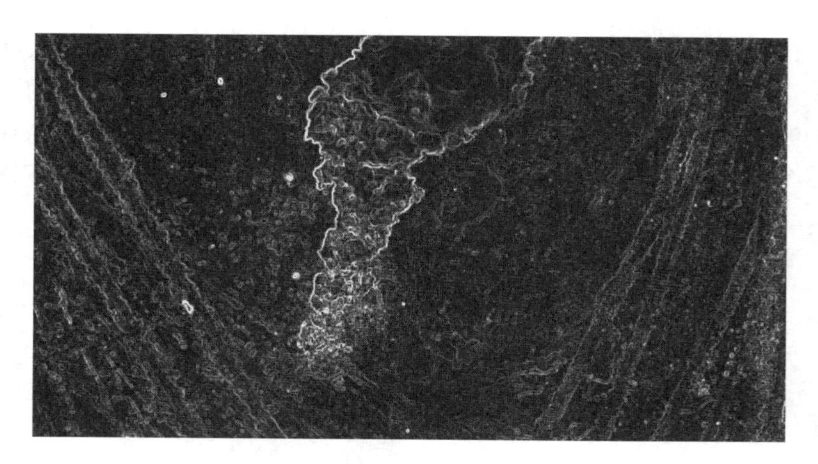

图 9-39　原始化学云团灰度图像小波边缘提取效果

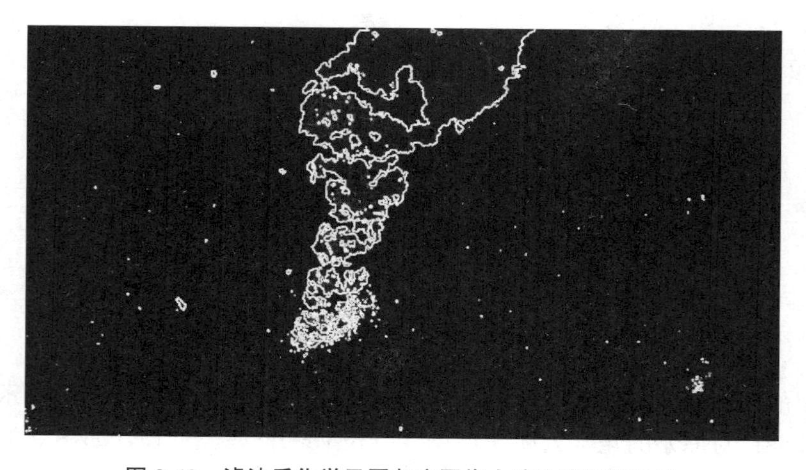

图 9-40　滤波后化学云团灰度图像小波边缘提取效果

通过图 9-39、图 9-40 对比，滤波后的化学云团图像边缘提取更为清晰。

运用经典 Canny 算子对化学云团图像边缘提取，当图像亮度和对比度分布不均匀时对 Canny 算法检测结果影响较大，容易丢失部分边缘细节，需要通过调整阈值来获取理想的边缘提取效果。阈值为 0.25、0.50、0.75，Canny 算子化学云团图像边缘提取效果见图 9-41～图 9-43。

（a）滤波前　　（b）滤波后

**图 9-41　阈值 0.25Canny 算子滤波前、后边缘提取效果**

（a）滤波前　　（b）滤波后

**图 9-42　阈值 0.5Canny 算子滤波前、后边缘提取效果**

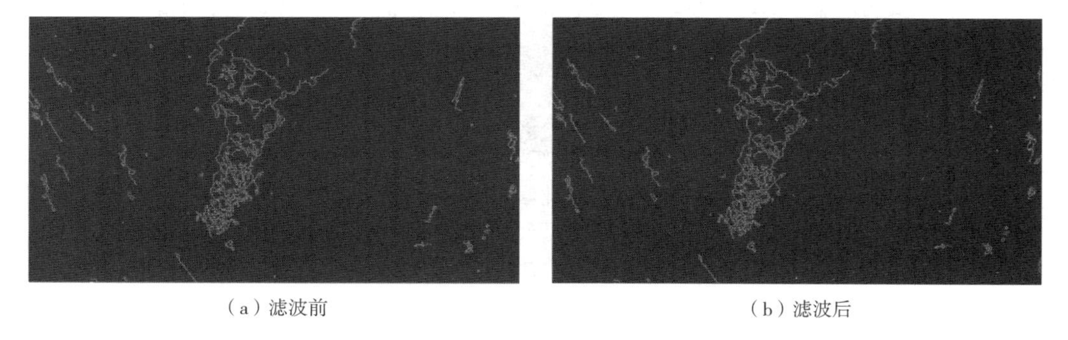

（a）滤波前　　（b）滤波后

**图 9-43　阈值 0.75Canny 算子滤波前、后边缘提取效果**

从图 9-41～图 9-43 中可以看出，Canny 算子抗噪声能力较强，但容易出现漏检，且边缘不光滑、不连续，不同的阈值对化学云团边缘提取结果影响较大，而利用小波变换提取的化学云团边缘优美、纹理清晰，连续性、平滑性较好。

Sobel 算子，计算简单、速度快，但只能检验水平和垂直两个方向的边缘，通常化学云团与环境背景混合，纹理较复杂，若判据不合理，易造成边缘误判，导致化学云团边缘提取效果较差，见图 9-44。

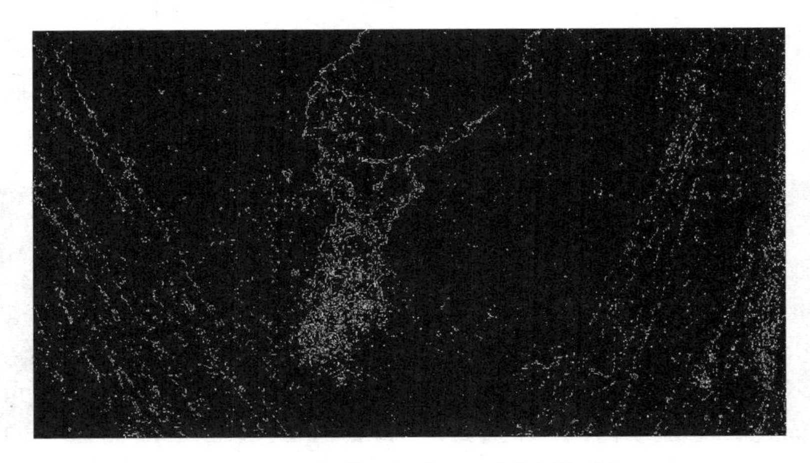

图 9-44　Sobel 算子化学云团边缘提取效果

Log 算子，应用高斯函数对化学云团图像平滑处理，利用二阶导数出现零，交叉检测化学云团图像边缘点，能快速检测出灰度变化情况，边缘点定位精度高，同时对噪声也敏感，不能获得边缘方向信息，如图 9-45 所示。

图 9-45　Log 算子化学云团边缘提取效果

Prewitt 算子利用化学云团图像像素邻点的灰度差在边缘处达到极值来检测边缘，对噪声具有较强的平滑作用，但对边缘的定位精度低，如图 9-46 所示。

数学形态学是一种非线性滤波方法，通过腐蚀、膨胀的组合运算对化学云团图像边缘进行检测，如图 9-47 所示，算法简单、抗噪声性能强，同时图像的细节特征保持较好。但针对不同的化学云团图像，需要选取不同形式的结构元，算法的适应性较差。

从上面各种经典的边缘提取算法来看，小波变换提取的化学云团边界十分优美，能检测到许多过渡点，连续性和平滑性好。小波变换前，应对化学云团图像进行滤波处理，这样小波变换后仅保留化学云团边界；然后将提取后的化学云团边界直接叠加到原图上或者定位到相关数字地图上，这样能实时显示和动态标示出化学云团危害区域。小波变换提取的化学云团边界直接叠加到原图的效果见图 9-48。

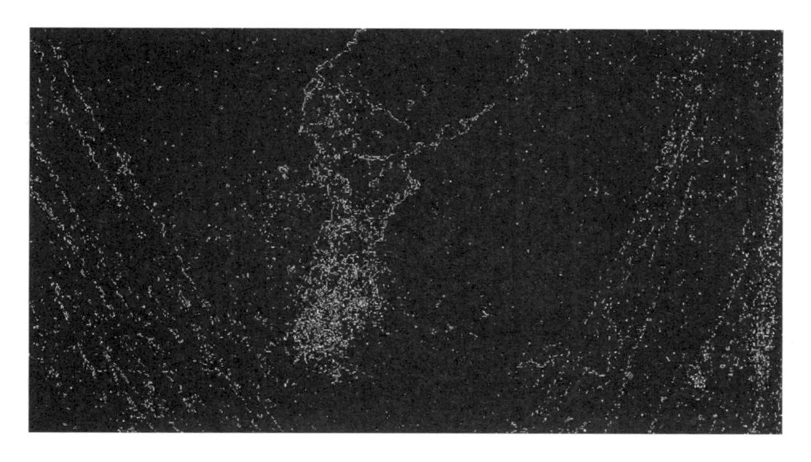

图 9-46 Prewitt 算子化学云团边缘提取效果

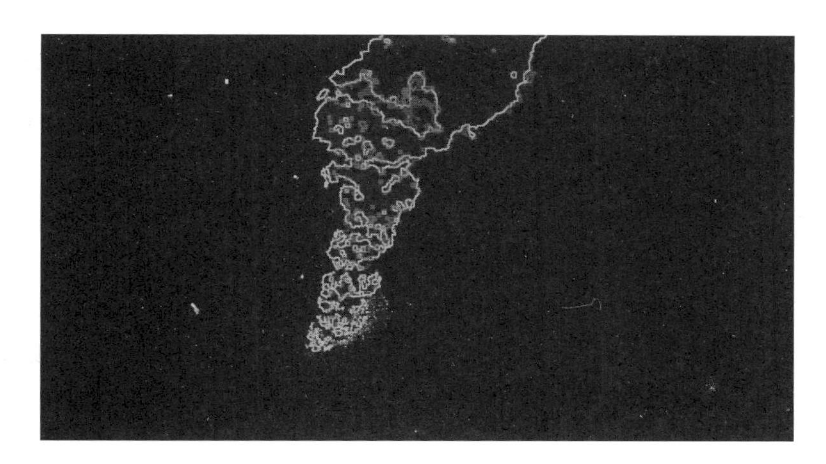

图 9-47 数学形态学化学云团边缘提取效果（见彩插）

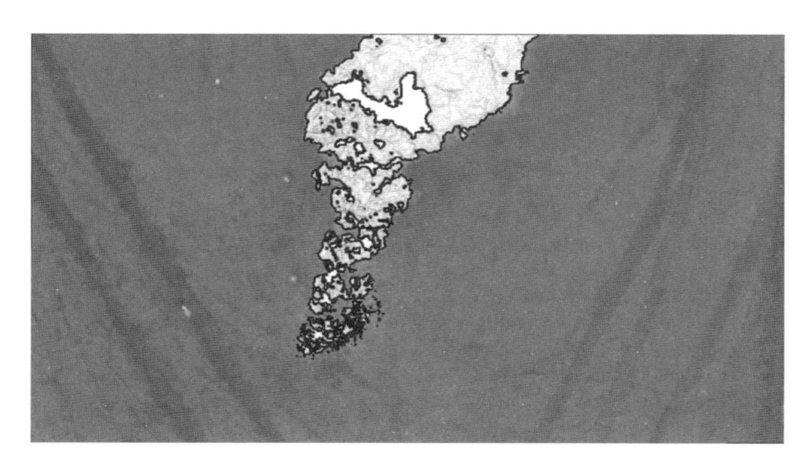

图 9-48 化学云团原图与提取的边缘进行叠加

### （四）分析与结论

边缘存在于图像的灰度突变处，是图像中不确定性最大的地方，包含丰富的图像信息。由于窗扫、变换和标绘等导致化学云团图像特征的模糊和变形等问题，造成提取化学云团边缘困难。与传统算法相比，小波变换算法能得到清晰、准确、完整的化学云团边缘，边缘提取优势独特。从连续性、光滑性、辨识度、提取效果、运算时间等方面对各种边缘提取算法进行了比较，结果如表 9-14 所示。

**表 9-14　各种边缘提取算法比较**

| 算法 | 连续性 | 光滑性 | 辨识度 | 提取效果 | 运算时间/s | 备注 |
| --- | --- | --- | --- | --- | --- | --- |
| Canny | 一般 | 差 | 一般 | 不清楚 | 0.5015（不滤波）<br>0.3822（滤波） | 受阈值影响大 |
| Sobel | 一般 | 差 | 好 | 不连续 | 0.6779 | 判据不合理，易造成边缘误判 |
| Log | 一般 | 差 | 好 | 不完整 | 0.2942 | 不能获得边缘方向信息 |
| Prewitt | 一般 | 差 | 好 | 不连续 | 0.2154 | 对边缘的定位精度低 |
| 数学形态学 | 好 | 好 | 好 | 有断点 | 1.1217 | 需要选取不同形式的结构元 |
| 小波变换 | 好 | 好 | 好 | 连续、清楚 | 6.5498 | 计算用时稍长 |

由各种算法进行的化学云团边缘提取效果以及表 9-14 数据可知，基于二维二进制小波变换的化学云团边缘提取算法，Matlab 编程运算耗时 6.55s，与图像经典处理算法相比，尽管运算耗时稍长些，但该算法去噪效果好，边缘提取清晰、连续、准确，比较适合复杂地形化学云团边界快速提取和运动轨迹跟踪监测，优势较为明显。

# 参考文献


［1］黄启斌．毒剂毒物分析与检测技术［M］．北京：化学工业出版社，2022.

［2］李弼程，黄洁，高世海，等．信息融合技术及其应用［M］．北京：国防工业出版社，2010.

［3］何友，王国宏，关欣，等．信息融合理论及应用［M］．北京：电子工业出版社，2010.

［4］宣捷．大气扩散的物理模拟［M］．北京：气象出版社，2000.

［5］蒋维楣，孙鉴泞，曹文俊，等．空气污染气象学教程［M］．北京：气象出版社，2020.

［6］胡二邦，王寒．应用最小二乘法原理对我国天气取样候选方案的筛选与比较［J］．辐射防护通讯，2004，24（6）：1-8.

［7］胡二邦，闫江雨，张永义，等．连云港核电厂 $SF_6$ 示踪实验研究［J］．科技研究报告，1998（4）：540-571.

［8］胡二邦，辛存田，宣义仁，等．福建惠安核电厂址 $SF_6$ 示踪试验研究［J］．环境科学学报，2004，24（2）：320-326.

［9］张贝，徐克，赵云胜，等．危险化学品罐车泄漏事故伤害后果研究［J］．安全与环境工程，2019，26（6）：128-136.

［10］高卫华，姚仁太．RODOS/JRODOS 的特点及其在德国核应急管理中的应用［J］．辐射防护，2016，36（5）：297-306.

［11］Stohl A，Seibert P，Wotawa G，et al. Xenon-133 and caesium-137 releases into the atmosphere from the Fukushima Dai-ichi nuclear power plant：determination of the source term，atmospheric dispersion，and deposition［J］. Atmospheric Chemistry and Physics，2012，12（5）：2313-2343.

［12］赵全来，苏国锋，陈建国，等．重大核事故情景库建立及应用［J］．清华大学学报（自然科学版），2015，55（7）：808-814.

［13］Zoellick C L. Source term estimation of atmospheric pollutants using an ensemble

of HYSPLIT concentration simulations [D]. Air Force Institute of Technology，2019.
[14] 陈俊天，李淑江，孙俊川，等．海上危化品漂移扩散数值模拟研究进展 [J]. 海洋科学，2018，42（7）：158-166.
[15] Ayturan Y A，Ayturan Z C，Altun H O. Air pollution modelling with deep learning：A review [J]. Int J of Environmental Pollution & Environmental Modelling，2018，1（3）：58-62.
[16] Brajard J，Carrassi A，Bocquet M，et al. Combining data assimilation and machine learning to emulate a dynamical model from sparse and noisy observations：a case study with the Lorenz 96 model [J]. Combining Data Assimilation and Machine Learning，2020，24：1-18.
[17] 屈坤，王雪松，张远航．基于人工神经网络算法的大气污染统计预测模型研究进展 [J]. 环境污染与防治，2020，42（3）：369-375.
[18] 朱晏民，徐爱兰，孙强．基于深度学习的空气质量预报方法新进展 [J]. 中国环境监测，2020，36（3）：10-18.
[19] Bougoudis I，Demertzis K，Iliadis L. HISYCOL a hybrid computational intelligence system for combined machine learning：the case of air pollution modeling in Athens [J]. Springer London，2016，27（5）：1191-1206.
[20] Jan K D，Rasa Z，Mario G，et al. Modeling PM2.5 urban pollution using machine learning and selected meteorological parameters [J]. Journal of Electrical and Computer Engineering，2017（5）：1-14.
[21] 韩朝帅，诸雪征，顾进，等．基于 OpenFOAM 的化学危害扩散预测求解器的开发与验证 [J]. 兵工学报，2022，43（5）：1155-1166.
[22] 顾樵．数学物理方法 [M]. 北京：科学出版社，2015.
[23] 李功胜，姚德．扩散模型的源项反演及其应用 [M]. 北京：科学出版社，2014.
[24] 姜继平，董芙嘉，刘仁涛，等．基于河流示踪实验的 Bayes 污染溯源：算法参数、影响因素及频率法对比 [J]. 中国环境科学，2017，37（10）：3813-3825.
[25] 曾庆存，吴琳．大气污染的最优调控与污染源反演问题Ⅰ：离线模式非完整伴随算子的应用 [J]. 中国科学：地球科学，2018，48（8）：1110-1115.
[26] 曾庆存，吴琳．大气污染的最优调控与污染源反演问题Ⅱ：正负区分判定迭代求优法 [J]. 中国科学：地球科学，2020，50（5）：688-692.
[27] 刘蕴，方晟，李红，等．基于四维变分资料同化的核事故源项反演 [J]. 清华大学学报（自然科学版），2015，55（1）：98-104.
[28] Liu Y，Li H，Sun S D，et al，Enhanced air dispersion modelling at a typical Chinese nuclear power plant site：Coupling Rimpuff with two advanced diagnostic

wind models [J]. Journal of Environmental Radioactivity，2017，175：94-104.
[29] 马建文，等. 数据同化算法研发与实验 [M]. 北京：科学出版社，2013.
[30] 华罗庚，王元. 数论在近似分析中的应用 [M]. 北京：科学出版社，1978.

彩图 4-11 GPS Block IIF 卫星 VHF 接收机及其天线

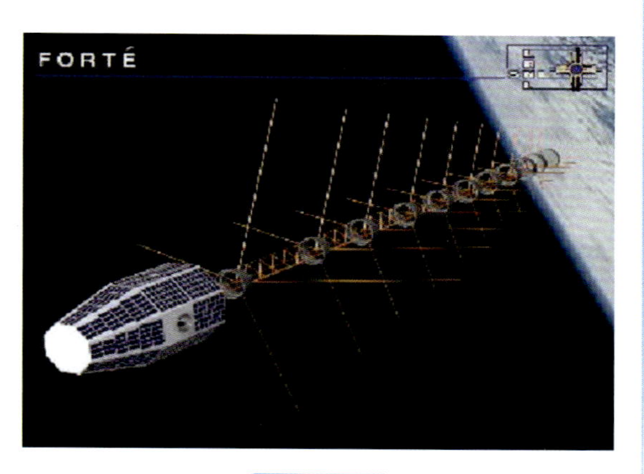


彩图 4-12 FORTE 卫星对数周期振子阵天线

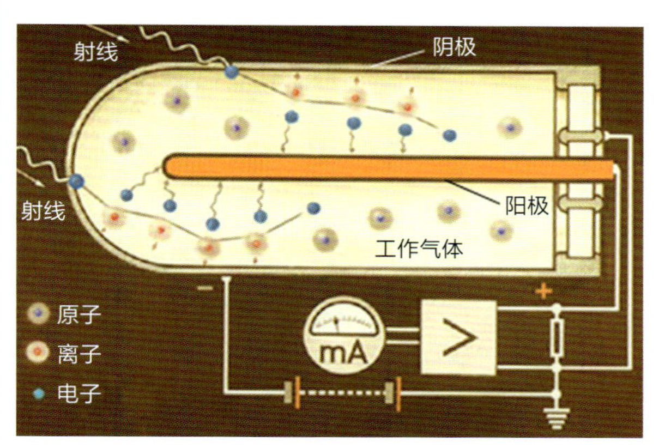


彩图 4-21 气体探测器基本结构示意图

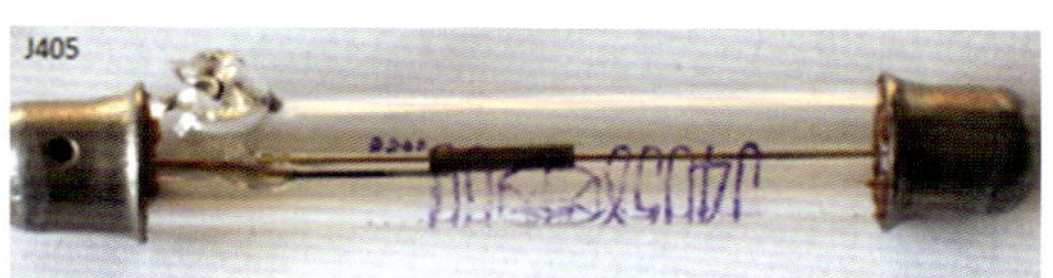


彩图 4-25 圆柱形盖革计数管

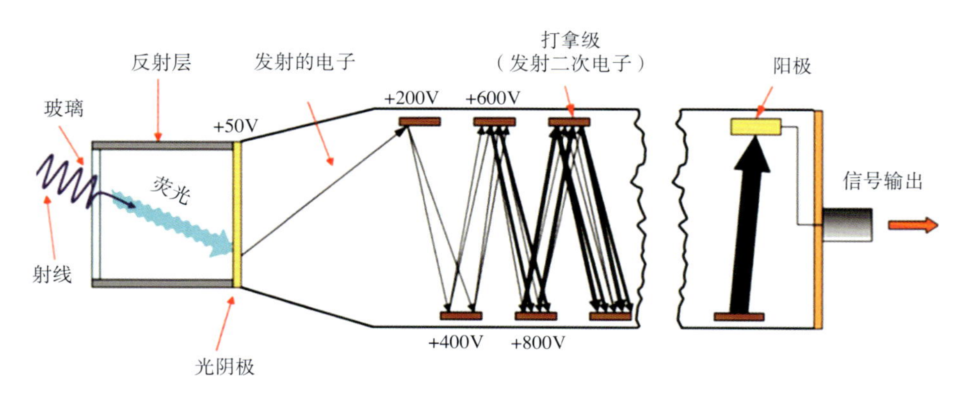


彩图 4-27 闪烁体探测器工作原理图

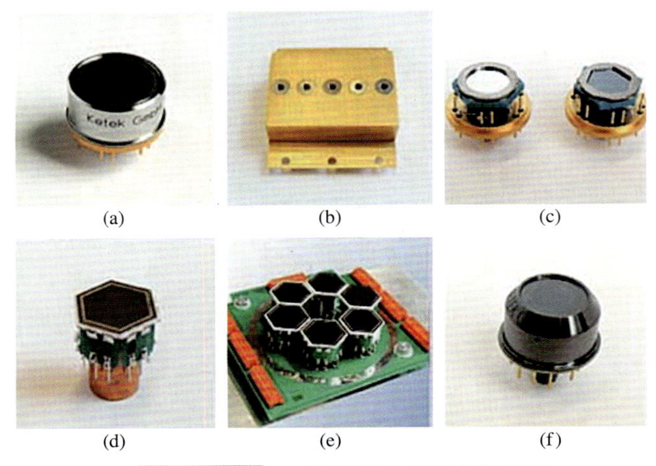

(a) (b) (c)

(d) (e) (f)

彩图 4-32 不同类型的半导体探测器

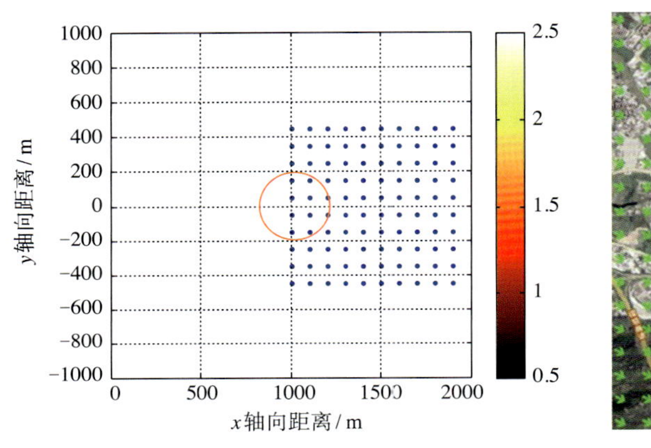


彩图 5-6 毒剂云团覆盖情况示意图($t$=500s)

彩图 6-9 扩散空间风场构建

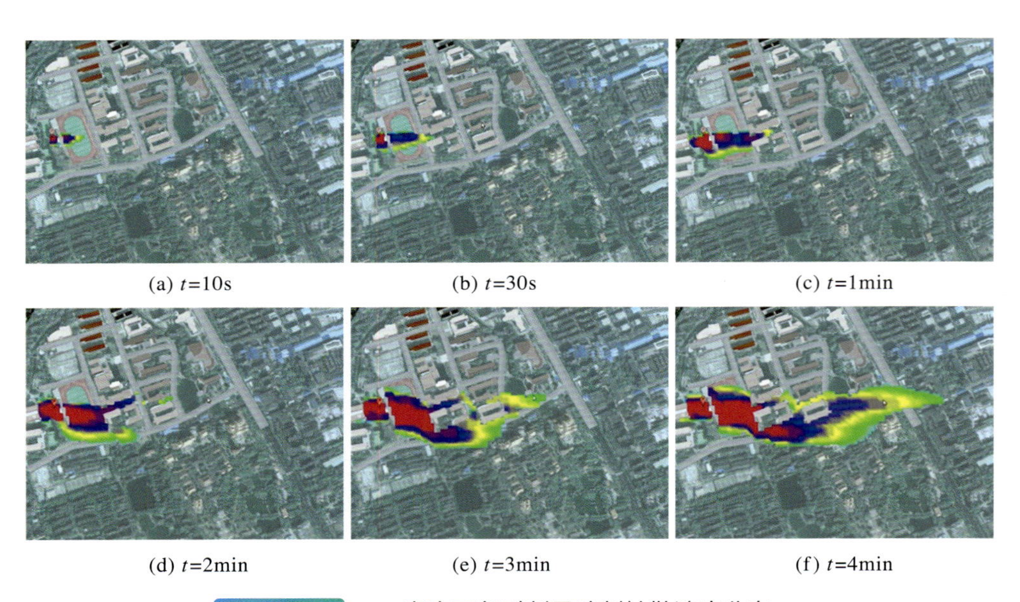

(a) $t$=10s (b) $t$=30s (c) $t$=1min

(d) $t$=2min (e) $t$=3min (f) $t$=4min

彩图 6-10 10m高度下各时刻示踪剂扩散浓度分布

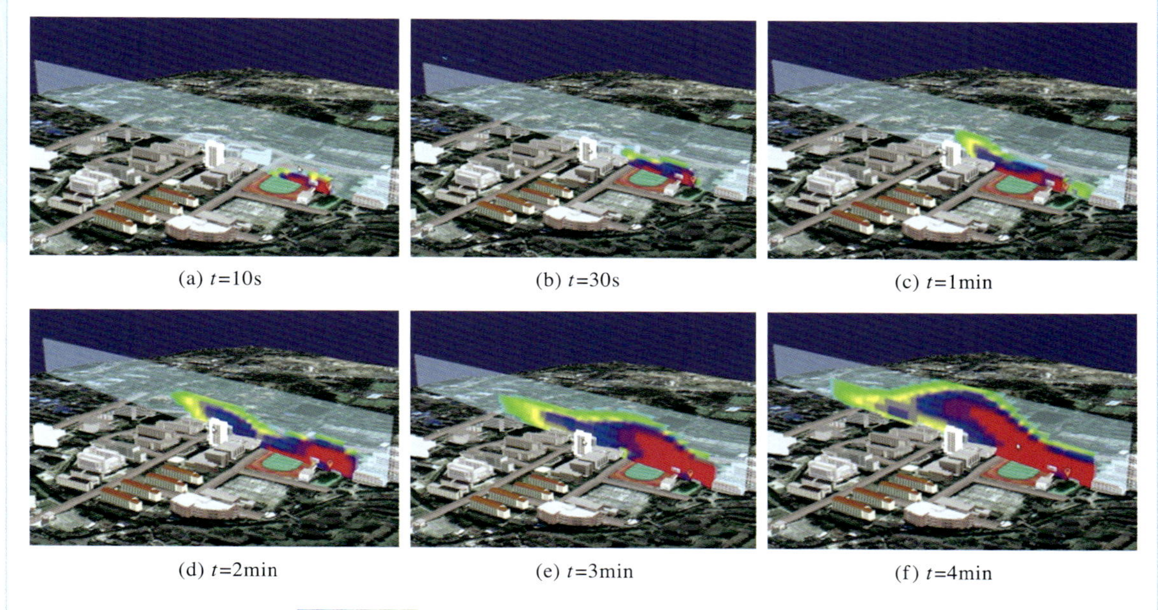

(a) $t$=10s　(b) $t$=30s　(c) $t$=1min

(d) $t$=2min　(e) $t$=3min　(f) $t$=4min

彩图 6-11 沿风向方向各时刻示踪剂扩散浓度分布

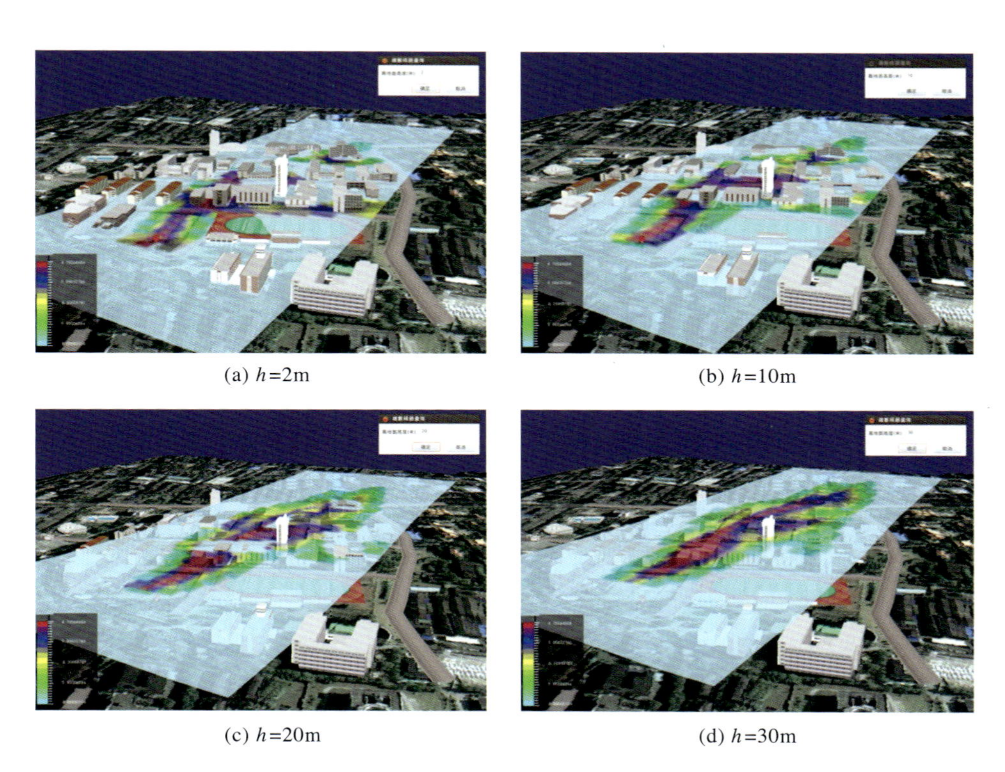

(a) $h$=2m　(b) $h$=10m

(c) $h$=20m　(d) $h$=30m

彩图 6-12 不同高度下示踪剂扩散浓度分布

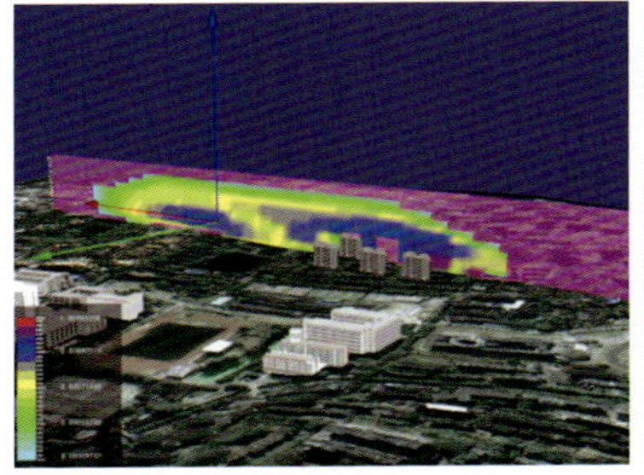

(a) 平行于风向的剖面

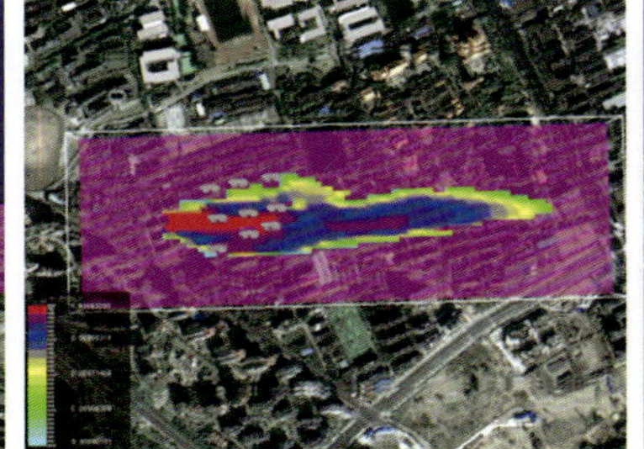

(b) 平行于地面的剖面

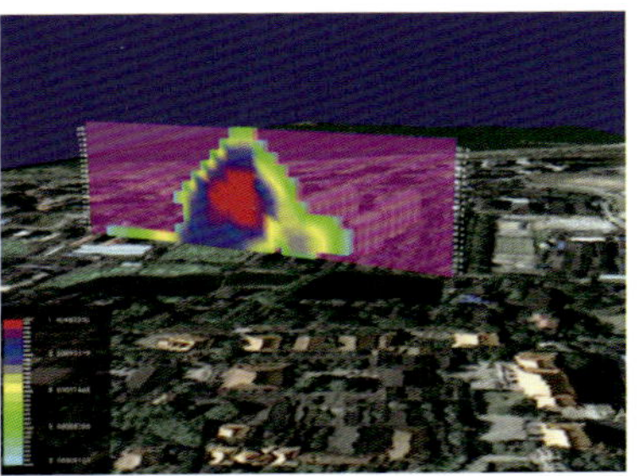

(c) 垂直于风向的剖面

彩图 6-13 不同剖面下示踪剂扩散浓度分布

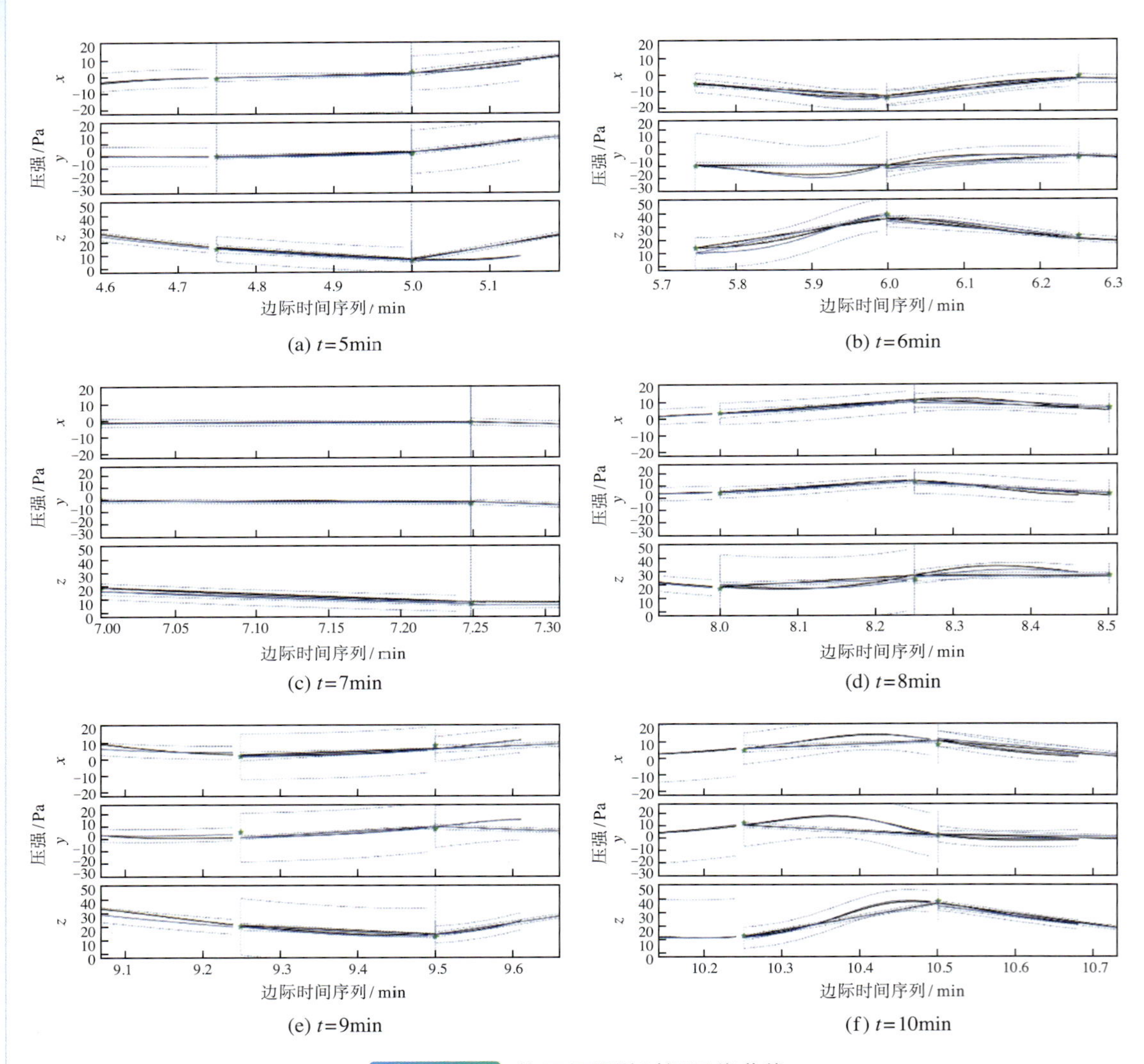


(a) $t$=5min

(b) $t$=6min

(c) $t$=7min

(d) $t$=8min

(e) $t$=9min

(f) $t$=10min

彩图 6-14 修正压强随时间寻优曲线

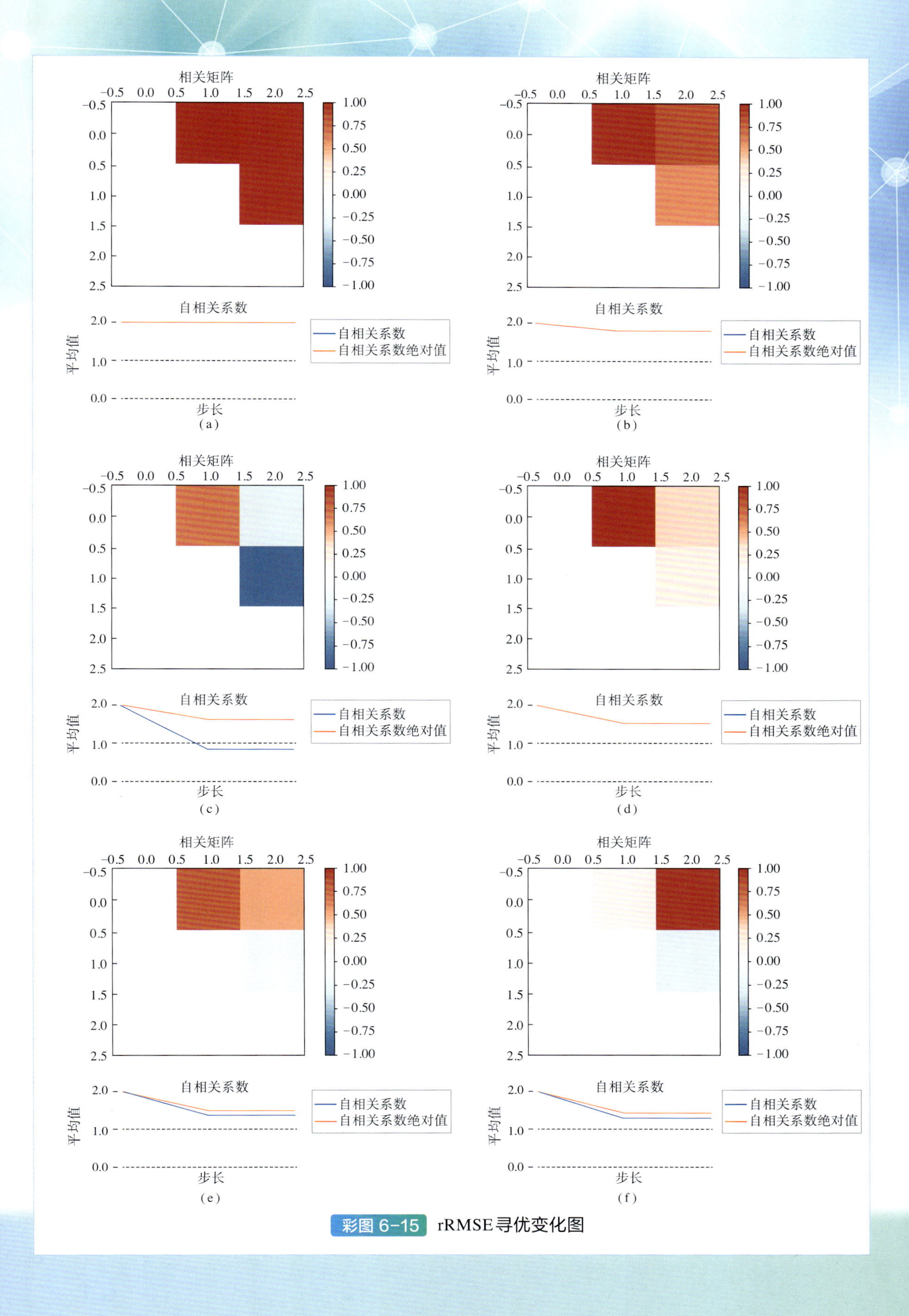


彩图 6-15 rRMSE寻优变化图

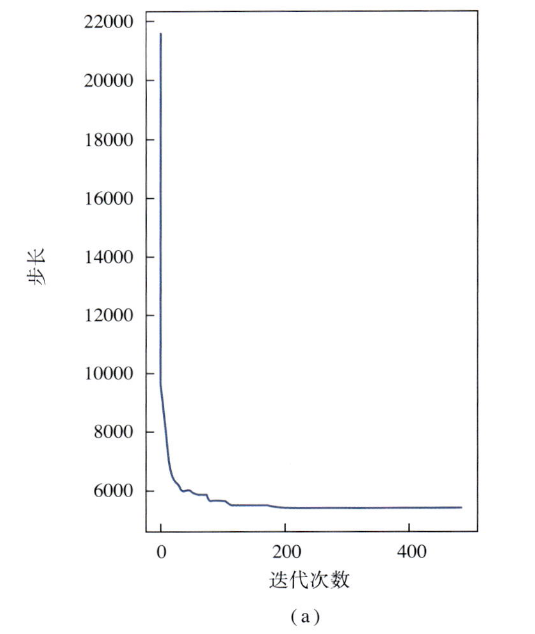

(a)

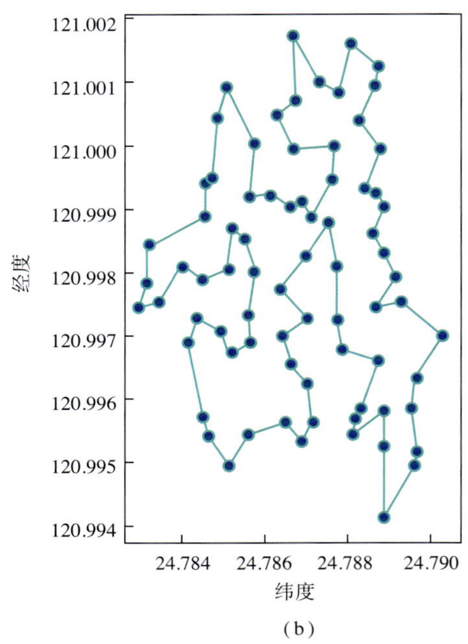

(b)

彩图 6-16 IDEFWA寻优变化曲线

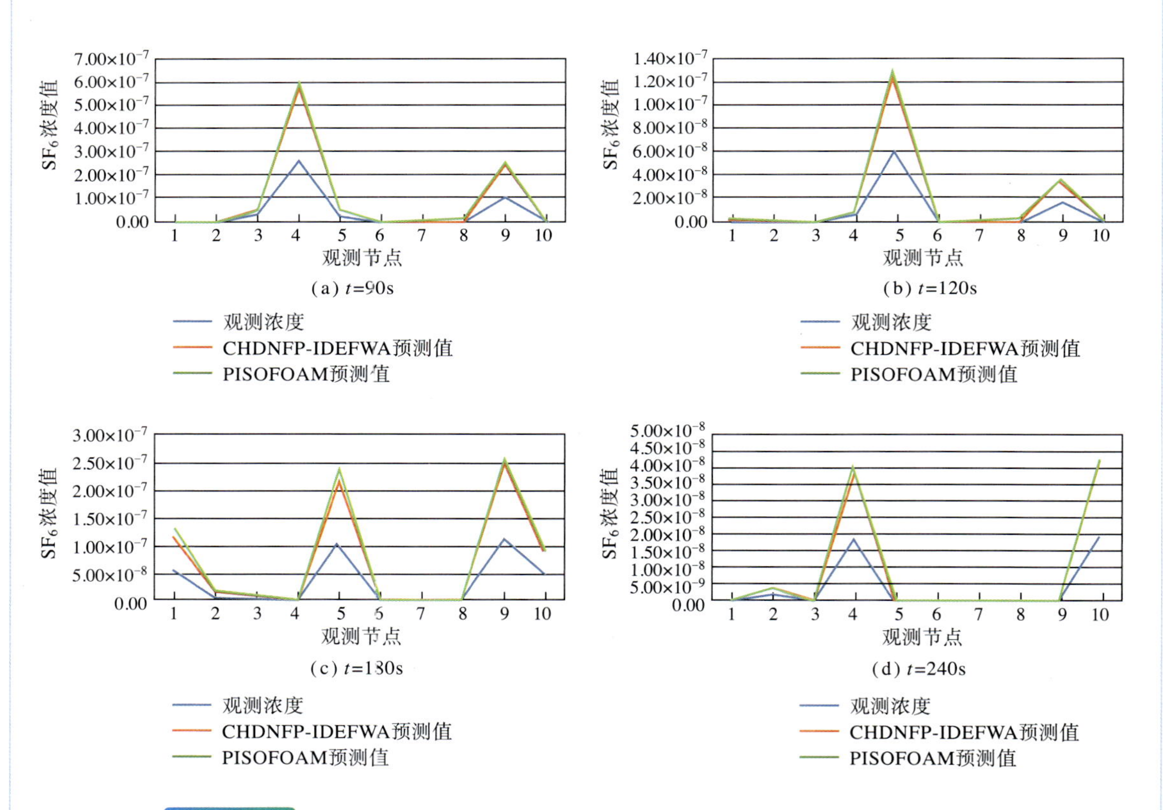


彩图 6-17 CHDNFP-IDEFWA、PISOFOAM扩散模拟与真实观测数据分析

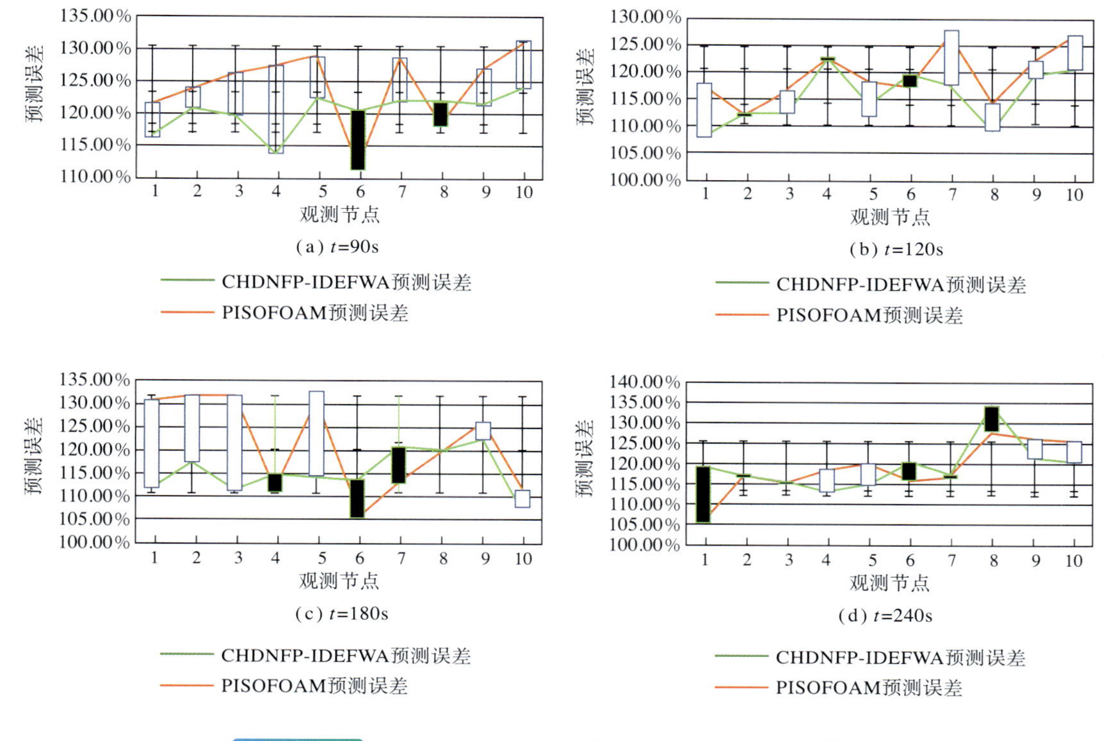


彩图 6-18 CHDNFP-IDEFWA和PISOFOAM预测误差分析

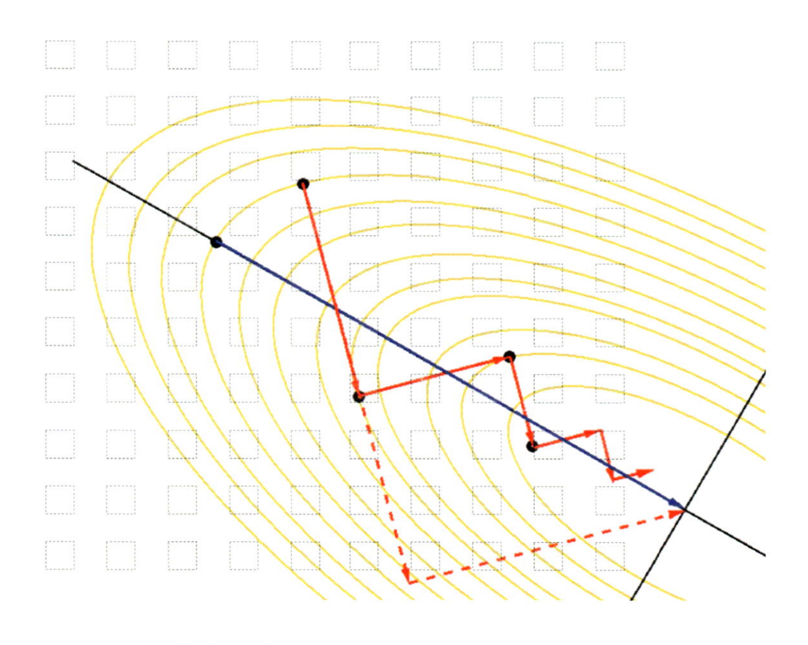

彩图 7-3 追踪格网数据估算等值线的梯度方向

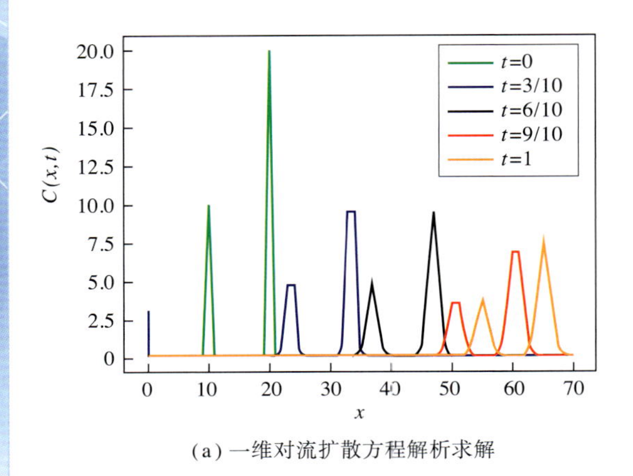


(a) 一维对流扩散方程解析求解

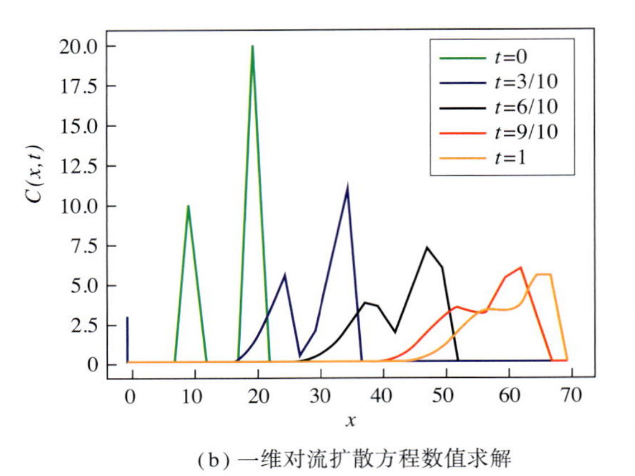


(b) 一维对流扩散方程数值求解

**彩图 7-5** 瞬时释放情形下一维对流扩散方程求解仿真分析

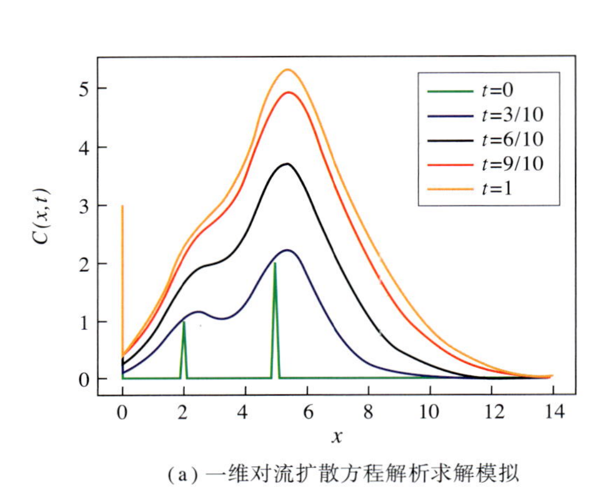


(a) 一维对流扩散方程解析求解模拟

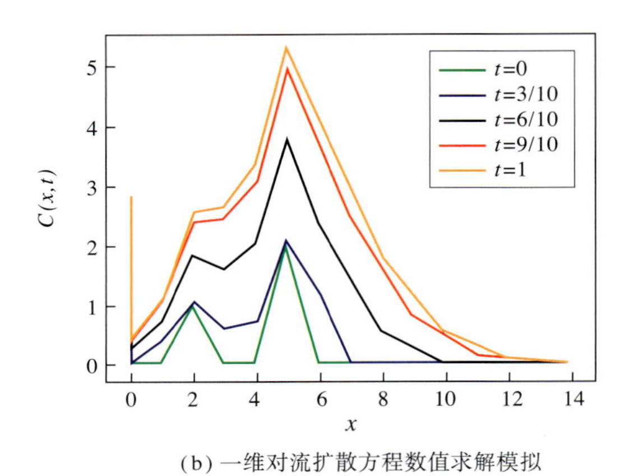


(b) 一维对流扩散方程数值求解模拟

**彩图 7-8** 连续释放情形下一维对流扩散方程求解仿真分析

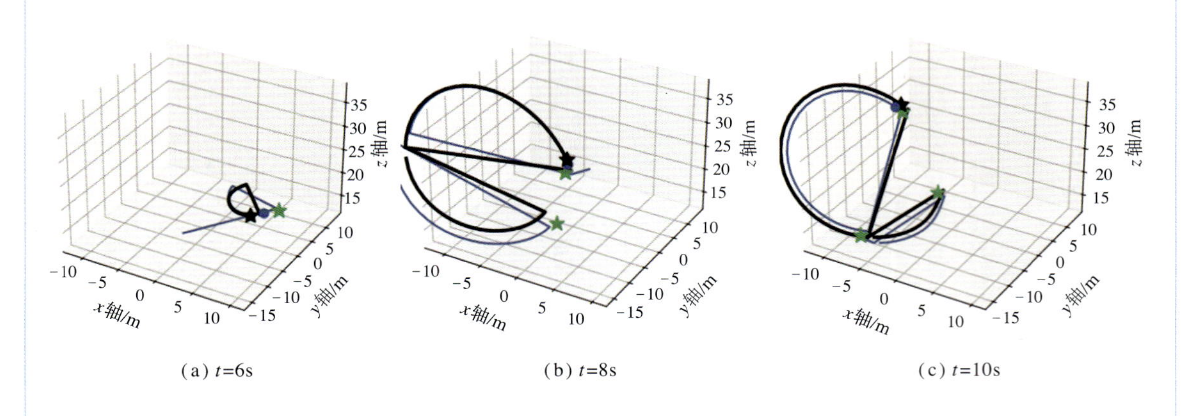


(a) $t$=6s (b) $t$=8s (c) $t$=10s

**彩图 7-13** 两个点源反演同化曲线

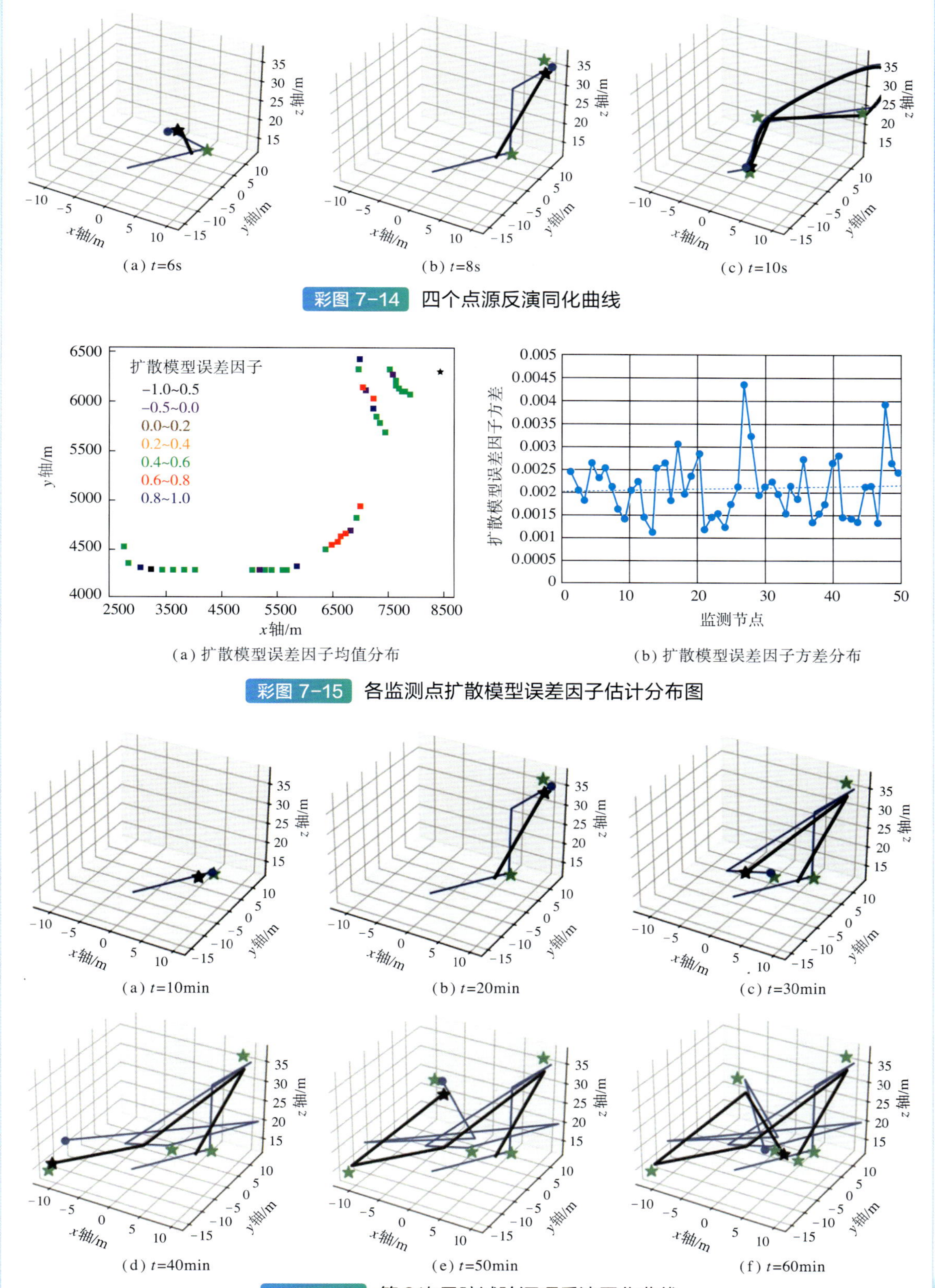


(a) $t$=6s (b) $t$=8s (c) $t$=10s

彩图 7-14 四个点源反演同化曲线

(a) 扩散模型误差因子均值分布 (b) 扩散模型误差因子方差分布

彩图 7-15 各监测点扩散模型误差因子估计分布图

(a) $t$=10min (b) $t$=20min (c) $t$=30min

(d) $t$=40min (e) $t$=50min (f) $t$=60min

彩图 7-16 第 2 次示踪试验源项反演同化曲线

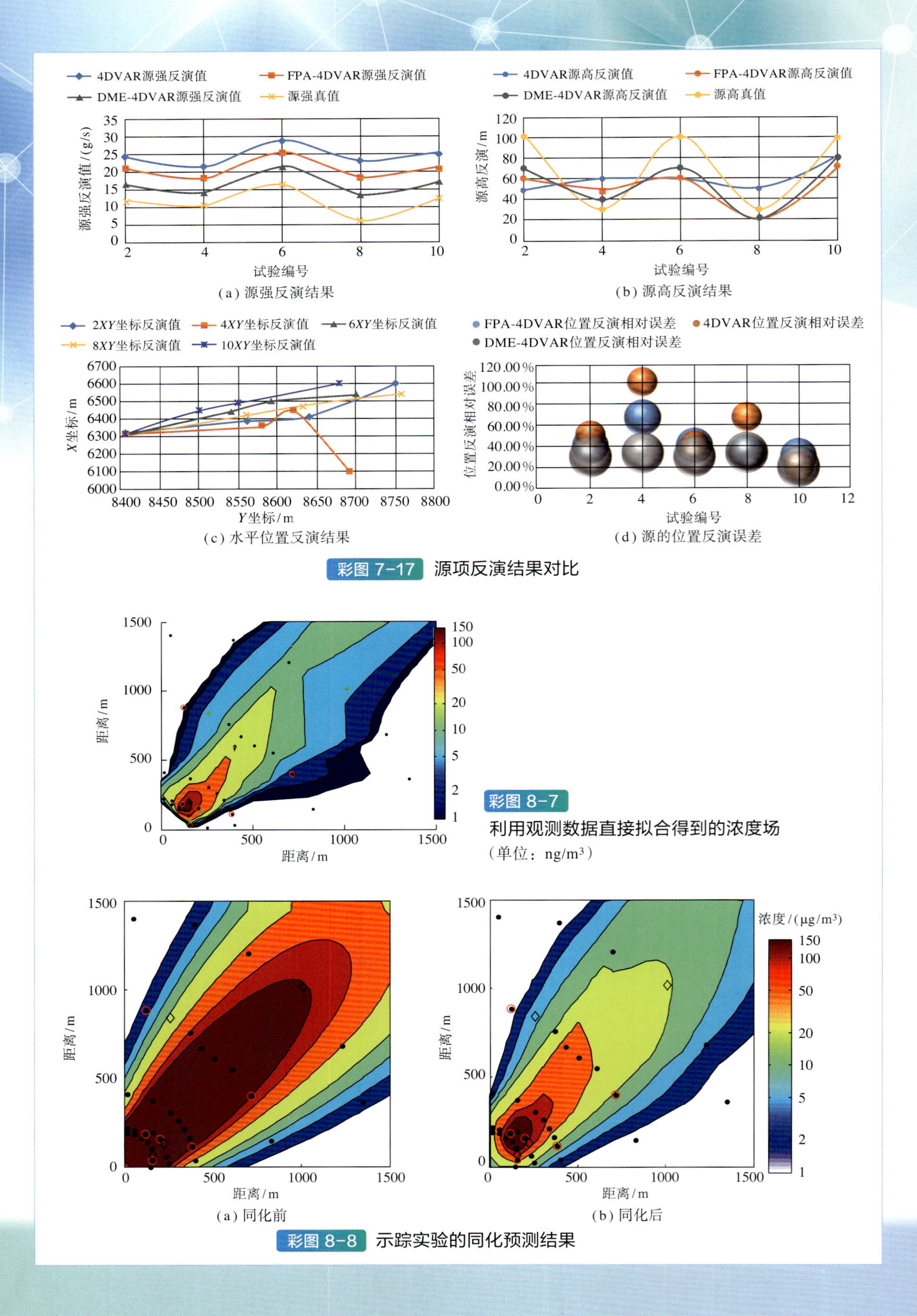


(a) 源强反演结果

(b) 源高反演结果

(c) 水平位置反演结果

(d) 源的位置反演误差

彩图 7-17 源项反演结果对比

彩图 8-7 利用观测数据直接拟合得到的浓度场（单位：ng/m³）

(a) 同化前

(b) 同化后

彩图 8-8 示踪实验的同化预测结果

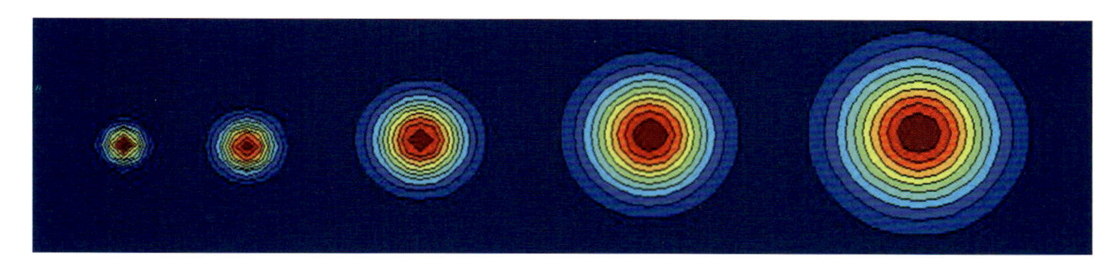

彩图 9-1 瞬时点源示意图

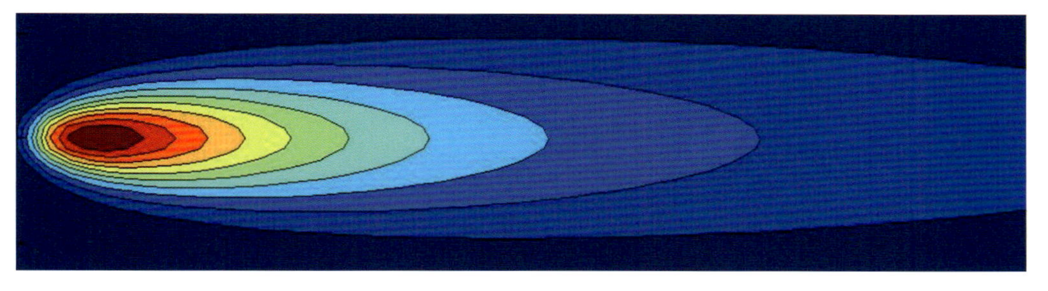

彩图 9-2 连续点源示意图

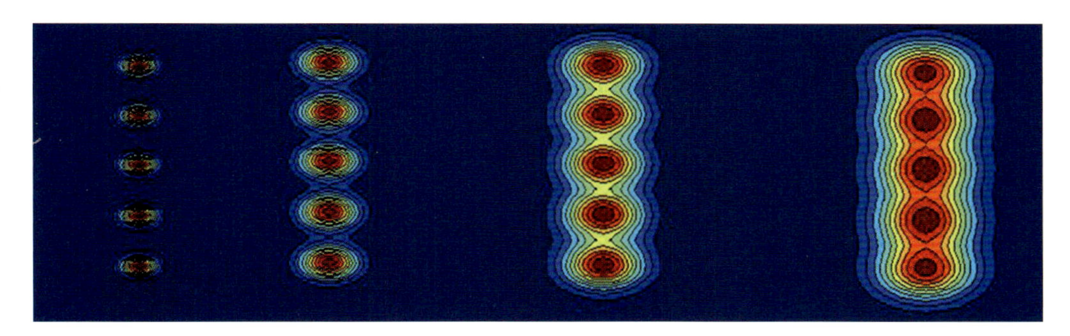

彩图 9-3 瞬时线源示意图

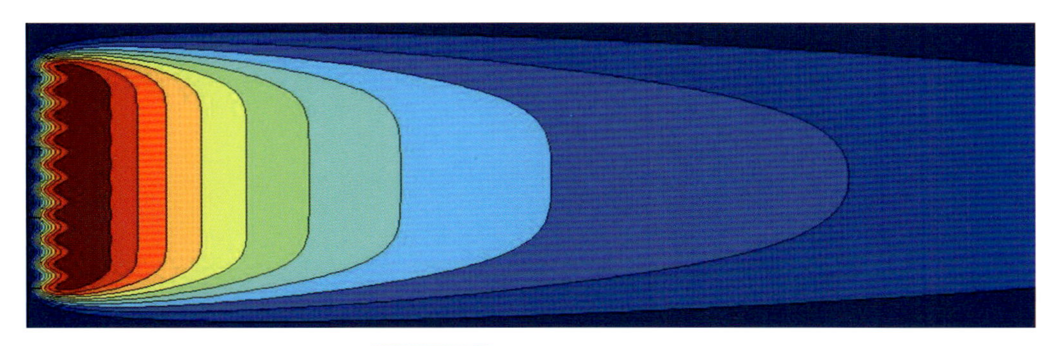

彩图 9-4 连续线源示意图

彩图 9-35 模拟化学云团效果

彩图 9-36 转换为灰度图的模拟化学云团

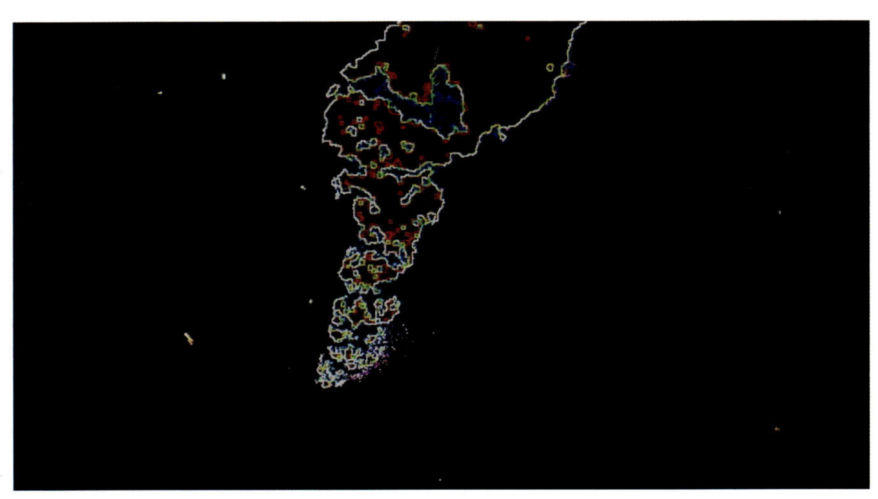

彩图 9-47 数学形态学化学云团边缘提取效果